海洋石油支持船抛起锚作业技术及应用指导书

林文锦　邵哲平　编著

HAIYANG SHIYOU ZHICHICHUAN PAOQIMAO ZUOYE JISHU JI YINGYONG ZHIDAOSHU

人民交通出版社
China Communications Press

内 容 提 要

本书共两篇，第一篇为海洋石油支持船抛起锚作业设备与索具的配置，由500m水深以内抛起锚作业设备与索具配置、500～1500m深水抛起锚作业设备与索具配置、1500m以上超深水抛起锚作业设备与索具配置的三个章节组成；第二篇为海洋石油支持船抛起锚作业技术及应用，由抛起锚作业组织与船舶作业计划、500m水深以内抛起锚作业技术与应用、500～1500m深水抛起锚作业技术与应用、1500m以上超深水抛起锚作业技术与应用、抛起锚作业安全保障研究的5个章节组成。

本书适合海洋石油支持船的船长和船员及岸基的相关船舶管理与技术人员使用。

图书在版编目（CIP）数据

海洋石油支持船抛起锚作业技术及应用指导书 / 林文锦，邵哲平编著. -- 北京 ：人民交通出版社，2011.10
ISBN 978-7-114-09458-3

Ⅰ. ①海… Ⅱ. ①林… ②邵… Ⅲ. ①海上石油工业－船舶－抛锚②海上石油工业－船舶－起锚 Ⅳ. ①U675.922

中国版本图书馆CIP数据核字(2011)第206747号

书　　名：海洋石油支持船抛起锚作业技术及应用指导书
著 作 者：林文锦　邵哲平
责任编辑：尤晓玮
出版发行：人民交通出版社
地　　址：（100011）北京市朝阳区安定门外外馆斜街3号
网　　址：http://www.ccpress.com.cn
销售电话：（010）59757969，59757973
总 经 销：人民交通出版社发行部
经　　销：各地新华书店
印　　刷：北京世艺印刷有限公司
开　　本：787×980　1/16
印　　张：27.25
字　　数：510千
版　　次：2011年10月　第1版
印　　次：2011年10月　第1次印刷
书　　号：ISBN 978-7-114-09458-3
定　　价：668.00元
（有印刷、装订质量问题的图书由本社负责调换）

序

我国的海洋石油事业具有广阔的发展前景，在“十二五”开局之年，中海油根据国家能源发展战略，提出并制定了“十二五”及中长期的海洋石油勘探开发规划，为海洋石油向深水及超深水领域全面进军吹响了号角，给中海油服等专业油田服务公司的发展带来新的机遇，也给海洋石油支持船在深水及超深水的作业技术与应用方面提出新的挑战。

中海油服船舶事业部作为国内规模最大的海洋石油船舶专业承包商，具有近四十年管理和操作海洋石油支持船的丰富经验与优良业绩，拥有可为国内外作业者从事的海洋石油勘探开发提供全面作业支持的成规模的各类海洋石油支持船的大型装备，以及约2500人技术精湛的专业化的船长与船员队伍，注重管理创新，技术力量雄厚。在此基础上，中海油服船舶事业部通过与集美大学航海学院的校企联合方式，对海洋石油支持船相关作业技术及应用的课题进行了联合开发研究，并将研究成果进一步开发应用。双方联合编写的海洋石油支持船作业技术及应用系列指导书的出版发行，不仅填补了我国在海洋石油支持船作业技术及应用方面的空白，也对促进我国海洋石油事业健康发展，加快海洋石油支持船专业技术人才培养，提升海洋石油支持船的装备技术能力，提高海洋石油支持船船长与船员的作业技能，实现国家能源战略及深水海洋发展战略等方面具有重大和深远的意义。

海洋石油支持船作业技术及应用系列指导书，是我国首部出版发行的针对为海洋石油勘探开发提供支持服务的海洋石油支持船在拖航、抛起锚和在海上设施处靠泊作业技术及应用方面的专业指导书，指导书由浅入深、全面细致地介绍和阐述了海洋石油支持船的拖航、抛起锚和靠泊方面的作业技术及应用，汇聚了包括船长及船员在内的几代海洋石油

人的良好实践与安全做法，也分析、借鉴和总结了国内外海洋石油支持船作业技术及应用方面的成功经验与存在的问题，是全体编著人员的智慧结晶。

海洋石油支持船作业技术及应用系列指导书可作为中海油服船舶事业部的船长与船员及岸基相关管理与技术人员在海洋石油支持船从事相关支持作业时的技术指导书，也可供行业内从事海洋石油支持船作业的其他船长与船员作为作业技术指导的参考书，同时可作为海洋石油支持船的船舶设计、船舶管理、船员培训、操纵模拟研究、相关航海院校及科研机构等的技术参考书。

中海油服船舶事业部总经理 陈林亭

2011年6月

编写说明

上世纪六十年代中期，我国的石油勘探开发活动从陆地开始走向海洋，经过四十多年的发展，到了“十一五”末期，中海油的海上油气产量突破了五千万吨油气当量，作为在海洋石油勘探开发活动中不可或缺的可为海上设施提供作业支持的海洋石油支持船，其装备规模和作业技术水平与海洋石油经历了同步的发展历程，包括海洋石油支持船的船长和船员在内的几代海洋石油人为此业绩的取得做出了不可磨灭的巨大贡献，并积累了极其丰富的作业经验与良好做法。

国家为了进一步实现能源战略，海洋石油勘探开发活动正从近岸的浅水海域逐渐迈向远岸的深水海域，为系统分析和全面总结海洋石油支持船的作业特点、船长和船员的作业经验与良好做法，并结合国内外海洋石油支持船的最新及前沿作业技术与应用动态，对全水深领域的海洋石油支持船的相关作业技术，及作业设备与索具的配置及应用进行深入研究，以及为切实提高海洋石油支持船船长与船员的作业技能，规范船上的作业设备与索具的科学配置，以促进海洋石油事业的进一步健康发展，紧跟国家的深水海洋发展战略步伐，中海油田服务股份有限公司船舶事业部于2009年8月提出了“海洋石油支持船作业技术及应用研究”的课题立项申请，并成立了课题小组，于2009年9月在本课题获中海油服科技信息部审批后，选择了合作方集美大学对项目进行了联合研发，分别由中海油服船舶事业部的林文锦（高级船长/注册安全工程师）和集美大学航海学院的邵哲平（博士/教授/船长）作为双方的课题组组长组织双方的课题组成员承担课题的具体研究任务。

在课题的研发过程中，中海油服课题组与集美大学课题组多次联系沟通，相互对课题的研究进行了深入密切的交流。2010年12月合作双方完成了课题的初步研究，形成了《海洋石油支持船拖航作业技术及应用研究报

告》、《海洋石油支持船抛起锚作业技术及应用研究报告》及《海洋石油支持船在海上设施处靠泊作业技术及应用研究报告》的三个子课题的研究报告初稿，经船舶设计、检验规范、航海机构、科研院校、船舶引航、相关船舶船长等专家的预评审，合作双方在对三个子课题的研究报告进一步修订完善后，于2011年3月通过了中海油服科技与信息部验收委员会组织专家进行的课题验收。验收委员会肯定了本课题首次对海洋石油支持船的拖航、抛起锚、在海上设施处靠泊作业技术及应用进行了系统研究，取得的成果填补了国内空白。

国际海事组织海上安全委员会（MSC/IMO）密切关注到国际海洋石油的发展趋势，在经2010年修订的《1978年海员培训、发证与值班标准国际公约》马尼拉修正案中，增加了对OSV（海洋石油支持船）的船长与船员的在管理与操作OSV方面的特殊培训及适任等要求。

鉴于目前针对国内外海洋石油支持船作业服务这个特殊行业的船舶操纵与海上作业等相关方面的较系统的技术指导书相对的匮乏，特别是国内尚无较系统和全面的海洋石油支持船的作业技术及应用方面的指导书的现状，中海油服船舶事业部为将科技成果及时转化为生产力，促进海洋石油事业的健康发展，并满足国际海事组织海安会2010年马尼拉STCW78/95修正案对OSV船长和船员的最新要求，以及为海洋石油支持船的船长和船员及岸基的相关船舶管理与技术人员在海洋石油支持船的作业技术及应用方面提供技术支持与技术指导，决定成立编著委员会，将海洋石油支持船作业技术及应用研究的三个子课题研究报告分别改编为《海洋石油支持船拖航作业技术及应用指导书》、《海洋石油支持船抛起锚作业技术及应用指导书》和《海洋石油支持船在海上设施处靠泊作业技术及应用指导书》，并由人民交通出版社出版发行，本套书共三本，图文并茂，文字部分约100万字。

《海洋石油支持船抛起锚作业技术及应用指导书》共两篇，其中：第一篇为海洋石油支持船抛起锚作业设备与索具的配置，由500m水深以内抛起锚作业设备与索具配置、500～1500m深水抛起锚作业设备与索具配置、1500m以上超深水抛起锚作业设备与索具配置的3个章节组成；第二篇为海

洋石油支持船抛起锚作业技术与应用，由抛起锚作业组织与船舶作业计划、500m水深以内抛起锚作业技术与应用、500～1500m深水抛起锚作业技术与应用、1500m以上超深水抛起锚作业技术与应用、抛起锚作业安全保障研究的5个章节组成。

《海洋石油支持船抛起锚作业技术及应用指导书》由林文锦、邵哲平主要编著，负责研究思路、章节结构，以及本书的主要起草攥写、编著指导、技术支持、统稿审定等工作；潘家财（博士研究生）、黄炳南（船长）、陆忠杰（船体工程师）三位副主编负责本书引用的部分国外参考文献及资料的草译，并参加了本书部分章节的编写等支持工作；此外，集美大学的张清河（船长）、林文勇（高级船长）、朱怀伟、林依勋、赵强、辛林，以及中海油服的刘仕希（船长）、杨兆俊（船长）、史振华（轮机长）、周天雄（轮机长）参加了本书初稿撰写的相关支持与协调工作。

本书的编著与发行，得到了中海油服各级领导的热情鼓励，以及中海油服船舶事业部和合作方集美大学航海学院有关人士的大力支持，在此一并表示衷心的感谢！

由于编著者水平有限，加上时间仓促，对海洋石油支持船相关作业技术及应用的认识还不够全面和深刻，特别是深水及超深水相关作业技术及应用方面，缺点和不足之处在所难免，恳请各位专家和广大读者以最大的包容，用最现实的方法加以斧正，我们会在再版时，融进您的心血，使其更加完善，以进一步促进海洋石油支持船作业技术水平的持续提高。

编著者

2011年6月

编著委员会成员名单

主　　任：陈林亭

副主任：邵哲平　蔡　钿　林文锦

编　　著：林文锦　邵哲平

相关人员：潘家财　黄炳南　陆忠杰

目 录

第一篇

海洋石油支持船抛起锚作业设备与索具的配置

第一章　500m水深以内抛起锚作业设备与索具配置

第一节　抛起锚作业甲板设备及功能

一、海洋石油支持船拖缆机设备及基本功能

1. 相关规范要求

中国船级社《钢质海船入级规范》（2009）对拖缆机要求：

（1）拖缆机

①拖缆机通常应位于船长中点后方5%～10%船长处，在各种装载状态下，其位置不应在拖船重心纵向位置之前，并应置于尽可能低的位置，以使拖船在正常工作时的横倾力矩减到最小。

②拖缆机构件的设计应根据拖索的破断强度来确定。

（2）释放装置

①拖缆机应有可靠的释放装置，不论拖船的横倾角和拖索的方向如何，都能方便地随时解脱拖索，同时又能避免意外地解脱拖索。

②操纵释放装置的地点应安置在能够见到拖钩的地方。建议在驾驶室也能操纵释放装置。

2. 拖缆机

海洋石油支持船的拖缆机是用来拖航、抛起锚、提油外输等作业用的大型甲板设备。包括驱动装置、卷筒装置、制动装置、排缆装置、离合装置、控制部分等组成，如图1–1–1～图1–1–6所示。

海洋石油支持船拖缆机根据船舶功能需求及可作业水深的范围，设计配备一个或多个的卷筒系统，包括短索存放卷筒，每个卷筒安装在不同位置，以满足各种不同作业的需要。拖缆机的动力源大部分采用液压系统，另外还有一些使用柴油机/电力驱动。

拖缆机使用前的常规检查要求：使用拖缆机前应进行液压系统、电系统、拖缆、

作业缆、琵琶头、离合器、刹车等的检查和试运转，以确认设备的正常使用。

a）

b）

图1-1-1 海洋石油支持船的拖缆机设备

拖缆机使用前的特殊检查、试验和调整要求：对于超过一个季度以上未带载使用过的任一卷筒，在卷筒的刹车鼓上可能会有浮锈存在，或者是该卷筒的刹车带未调整达到设计的刹车制动力，这样在卷筒受载状态下可能会出现卷筒打滑刹车刹不住的情况，严重时导致刹车带完全磨损。因此，在使用前，必须对刹车效能进行检查、试验和调整。检查、试验和调整的方法除按拖缆机设备的操作使用说明进行外，如设备的使用说明未提供，则建议方法如下：启动拖缆机动力源和伺服系统，合上要检查、试验的卷筒刹车，在不同的速度挡位做收或放卷筒的短时的反复操作试验，观察拖缆机液压系统的憋压情况及卷筒是否转动，以此磨掉卷筒刹车鼓上的浮锈，然后视当时情况再手动调整刹车带的松紧程度，直至达到设计的刹车制动力的位置为止。

图1-1-2　海洋石油支持船的拖缆机操纵控制设备

拖缆机操作前的培训：在操作前，应由轮机长对驾驶员、轮机员及其他相关人员进行实操培训，主要内容应包括：结构、操作面板、操作方法、报警指示、操作注意事项等，此外，所有拖缆机使用及相关操作人员应熟悉掌握应急释放系统的特点，并了解何时使用和如何使用应急释放系统。

二、作业甲板制动与限位主要设备及功能

具备拖曳锚作功能的海洋石油支持船，其作业甲板上通常备有制动与限位设备，

主要包括：鲨鱼钳、拖销及快速脱钩、诺曼销（Norman Pin）和限位销等设备与索具。快速脱钩将在本章的第三节中介绍。

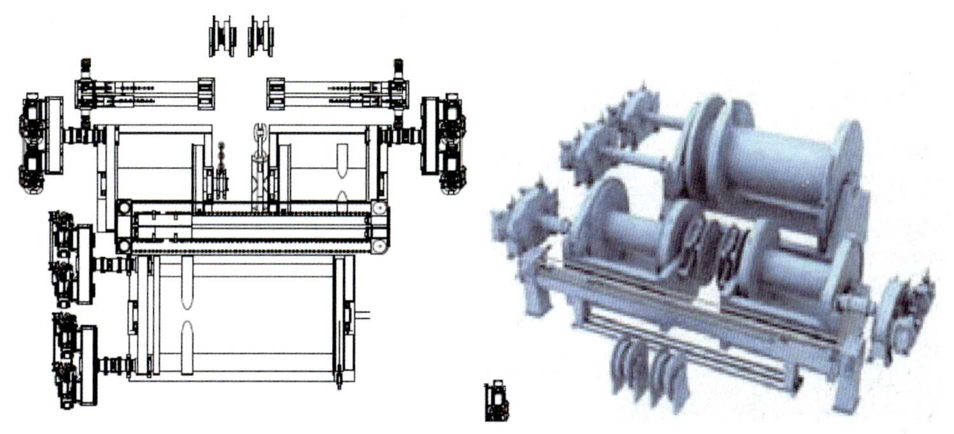

图1-1-3　海洋石油支持船的拖缆机结构

图1-1-4　双起抛锚船滚筒的拖缆机照片

图1-1-5　拖曳锚作船的拖缆机照片

1. 鲨鱼钳

鲨鱼钳是安装在船艉的限位装置，结合拖销和顶销的使用，来达到限位作用，主要是用于抛起锚和拖航作业中。鲨鱼钳通过卡住钢缆琵琶头或链环来实现限位作用，以保证人员作业安全和便于钢缆或链环等的连接。如图1-1-7所示。

最常用的鲨鱼钳主要有Ulstein 鲨鱼钳、Karmfork和 Triplex装置三种。在所有情况下，首先钢缆被限定于拖销之间；接着，如果使用鲨鱼钳，操作员站在防护栏杆的后面把钳升起并捕抓钢缆，然后关合。一旦完成这些动作，松放出钢缆使钢缆第一个接合处的金属箍顶着鲨鱼钳的表面。接着可进行钢缆的解脱和连接操作。

（1）Ulstein 鲨鱼钳

图1–1–8所示Ulstein 鲨鱼钳处于开口状态。鲨鱼钳插上销子处于闭合状态以防止液压系统失效导致钢缆滑落海中，也使甲板上的船员免招危险；可是，有时鲨鱼钳的位置处于二拖销之间的中线上，因此需要使用一些方法将钢缆移到鲨鱼钳的上面。当钢缆改为锚链时，必须更换鲨鱼钳的中心部件，而该部件的更换是挺费劲的。

图1–1–6　拖缆机排缆装置照片

（2）Karmforks鲨鱼钳

Karmforks系统由一对并列安装的、可单独顶升的带缝槽的管柱组成。因此，只要被引入的钢缆倚靠在柱子的位置上，就可以通过自甲板面升出的Karmforks将钢缆套住并送入其顶部的缝槽中。钢缆进入缝槽并在完全到位后卡在闭锁器内，闭锁器只有在叉子缩进甲板时才被打开。如图1–1–9所示。

该系统比较简易。在具备正常操作的天气条件时，一个叉子可升起用于钢缆固定，另外一个可升起用于锚链固定。其缺点是在液压系统出现故障时叉子将逐渐缩回到甲板，闭锁器打开，最终将钢缆解脱。

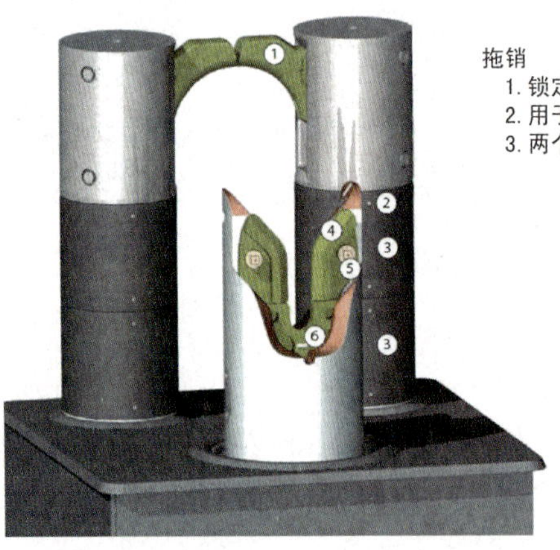

Code	代码	Colour	颜色
C1	50-70	Orange	橙色
C2	76 - 95	Yellow	黄色
C3	100 - 120	Blue	蓝色
C4	125 - 166	Green	绿色

图1–1–7　鲨鱼钳

（3）Triplex装置鲨鱼钳

Triplex三重装置鲨鱼钳可以说是一套最完善的系统，由两块安置在甲板可由液压控制向前闭合的三角形平板组成，从而形成一个将钢缆或锚链限制在其中的竖向缝槽，

达到限位的目的，当收起后，两个三角形平板与甲板面平齐，无需再加盖板。该设备的最大优点是无论钢缆处在二拖销间的什么位置，它都能将钢缆捕获到缝槽中。如图1-1-10所示。

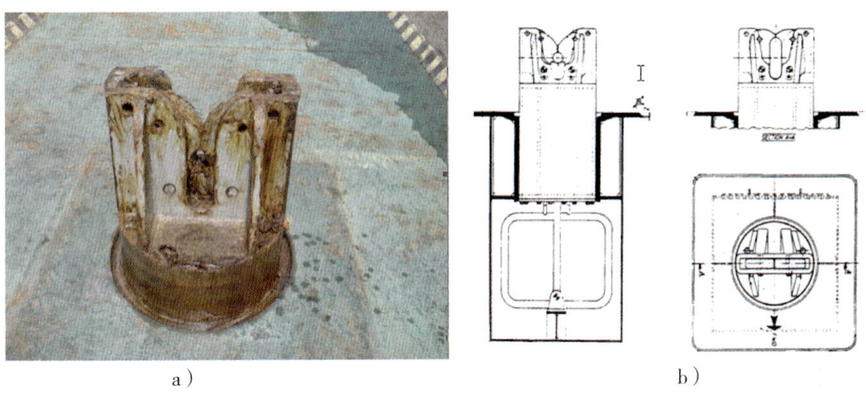

a）　　b）

图1-1-8　Ulstein鲨鱼钳

a）

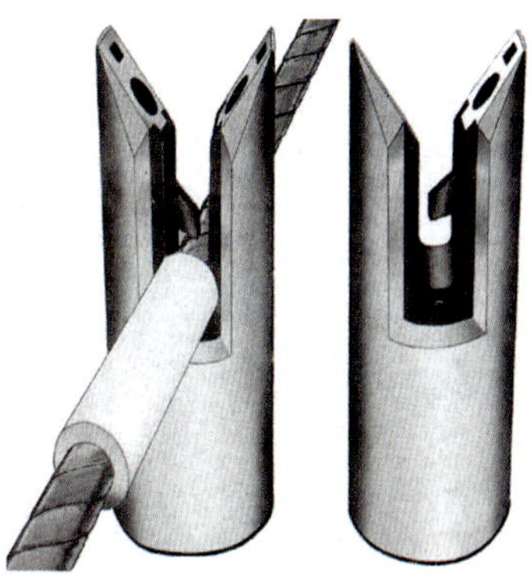

b）

图1-1-9　一对Karmfork装置（一个适用于锚链，另一个适用于钢缆）

图1-1-10　三重装置（拖销安全地控制住钢缆，中间的小柱子托起钢缆接头以便于操作）

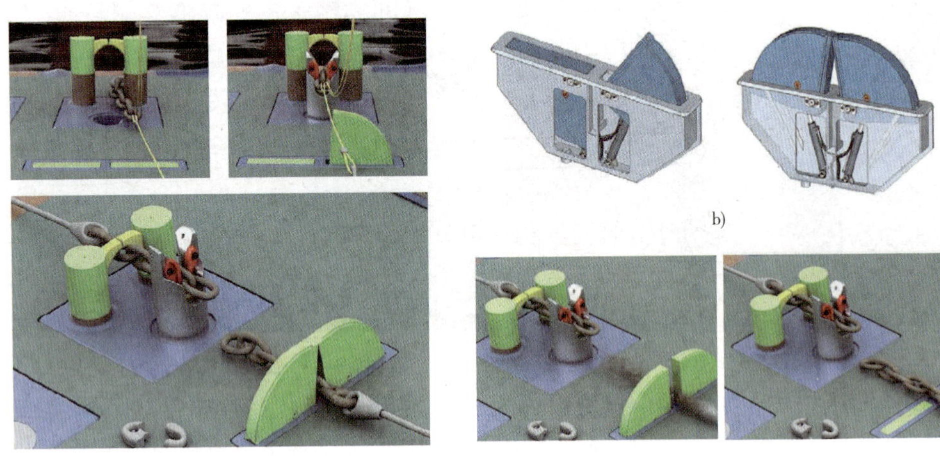

a)　　b)　　c)

图1-1-15　自动对正装置

三、甲板绞车及功能

甲板绞车一般都布置在主甲板或二层甲板两舷，负荷在10t左右，主要是用来固定甲板货物，或在抛起锚及拖带作业中起到收绞或固定作用，是非常重要的辅助设备，通常为液压动力装置。如图1-1-16所示。

四、甲板绞盘及功能

海洋石油支持船在艉部甲板的两舷内侧通常配有绞盘设备，绞盘主要用来协助船舶靠泊带缆时或抛起锚作业时使用，有时也用来做其他操作的拖拽和牵引作业。主要为液压动力设备。如图1-1-17所示。

图1-1-16　甲板绞车

图1-1-17　甲板绞盘

五、艉滚筒与甲板滑道及功能

1. 艉滚筒

艉滚筒是海洋石油支持船所特有的设备，装配在船艉部，在为海上设施进行抛起锚和拖带作业时，它在对锚、链索等起到支撑作用的同时，也能消除锚、链索等与船体的摩擦船艉形成的凹槽，从而起到保护作用。它是一个钢结构的大的圆柱体，两端以轴固定在船艉，需要定期对其轴部位进行加油保养，防止锈蚀，保证其旋转正常。如图1-1-18所示。

a）

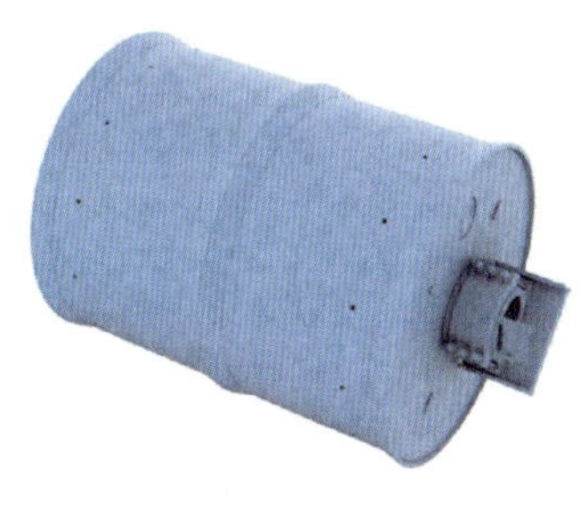

b）

图1-1-18　艉滚筒

a）拖曳锚作船的单艉滚筒；b）Rolls-Royce双艉滚筒

2. 甲板滑道

甲板滑道是设置在船艉部中央的一段加强型铁甲板，其作用主要是用来在抛起锚作业中抵抗锚或浮筒对甲板的冲击与磨损，以达到保护船体的作用。由于每次抛起锚作业时对甲板滑道的冲击和磨损较大，因而，在作业结束后，要立即对滑道进行清洁、除锈和油漆保养，视其磨损程度及时进行钢板的换新，以保证滑道具有足够的强度及平整度。如图1-1-19所示。

图1-1-19　甲板滑道

六、甲板导向轮及功能

甲板导向轮的主要类型有：一是布置在船艏舷墙上或锚机甲板上为锚机绞缆起到导向作用导向轮；二是布置在主甲板护栏上用来进行固定货物或抛起锚作业时起到辅助作用的导向轮。如图1-1-20所示。

a）

b）

图1-1-20　甲板导向轮

七、克令吊及功能

海洋石油支持船通常在拖缆机的船中附近布置有小型的克令吊，主要是协助锚泊操作和吊装食品上船。如图1-1-21所示。

图1-1-21　克令吊

第二节　抛起锚作业甲板设备的配置与布置

一、抛起锚作业的甲板设备基本配置

具备锚作功能的海洋石油支持船，在从事抛起锚作业时，其作业甲板的基本设备配置通常包括带至少一个锚作滚筒的拖缆机及其控制装置、绞车、绞盘、拖销、鲨鱼钳、导向轮、短索储存卷筒、钢质甲板滑道、艉滚筒、诺曼销或限位销等设备。

海洋石油支持船的抛起锚作业甲板设备配置情况与主推进功率大小、船体尺度、建造时间、法定规则要求、租船人的需求密切相关，通常现代建造的大马力并具备锚作功能的海洋石油支持船具有更高的作业甲板设备配置，以胜任特殊的及较深水的抛起锚作业任务要求。

二、海洋石油支持船作业甲板布置图

图1–1–22 ~ 图1–1–25所示为主推进功率10000马力以下的具备锚作功能的海洋石油支持船作业甲板的抛起锚设备的分布情况，这些等级的锚作船的抛起锚作业设备的配置和布置，其中8000 ~ 10000马力的锚作船基本具备在500m以下水深的海域从事抛起锚作业，8000马力以下的锚作船通常仅适合在100m以下水深的海域从事抛起锚作业。锚作船的抛起锚作业能力主要取决于船上所配置拖缆机类型和抛起锚滚筒的大小及锚作船的主推进功率等情况。

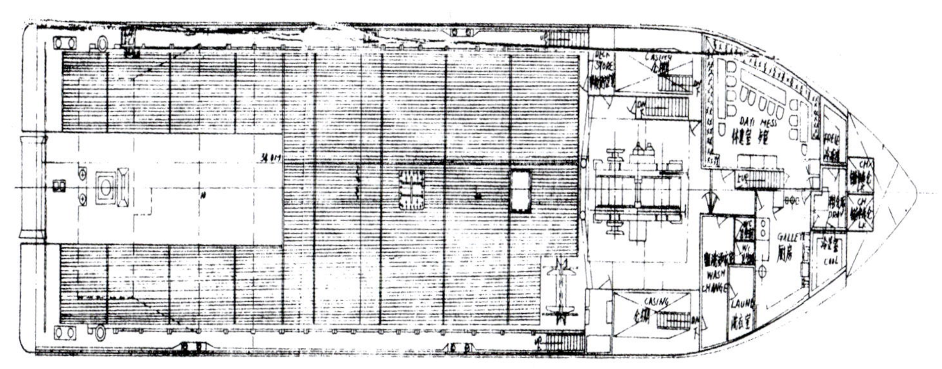

图1–1–22　拖曳锚作供应船“滨海263”（6500BHP）的作业甲板布置图

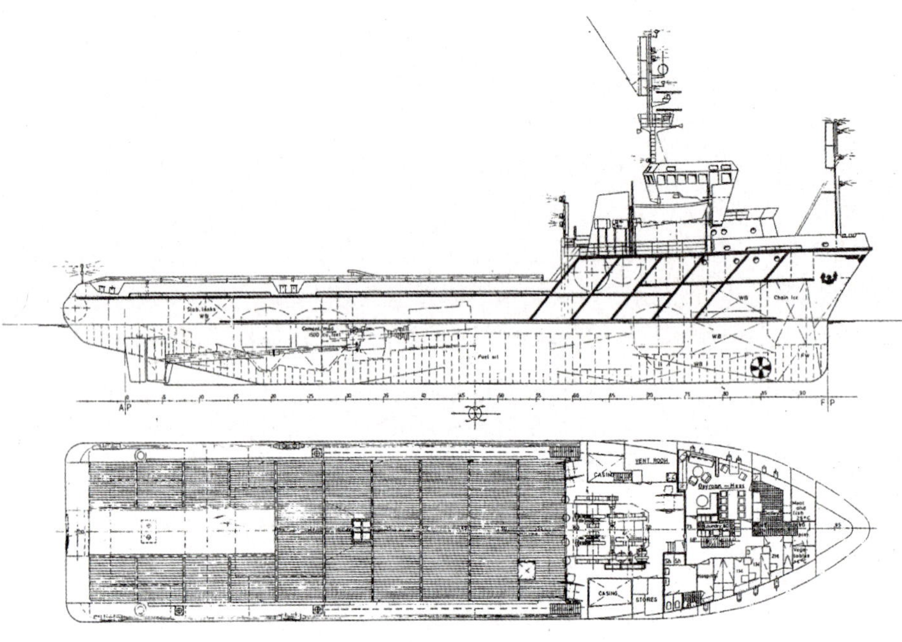

图1-1-23　拖曳锚作供应船“滨海283”（8160BHP）的作业甲板布置图

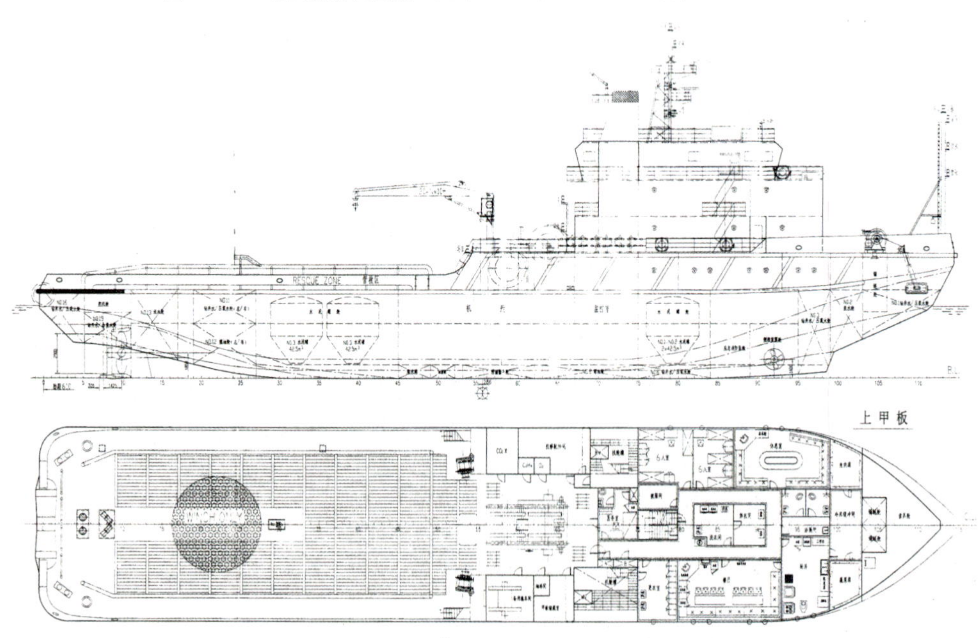

图1-1-24　拖曳锚作破冰供应船“滨海286”（8160BHP）的作业甲板布置图

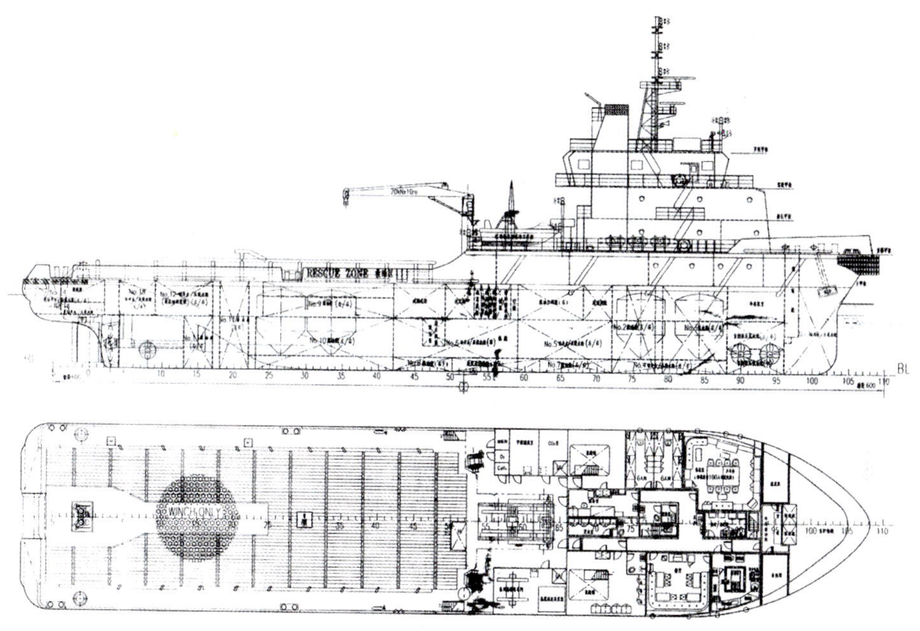

图1-1-25　拖曳锚作供应船“海洋石油688”（8320BHP）的作业甲板布置图

第三节　抛起锚作业索具的配置与布置

一、锚作船抛起锚作业主要索具及功能

1. 弓形及D形卸扣

卸扣用于连接各种各样的钢缆、浮筒等。弓形安全销卸扣（BOW SAFETY PIN SHACKLES），如图1-1-26所示，D形卸扣如图1-1-27中右侧的卸扣。

使用卸扣时，如果连接到了滚筒会有风险，就不应该使用卸扣。所有连接设备在使用前要一直用铅或开口销适当地固定。

2. 缆索专用锻造卸扣

缆索专用锻造卸扣（FORGED ROPE SHACKLES — SLING PROTECTOR）用于缆索操作，如图1-1-28所示。

3. 浮筒捕套索

浮筒捕套索如图1-1-29所示。

4. 插销冲头

插销冲头（PIN PUNCHES）用于锚链连接卸扣、双半式连接环、Baldt铰链环等插销的插上或卸下。冲头材料采用淬硬的工具钢（TOOL STEEL HARDENED），如图1-1-30所示。

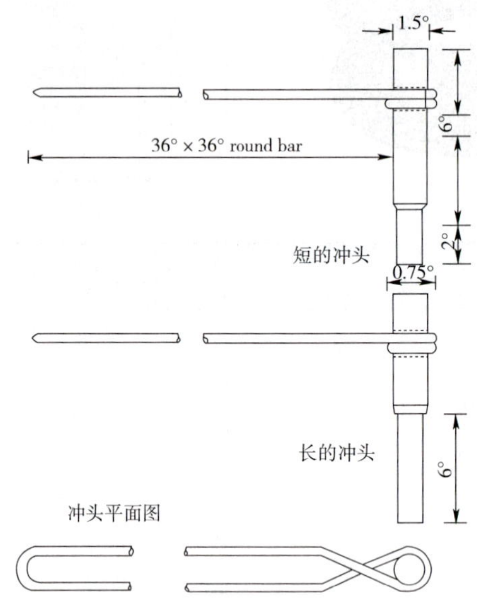

图1-1-30 短的和长的冲头

5. 闭口安全钩

闭口安全钩用途广泛，特别是用于绞车钢缆末端或作为ROV收放专用钩，规格有1～25t（安全负荷），如图1-1-31、图1-1-32所示。

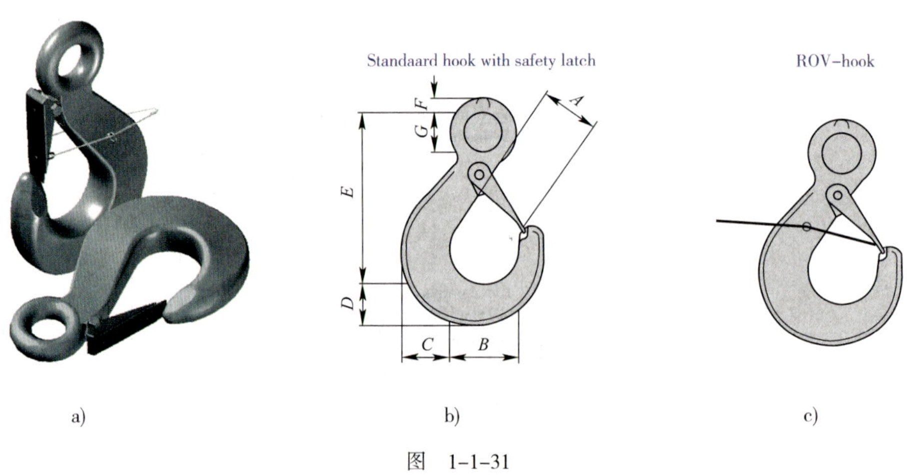

图 1-1-31

SWL (ton)	A (mm)	B (mm)	C (mm)	D (mm)	E (mm)	F (mm)	G (mm)
20	64	99	85	73	277	32	52
28	71	112	96	83	313	36	60
31	81	125	106	92	349	40	66
40	93	140	116	103	386	45	72
50	106	158	135	116	442	50	84
63	119	176	151	130	494	56	90
80	131	198	168	145	610	63	102
100	151	225	195	172	650	74	116
150	173	250	225	199	765	86	130
200	200	275	260	237	850	102	150
250	233	310	290	269	928	120	170
300	264	350	330	310	1052	140	190
400	303	400	380	344	1195	170	210

d)

图1-1-31　闭口安全钩

图1-1-32　绞车钢缆末端的闭口安全钩（Safety Hook）

6. 锚缆钩

锚缆钩连接在轻便起抛锚缆的舷外端，用于抛起穿心浮筒锚，规格为15~25t安全负荷，如图1-1-33所示。

7. 标准型快速脱钩

快速脱钩主要用于在抛起锚及拖带作业中制动、释放锚浮筒、锚缆或拖缆等，该操作具有一定危险性，因而，在使用中需特别注意不要使快速脱钩吃力过大，人员操作时要保持安全距离、正确站位等，如图1-1-34~图1-1-36所示。

8. 重载型快速脱钩

在大型拖曳锚作业时，要求在海洋石油支持船的作业甲板上备好大负荷快速制动脱钩及9m或适当长度的连接短索与连接卸扣，各放置连接在左右舷的地眼环上并向后布置，以便在鲨鱼钳失效故障时进行应急替代，如图1-1-37所示。

a)

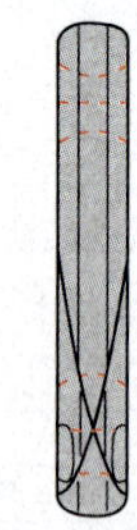

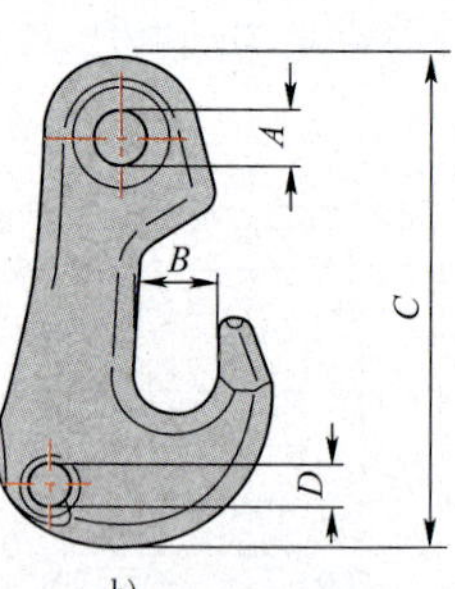

b)

SWL (ton)	*A* (mm)	*B* (mm)	*C* (mm)	*D* (mm)
15	38	58	343	32
20	40	74	343	32
25	52	86	440	38

c)

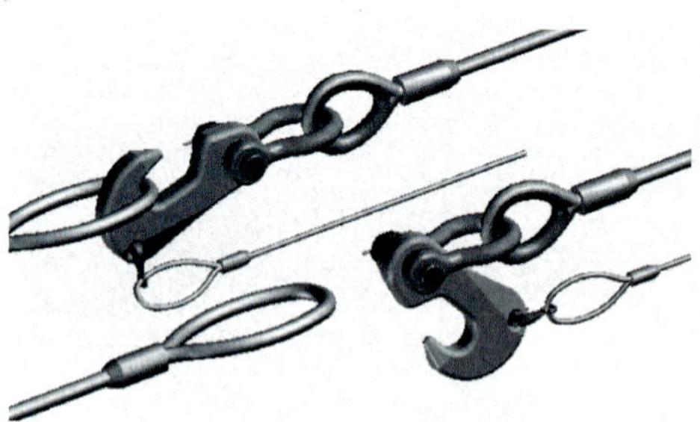

d)

图1-1-33　锚缆钩

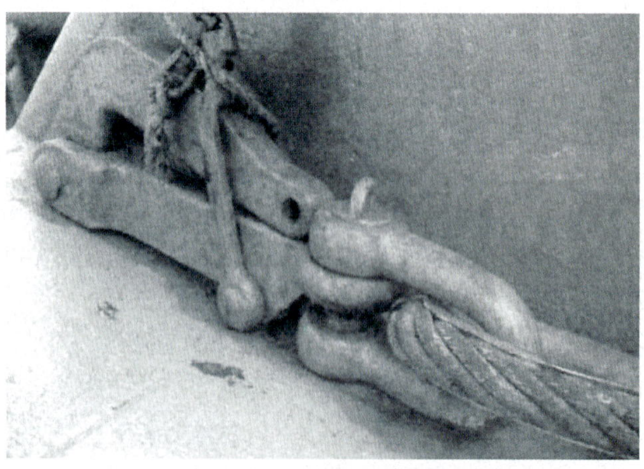

图1-1-34　标准型快速脱钩

Size (mm)	Weight (kg)	Size (mm)	Weight (kg)
19	4.3	64	159
22	6.6	67	183
25	10	70	208
29	14	73	241
32	19	76	272
35	27	79	312
38	34	83	348
41	44	86	394
44	55	89	437
48	66	92	483
51	82	95	532
54	98	98	593
57	115	102	649
60	137		

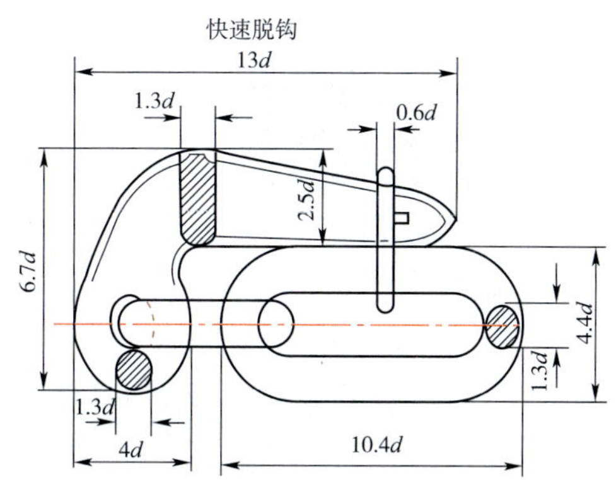

图1-1-35　标准型快速脱钩规格

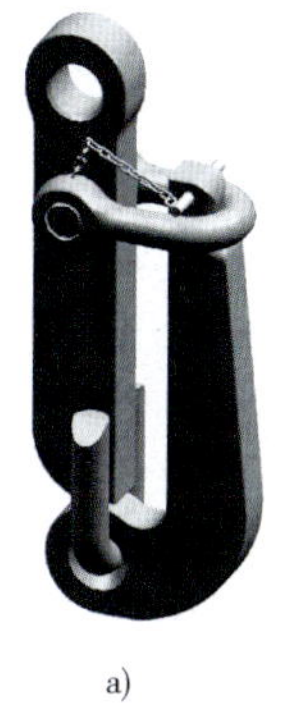

a)

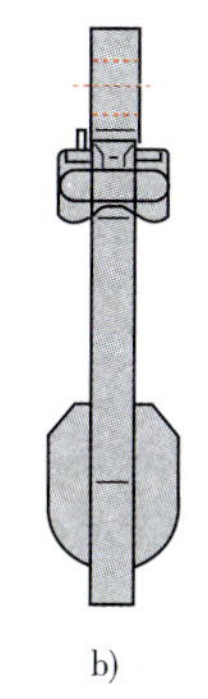

b)

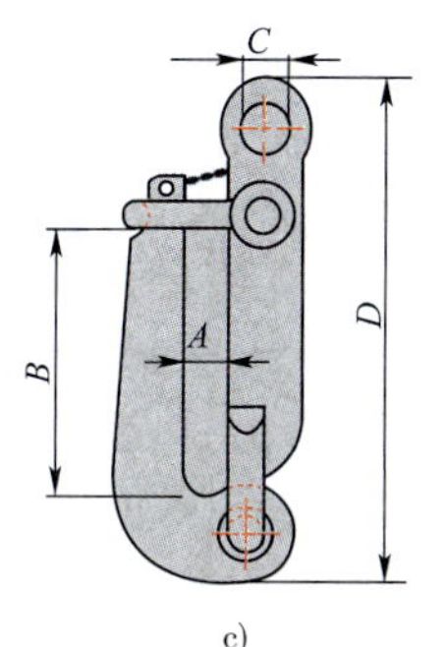

c)

PL (ton)	A (mm)	B (mm)	C (mm)	D (mm)
80	70	384	74	826
110	85	456	85	949
165	105	570	110	1151
180	110	600	115	1207

d)

图1-1-36　快速脱钩及规格

9. 夹链叉

夹链叉（TURNING FORK）是指用于操作锚链的双叉钩，装在作业钢缆的末端，夹链叉是两个末端能180°弯曲的叉，装在单个锚链环上。当锚链的末端从锚链舱出来时，可将夹链叉装在甲板的一个链环上，并将作业钢缆与其连接并松钢缆。很明显，如果没有这样做，锚链的末端只要一离开锚链轮，就将会在船艉消失。另外一个方法是，当看见末端前就应该将锚链固定在鲨鱼钳上，然后将松弛的锚链末端拉到甲板与锚连接，如图1-1-38所示。

10. Baldt铰链环

安全负荷110t的Baldt 铰链环（Baldt Hinge Link）是专门设计用于连接钢缆索节和各种套环，其连接快速、简单并能通过钢缆滚筒。Baldt 铰链环可用于连接悬垂锚链的2" ~3"钢缆闭式钢缆索节和各种套环，如图1-1-39、图1-1-40所示。

a)

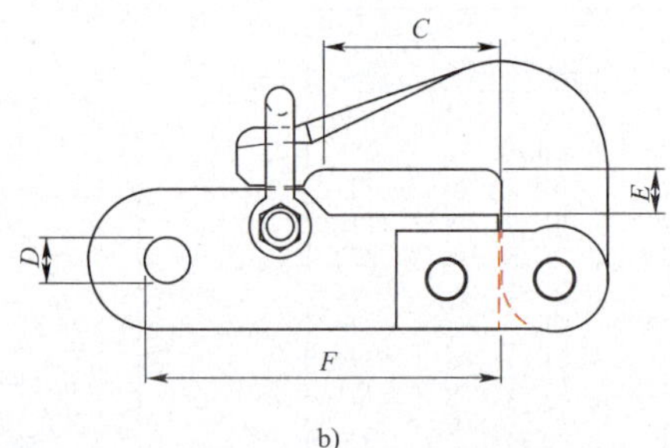

b)

SWL（ton）	MBL（ton）	C（mm）	D（mm）	E（mm）	F（mm）
5	25	100	38	35	234
8	40	150	50	55	300
12	60	160	55	65	358
15	75	165	50	70	390
25	125	180	60	76	430
35	175	200	60	85	465
55	275	230	75	90	500
60	300	270	86	100	600
85	425	310	103	110	705
120	600	400	105	160	858
150	750	455	115	180	919

c)

图1-1-37　重载型快速脱钩及规格

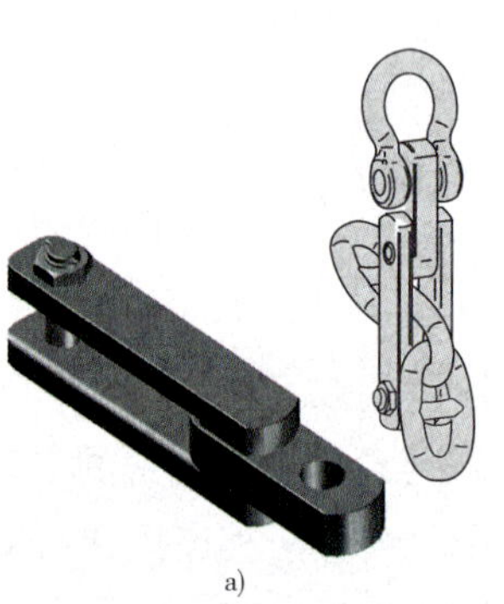

a)

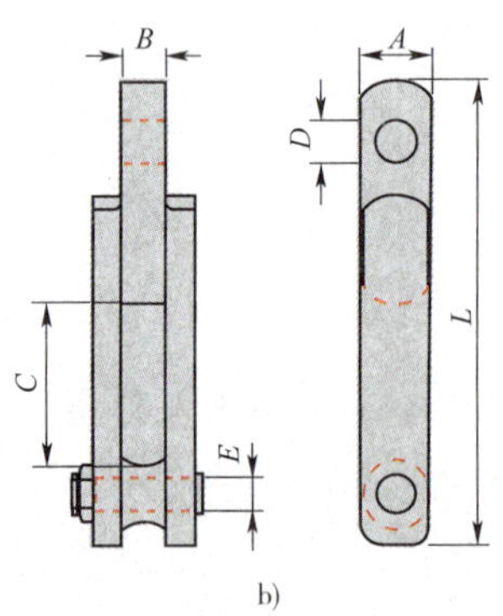

b)

SWL（ton）	D（mm）	B（mm）	C（mm）	A（mm）	L（mm）	E（mm）
55	75	75	275	120	763	60
85	85	85	300	135	843	60
110	98	95	330	140	928	70
110	98	100	360	160	1003	80
120	98	110	390	170	1063	85
120	98	115	410	175	1091	85
150	115	120	440	200	1252	90

c)

图1-1-38　夹链叉

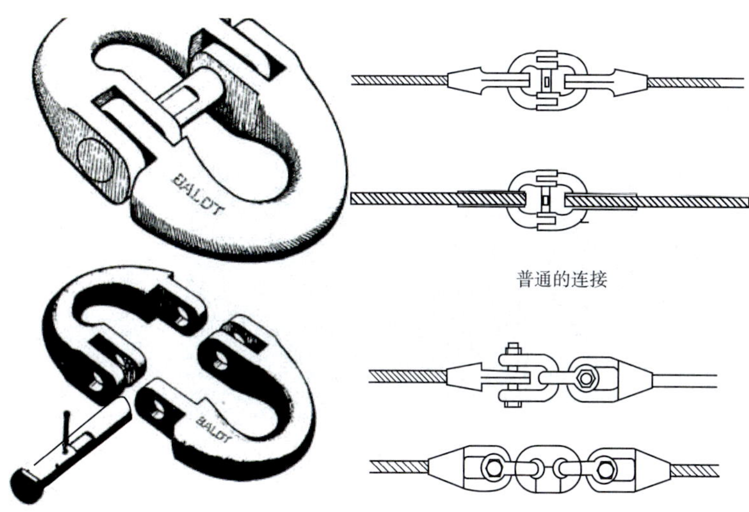

图1-1-39　Baldt铰链环连接与普通的连接方式

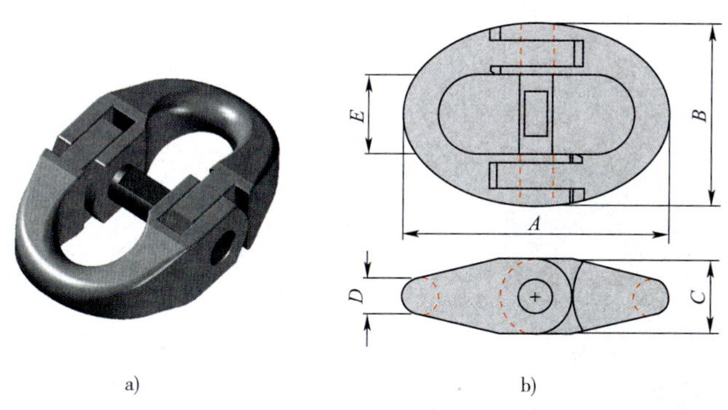

a)　　b)

S·WL ·tons	P·l·tons	A（mm）	B（mm）	C（mm）	D（mm）	E（mm）
110	220	558	368	150	75	160
250	500	786	510	150	108	205

c）

图1-1-40　Baldt铰链环及规格

不使用Baldt铰链环的典型的连接方法可能是：用一个大型锚链链接环，或两个卸扣背靠背，或两个卸扣加一个链接环。当卸扣用于连接悬垂钢缆时螺母和螺栓会损伤钢缆，相反，使用Baldt铰链环的钢缆清爽没有突出物，不会对钢缆造成损伤。

Baldt铰链环的各个部分都是可以互换的。C形链环部分和连接销都是有选择性的钻孔并相配的。连接销有两个独特的设计功能：连接销的扁平头部可防止滚动；连接销中间扁平部分令其易于旋转和取下。

11. Kenter连接链环

Kenter连接链环通常用于连接两段锚链。Kenter连接链环的尺寸为3/4″ ~ 3-3/4″ ，如图1-1-41所示。

a）

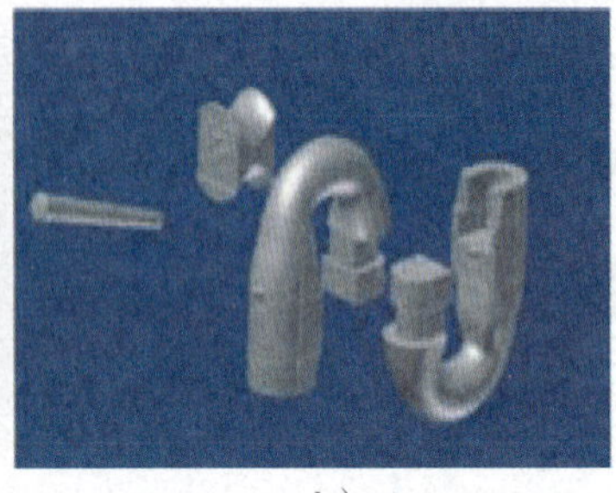
b）

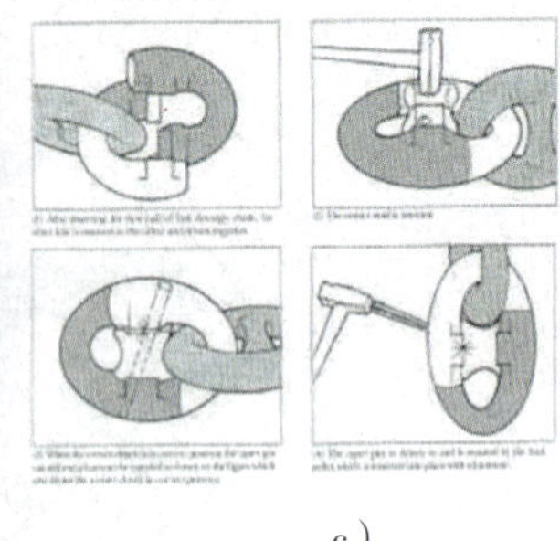
c）

图1-1-41　Kenter连接链环

12. 缆链索节连接环

缆链索节连接环（CR-CONNECTOR）用于两根钢缆或两根锚链之间的连接，或通过缆链索节（CR-SOCKET）将钢缆与锚链进行连接，属于C连接类型，如图1-1-42所示。

a)

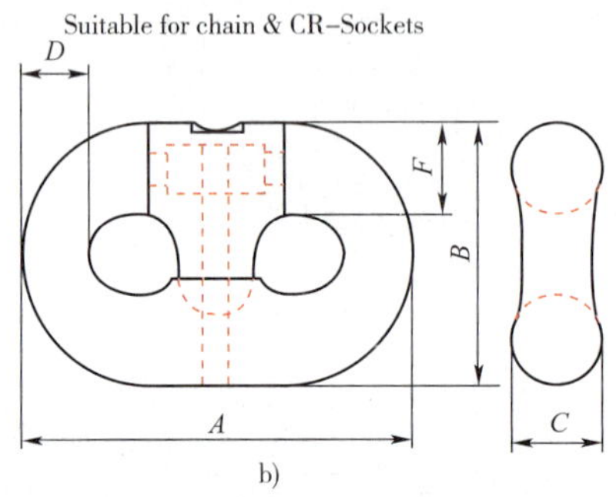

b)

Chain（mm）	MBL（kN）	*A*（mm）	*B*（mm）	*C*（mm）	*D*（mm）	*E*（mm）
70	5160	419	275	92	73	90
76	6010	457	295	95	76	94
86	7522	514	332	107	86	107
89	8005	537	350	116	92	114

c)

图　1-1-42

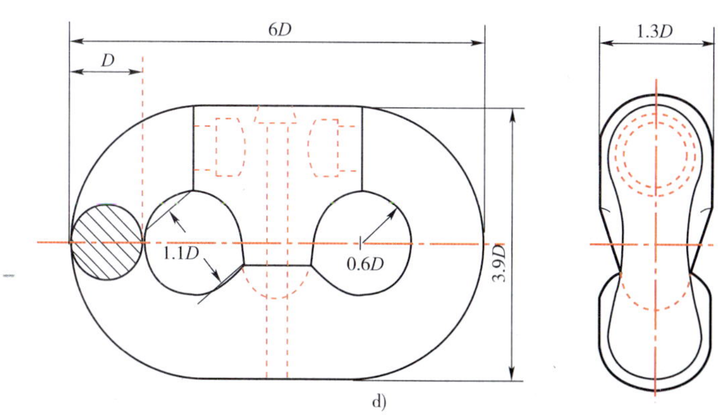

图1-1-42 缆链索节连接环

13. 梨形连接环

梨型连接环（PEAR-CONNECTOR）用于连接环连接不同尺寸的锚链、钢缆等，如图1-1-43~图1-1-45所示。

a)

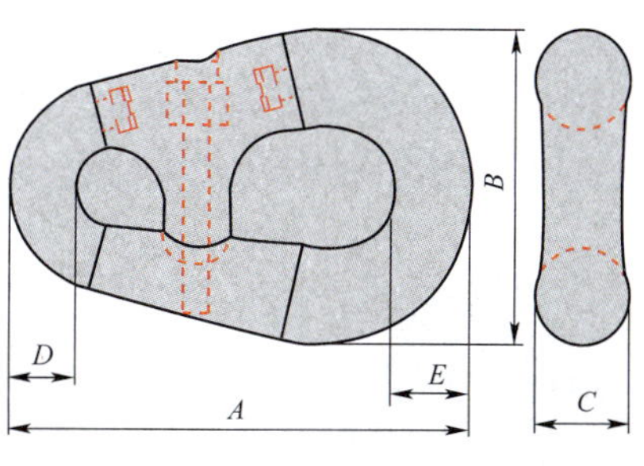

b)

图1-1-43 梨形连接环

Chain (mm)	Type No	A (mm)	B (mm)	C (mm)	D (mm)	E (mm)
32–40	4	298	206	59	40	48
42–51	5	378	260	76	51	64
52–60	6	454	313	92	60	76
62–79	7	562	376	117	79	95
81–92	8	654	419	133	92	124
94–95	9	692	435	146	98	130
97–102	10	889	571	190	121	165
103–108	11	940	610	203	127	175

图1-1-44 梨形连接环规格

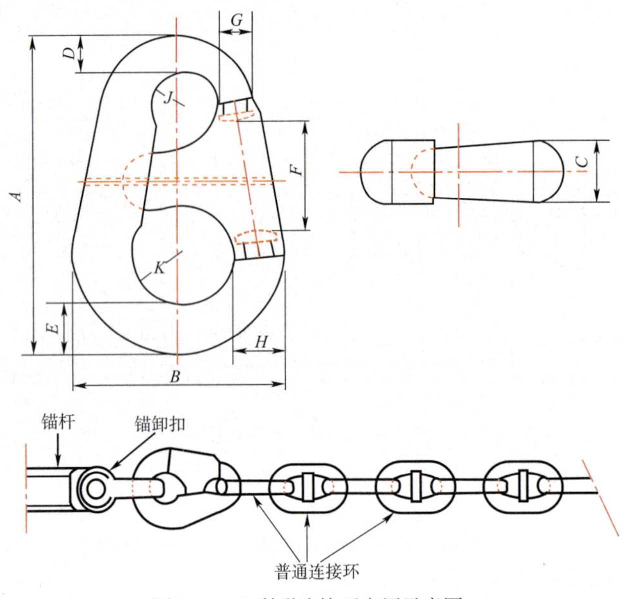

图1-1-45　梨形连接环应用示意图

14. 三角眼板

三角眼板（TRIANGLE PLATE）用于缆或链或缆链之间的单双转换，如龙须链与过桥缆之间的连接或预置锚作业中的索具连接，如图1-1-46所示。

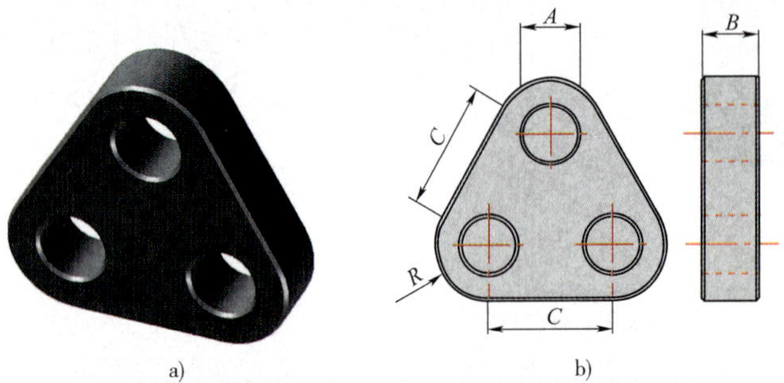

S · W · L tons	M · b · l · tons	A（mm）	B（mm）	C（mm）	R（mm）
25	125	55	50	150	85
35	175	60	60	160	95
55	275	80	80	210	120
85	425	90	90	230	160
120	600	110	110	280	190
150	750	130	130	320	205
175	875	130	130	320	230
200	1000	140	140	390	250
250	1250	150	160	390	280

c）

图1-1-46　三角眼板及规格

15. 锚链转接器

锚链转接器（CHAIN ADAPTER）用于锚链的转接，如图1-1-47所示。

a)

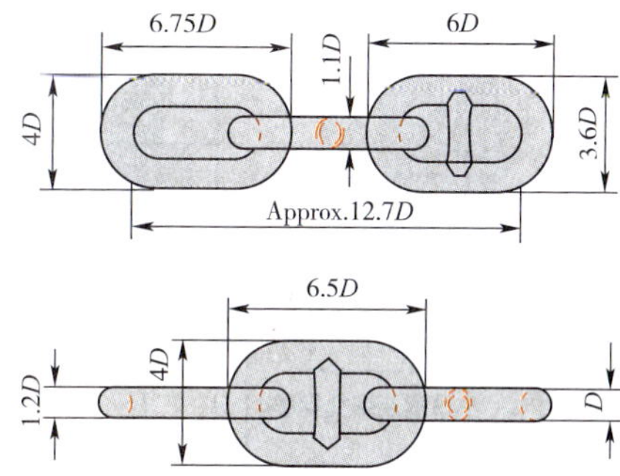

b)

Chain（mm）	D（mm）	1.1D（mm）	1.2D（mm）	3.6D（mm）	4D（mm）	6D（mm）	6.5D（mm）	6.75D（mm）	12.7D（mm）
3	76	84	91	274	305	457	495	513	968
3 1/2	89	98	107	320	356	533	578	600	1125

c)

图1-1-47　锚链转接器

16. 作业钢缆

作业钢缆主要用于抛起锚作业中各种索具、设备间的连接，及通过相关连接索具进行力或能量的传递与转移。各种直径的钢缆性能参数及主要用途如图1-1-48所示。

使用钢缆时要注意以下几个方面：

①个别因素对钢缆的使用期限有影响。

②如果张力高于最小破断负荷（MBL）的50%，钢缆的使用期限开始降低，因为钢缆已经受到永久损伤（已经超过屈服点）。

③减小弯曲半径将加压于钢缆并引起永久损伤。

④钢缆的缠绕必须从卷轮到滚筒进行，以便卷轮和滚筒以相同的方向旋转。

⑤马氏体是钢铁的硬化法，由加热之后突然急速冷却形成的。马氏体将会损坏钢缆，应当尽可能避免。

17. 钢缆卡箍

钢缆卡箍主要用于临时钢缆眼环的制作等，通常用于应急，如图1-1-49所示。

使用钢缆卡箍时要注意以下几个方面：

①不鼓励使用钢索卡箍，并且它们不应被用于起重钢索或系泊钢索。

②不要在绳索可能遭受强烈振动的场合下使用。

19. 平台系泊锚链

系泊锚链用于平台的系泊，可分为长链环、中等链环和短链环，如图1-1-51~图1-1-53所示。

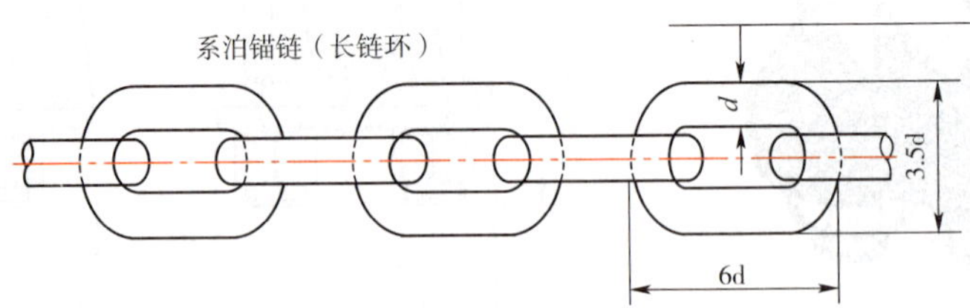

Size		Weight		Proof Load		Breaking Load	
mm	in	kg/m	lb/ft	kg	lb	kg	lb
13	1/2	3.34	2.25	3190	7034	7970	17584
16	2/2	5.06	3.04	4830	10662	12090	26658
19	2/4	7.14	4.80	6820	15030	17050	37587
22	2/6	10.46	7.03	10000	22042	24990	55082
26	1	13.38	8.99	12770	28158	31940	70403

图1-1-51　系泊锚链（长链环）的规格、重量、安全负荷与破断负荷

系泊锚链（中等链环）

Size		Weight		Proof Load		Breaking Load	
mm	in	kg/m	lb/ft	kg	lb	kg	lb
13	1/2	3.50	2.40	3200	7056	6400	14112
16	3/8	5.20	3.50	4800	10584	9600	21168
19	3/4	7.40	5.00	6800	14994	13600	29988
22	7/8	10.00	6.70	9100	20066	18200	40131
25	1	12.80	8.60	11800	26019	23600	52038
28	1 1/8	16.50	11.10	14800	32634	29500	65048
32	1 1/4	21.00	14.10	19400	42777	38700	85334
34	1 2/8	23.50	15.80	21800	48069	43600	96138
38	1 1/2	29.50	19.80	27300	60197	54600	120393
42	1 5/8	36.00	24.20	33300	73427	66600	146853
44	1 3/4	39.50	26.50	36600	80703	73200	161406
48	1 7/8	47.00	31.60	43500	95918	87000	191835
51	2	53.00	35.60	49200	108486	98300	216751

图1-1-52　系泊锚链（中等链环）的规格、重量、安全负荷与破断负荷

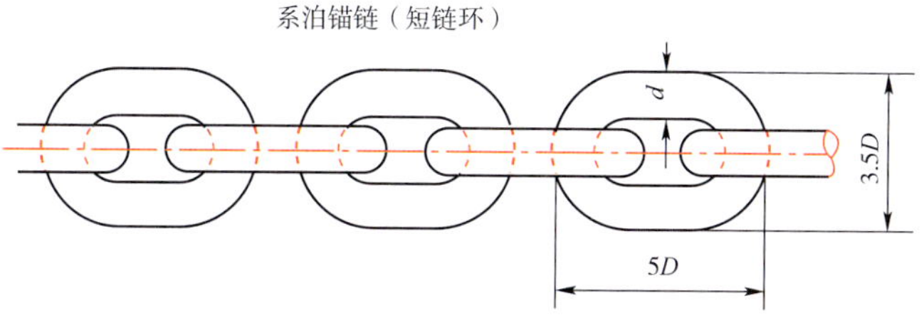

Size		Weight		Proog Load		BreakingLoad	
mm	in	kg/m	lb/ft	kg	lb	kg	lb
11	7/16	2.67	1.79	2280	5040	5710	12591
13	1/2	3.72	2.50	3190	7034	7970	17584
16	5/8	5.64	3.79	4830	10663	12090	26658
19	3/4	7.96	5.35	6820	15030	17050	37587

图1-1-53　系泊锚链（短链环）的规格、重量、安全负荷与破断负荷

20. 链钩

链钩（CHAIN GRAPNEL）主要用于打捞锚链或钩锚链减轻系泊系统的荷载，即用于在锚头缆、提锚圈短索等破断或浮筒丢失时进行打捞主锚、串联锚、锚链的作业，也可用于在两船协同联合抛起锚作业时，用链钩住锚链使锚链离开海底，并配合另外一船的抛起锚作业，以减轻另一船的作业荷载，如图1-1-54~图1-1-57所示。

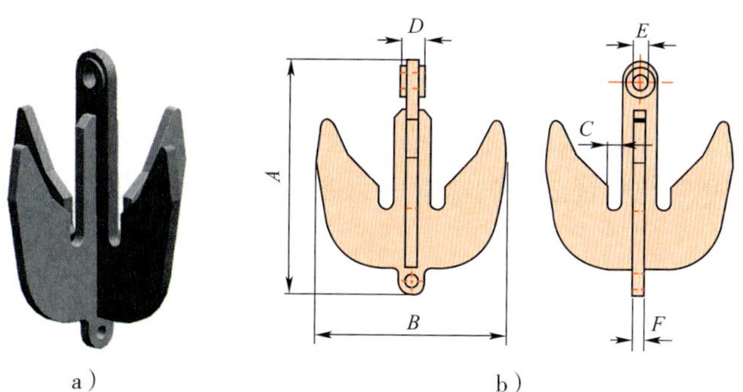

a）　　b）

S.W.L tons	A（mm）	B（mm）	C（mm）	D（mm）	E（mm）	F（mm）
150	1778	1372	102	114	86	76
200	2008	1670	125	150	135	90
250	2008	1670	125	200	135	100

c）

图1-1-54　链钩及规格

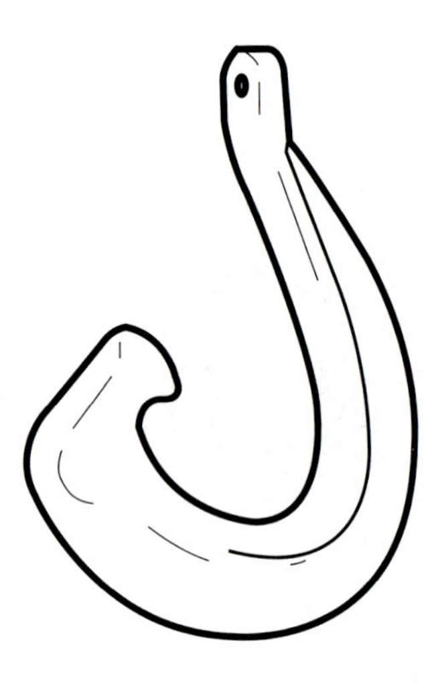

a)

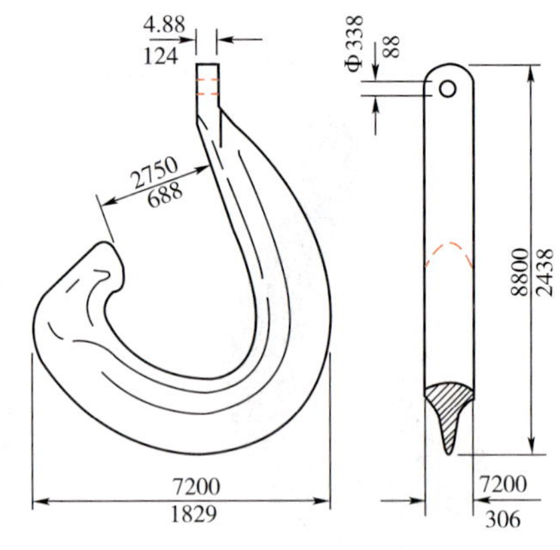

b)

Type	S.W.L Tonnes	Prool Tesl Load Tonnes	Welght	
			kg	lb
BE1 101	100	250	1882	4150
Matarlal: BS 2789GRADE420/12 ASTM A 536 GRADRE 65/45/12				

c)

图1-1-61 BEL 101型J形打捞钩的重量和尺寸

24. J形锁链打捞钩

J形锁链打捞钩（J-Lock Chain Chaser）主要用于锚或锚链的打捞，或用于抛锚作业时钩锚链以减轻系泊系统的荷载，如图1-1-62所示。

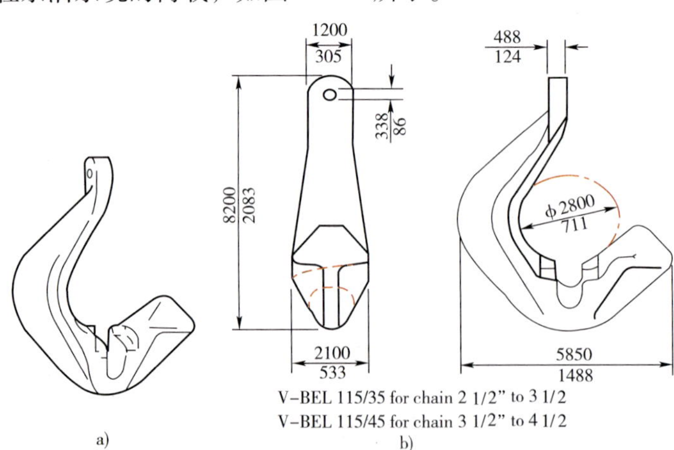

a) b)

Type	S.W.L Tonnes	Proof Test Load Tonnes	Weight	
			kg	lb
VRIJHOF-BEL 115	100	250	1778	3920

c)

图1-1-62 V-BEL 115型J形锁链打捞钩的重量和尺寸

25. 闭口粗锌索节

闭口粗锌索节（CLOSE SPELTER SOCKETS）主要用于钢缆、拖缆末端，通过浇铸作为连接接头使用，如图1–1–63所示。

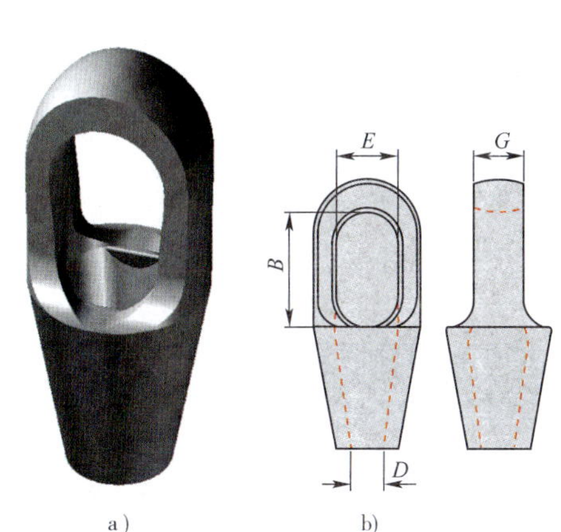

No	Wire (mm)	MBL (ton)	*B* (mm)	*D* (mm)	*E* (mm)	*G* (mm)
290	6–7	3	46	8	20	13
292	8–10	6	52	11	24	16
294	11–13	12	59	14	29	22
296	14–16	24	65	18	35	25
298	18–19	32	78	21	41	32
201	20–22	45	90	24	47	38
204	24–27	70	103	28	57	44
207	27–30	100	116	32	63	51
212	31–36	125	130	38	70	57
215	37–39	150	155	41	79	63
217	40–42	200	171	44	82	70
219	43–48	260	198	51	89	76
222	49–54	280	224	57	96	82
224	55–60	360	247	63	108	92
226	61–68	450	270	73	140	102
227	69–75	480	286	79	159	124
228	76–80	520	298	86	171	133
229	81–86	600	311	92	184	146
230	87–93	700	330	99	197	159
231	94–102	875	356	108	216	178
233	108–115	1100	425	125	235	190
240	122–130	1250	475	138	260	210
250	140–155	1400	550	160	300	250
260	158–167	1600	600	175	325	300

a)　　b)　　c)

图1–1–63　闭口粗锌索节

26. 缆链闭口连接索节

缆链闭口连接索节（CR SOCKETS）作为钢缆的末端索节主要用于连接锚链，如图1–1–64所示。

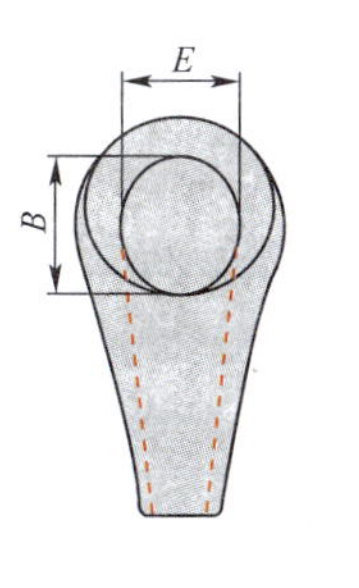

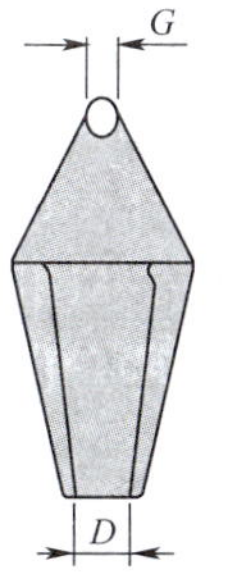

No	Wire (mm)	MBL (mm)	*B* (mm)	*D* (mm)	*E* (mm)	*G* (mm)
512	31–36	140	85	39	75	35
517	38–42	160	110	44	92	38
519	43–48	200	128	51	110	45
522	49–54	250	125	57	115	50
524	55–60	300	145	63	135	57
526	61–68	400	160	73	160	65
527	69–75	500	175	79	170	70
528	76–80	600	210	86	184	75
529	81–86	700	205	92	204	90
530	87–93	800	220	99	215	95
531	94–102	900	240	108	234	100
533	108–105	1000	260	120	252	110

a)　　b)　　c)

图1–1–64　缆链闭口连接索节

27. 开口索节

开口索节（OPEN SPELTER SOCKETS）通常用于成品拖缆的末端索节，如图1–1–65所示。

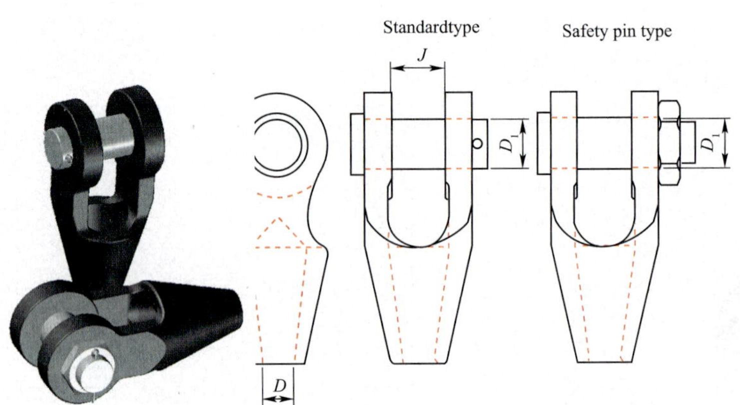

No.	Wire (mm)	MBL (mm)	D (mm)	D_1 (mm)	J (mm)
192	6~7	3	8	17	17
194	8~10	6	11	21	20
196	11~13	12	14	25	25
198	14~16	24	18	31	32
100	18~19	32	21	35	38
104	20~22	45	24	41	44
108	23~26	70	28	51	51
111	27~30	100	32	57	57
115	31~36	125	38	63	63
118	37~39	150	41	70	76
120	40~42	200	44	76	76
125	43~48	260	51	89	8 9
128	49~54	280	57	95	101
130	55~60	360	63	108	113
132	61~68	450	73	121	127
135	69~75	480	79	127	133
138	76~80	520	86	133	146
140	81~86	600	92	140	159
142	87~93	700	99	152	171
144	94~102	875	108	178	191
146	108~115	1100	125	190	208
150	122~130	1250	138	250	210
160	140~155	1400	160	275	230
170	158~167	1600	175	290	230

c)

图1-1-65 开口索节

28. 开口楔式索节

开口楔式索节（OPEN WEDGE SOCKTES）如图1-1-66所示。

29. 转环

转环（CR-D SOCKET/ ROPE SWIVEL /CHAIN SWIVEL ）主要用于钢缆之间或钢缆与锚链之间的连接，可旋转以消除钢缆的扭矩。如图1-1-67所示。

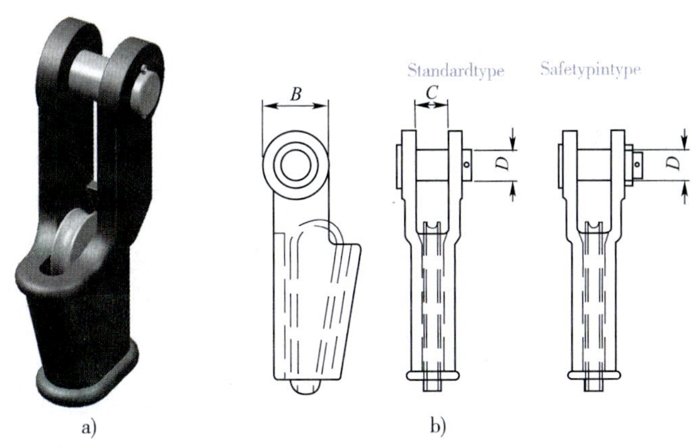

a)　　b)

No.	Wire (mm)	MBL (mm)	*D* (mm)	*B* (mm)	*C* (mm)
05	9~10	10	21	47	20
1	11~13	16	25	57	25
2	14–16	25	30	70	31
3	18–19	32	35	80	38
4	20–22	45	41	96	44
5	24–26	70	50	114	51
6	28	100	57	130	57
7	32	125	64	146	63
8	35	125	64	148	69
9	38	150	70	160	76
10	41	200	76	174	76
11	44–48	260	89	200	89
12	51	280	95	200	101
13	56	360	108	250	114
14	63	450	121	270	127
15	75	520	133	300	146

c)

图1-1-66　开口楔式索节

30. 锚链连接支架

锚链连接支架（CHAIN BRACKET）作为拖力点，主要用于连接锚链。如图1-1-68所示。

31. 重型嵌环

重型嵌环（HEAVE DUTY STUB-END THIMBLE）主要用于制作钢缆末端索节的内嵌结构。如图1-1-69所示。

a)

b)

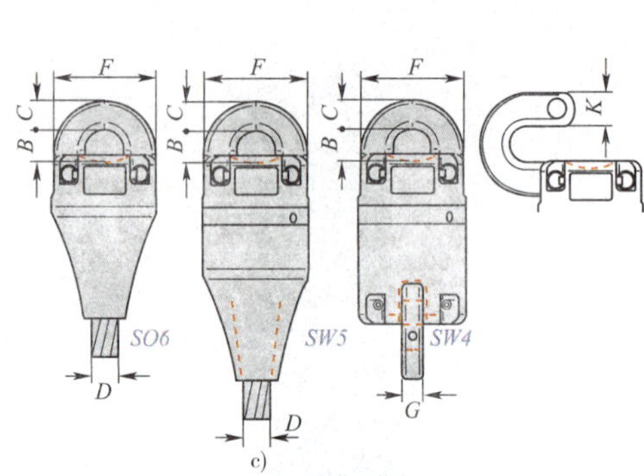

c)

d)

Wire dia（inch）	Suitable（chain）	SWL（ton）	MBL（ton）	B (mm)	C (mm)	D (mm)	F (mm)	G (mm)	K (mm)
2~2 1/4	2″	50	250	120	60	59	230	45	69
2 1/2~2 3/4	2 1/2″	80	400			75			
3~3 1/4	3″	120	600	120	100	86	380	70	114
3 1/2~3 3/4	3 1/2″	160	800	140	120	99	430	80	130
4~4 1/2	4″	200	1000			120			

e)

图1-1-67　转环

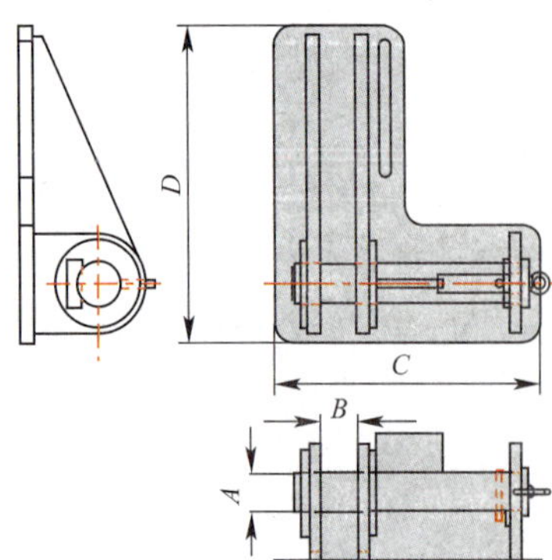

A（mm）	B（mm）	C（mm）	D（mm）
90	90	500	500
125	100	650	650
170	110	750	750
200	125	800	800

图1-1-68　锚链连接支架

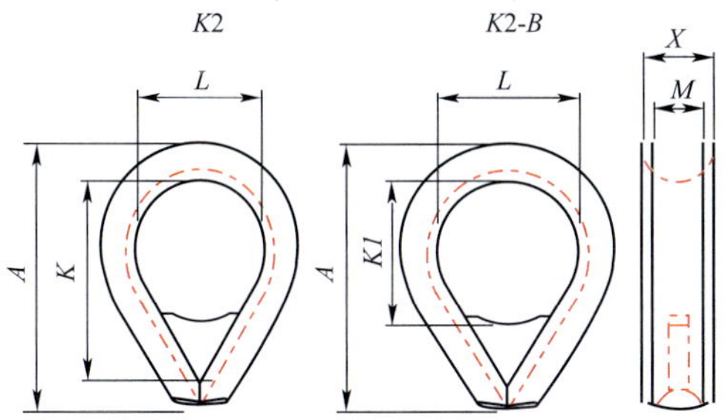

A (inch)	M (mm)	L (mm)	K (mm)	K_1 (mm)	X (mm)
2	9	22	35		14
2 1/2	11	30	45		16
3	13	35	55		18
3 1/2	15	45	65		20
4	17	50	75	50	22
4 1/2	19	53	80	50	25
5	21	60	90	60	29
5 1/2	23	65	95	60	33
6	25	70	120	70	34
7	30	80	140	75	38
8	33	100	160	80	44
9	38	115	185	110	49
10	41	120	195	120	52
11	46	130	215	120	60
12	52	140	240	140	65
14	56	150	250	150	68
17	70	180	310	185	82
19	81	220	360	2255	119
22	92	240	405	280	127
24	105	250	450	280	145
26	120	280	480	280	155

a)　　b)　　C)

图1–1–69　重型嵌环

32. 提锚圈

提锚圈主要用于套住锚链进行锚的抛起，通常提锚圈由半潜式钻井平台提供。如图1–1–70、图1–1–71所示。

Type	S.W.L. Tonnes	Proof Test Tonnes	Weight	
			kg	tb
BEL 102	100	250	1088	2400
BEL 106	130	250	1451	3200
BEL 110	130	250	1433	3160

a)

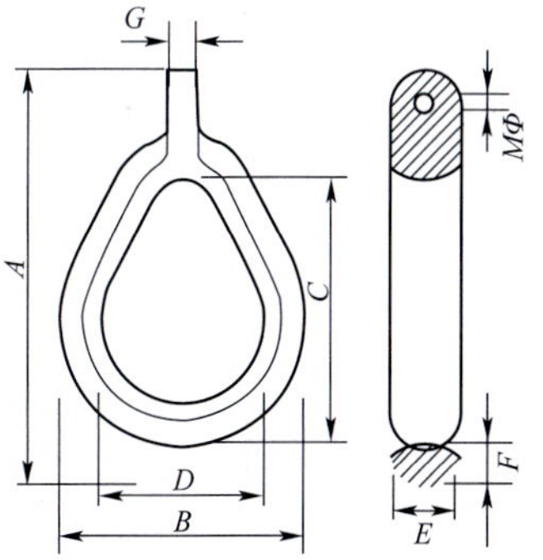

b)

Type		A	B	C	D	E	F	G	H
BEL 102	In	65.25	45.00	39.00	30.00	12.00	7.50	4.88	3.38
	mm	1657	1143	991	762	305	191	124	86
BEL 106	In	67.00	46.00	39.00	30.00	15.00	8.00	5.13	3.88
	mm	1702	1168	991	762	381	203	130	99
BEL 110	In	73.50	49.00	44.50	33.00	13.00	8.00	5.13	3.88
	mm	1887	1245	1130	838	330	203	130	99

c)

图1–1–70　BEL 102/106/110 型提锚圈的重量和尺寸

Type	S.W.L.Tonnes	Proof Test Tonnes	Weight	
			kg	tb
BEL 107	100	250	1238	2730
BEL 108	130	250	1656	3650
BEL 111	130	250	1742	3840

a)

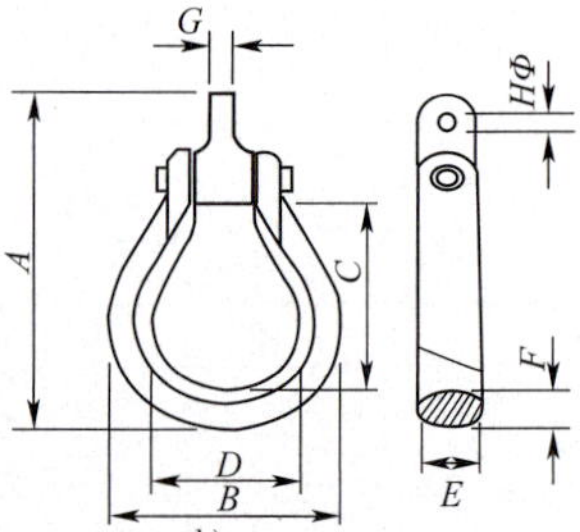

b)

Type		*A*	*B*	*C*	*D*	*E*	*F*	*G*	*H*
BEL 107	In	62.25	45.00	39.00	30.00	12.00	7.50	4.00	3.38
	mm	1657	1143	991	762	305	191	124	86
BEL 108	In	67.00	46.00	39.00	30.00	15.00	8.00	5.13	3.88
	mm	1702	1168	991	762	381	203	130	99
BEL 111	In	73.50	49.00	44.50	33.00	13.00	8.00	5.13	3.88
	mm	1887	1245	1130	838	330	203	130	99

Body and eye piece—BS 2789 GRADE 420/2　　ASTM A 536 GRADE 65/45/12
Hinge Bolt—NI-CR—MO Steel　　Lifting eye dimensions shown are standard for each type.
Nut—Stainess Steel　　Specials can be made to suit customer' s repuirements.

c)

图1-1-71　BEL 107/108/111 型可拆卸式提锚圈的重量和尺寸

33.主连环

主联环（MASTER LINK）主要用于吊装索具。如图1-1-72所示。

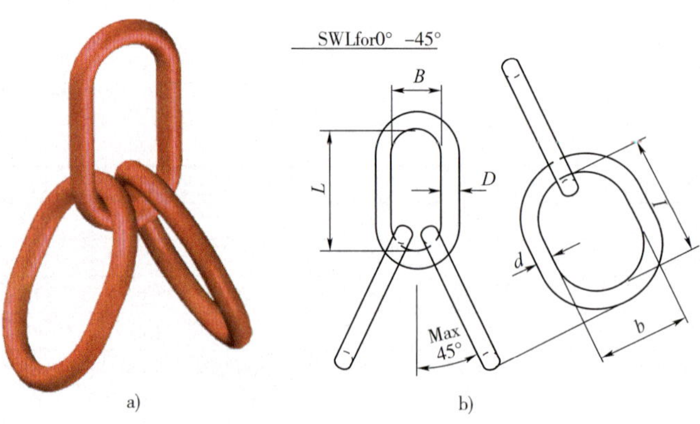

a)　　b)

SWL (ton)	*D* (mm)	*L* (mm)	*B* (mm)	*d* (mm)	*L* (mm)	*b* (mm)
50	63	460	220	63	430	300
75	73	460	220	73	430	330
100	80	500	250	80	460	330
125	90	560	270	90	500	330
150	100	600	270	90	560	300
150	100	600	270	100	560	330
175	100	600	270	100	560	300
175	100	600	270	100	560	330
200	115	600	400	90	460	260
200	115	600	400	100	460	330
250	115	600	400	100	500	280
250	115	600	400	115	600	400

c)

图1-1-72　主联环

34. 垂直导向轮

垂直导向滑轮（VERTICAL LEAD SHEAVE）主要用于钢缆垂直方向的导向。如图1-1-73。

a)

Suitable for rope sizes untill 3 ½.
Dimensions and materials on request.

b)

Also available:　BL2
2 SHEAVES FAIR LEADS 360°　TURNABLE
Matetial: Steel
Finish : Painted
Suitable for rope sizes untill 3 ½"
Dimensions and materials on request.

c)

图1-1-73　垂直导向滑轮

35. 水平导向轮

水平导向滑轮（HORIZONTAL LEAD SHEAVE）主要用于钢缆水平方向的导向。如图1-1-74所示。

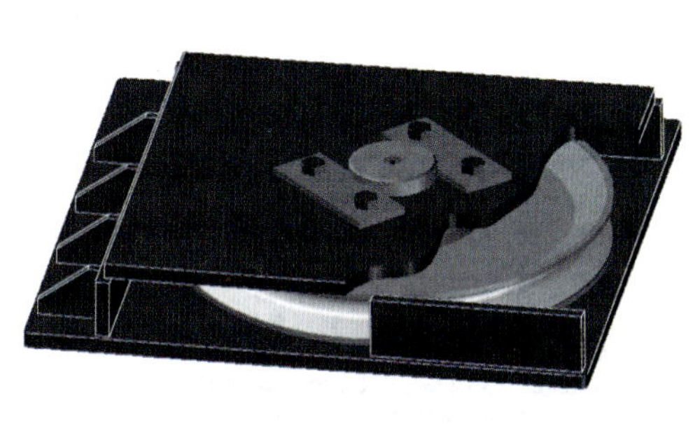

a)

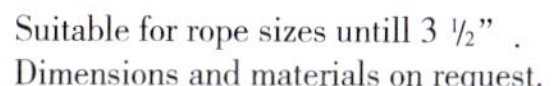

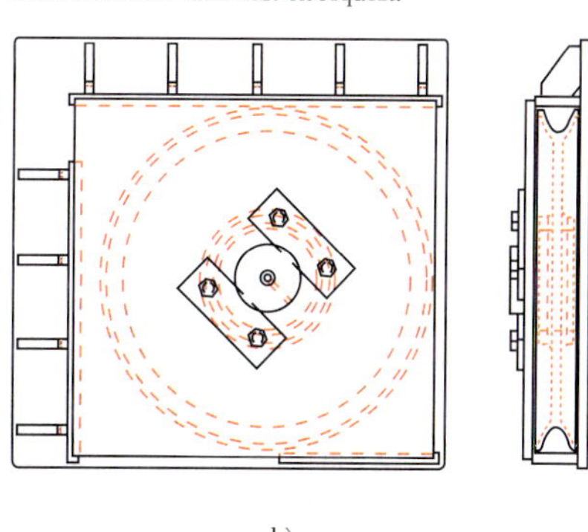

b)

图1-1-74　水平导向滑轮

36. 滑轮组

滑轮组（GN HEAVY AND LIGHT SNATCH-BLOCKS）主要用于吊装及导向。如图1-1-75所示。

37. 链条杆卷扬机

链条杆卷扬机（CHINA LEVER HOIST）主要用于提升设备，如更换拖缆机的锚链轮等。如图1-1-76、图1-1-77所示。

（7）浮筒捕套索：3套。

（8）Baldt铰链连接环：SWL110 t 3个。

（9）J形打捞锚钩：SWL110 t 1个。

（10）大负荷爪形打捞钩：4爪形SWL100 t 1个。

（11）大负荷轻便爪形打捞钩：3爪形适用于ϕ76mm直径的钢缆。

（12）大负荷快速制动脱钩：1个适用于ф76mm直径的锚链。

（13）无末端横挡的连接链条：连接打捞装置，ф直径76mm，长5m的连接链条1根。

（14）绞车钢缆（备品）：4套适合于绞车最大卷装量（至少100m），5倍安全系数。

（15）快速滑轮：4个，SWL8～10t。

（16）钢缆卡箍：6个适用于ϕ64mm钢缆；6个适用于ϕ68mm钢缆；6个适用于ϕ70mm钢缆；6个适用于ϕ72mm钢缆；6个适用于ϕ76mm钢缆。

（17）钢缆切割器：手动液压型具备切割ϕ35mm及以上的钢缆。

（18）绑扎索具：等级8高强度链条ϕ15mm；等级8用于链条的连接卸扣；Ramnes型安全钩 SWL8t；卷装钢缆ϕ22mm、ϕ24mm、ϕ30mm、ϕ35mm直径；卷装聚丙烯缆绳ϕ15mm、ϕ25mm、ϕ30mm、ϕ35mm直径；2套链条葫芦SWL5t。

（19）甲板工具箱：7磅大铁锤2把、4磅大锤2把、备用大锤手柄、圆头铁锤2把；长柄斧子2把；重型橇杠6把；重型冷凿6把；卸扣冲销器4把；大钳2把；管钳12″、24″、36″各2把；马林钉12″、18″各2根；弓形大钢锯 2把；活动扳手 8″、12″各4把；套筒扳手1套；钢缆卡箍；扳手，适合各种钢缆连接卡子各2把；金属锉刀，大型粗糙，平面和圆形的各3把；木锯，36″弓形；气动/电动圆片形打磨机，ϕ5″的圆片带刀和砂轮用于切割和打磨；防水手电 4把；大型木钉 8″、12″、16″。

（20）甲板仓库储备物料工具：适当配备。

（21）氧气/乙炔切割装置：适当配备。

（22）绞盘钢缆：ϕ24mm，20m长，带尾链条和安全钩 4套。

2. 抛起锚作业索具及工具使用要求

（1）抛起锚船船员应做到训练有素，形成良好的习惯，收集整理有用的作业索具和工具设备，用船东的标志颜色及时涂刷卸扣、短索、连接器、附属索具等装置，以构成船舶设备的组成部分。

（2）通常由作业对方给抛起锚作业船提供开口销、卸扣、短索等包括轻便作业缆和锚钩（用于挂解浮筒的专用快速脱钩），船舶上配备的仅作为作业中的应急或临时替代使用，在使用前要经作业对方许可、确认及记录，并按合同条款的约定处理。

（3）在使用中要根据作业负荷对所用型号进行认真选择，必须满足作业所需要的

安全负荷。

（4）所有卡环必须彻底地抹油保养及标志颜色（也便于识别自身的索具），船上还必须有完整的卸扣、钢缆、链条等及其相应的测试证书的清单。所有的卸扣必须带有开口销装入但不将开口销打开，这样以确保在需要使用卸扣时形成一个完整的整体。

（5）配备燃烧加热装置。装配及试验方面要确保备有备用汽瓶，燃烧装置由汽瓶、减压器、软管、手持装置、汽瓶阀、护目镜、备用喷嘴、喷嘴清洁装置、软管连接器。1套完整的备用手持喷枪。

（6）配备钢缆固定索。应备有各种不同尺寸的缆索，但通常应有4m长带软琵琶头安全工作负荷为3～8t的缆索。一些直径ϕ10mm长度1m带软琵琶头的短索也经常被用上。

3. 抛起锚作业索具的安全使用系数

抛起锚作业中如何正确确定索具的安全系数，对于抛起锚的作业安全及其重要。以下是与索具安全使用相关的缩写与术语。

（1）WLL：是指极限工作负荷；

（2）SWL：是指安全工作负荷；

（3）BL：是指破断负荷；

（4）SF：是指安全系数；

（5）PL：是指试验负荷；

（6）MBL：是指最小破断负荷。

其中：WLL＝MBL/SF，即最小破断负荷＝安全系数×极限工作负荷。

试验负荷介于极限工作负荷和最小破断负荷之间。

钢缆的安全系数的确定：对于起重作业，法规规定的安全系数为5；对于拖航作业，Noble Denton的规范要求的安全系数为2；对于起抛锚作业，目前没有统一的规定，但建议将安全系数设定为4。

三、抛起锚作业的甲板设备与索具布置

1. 用于半潜式平台提锚圈系泊系统的锚作设备与索具的甲板布置

用于AHTS为半潜式平台提锚圈系统的锚作船甲板设备与索具的布置如图1-1-78所示。

2. 用于半潜式平台浮筒锚泊系统的锚作设备与索具的甲板布置

用于AHTS为半潜式平台浮筒系统的锚作船甲板设备与索具的布置如图1-1-79所示。

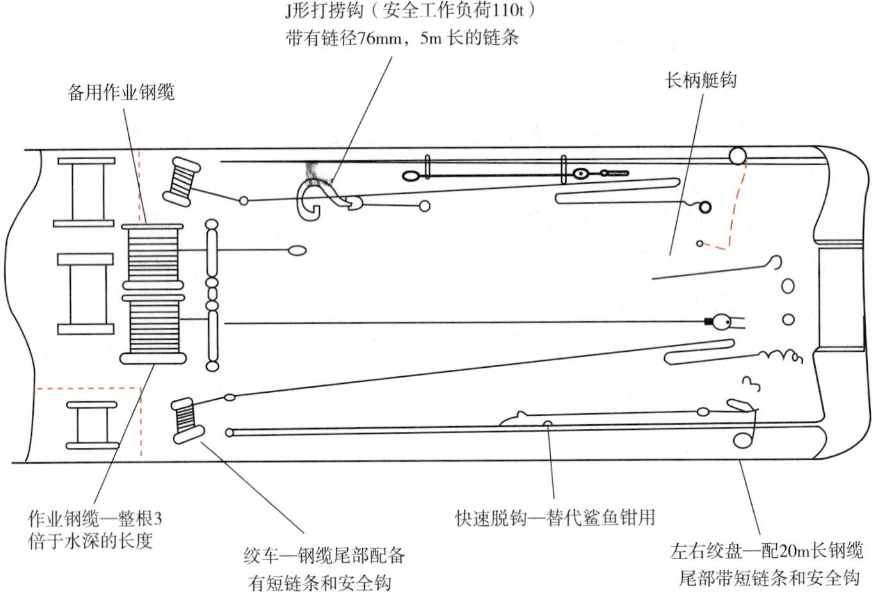

图1-1-78　用于平台提锚圈系统（PCC）锚作的甲板设备与索具布置

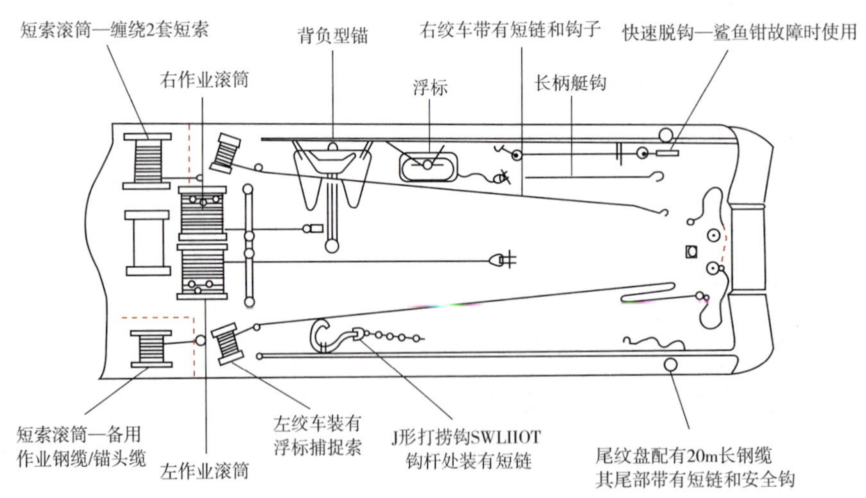

图1-1-79　用于平台浮筒系统锚作的甲板设备与索具布置

3. 用于驳船浮筒锚泊系统的锚作设备与索具的甲板布置

用于AHTS为驳船浮筒系统的锚作船甲板设备与索具的布置如 图1-1-80所示。

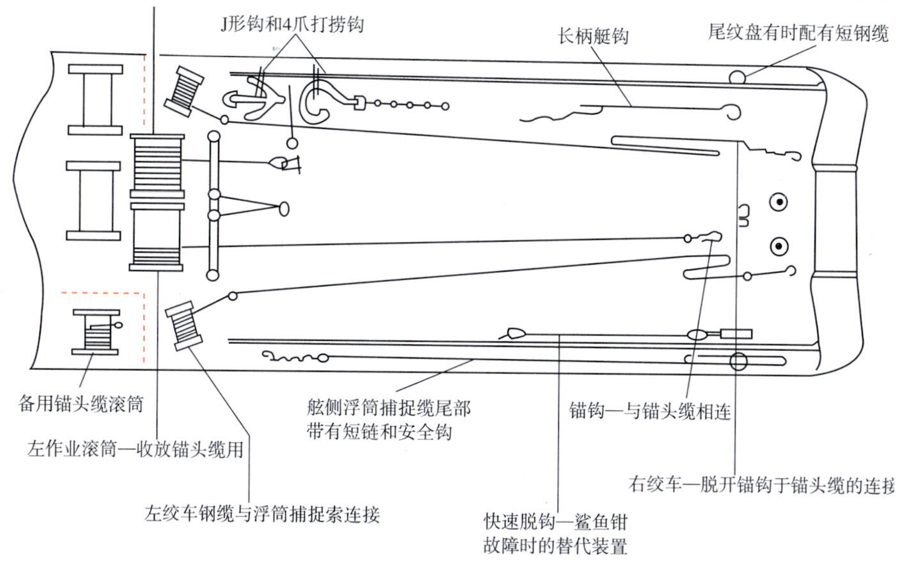

图1-1-80　用于驳船浮筒系统锚作的甲板设备与索具布置

第四节　抛起锚作业适用船型分析

一、北欧式拖曳锚作船AHT的特征、适用和局限性

北欧式的专业拖曳锚作船AHT设计非常完美，根本没有进一步改进的设计空间。图1-1-81～图1-1-83所示为某一北欧式的专业拖曳锚作船AHT，该船的主要技术性能如下：

①拖曳锚作船：北欧设计。

②船长45.7m，船宽13.0m，型深6.3m，吃水4.7m。

③功率9900HP，系柱拖力120t，拖缆1000m×64mm，侧推器2×600HP。

注意：北欧式的专业拖曳锚作船AHT工作甲板比较短，低舷墙，防撞杠和特殊的船艉滚筒口带有导缆器，可在拖带作业期间关闭。

未装有拖缆制动器——而仅在拖缆机滚筒后装有一种所需的重型构件。

还应注意，具有类似拖轮的圆形船艉。

1. 特征

（1）恶劣气象条件下优秀的抗风能力。

（2）在恶劣的海上高度机动的工作能力。

（3）可长时间持续快速运转大功率双卷筒拖缆机。

（4）工作甲板相对低的干舷易于进行浮标作业与抛起锚作业。

（5）装上重的护舷垫使该船型能够靠泊驳船并能进行旁拖。

（6）能够从拖带变到抛起锚作业而不需要复杂的索具。

（7）船艉的设计能允许船舶在船艉的下面很好地操作回收索和锚链。

（8）船艏护舷垫坚实，使得可进行顶推和海上靠泊作业。

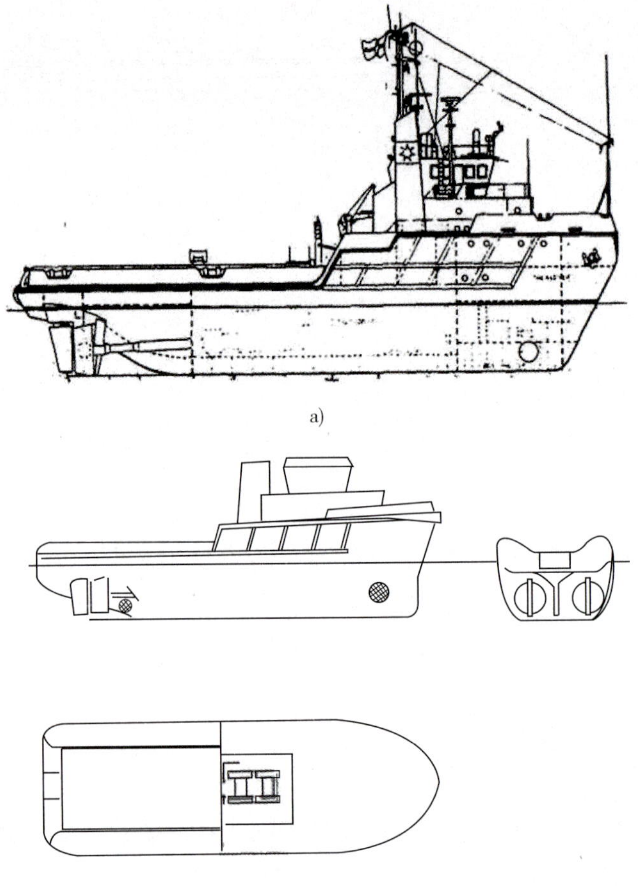

a)

b)

图1-1-81　北欧式拖曳锚作船AHT

2. 适用

（1）送出和收回驳船和钻井平台的锚，特别适合在高速和需要锚快速送出和收回时的铺管船和工程船工作。

（2）具有灵活性和足够动力，该船型在恶劣气候、水域受限时能起捞、抓住锚

具，并进行锚作业。

（3）特别是用在铺管施工作业时，进行海上拖带和驳船货物装卸作业，驳船必须接近和靠泊操纵。

（4）适合在水深高达243.84m和强水流和潮汐流的恶劣水域环境下进行抛起锚作业。

图1-1-82 北欧式拖曳锚作船AHT（功率9700HP）

图1-1-83　功率12000HP的北欧式拖曳锚作船AHT后视图

3. 局限性

（1）相对小的甲板空间意味着在携带/装载大锚和浮标时受到空间限制。

（2）船艉空间的限制会在把驳船最大的锚放在甲板遭遇困难。

（3）对于大量的驳船系泊锚链而言，锚链舱舱容相对有限。

（4）当在恶劣天气/强流时进行抛起锚作业，这些船只可能难以按预期使锚索受力。

（5）在水深达304.8m或在黏质海底即很黏稠的海底条件下可能不具有足够的功率来部署又长又重的系泊锚链。

（6）回收索的存储卷筒空间有限，可能无法卷起大量的回收索。

（7）进行长时间的深海拖带的续航性有限。

（8）在大风浪拖带中会失去很多拖力。

二、拖曳锚作供应船AHTS的特征、适用和局限性

拖曳锚作供应船AHTS最初出现在北海，当时主要用于为半潜式平台从事抛起锚及供应作业，目前该船型已经成为为海洋石油勘探、开发和生产的专用支持船，用途广泛。图1-1-84、图1-1-85所示为某一拖曳锚作船供应船AHTS，该船的主要技术性能如下：

①抛起锚拖带供应船。

②船长74m，船宽16.4m，型深8m，吃水5.7m。

③甲板载货量1300t，功率13300HP，系柱拖力150t。

④拖缆1400m × 72mm，侧推器3 × 1000HP。

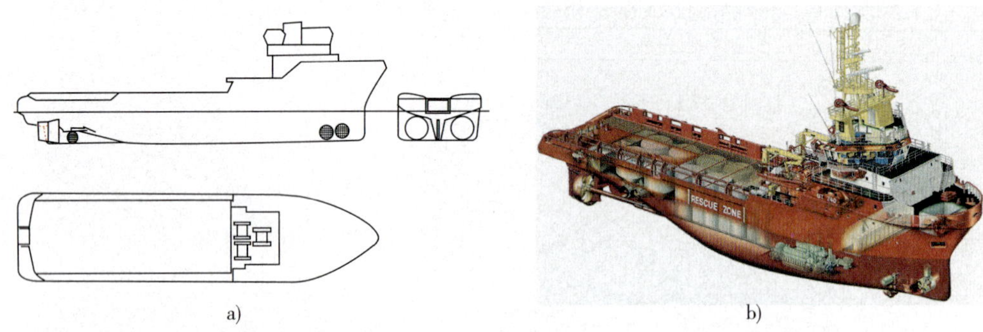

a) b)

图1-1-84 拖曳锚作供应船AHTS

a) b)

图1-1-85 典型的拖曳锚作供应船（AHTS）“海洋石油689”

1. 特征

（1）有较大的动力和很强的静拖力，带有大尺寸大容量的甲板装载空间。

（2）现代化的拖曳锚作供应船AHTS有多个推进器和螺旋桨系统提供出色的操纵特性，能在较恶劣天气中作业。

（3）强有力的多滚筒拖带和抛起锚拖缆机，带有电动卷轴，可以在相应水深的海域进行抛起锚作业，一些该类型船舶具备在深水、甚至超深水海域从事起抛锚作业。

（4）大容量锚链舱能装入相当长的平台锚链。

（5）大甲板空间和船艉面积允许最大的锚、浮标和其他设备，当进行锚作业或拖航作业时，可在甲板上进行操作和装载。

（6）能运载大量的燃油、淡水等物资。

（7）甲板空间还有其他特别作用，如放置电动电缆卷轴、起重机、A型架构、潜水/遥控潜水器展臂、固井支持、酸化压裂支持等。

2. 适用

（1）是海洋石油油气勘探、开发、生产和相关作业的通用支持船。可在较恶劣海域中运锚、装卸货物、甲板上装载干散货和液体货。

（2）理想的专业系泊和抛起锚作业，如SBM系泊设备，需要大型甲板空间和锚链舱容量。

（3）非常适合在极深水域使用最大型的系泊设备时进行抛起锚作业。

（4）由于它们在中等水深条件下，出色的续航性和良好的拖航特性，被越来越多地应用于跨洋拖航，特别是那些静拖力超过130t的拖曳锚作供应船AHTS。

（5）越来越多地专门用于拖航/抛起锚作业，如拖带装载有大型基础平台，TLP和其他类似结构的驳船。

（6）能进行施救。

（7）很适合于铺管船、工程船同时从事其他作业。

3. 局限性

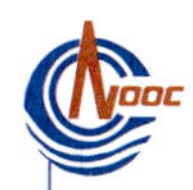

（1）最大的船只在操作时相对比较缓慢，与AHT相比，在进行铺管船和工程船的抛起锚作业时，拖缆机系统操作速度相当缓慢。

（2）不太适合旁拖（驳船操纵）。

（3）船型太大，在受限水域只能缓慢进行装载作业。

（4）在进行普通拖航作业时，必须非常小心谨慎，以确保拖缆、受力点等有足够强度，能配合拖带设施和船舶动力。

（5）由于吃水较浅和艉部构造，海况恶劣时，在深海拖带会丢失拖力。

三、美国式拖曳锚作船AHT的特征、适用和局限性

图1-1-86～图1-1-88所示为某一美国式的拖曳锚作船AHT，该船的主要技术性能如下：

①船长35m，船宽10.3m，型深5.64m，吃水4.4m。

②主机功率4500HP，系柱拖力51t，拖缆800m×58mm，侧推器1×400HP。

1. 特征

（1）比较大的宽长比，船艏较高，船艉干舷低。

（2）强劲的引擎及船艏结实的护舷垫。

（3）通常安装有双滚筒快速拖缆机，一个滚筒用于拖带，另一个用于抛起锚作业。

（4）非常灵活，对操舵和引擎作出快速反应。

（5）拖带/工作甲板小，通常只有大约1/3船艉滚筒的长度，相对于北欧式AHT型船，通常较小。

（6）通常以相当大和复杂的甲板桅屋结构为特点。

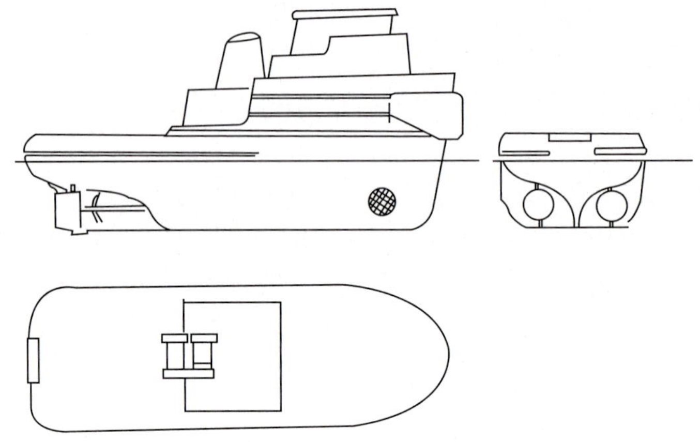
图1-1-86 美国式拖曳锚作船AHT

图1-1-87 小型化北美拖曳锚作船AHT

图A1-1-88 大和小的美国式拖曳锚作船AHT一起作业

2. 适用

（1）非常适合在浅水到中等水深，从铺管船和工程船上“吊起”锚。

（2）在拖带货驳和定位作业方面性能极佳，可用于顶推、旁拖和直线拖带。

（3）对自升式钻井平台的拖带和就位操作，特别是在受限水域和油气田内，非常有用。

（4）较大型的该船型具有良好的深海拖带性能和续航性，拖带时能维持足够的抗风浪能力。

3. 局限性

（1）后部低干舷、开放的拖带甲板导致即使在一般海况时，船只也很湿。在开阔

海域天气条件下工作往往比较危险。

（2）低干舷，带有艉滚筒的有限船艉面积和后部小甲板导致在甲板上难以操作大锚，即使在一般海况时也很危险。

（3）空间、干舷和拖缆机功率可能限制了很重的锚链系泊系统的操作。

（4）有限的短索滚筒空间会限制大量回收索的存放。

（5）船艏侧推器的性能差，限制了在强水流条件下的作业能力。

（6）在装备复杂的系泊设备时，甲板空间不足是一个严重的问题。

（7）在超过91.44m（300ft）的水深进行锚作业时，经常动力不足。

四、远洋救助拖轮的特征、适用和局限性

图1-1-89、图1-1-90所示为某一远洋救助拖轮，该船的主要技术性能如下：

①船长68m，船宽13.5m，型深6.8m，吃水6.9m。

②主机功率10000HP，系柱拖力120t，拖缆1700m×66mm，侧推器1×1000HP。

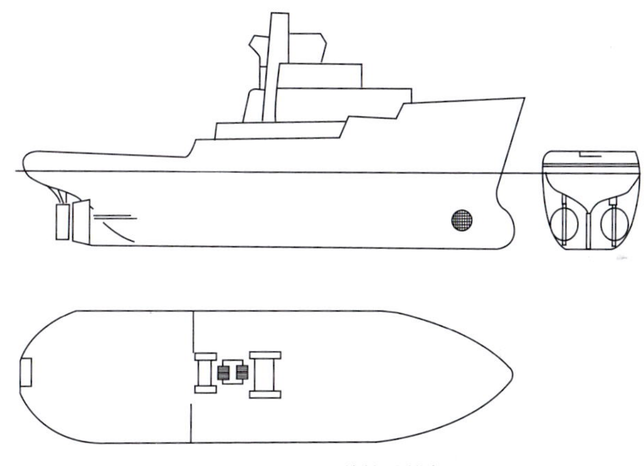

图1-1-89　远洋救助拖轮

1. 特征

（1）大动力/系柱拖力，具有大排水量和船型构造，可用于大风浪中作业。

（2）高度自由运动的速度，中度至良好的操纵特性。

（3）专门设计的拖带绞车，用于绞起大量拖缆，承受力大。

（4）通常配有充足的辅助绞车、绞盘、起重机、工作艇、消防及污染控制设备。

（5）可携带大量用于救援的拖带设备、重型索具、潜水设备、锚具以及便携式水泵、发电机和车间设施。

（6）相对局限的后部工作甲板和为拖带作业设计的船艉面积，限制了通过船艉进行抛起锚作业的能力。

（7）燃料和其他储备品可供长时间续航。

a)

b)

图1-1-90 远洋救助拖轮

2. 适用

（1）救援和救捞各类海上船只，具有消防灭火、损害控制和拖带作业的功能。

（2）能协助救捞搁浅和沉没的船只、飞机和其他物体。

（3）能拖带所有漂浮物和船只跨海航行。

（4）能进行高度专业化的海洋作业，满足民用和军用的要求，抗风浪能力强的拖轮可长时间在偏远地区独立作业。

3. 局限性

（1）不适合海洋石油油田的抛起锚作业，拖带绞车类型不对，船艉滚轮太小，船艉部位的形状不对，工作甲板局限而不能把大锚放在甲板上等。

（2）相对油田AHT/AHTS型船，灵活性不足，在非常局限的空间中操纵缓慢、臃肿笨拙。

（3）在浅水区，深吃水是极大的限制。

（4）当拖带海上设施时，特别是载人自升式钻井平台和半潜式钻井平台，拖曳船船长和海上设施负责人之间需要认真简练沟通和通力合作。在恶劣天气下，这一点尤其重要，双方的忽视可能导致不正确的航程计划和决策。

第二章　500～1500m深水抛起锚作业设备与索具配置

第一节　抛起锚作业主要设备及功能

一、电动拖缆机

1. 简介

本章所论述的是A型、瀑布型（waterfall type）电动拖缆机。电动拖缆机由轴带发电机或港口发电机发电，再通过主配电板到电器面板送到直流电机。

拖缆机配置由在顶部抛起锚滚筒和两个在该卷筒下方的前面的两个拖带滚筒组成。每个拖带滚筒配有一个可根据型号更换的链轮。

拖缆机配有4个电动马达。根据所需张力，抛起锚滚筒可由2个或4个马达驱动，而拖带滚筒则由1个或2个马达驱动。马达可通过离合器（clutches）或小齿轮传动装置（pinion drive）耦合。滚筒的离合由电力（power pack）驱动的液压离合器控制。

滚筒的刹车系统亦由电力驱动，当没有接通电源时，带式制动器（band brake）总是在“合上”的位置。

除了带式制动器，每个电动马达还配有水力制动器（water brake）和盘式制动器（disc brake），盘式制动器位于电动马达和齿轮箱之间。水力制动器连接到齿轮箱。在正常工作范围内，50%刹车力来自水力制动器，另外50%来自盘式制动器。

滚筒通过小齿轮传动装置的轮轴离合器进行驱动，小齿轮传动装置通过中央润滑系统连续润滑，以确保在工作期间良好润滑。拖缆机上的操作手柄控制润滑系统，仅有活动的小齿轮被润滑。

每个拖缆机配有一个“盘缆设备（spooling device）”，以确保在滚筒上正确均匀绞起钢缆。盘缆设备由上述同一个电源箱供电的液压系统操作。

“十字架（crucifix）”结构把拖缆机区域和主甲板分开，同时也隔开拖缆机上不同的作业钢缆。“十字架（crucifix）”结构是拖缆机场地构架的一部分。

2. 拖缆机操作

拖缆机可从左舷后部的平台上进行操作，也可直接在拖缆机上操作。直接在拖缆

①离合器手动控制；

②没有滚筒合上离合器；

③已指定作业滚筒。

5. 拉力

（1）钢缆静载拉力（Static wire tension）

钢缆/锚链在破断负荷时所测得的拉力。此时滚筒不旋转并且带状制动器（band brake）在“刹车（ON）”的位置，拉力从“张力仪（strain gauge）”读取。

（2）钢缆动载拉力（Dynamic wire tension）

钢缆 /锚链拉力从实际的马达转矩测得。马达处于旋转状态或几乎停止但没有刹车。

（3）钢缆最大张力（Max wire tension）

钢缆 / 锚链能够通过马达把静拉力转换为动拉力的最大可获得的拉力。

6. 超速

马达超速运转是拖缆机故障最为常见的原因。所以最为重要的一项工作就是避免马达超速。

当钢缆/钢链负载超马力所能牵引或制动的力时，发生马达超速现象。此时滚筒开始不受控制地松出钢缆/钢链。

通常可用下列方法来避免拖缆机超速：

①当松出速度超过100%，全水力制动，代替50%电动制动。当速度少于100%，自动回到50%电动制动和50%水力制动。

②当松出速度超过105%，50%用带式制动。当松出速度少于100%开自动选择制动。

③当松出速度超出110%，100%用带式制动。

④当松出速度超出120%，停止马达。用盘式制动器。马达保持电动刹车直到平衡或绞车停止。

7. 制动器

（1）水力制动器

水力制动器是为了防止马达超速，并作为电动制动的补充来装配。由于水力制动器的特性，当电动马达开始制动时，水力制动作为制动放大器。绞车马达在低转速时有很好的制动效果，水力制动则作用很小。在较高转速时，水力制动效果增大，其作用非常明显。

（2）电动刹车（电负载仪，Resistor bank）

负载仪吸收在松缆过程中产生的电流。部分电流供应到轴带发电机的电流减少负

载上。如果由于电力消耗小而无法吸收已产生的电流，则在电负载仪进行“烧掉burnt off”。轴带发电机不受回流电流的影响，因而不能从主配电板接收电流。

（3）带式制动（band brake）

拖缆机装配的带式制动器直接作用于卷筒。带式制动器确保在操作手柄位于“零”和模式转换时，滚筒不会旋转。当滚筒可以旋转时，进行模式转换，则会导致损坏。

带式制动器的50%刹车力来自内置于刹车缸头的弹簧，另外的50%来自液体压力。刹车带通过供应到刹车液压缸头的液压动力工作。

如果要控制松出而不使马达超速，则使用“带式制动模式（Band brake mode）”。在该模式下，只有当带式制动器起制动作用时，卷筒才脱开离合器。

带式制动器设置到最大的制动力（小于2%），该值接近于100%。此时，带式制动器可调节到所需的张力。张力控制可在0%～100%之间设置，其中0%是指完全制动，而100%指完全没有制动，即马达可自由旋转。

8. 盘卷钢缆

卷起钢缆最为重要的工作就是正确盘缆。

由于钢缆的型号和尺寸多种多样，所以没有全自动的盘缆设备。在盘卷带有连接件的钢缆，应特别小心。因为这些连接件（如卸扣）会在盘卷过程中损坏钢缆。对于长钢缆，也应密实盘卷，以防止在受力增加时，上层钢缆切入到下层。

钢缆长度是用圈数来测量的。如果钢缆没有正确盘卷，显示在SCADA监视器的钢缆长度数字将会错误。如果导向滚轮没有足够敞开，当连接件（connection）通过时，“盘缆设备”将会损坏。应密切注意钢缆和卷筒工作状态。安装在拖缆机间不同地方的摄像机，可以从不同角度监控拖缆机。

9. 调整马达扭矩

马达扭矩是可调整的（HT控制）。这在操作易于由于马达功率较大而损坏的小尺寸的钢缆很有用。

利用绞车控制面板上的电位计（pot-meter），马达的扭矩可根据钢缆的破断负荷在0%~100%之间进行调整。

通常HT控制设置在100%。应特别注意马达扭矩小于100%的情况，因为此时制动力降低。

10. 张力控制（tension control）

在用提锚圈进行起锚作业（chasing out of anchor）过程中，要进行张力控制。

一旦拖缆机处于提锚模式，按“CT开”，则所需的张力可设置在CT-电位仪CT-Potentiometer）上。在提锚圈提锚过程中，当实际张力超过设置张力时，拖缆机开始

松缆。

11. 应急释放装置

快速释放装置下列行动将被自动启动：

①准备：快速释放（按下快速释放按钮）。

a. 液压蓄力器（Hydraulic accumulator）1和2（螺线管KY1和KY2）在“开”状态。b. 带式制动力接近100%，工作马达断电，目的是当盘式制动器脱开时，有制动作业的制动器脱开。如果绞车离合器脱开，快速释放程序将继续执行。

如果绞车离合器脱开，执行快速释放（仍然按下快速释放按钮）：

a. 合上盘式制动器。

b. 当按下快速释放按钮时节，带式制动器接近7%。

c. 当按下快速释放和全部释放（full release）按钮时，带式制动器位于100%。

②停止快速释放（快速释放按钮松开）。

当液压泵工作，带式制动器接近100%；当液压泵不工作时（只有弹簧作用）带式制动器接近50%。

二、液压拖缆机

1. 简介

液压拖缆机和电动拖缆机的操作区别很小。利用拖缆机手柄操作钢缆的绞进和松出，并控制速度。拖缆机设计根据船型不同有多种布局。有些船舶装配2个拖带滚筒（towing winch）和2个锚作滚筒（anchor handling winch）（P型）。最近交付、带液压拖缆机的（B型）有1锚作和2个拖带滚筒。两种型号拖缆机在拖带滚筒均安装有链轮。

2. 布置（B型）

图1–2–2所示拖缆机为瀑布型拖缆机，由一个锚作滚筒和两个拖带滚筒组成。

为运行拖缆机，在泵房安装4个大功率液压泵，它们为8个液压马达供应液压油，马达传送力矩给合上的离合器，再传递给驱动轴，驱动轴为拖带滚筒共有。锚作滚筒不能离合但能够固定合上离合，操作在控制面板的遥控开关，就能使液压油进入到锚作滚筒里。这个拖缆机有4个变速箱，其中2个为锚作滚筒，另外2个分别为拖带滚筒。

3. 离合器布置

为了合上和脱开拖缆机滚筒制动器，安装有电源箱以给所有离合器供应电源。

两个滚筒可同时合上离合器。在部分船舶上，不能进行“高速”或“低速”离合操作。由驾驶室上的控制面板进行操作离合器。在这个面板上，可以进行离合操作，以及选择为锚作滚筒或拖带滚筒提供液压油。

在合上离合之前，制动器必须在“刹住”位置。如果试图执行非法操作，则监视

器将响警报。

4. 制动器布置

液压拖缆机有两套制动器。液压制动器通过马达和机械带式制动器起作用，可以手动操作。

当液压油通过马达碟片时，液压制动器开始动作。当钢缆受力时，液压马达在慢转速总会存在一定的滑失，所以可以观测到虽然操作杆没有动作，但拖缆机滚筒还是会慢慢松出。假如操作要求钢缆100%系固好，则制动器就必须放在“刹住”位置。

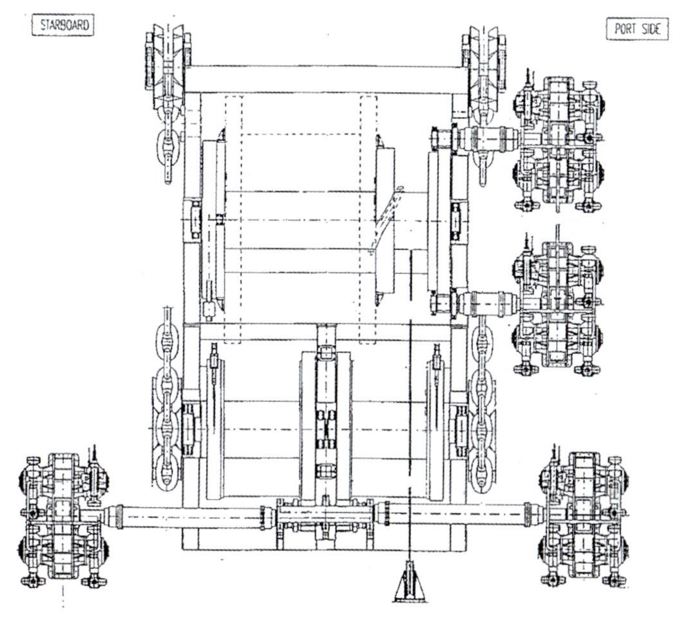

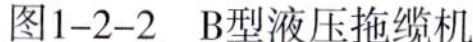
图1-2-2　B型液压拖缆机

5. 拉力控制

作用于钢缆/锚链的最大拉力取决于主液压系统内的压力。可以通过装在控制面板上的拖缆机电位计（potentiometer）来调整。如果拉力增加到高于调整值，则拖缆机松出钢缆。这对提锚出水很有用，以避免提锚圈和提锚圈短索断裂。

6. 应急释放（Emergency release）和极限释放（Ultimate release）

当应急释放按扭按下，刹车带提起，液压系统压力减到最小，引起拖缆机松出。正常超速保护启动。

如果没有连接到马达的拖缆机滚筒被应急释放，通过带式制动器会产生小制动力，足够保护钢缆，避免在滚筒上挤压。

极限释放按按钮有同样的功能，仅仅不同的是超速保护系统没有启动，这可导致

拖缆机马达严重的损坏。

7. TOWCON拖带控制系统

TOWCON2000拖带控制系统是控制和监测所有拖带功能、拖带钢缆传送、拖带被拖物和绞进拖带钢缆的控制系统。如图1-2-3、图1-2-4所示。

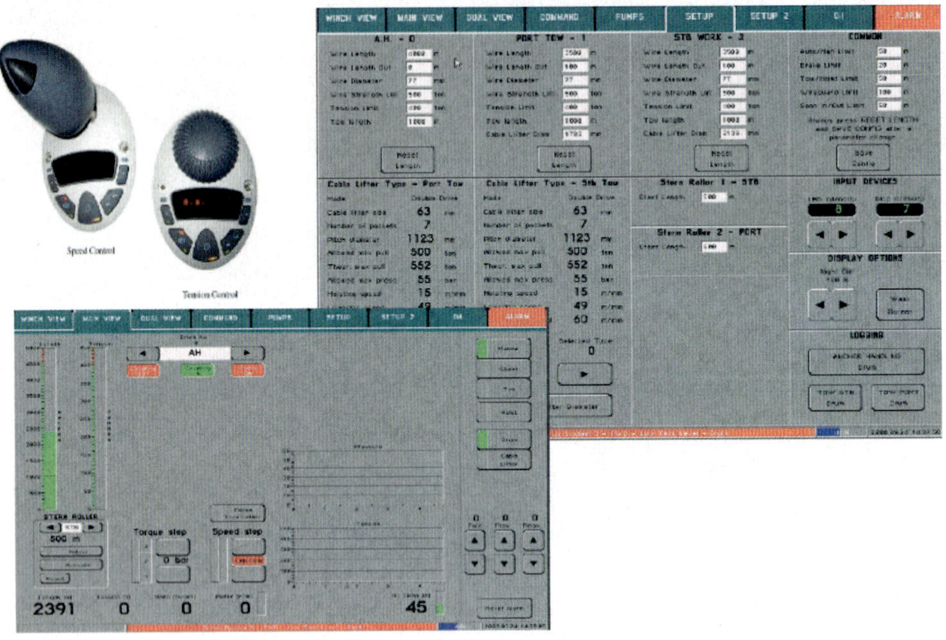

图1-2-3 TOWCON2000拖带控制显示系统

这个系统操作动态拖带（dynamic towing）、液压刹车和带刹车的静态拖带（static towing）。钢缆长度、设置的最大拉力、实际钢缆拉力、钢缆速度、马达压力、马达温度和马达转速等所有数据提交给高分辨力LCD图像监测器进行显示。

系统会在异常情况发生或特殊状况时向用户提交警报。警报阈值、钢缆数据和控制参素都可方便进行设置。系统还能够模拟多个功能，并配置有一个误差测量系统，能读取统计数据。

该系统具有机械尺寸小，容易安装的特点。

三、鲨鱼钳系统

1. TRIPLEX鲨鱼钳系统

该设备装置用来安全操作钢缆和锚链，使安全连接/解开锚系统成为可能。现代的大马力海洋石油支持船大部分提供有双套设备，在后甲板左、右舷各一套。装在现

代船上的最大设备SWL700t，能够操作7英寸锚链或直径达到175mm钢缆。两套控制面板在驾驶室靠近绞车操作面板后部，面板位于对应设备的左边和右边。左边设备服务于左侧TRIMPLEX鲨鱼钳和拖销，右边设备服务于右侧TRIMPLEX鲨鱼钳。如图1-2-5～图1-2-9所示。

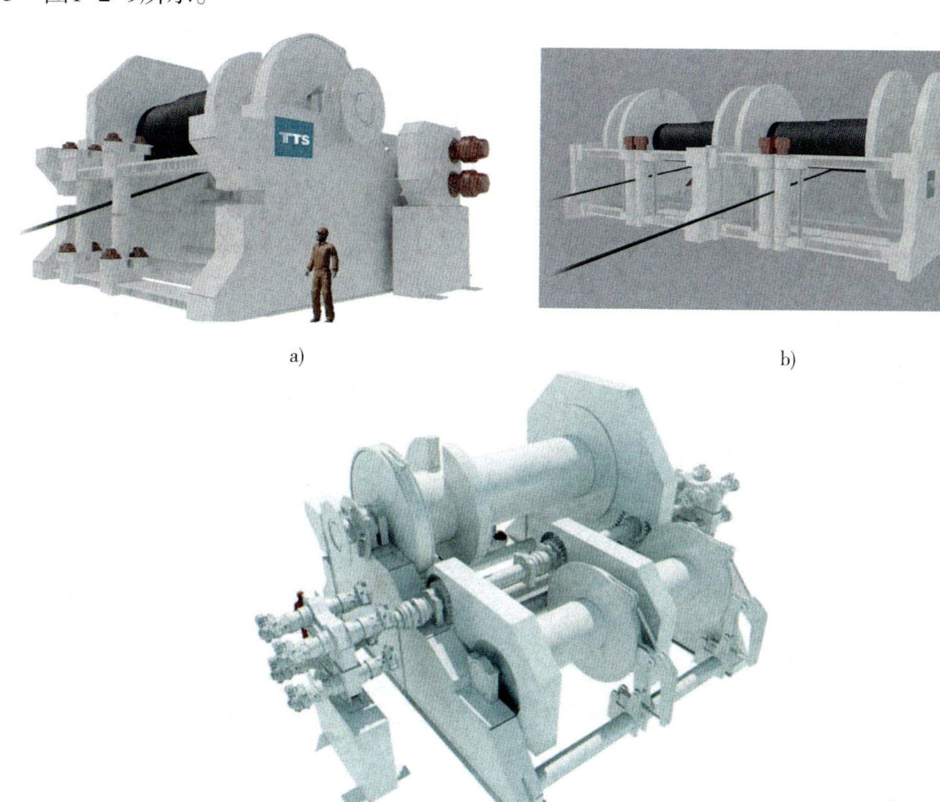

a)

b)

c)

图1-2-4　拖缆机

a) 500TAHT拖缆机及钢缆；b)带钢缆的第二台拖缆机；c)液压拖缆机结构图

在这些面板任何操作之前，最重要的是操作者已经熟悉设备的功能并且任何操作都符合驾驶员的指令。如果指令不清楚或不明确，操作者必须问清楚正确的信息，避免任何疑问或误操作发生。

TRIMPLEX鲨鱼钳设备说明书已经修正符合最新格式并且当他们出现在最新和将来新装备上正确描述设备，在那里公司决定修改现存的设备使它符合安全。

设置主要是TRIMPLEX，但APM已经增加相当一些改变到设备上，以便提高和完善安全和责任。TRIMPLEX生产商没有执行该修改作为他们基础设备的标准。该修改的进

展由APM基于经验准备和完成。丹麦海事局已经审核该改进。

图1-2-5 钳爪后观察的“闭合/紧锁”状态

图1-2-6 向船艉观察的“闭合/紧锁”状态的钳爪（钢缆钳 升起1/3，导缆销处于“闭合”状态）

图1-2-7 双套的钳爪、钢缆钳和导缆销（向船艉观察，A型船舶）

图1-2-8 从驾驶室观察（A型船舶）

图1-2-9 向船艉观察（鲨鱼钳钳住钢缆）

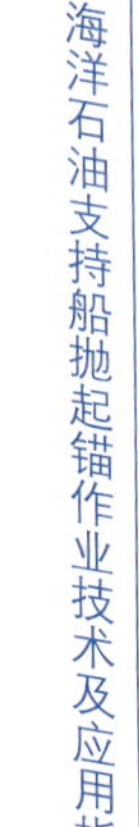

2. KARM FORK鲨鱼钳系统

该设备装置用来安全操作钢缆和锚链，使安全连接/解开锚系统成为可能。现代的大马力海洋石油支持船大部分提供有双套设备，在后甲板左、右舷各一套。Karm Fork系统是一个抛起锚操作和拖带的专利设计。该设备由一个嵌入到甲板结构的宽大、粗的基座支撑，鲨鱼钳爪钳（fork）从基座垂直升降。高压液压缸为Karm Fork设备提供动力。Karm Fork通过更换闭锁器（U-insert u型内胆，insert）可适应于不同型号的钢缆/锚链。如图1-2-10 ~ 图1-2-15所示。

图1-2-10　有顶盖的Karm Fork钳爪处于升起状态

图1-2-11　Karm Fork钳爪和导销处于升起位置（MAERSK DISPATCHER）

图1-2-12　Karm Fork钳爪和导销处于升起位置（安全销插入状态）

图1-2-13　Karm Fork钳爪和导销处于升起位置（安全销插入状态，锚链被两侧钳爪钳住）

Karm 拖销系统是一个抛起锚操作和拖带作业的专利设计，该设备由一个嵌入到甲板结构的宽大、粗的基座支撑。拖销在底架上垂直升降。Karm 拖销有盖板（flap）水平锁住。当拖销向上升起，盖板转向另一侧。该系统把钢缆/锚链钳住在“方形区”内，避免其跳出拖销。高压液压缸头为Karm Fork设备提供动力。Karm Fork和拖销全部

安放在同一基座上。

现在装在APM船上的最大设备安全工作负荷SWL为750t，能够操作6英寸锚链。

在对面板进行任何操作之前，最重要的是操作者已经学习手册，熟悉设备的各项功能，并且按照驾驶员指令进行操作。如果指令不清楚或不明确，操作者必须问清楚正确的信息，以避免误操作发生。

图1-2-14　Karm Fork钳爪和拖带导销处于可用状态

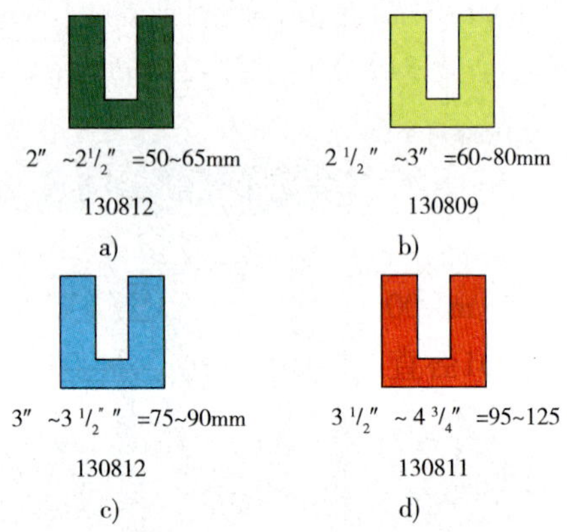

图1-2-15　KARMFORK鲨鱼钳U型内胆

3. 拖销、制动器以及类似设备的使用

在采用电力操作设备之前，那些在抛起锚作业期间受力下的回收索、锚链和其他设备，是利用传统工具加以制动，比如对钢缆用木质制动器、对锚链、脱钩链节、速脱钩使用制链钩，但需要一个快速释放装置。

受力的钢缆和锚链通过船艉槽型滚轴、移动式销子，某些船是通过导向滑车，被引向制动器。

KARM Fork式鲨鱼钳、 Ulstein式鲨鱼钳、Triplex式鲨鱼钳系统会令钢缆和锚链的操作更快更好，同时比以往的设备更安全。如图1-2-16 ~ 图1-2-20所示。

现代多数制动器系统有各种各样的“内置”板块或模子，以便制动器系统可处理多种直径的钢缆、锚链，包括楔形模块中线制动设备。

现代系统一般包括两个部分：制动器和位于制动器后面的一套拖销。

拖销位置能让钢缆或锚链位于其间，通过导向制动器，即使需要使用小绞车或绞盘钢缆进行调整。摆动船艉也可带动钢缆/锚链，使它准确穿过制动器。

多数系统是液压操作，其控制站位于船艉末端的防撞杠内及驾驶室的后控制站。

虽然制动器并不用于承受极端负荷，但现代的制动器非常坚固，安全工作负荷很高。大多数类型在控制站设有应急释放装置。KARM Fork鲨鱼钳 和Ulstein鲨鱼钳采用了人工安全销，能防止钢缆或锚链脱出制动器，特别当存在向上拉力时。

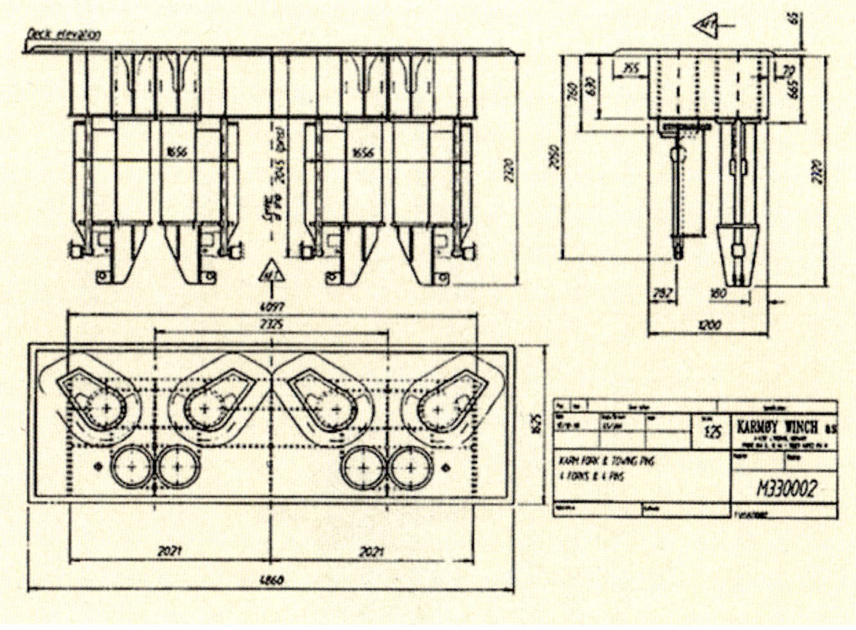

图1-2-16　KARM Fork和拖销（4叉爪和4销）

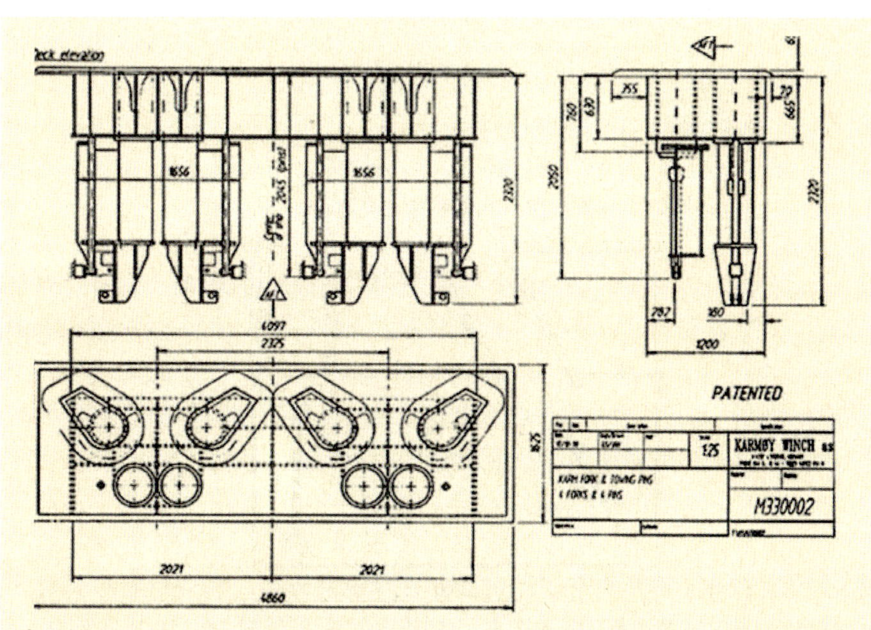

图1-2-17　KARM Forks中加入U形口

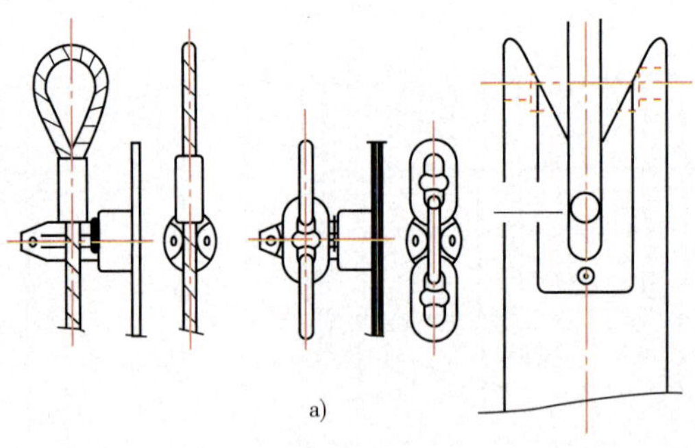

a)

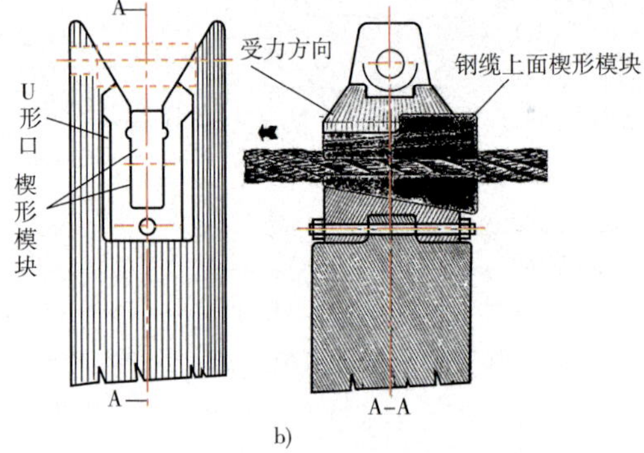

b)

图1-2-18　U形口和楔形模块KARM fork中线制动设备

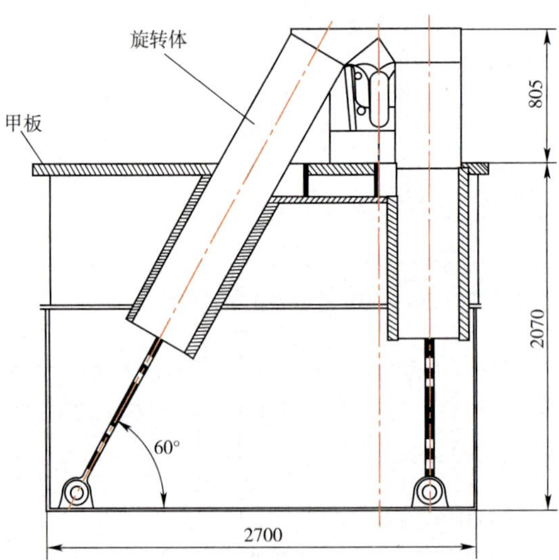

图1-2-19　Uistein式拖销可以提供两种配置

（有两个垂直销子或一个销子在操作时存在一个角度以提供一个锁定功能）

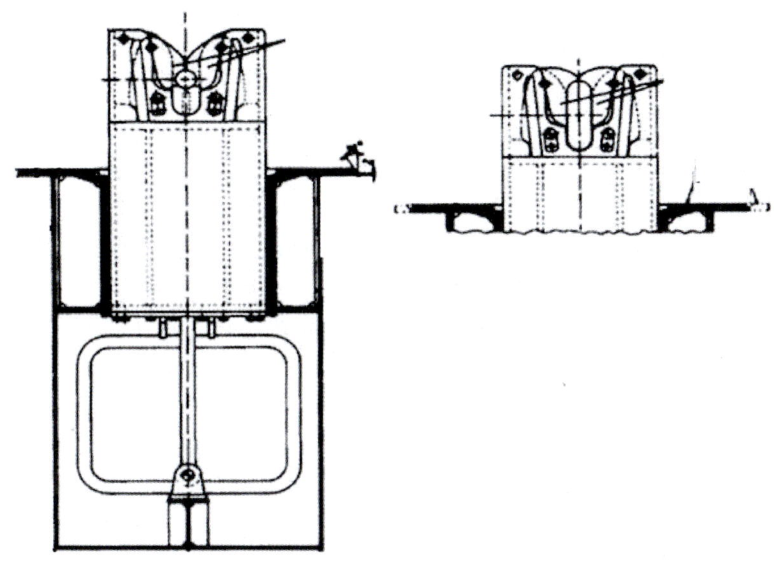

图1-2-20　Ulstein 式鲨鱼钳显示在钢丝和链条结构上安全负荷440t

拖销也是液压的，加上一个能自由旋转的外面的套管，当钢缆或锚链被拖拉或被改向时，销子不会受影响。

有的拖销设计了可旋转的顶板，或若是Triplex式制动器，双拖销当升到最高时上部接触。此功能是一种安全装置，以防止钢缆或锚链脱出销子。

操作Ulstein Jaws和KARM Forks鲨鱼钳时， 钢缆或锚链受力而离开甲板，使得卸扣、连接链环或快速脱钩，可以容易连接或解开。因为这类组件在完全展开和收回的幅度内，可以调整到所需的任何高度，这使得甲板部船员更容易操作。

TRIPLEX式制动器通常有一个小的伸缩销，位于制动器板前方。当销子伸开时，顶起被制动的钢缆或锚链，使其离开甲板。

安装在船上的任何特殊系统都值得好好学习，应注意以下事项：

①如果失去液压压力，拖销和制动器会不会倒下或缩回？

②拖销和制动器能不能从隐藏在船艉的液压动力装置上，通过螺线管、往复阀上的手动控制器进行操作？

③拖销和制动器能不能手动或使用蓄电器？

④在满负荷的情况下应急释放装置能否操作？

⑤液压动力装置和电动马达所在的舱室在进水时是否会报警？

⑥如果进水了，整个系统还会运行？

注意：拖销/制动器在甲板上的密封圈是否良好，主甲板上浪不至于流进舱室。

阅读说明书，描绘出系统并加以实践。如果采用安全销，更换内置模块或板块，以确保所有这些项目处于良好状况，应熟悉更换程序，所用工具、接头等应在甲板物料间妥善存放并作标记。

KARM Fork式的回收索/锚链制动器，一般标准设计是500tSWL，4英寸锚链和102mm钢缆；大款设计可用于800tSWL，5-1/2英寸锚链和120mm钢缆。

四、深水支持船作业甲板机械臂

深水海洋石油支持船作业甲板机械臂的核心系统是可在后甲板沿货物轨道移动的一对起重机，起重机装有两个臂，每个装备了一系列的特殊机器人作为强大的操作手，它们与甲板上的设备如定心装置、拖销和鲨鱼钳联合工作，从事可能会导致甲板水手潜在危险的工作如钢缆、锚链和合成缆绳作业，而操作人员则可以在安全瞭望点通过无线遥控器操作各种作业。如图1-2-21所示。

机械臂的主要功能如下：

①可将设备单元移动到后甲板的任一点，甚至达到船艉之外。

②延伸其臂可伸出船艉捕获锚浮标，并用拉索等将它们带到甲板。

③从平台吊车处接提锚圈短索至船舶甲板。

④机械臂可使用链爪从事各种锚链连接，并且在卡环连接时抓住它们，两个起重机互为工作伙伴关系，链爪能使较重的链环和卡环自甲板提升。

⑤机器臂可使用一种特殊钢丝抓消除积累的钢丝扭结，这是甲板安全工作的一个重要组成部分。钢丝在压力状态变化时具有内置的扭转趋势且迅速旋转，绳末端在甲板上猛烈摆动，特别是一些连接环连接在一起时，人的生命和肢体安全就会受到威胁。

⑥机器臂可使用钢缆扭转器的软套管夹板紧握钢缆和控制钢缆在安全状态下扭转，完整的工作机理下，夹板能在某处旋转360°且朝另一方倾斜。当一台起重机在适合的地点和方向抓住钢缆时，另一台提供卡环，唯一的手动干预是拧紧卡环销。

深水支持船作业甲板机械臂操作实例，如图1-2-22所示。

五、抛起锚作业甲板的其他设备

除本节中介绍的抛起锚作业甲板设备外，适用于在500~1500m水深抛起锚作业的锚作船设备详见第一篇第一章“抛起锚作业甲板设备与功能”中的相关设备及功能介绍，其区别主要是相关设备的数量、尺寸、规格、强度等相应加大，并与船舶的尺度、功率和功能相对应。

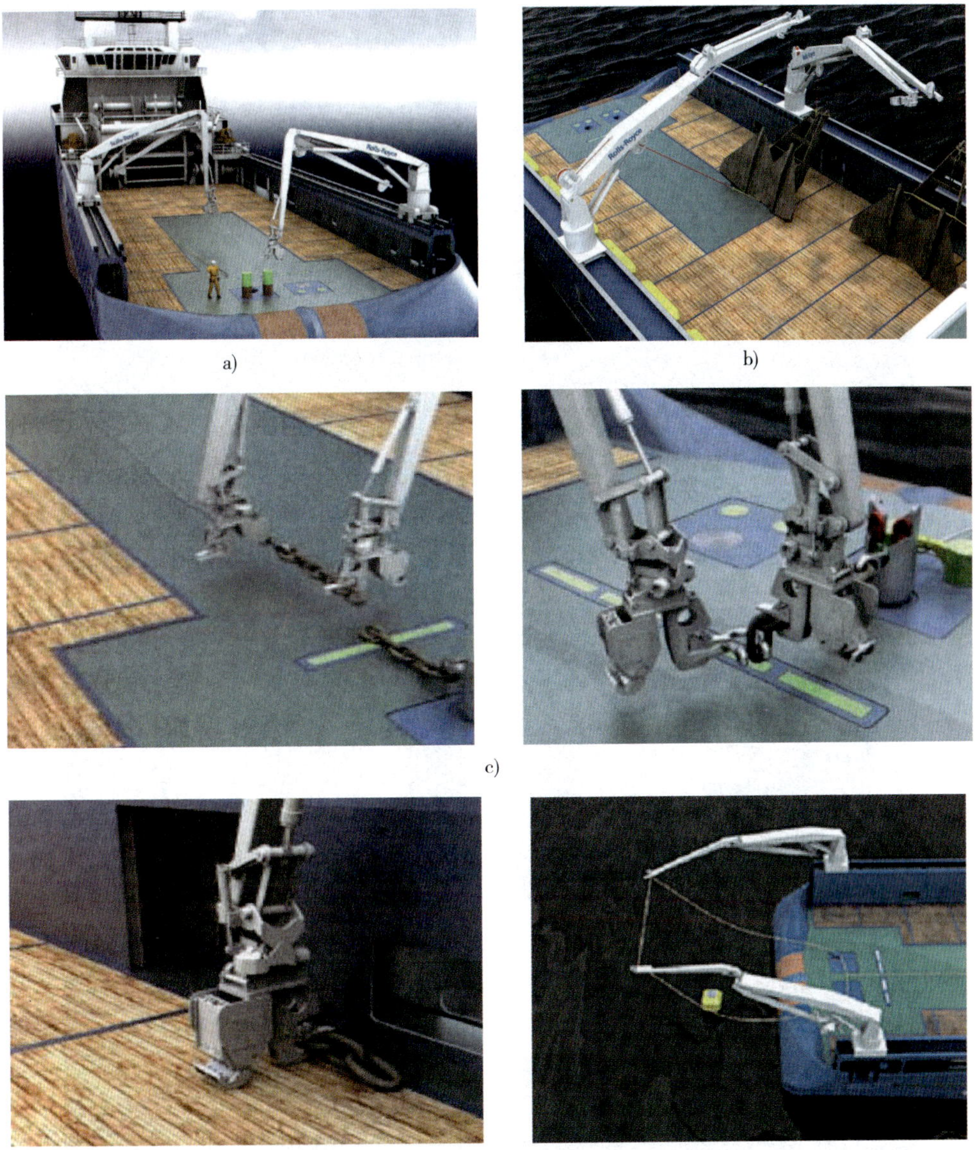

a)

b)

c)

d)

e)

图1-2-21　深水支持船作业甲板机械臂

$$L_k=[D+(2K-1)\times\Phi]\times Л\times L/\Phi/1000$$

式中：L_k——某一层纤维索长度，m；

D——卷筒直径，mm；

K——纤维索层数；

Φ——纤维索直径，mm；

L——卷筒长度，mm。

具体计算见表1-2-2所列。

纤维索容量（长度）计算表　　表1-2-2

k	D	Φ	L	L_k	k	D	Φ	L	L_k
1	800	50	1000	53.4070742	10	800	50	1000	109.955741
2	800	50	1000	59.6902594	11	800	50	1000	116.2389262
3	800	50	1000	65.9734446	12	800	50	1000	122.5221114
4	800	50	1000	72.2566298	13	800	50	1000	128.8052966
5	800	50	1000	78.539815	14	800	50	1000	135.0884818
6	800	50	1000	84.8230002	15	800	50	1000	141.371667
7	800	50	1000	91.1061854	16	800	50	1000	147.6548522
8	800	50	1000	97.3893706	17	800	50	1000	153.9380374
9	800	50	1000	103.6725558	18	800	50	1000	160.2212226

第二节　抛起锚作业甲板设备的配置与布置

一、大马力AHTS甲板作业设备的配置

具备深水锚作功能的海洋石油支持船，其作业甲板的设备配置种类除了500m水深以下的相关设备相同外，在作业设备的数量、型号、功能、大小、强度等方面有所差别，如拖缆机系统配备有多个拖带及锚作滚筒、储存滚筒，具有更大的容缆量以及平台锚链舱，许多船还配备有双套的拖销、鲨鱼钳，甚至是双艉滚筒设备。此外，专门设计用于深水作业的多功能AHTS船舶，如“海洋石油681、682”还配备有甲板滑道式作业吊车、机械臂等设备和系统。

深水海洋石油支持船的抛起锚作业甲板设备配置情况与船舶设计用途、主推进功率大小、船体尺度、建造时间、法定规则要求、租船人的需求密切相关，通常现代建造的更大马力的并具备锚作功能的海洋石油支持船具有更高的作业甲板设备配置，以胜任特殊的情况及深水乃至超深水的抛起锚和预布锚等作业任务要求。

二、大马力AHTS甲板作业设备布置图

图1-2-23～图1-2-33所示列举了主推进功率10000马力及以上的具备锚作功能的海洋石油支持船作业甲板的抛起锚设备的分布情况，这些10000～15000马力等级的锚作船，有相当部分具备在300～700m水深的海域从事抛起锚作业能力，其中15000～20000马力的部分锚作船具备了在700m以上直至1000m水深，甚至更深的海域从事抛起锚作业能力，取决于抛起锚设备的配置及滚筒存缆能力，而专门设计用于深水抛起锚作业的AHTS“海洋石油681/682”及UT788 CD船型，则可在深达1500m水深、甚至更深的超深水海域从事抛起锚作业能力，取决于抛起锚作业的类型、平台的系泊系统组成及采用的锚泊方式。

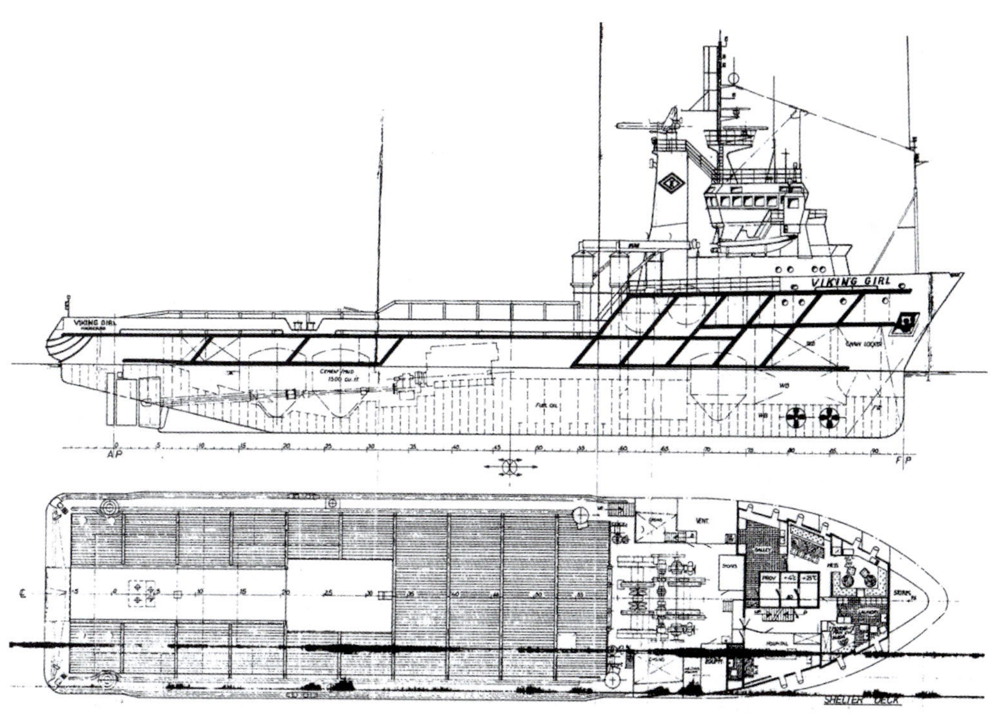

图1-2-23　拖曳锚作供应船“滨海291”（10200BHP）的作业甲板布置图

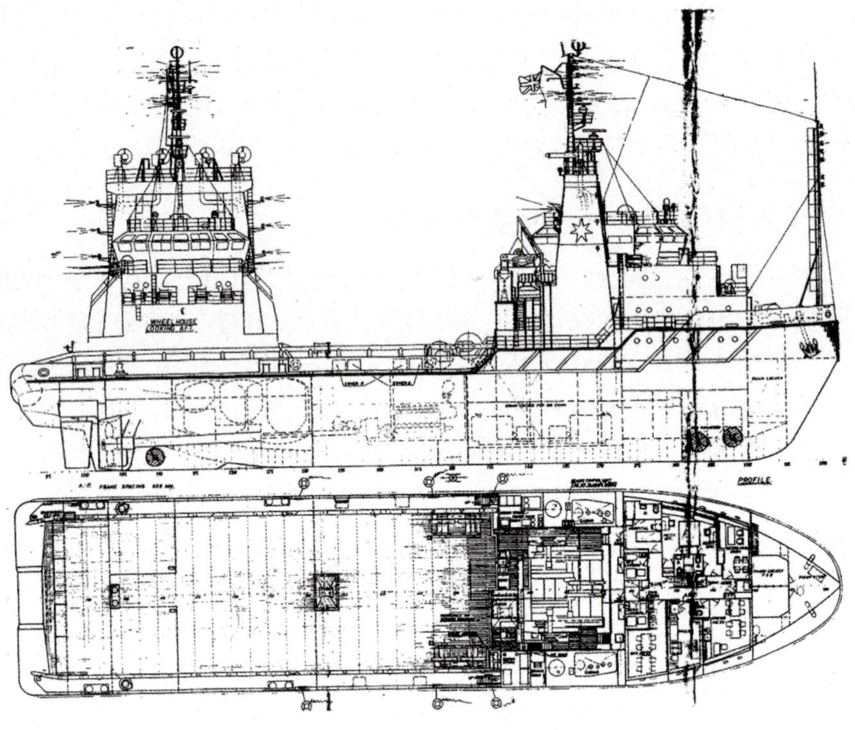

图1-2-24　拖曳锚作供应船“滨海292”（13000BHP）的作业甲板布置图

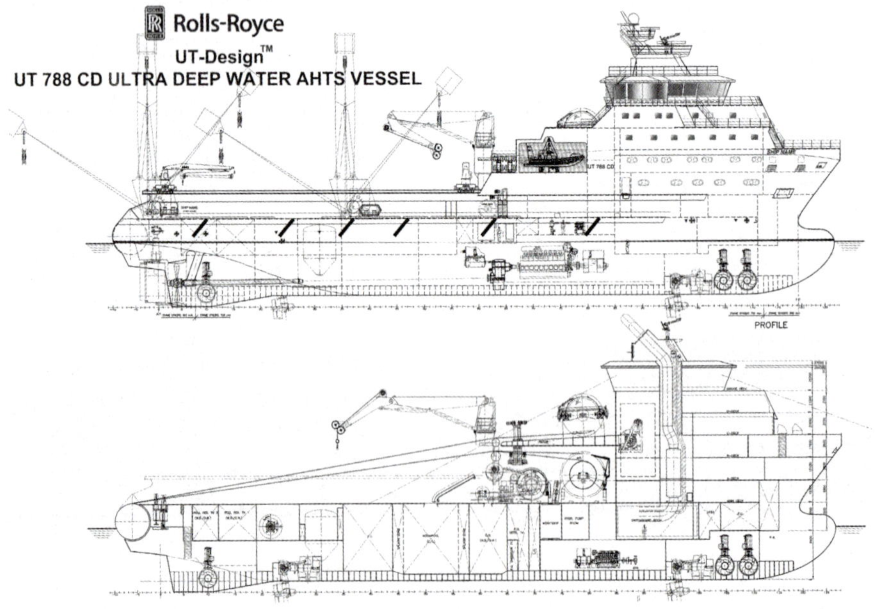

图1-2-25　深水拖曳锚作供应多功能船“海洋石油681”（20000kW）的作业甲板布置图（一）

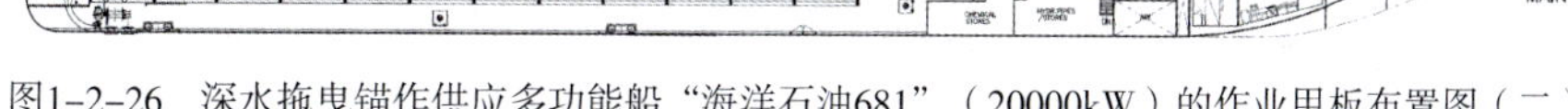

图1-2-26　深水拖曳锚作供应多功能船“海洋石油681”（20000kW）的作业甲板布置图（二）

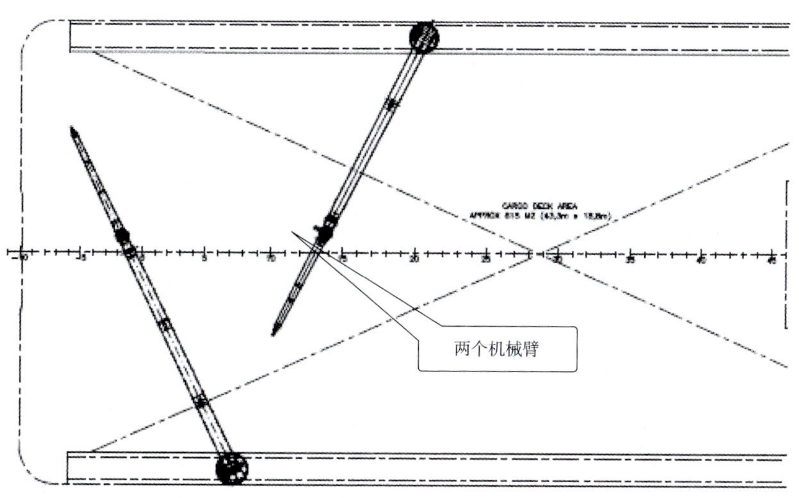

图1-2-27　深水拖曳锚作供应多功能船“海洋石油681”的甲板机械臂

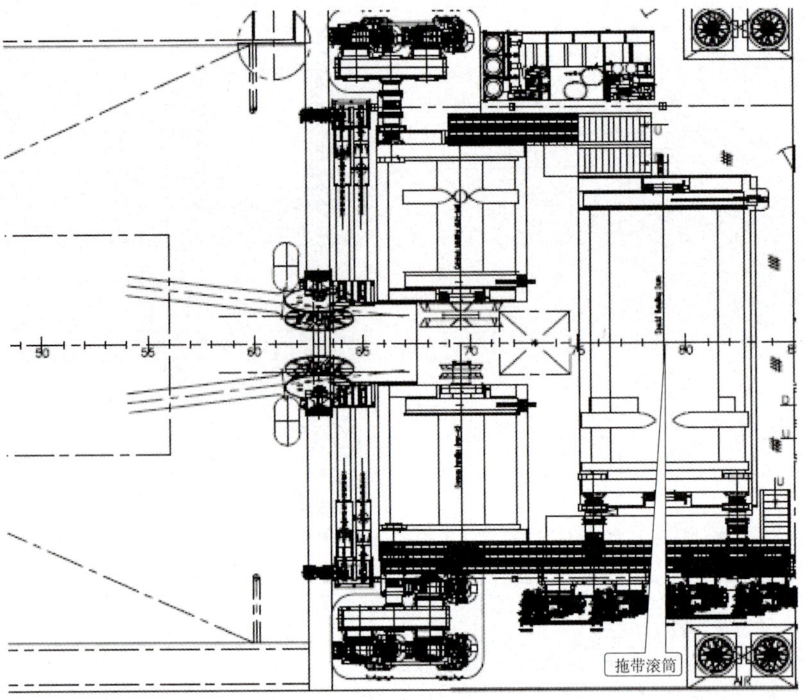

图1-2-28 深水拖曳锚作供应多功能船“海洋石油681”的拖曳锚作滚筒

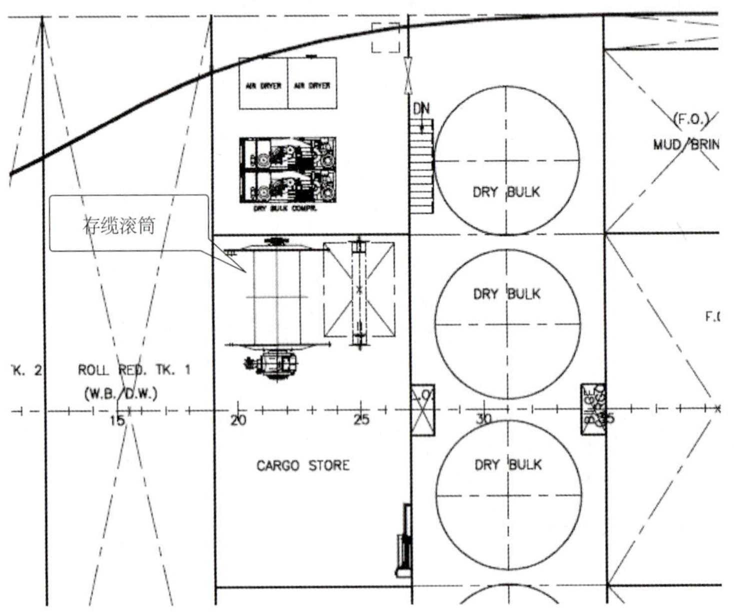

图1-2-29 深水拖曳锚作供应多功能船“海洋石油681”的存缆滚筒

二个辅组滚筒

图1-2-30 深水拖曳锚作供应多功能船“海洋石油681”的辅助滚筒

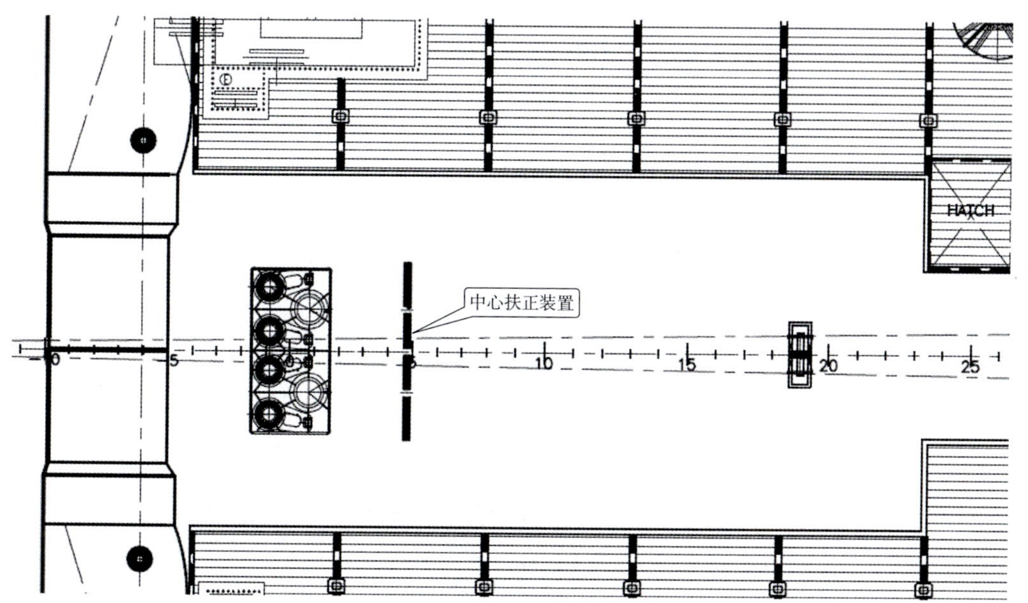

图1-2-31 深水拖曳锚作供应多功能船“海洋石油681”的中心扶正装置

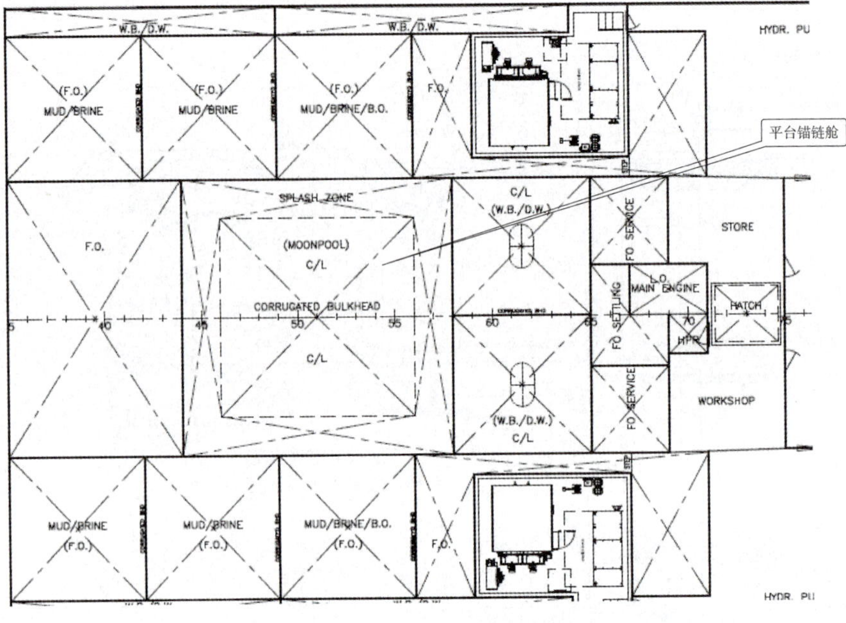

图1-2-32　深水拖曳锚作供应多功能船“海洋石油681”的平台锚链舱

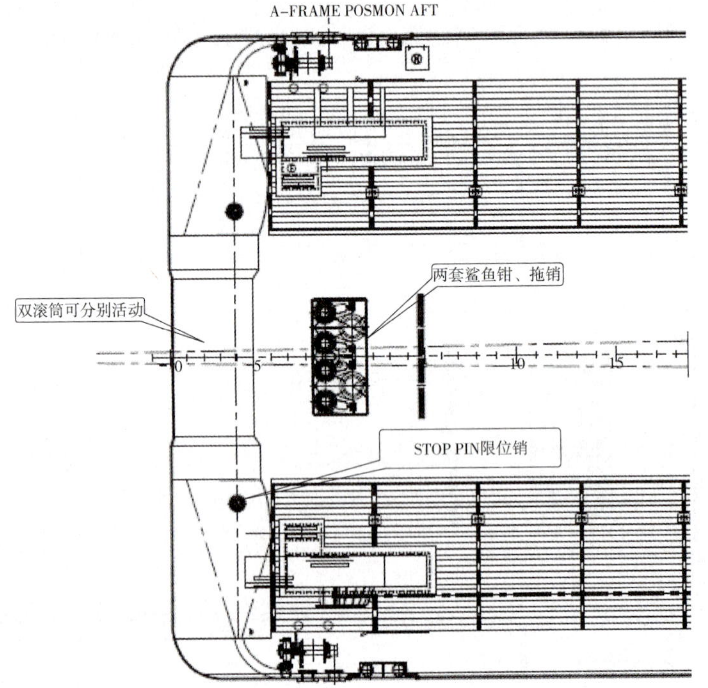

图1-2-33　深水拖曳锚作供应多功能船“海洋石油681”的船艉设备

第三节　抛起锚作业索具的配置与布置

一、锚作船抛起锚作业主要索具及功能

1. 旋转连接装置

在使用钢缆和锚链的钻井平台锚系统上，锚链和钢缆之间的旋转连接装置经常称之为“巫术”。旋转型连接装置经常用于起抛锚作业期间，以便降低钢缆在甲板上非失控旋转的风险。旋转型连接装置通常由平台上准备并提供。旋转型连接装置应该是一种在受高张力情况下停止旋转的类型。如图1-2-34、图1-2-35所示。

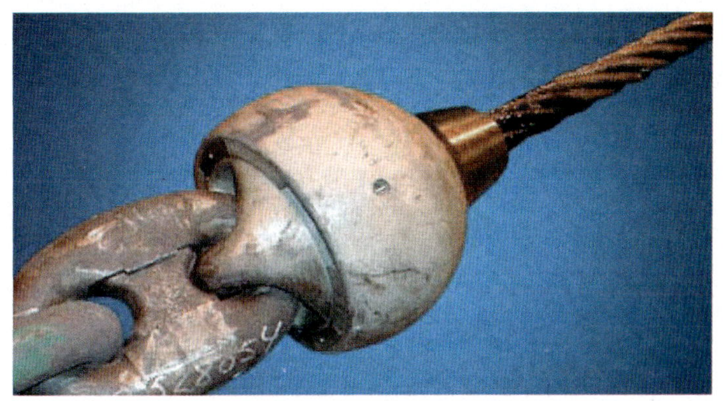

图1-2-34　平台系泊锚链与钢缆的连接装置

a)

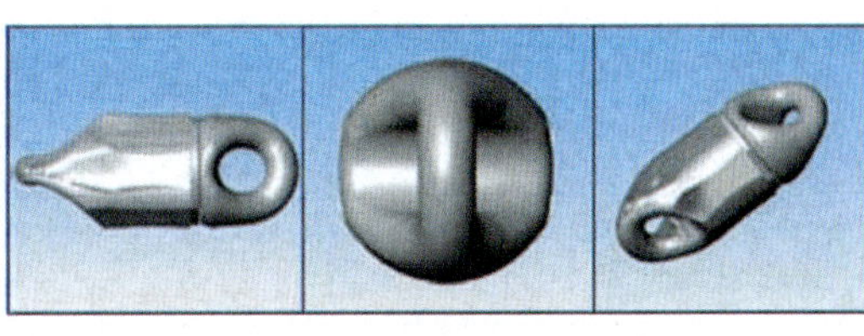

b)

图1-2-35　旋转连接环

2. 抛起锚作业其他索具

除本节中介绍的抛起锚作业索具外，适用于在500~1500m水深抛起锚作业的锚作船索具详见第一篇第一章“抛起锚作业索具的配置与布置”中的相关索具介绍，其区别主要是相关索具的数量、尺寸、规格、强度等相应加大，并与船舶的尺度、功率和功

能相对应。

二、深水AHTS型船舶抛起锚作业索具配置

表1-2-3 ~ 表1-2-7列举了深水AHTS型船舶“海洋石油681/682”（UT788CD船型）所配的作业主要索具清单，供其他船舶参考。

系 泊 索　　表1-2-3

序号	名　称	规　格	数量	备　注
1	φ60mm 八股丙纶长丝绳系船索	220m,每根绳索的破断力 ≥510kN	3	绳索两端按船东要求扎琵琶头，同时两端各配帆布套
2	φ60mm 八股锦纶复丝系船索	220m,每根绳索的破断力 ≥625kN	3	绳索两端按船东要求扎琵琶头，同时两端各配帆布套

系 泊 设 备　　表1-2-4

序号	名　称	规　格	数量	备　注
1	应急拖索	40 6X36SW-1WRC 1570 B	220m × 1	MBL>894kN 两端镀锌闭式索节 B40 CB 654-84

拖 曳 设 备　　表1-2-5

序号	名　称	规　格	数量	备　注
1	连接三角板	SWL=225t	1块	MBL>900t 材料：35CrMo
2	连接卸扣	SWL=225t	22只	MBL>900t 材料：35CrMo
3	移货绞车钢丝绳	26 6 × 36SW-1WR 1570 B	220m × 2	MBL>378kN 两端镀锌闭式索节 另一端光头 B40 CB 654-84
6	艉部系泊绞车钢丝绳	26 6 × 36SW-1WR 1570 B	50m × 2	MBL>378kN 两端镀锌闭式索节 另一端光头 B40 CB 654-84

绑 扎 属 具 表1-2-6

序号	名 称	规 格	数量	备 注
1	卸扣	D3-196 GB559-87	20	镀锌
2	钢索	22.5 6×24-FC 1470B	200m×2	两端镀锌闭式索节 B22 CB 654-84
3	钢索	18.5 6×24-FC 1470 B	200m×2	两端镀锌闭式索节 B40 CB 654-84
4	绑扎小链	B13 CB21-83	200m	无挡电焊镀锌
5	绑扎小链	B16 CB21-83	200m	无挡电焊镀锌
6	收链器	与绑扎链配套	20	

拖缆及钢缆滚筒 表1-2-7

序号	数 量	描 述
1	1	钢缆 长度：1500m直径90mm 结构：6×49 SWS-IWRC-7×7 RHOL,preformed 抗拉等级：18~1960 N/mm^2 最小破断拉力：630t/6180kN 绳头一端连有短索头环，放在钢缆卷筒第一层，顶层一端为光绳头
2	1	钢缆 长度：2000m直径90mm 结构：6×49 SWS-IWRC-7×7 RHOL,preformed 抗拉等级：18~1960 N/mm^2 最小破断拉力：630t/6180kN 绳头一端连有短索头环，放在钢缆卷筒第一层，顶层一端为光绳头
3	1	钢缆 长度：2500m直径90mm 结构：6×49 SWS-IWRC-7×7 RHOL,preformed 抗拉等级：18~1960 N/mm^2 最小破断拉力：630t/6180kN 绳头一端连有短索头环，放在钢缆卷筒第一层，顶层一端为光绳头
4	1	短索头环 型号：SBS530 MBL：882 美吨 重量：254英镑/115千克 表面处理：热浸锌 适用钢缆：87~93mm 附件：包含胶水等（胶水生产日期必须是最新的，在交船之前交付）
5	1	1500m钢缆滚筒的尺寸为：3600mm×2300mm 重量：55t
6	1	2000m钢缆滚筒的尺寸为：3900mm×3050mm 重量：74t
7	1	2500m钢缆滚筒的尺寸为：3900mm×3050mm 重量：92t

三、深水抛起锚作业的甲板设备与索具布置

深水抛起锚作业的甲板设备与索具布置对于绝大多数锚作船来说，基本上与第一篇第一章“抛起锚作业的甲板设备与索具布置”中介绍的用于为半潜式平台锚作作业的方式相近，可参照该章节提供的方式，结合具体的锚作作业任务、作业要求，船上的作业设备与索具类型、特点等进行布置。

四、海上设施不同系泊系统连接与布置

1. 浮筒短索系泊系统

单个锚可以通过与3英寸、3-1/4英寸或3-1/2英寸的锚链的连接在距半潜式平台大约800m的海床处抓底。从锚冠处开始连接一根短链，与短链相连的是若干节短索，其长度和数量取决于水深，短索直径大小和连接卡环的SWL取决于锚重的大小和水深，浮筒的大小和数量配置取决于短索的直径大小和水深。

半潜式平台浮筒式系泊锚的系统顺序为：平台、锚链/锚缆、主锚、主锚冠卸扣、主锚冠尾链条、主锚冠短索（提锚圈短索）、海底短索（附加短索）（如加抛后背串锚，还包括后背串锚短索、后背串锚、后背串锚尾链条、后背串锚锚头缆）、海底重力锚链团、水面浮筒连接短索（水下浮筒连接短索可分支连接水下浮筒的猪尾巴短索、水下浮筒）、水面浮筒猪尾巴短索、水面浮筒，如图1-2-36所示。

推荐的短索浮筒系统和相关设备的设计：软眼环或索节。

注意：无挡末端链环在此指无挡普通链环。

2. 提锚圈短索系泊系统

（1）图1-2-37、图1-2-38为提锚圈短索系泊系统（PCP）的组成。通常只应在提锚圈短索（PCP）系统中的作业缆上使用旋转环。

（2）与提锚圈有关的要求：证书、换发新证、修理、报废

①原始的提锚圈证书应在船及任何修理的证明文件。

②应执行定期的检查，关注尺度与磨损。

③有关尾链和提锚圈之间卡环的要求：最低为110t（相当于上等的绿销）。

（3）尾链的要求如下：

①最低为ORQ及400t的破断负荷。

②链条应有证明。

③最小长度为12m。

④直径76mm。

⑤在两端为无挡普通链环。

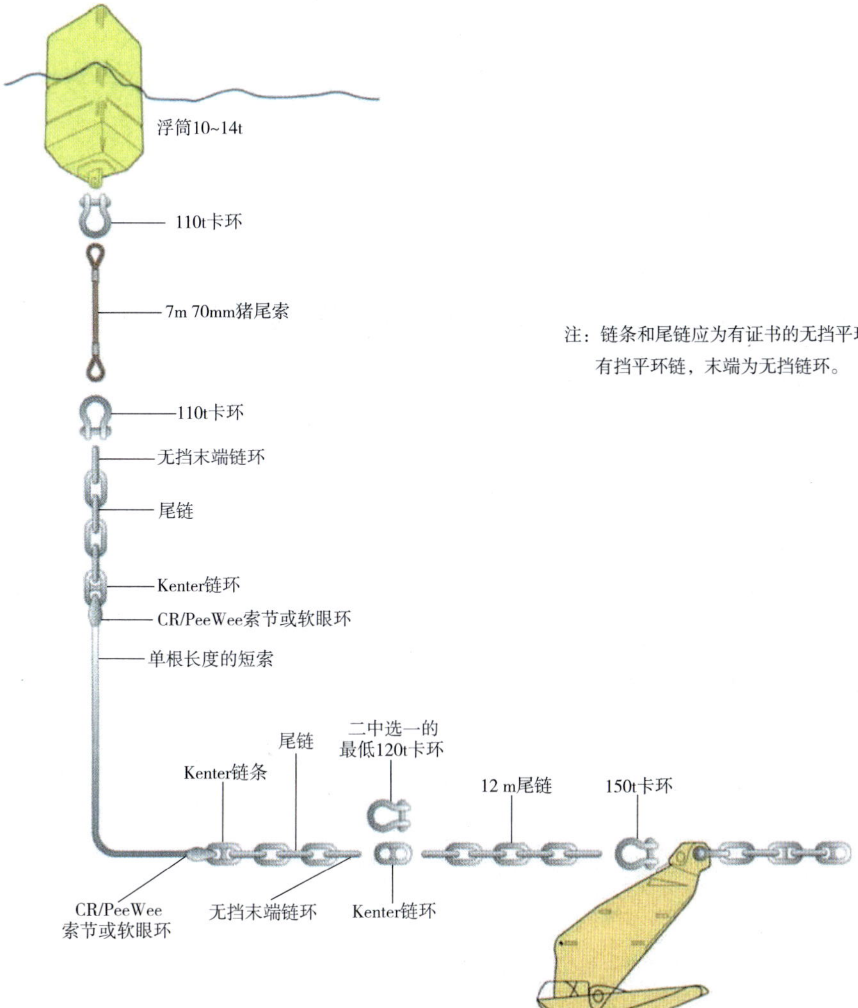

注：链条和尾链应为有证书的无挡平环链或有挡平环链，末端为无挡链环。

图1-2-36 浮筒短索系泊系统的组成

（4）有关尾链和提锚圈短索钢缆之间卡环的要求：最低为120t。

（5）提锚圈短索钢缆的要求如下：

①钢缆最低为76 mm。

②提锚圈短索钢缆的长度最少应为61 m长。

③一些作业可能需要长些的打捞索。

④钢缆应为镀锌的和有质量证明并带有Flemish眼环末端和钢质衬套。装有用于重型索具的带角撑板的心环并镀锌。

⑤朝向提锚圈的眼环应是可选择地连接最小为76mm连接链环的索节。

⑥朝向船舶/鲨鱼钳的眼环应是可选择地连接最小为76mm连接链环的索节。推荐附带上一根76mm的尾链，以确保船上的鲨鱼钳抓住尾链，避免损坏提锚圈短索钢缆。

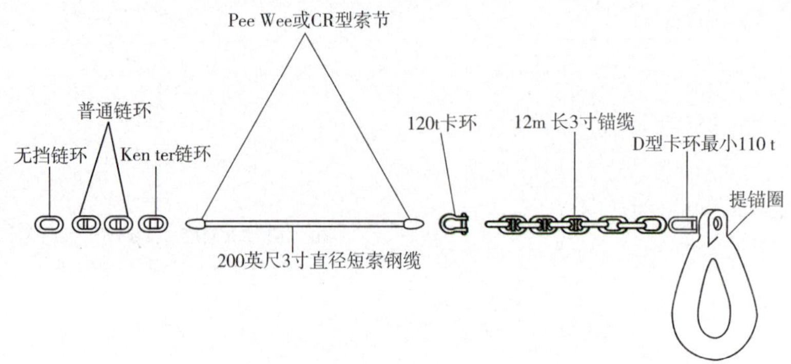

图1-2-37　提锚圈短索系泊系统的组成（一）

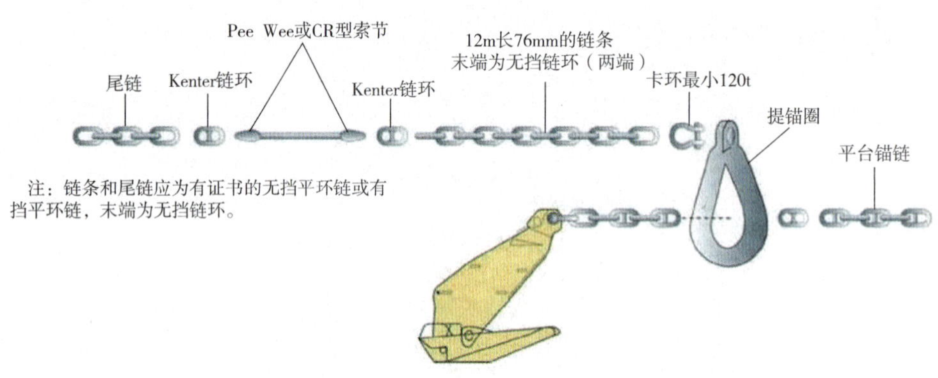

图1-2-38　提锚圈短索系泊系统的组成（二）

（6）连接器的要求如下（连接链环或梨型链环）：

①最少为4个的连接环，例如：连接链环包括最少4个带挡的链环和1个无挡的普通链环。

②达到ORQ质量标准作为最低限度。

③最小尺度为76 mm。

④带有证书。

（7）推荐的系统长度（从后背串锚到猪尾索）应为水深加上60m。推荐的最大长度为水深加上75m。

（8）浮筒的要求如下：

①能够经受住船舶的碰撞。

②承载能力基于水深和设备重量。

③应有与重力相应的足够浮力。

④按可适用的规章要求标记。

⑤固定的猪尾索。

⑥卡环额定值最低为110t。

⑦猪尾索长度6m、最小尺度为70mm。

⑧对于底部猪尾索末端的眼环推荐用无挡普通链环。

⑨猪尾索与底部的连接链环连接。

（9）连接链环的要求：最低为ORQ质量、76mm。

（10）卡环要求：最小为110t。

（11）浮筒短索要求如下：

①颜码标记基于长度（接合索节）。

②使用公制测量单位。

③硬眼环或带有4个锚链连接环（76mm）的尾链索节。

（12）在锚上的尾链可能是后背串锚的或是主锚的，但如是后背串锚上的，应满足：

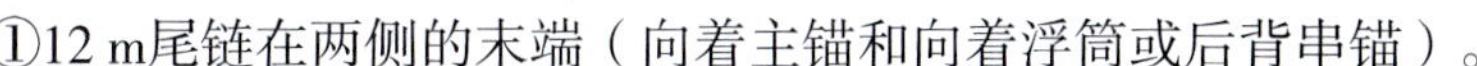

①12 m尾链在两侧的末端（向着主锚和向着浮筒或后背串锚）。

②带有证书的76 mm尾链。

③最低要求为ORQ证书的锚链，破断负荷大约400t。

④在两侧的末端为无挡普通链环。

⑤后背串锚提升套索应接着后背串锚。

⑥连接链环或120t卡环可系统中使用，倘若卡环如此放置，它不能进入抛起锚船的绞车。

（13）推荐的短索颜色代码：索节颜色代码识别钢缆长度。

①183m橙色。

②152m蓝色。

③122m绿色。

④91.5m红色。

⑤61m黄色。

3. 在锚作船的作业缆或提锚圈终端索具布置

（1）在作业缆上使用一适当额定的旋转环，以防止钢缆因应力而扭转。

（2）对于作业缆推荐用封闭的索节末端。

（3）作业缆最低层数/直径应适合于拖缆机。

（4）使用一被认可制造的梨型链 环。

（5）对不同水深正确的使用钢缆长度，例如1.5倍水深。

推荐的设计如图1-2-39所示。

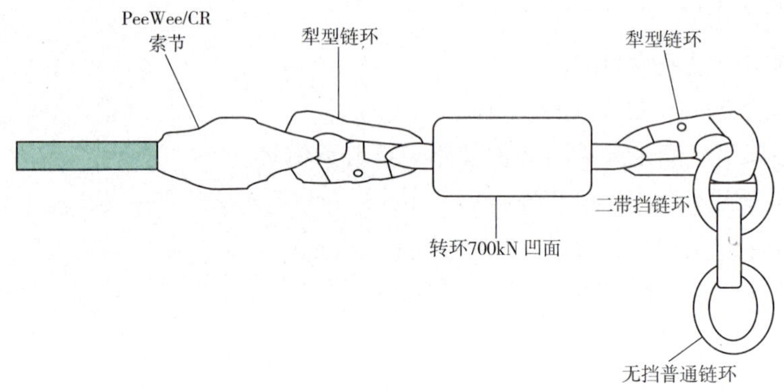

图1-2-39　在锚作船的作业缆或提锚圈终端索具布置

4. 串联锚系泊系统

串联锚系统推荐的设计与相关的设备，如图1-2-40、图1-2-41所示。

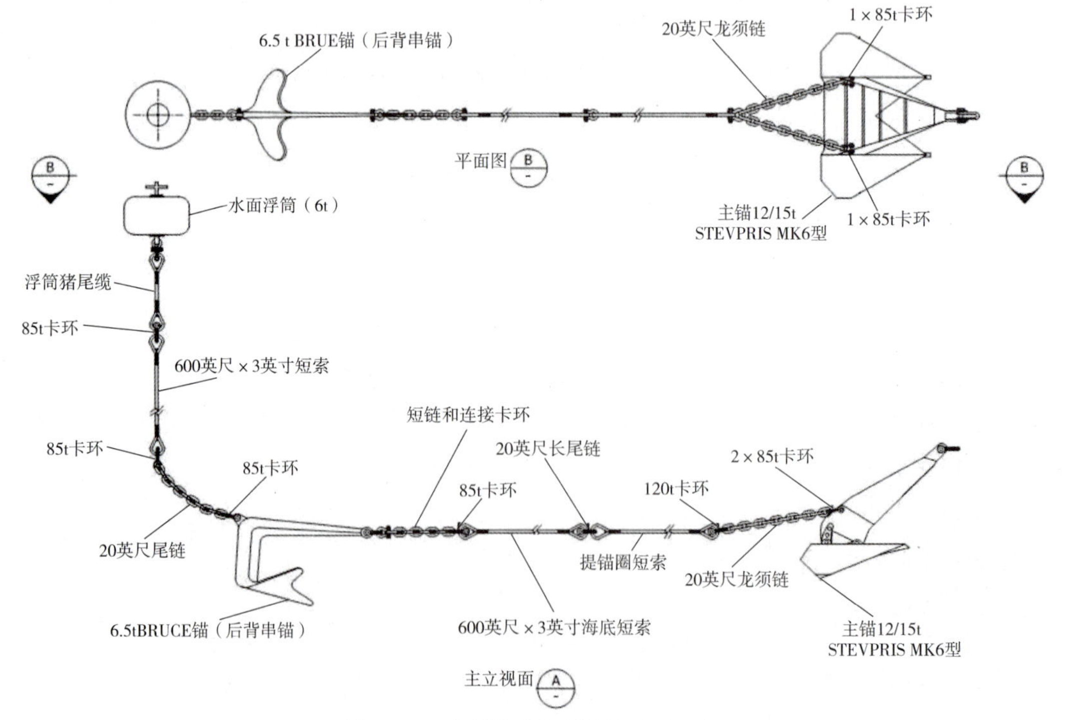

图1-2-40　串联锚系泊系统的组成（一）

注意：无挡末端链环在此指无挡普通链环。后背串锚与主锚之间的钢缆破断负荷至少应为主锚握持张力的70%。后背串锚与主锚之间的钢缆应扣紧眼环或链索。后背串锚应适于基于现场检验的海底条件。

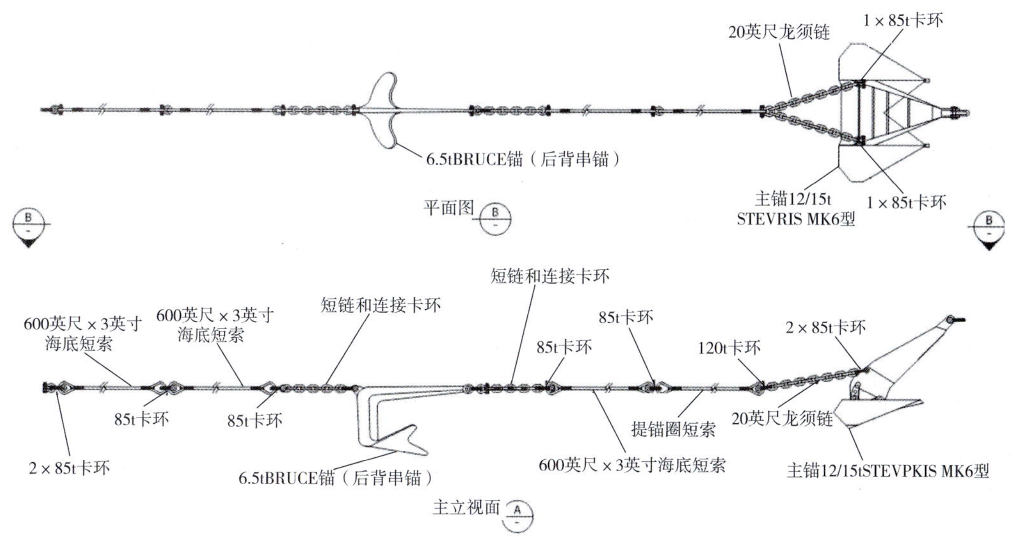

图1-2-41　串联锚系泊系统的组成（二）

第三章　1500m以上超深水抛起锚作业设备与索具配置

第一节　超深水抛起锚作业主要设备及功能

一、A架

TTS MARINE公司主要制造深水海洋石油作业大型装备，其设计制造的TTS型A架起重能力高达350t，可满足任何相关船舶的作业范围。A架设计用于所有相关类型的船舶在复杂条件下的海上作业，如海底设施安装、预布锚作业等。

A架设备包括了A架主体、集成电源模块、分离式电源模块、控制系统、遥控装置、钢缆滑车、配合A架的绞缆机系统（带和不带主动起伏补偿系统）。如同1-3-1、图1-3-2所示。

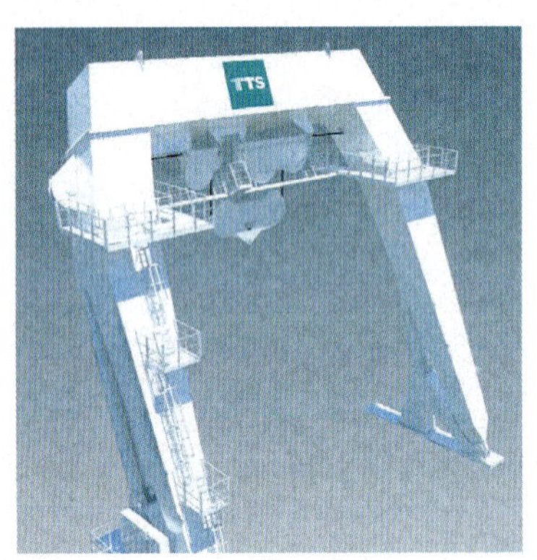

图1-3-1　TTS型A架设备主体

图1-3-2　配置TTS型A架设备的海洋石油支持船船模

二、AHC吊车

TTS MARINE公司制造了一种完整范围的主动起伏补偿（AHC）吊车。主动起伏补偿吊车主要用于海洋工程及海底设施安装、海上设施系泊锚的预系泊等作业。如图1-3-3、图1-3-4所示。

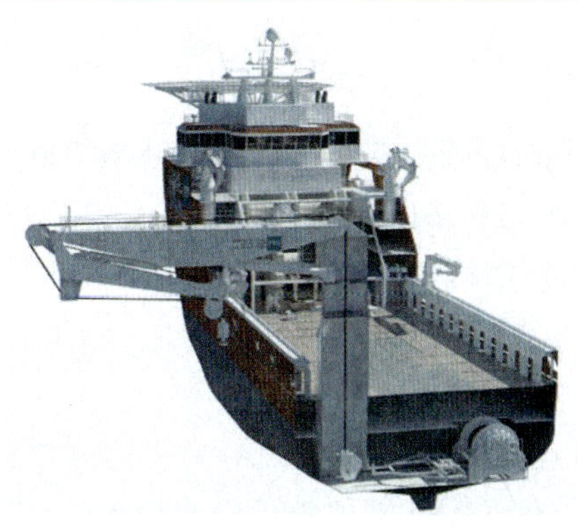

图1-3-3 配置TTS型主动起伏补偿吊车的海洋石油支持船船模

图1-3-4 配置TTS型主动起伏补偿吊车的海洋石油支持船

三、大型拖缆机

TTS MARINE公司制造了一种绞收力可高达500t的大型拖缆机。设计的拖缆机有3个大的滚筒以满足超深水作业是容缆量需要。如图1-3-5所示。

拖缆机的详细功能见第一篇第二章 “深水抛起锚作业主要设备及功能”中的相关叙述。

四、AHC大型拖缆机

TTS MARINE公司制造了一种新一代的带有主动起伏补偿装置的先进拖缆机。该类型拖缆机不需任何特殊设计即可装配在任何类型具备的AHT和AHTS功能的海洋石油支持船上，甚至于可对现有的拖缆机进行升级，达到具备主动起伏补偿功能。如图1-3-6所示。

拖缆机的其他详细功能见第一篇第二章 “深水抛起锚作业主要设备及功能”中的相关叙述。

图1-3-5 配置TTS型拖缆机等设备的海洋石油支持船船模

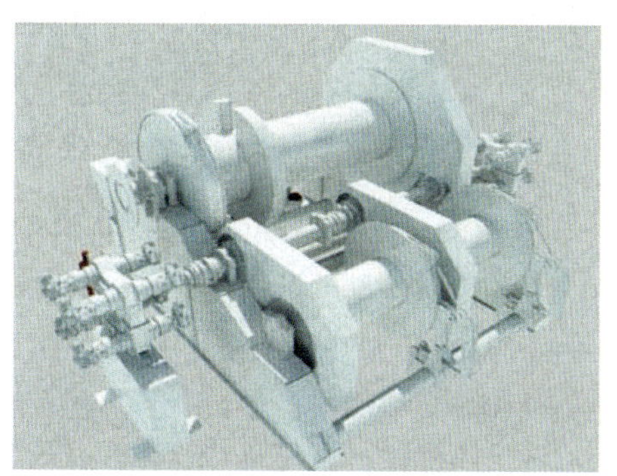

图1-3-6 具备主动起伏补偿的TTS拖缆机

五、辅助拖缆机

TTS MARINE公司制造了一种绞收力在50～180t范围的不同等级的辅助拖缆机，用于存放及操作钢缆或纤维缆，以满足深水、超深水抛起锚所需的容缆能力。TTS型辅助拖缆机设计用于安全作业并可从驾驶室操作，该拖缆机也配置有应急释放装置使其能够按海上设备操作规则的要求进行操作。如图1–3–7所示。

六、水下作业绞车

TTS MARINE公司制造了一种具备主动升降补偿（AHC）的水下作业绞车，有各种规格，最大达600t，用于深达3000m水深的海底设备布放。该水下作业绞车可在恶劣的海洋环境条件下工作，当配合海底装置时精确的负载控制是关键的，并且在恶劣天气海况下精度变得更为重要。如图1–3–8所示。

TTS型水下作业绞车特别设计用于从船舶或钻井平台到海底以及水下装置和其他海底固定物标的负载操作控制。

TTS型水下作业绞车是用于A架、平台钻塔和其他类似设备的唯一设备，同时也用于海上主动升降补偿（AHC）吊车的配套设备。

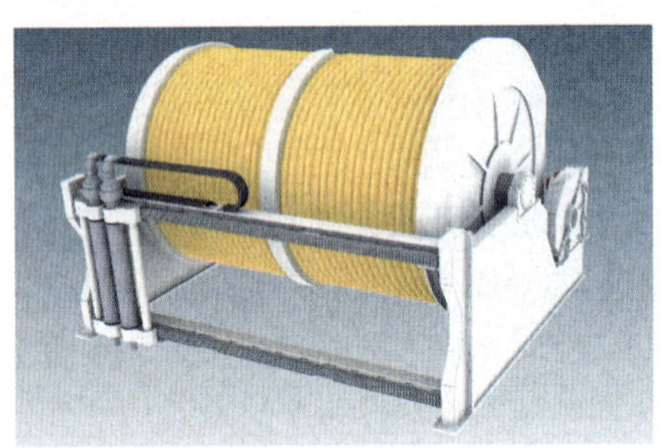

图1–3–7　用于存放和操作钢缆或纤维缆的 TTS 辅助拖缆机

图1–3–8　具备主动升降补偿的TTS水下作业绞车

七、用于AHTS的纤维缆操作系统

TTS MARINE公司开发了一种用于AHTS船上操作大量纤维缆的完整系统。如图1–3–9所示。该系统包含如下的TTS设备种类：

（1）AHTS大型拖缆机（带或不带主动升降补偿装置）。

（2）辅助拖缆机。

（3）纤维缆储存滚筒。

该系统使得AHTS类型的海洋石油支持船能够装载高达35000m的纤维缆，并使船舶

能够完成一个钻井平台的全部的预布锚任务。

该系统还可由Triplex的MDH（多甲板操作装置）组成，用于安全抛起锚作业，使得船舶能够解决以下的所有挑战：

（1）纤维缆的张力预调整。

（2）在甲板上操作和存放锚。

（3）布设和回收大的动态重力穿刺锚（鱼雷锚）。

图1-3-9 用于AHTS的纤维缆操作系统

八、船舶动力定位系统

船舶动力定位系统是具备在深水和超深水海域从事拖曳锚作供应作业的海洋石油支持船的标配设备，船舶在深水及超深水进行预置锚作业的某些阶段，通常使用动力定位系统保持精确船位和艏向，以保证作业精度，减少操作失误，降低船长的工作疲劳。船舶动力定位系统内容详见《海洋石油支持船在海上设施处靠泊作业技术及应用指导书》。

第二节 超深水抛起锚作业主要设备的配置

一、超深水作业船舶简介

一些船舶有能力进行的工作已经在前面的有关章节描述，对于租船人仅仅是获得恰当的功率、正确的拖缆机配置和正确的定位系统的问题。有一些欧洲设计的带有280t系柱拉力的锚作船舶，以及大量的稍小些的锚作船舶，这些船舶都能够在1500m的水深布放系泊装置。

在墨西哥湾，最大的船舶是Trinity Marine 255- footers中的Gerard Jordan和 Seacor Vanguard两艘。它们是HLX255s型，有14000马力可使用。这些船舶能够储存12500m长

的直径76mm钢缆，有2套3重装置型（Triplex）鲨鱼钳，并装备有Kongsberg-Simrad的动力定位（DP 2）系统。对于欧洲标准，船舶的马力似乎有些不足，但它们适合于吸力锚的任务是当然的。

除了“Laney Chouest”船之外，BOA集团已启用在西班牙建造的第二艘船Boa Deep C加入。这些船舶来自于Vik-Sandvik的VS4201设计。这些船舶的总长度为120m，27m宽，它们的功率比Laney Chouest（图1-3-10）的27000BHP要稍小，但配备有500t的锚作和拖曳拖缆机。

二、 带A架的Laney Chouest支持船

Edison Chouest Offshore （ECO）于2003年5月28日在美国报告了公司的新的锚作船，宣称在世界上拥有当前同型中最大的船舶，已经开始为Shell公司工作。

图1-3-10　Laney Chouest支持船

2003年2月在北美船厂完工，Laney Chouest长106m，宽21.9m。

ECO高级副总裁Roger White说“船舶按非常特殊的任务设计和建造，用于3000m水深的预系泊系统”。

当然船舶大的足以容纳所有的钢缆、吸力桩和必要的设备索具。有必要做所有这些工作的拖缆机不存在，所以Brattvaag（Rolls-Royce Marine）交付了最大的、最有力量的拖缆机永远安装在油田支持船上。

4个滚筒的每个可以容纳3350m的5英寸的钢缆，然而二级拖缆机的4个滚筒可容纳4267m的五英寸的合成纤维缆。

Laney Chouest由4台MAK 6M43柴油机驱动，每个产生7250马力，额定总功率29000马力。

DP-2船舶、Laney Chouest有3个艏侧推力器和2个艉侧推力器，所有均由Ulstein制造。

在船上的施工设备包括4个吊车（20个有20t的能力）和一个350t的A架横跨后甲板包含955m^{2}的面积。

船舶的能力也令人钦佩：1430m^{3}加仓的燃油、7367桶的液态泥浆、2510m^{3}的钻井/压载水和360m^{3}的干散料。甲板货的能力3000t。如图1-3-11所示。

三、 Boa Sub C支持船

Boa Sub C 和Boa Deep C是两艘设计用于支持Chevron在墨西哥湾近海深水开发的

支持船。

图1-3-11 带A架的Laney Chouest支持船

Boa Sub C支持船的总长度为120m，型宽27m，吃水8.8m。第一层甲板的深度11.6m。总吨位12400t，载重吨9000t。船舶具有直升机甲板设计用于超级美洲狮S61直升机。如图1-3-12所示。

船舶有105个单人住舱，10个住舱配置铂尔曼床。船舶的设施包括电影院、健身房和桑拿。

Boa Sub C支持船可装载约2800m^{3}燃油、3700m^{3}压载水/钻井水的能力，也能装载1300 m^{3}饮用水。

此外，船舶能装载润滑油（200m^3）、液压油（65m^3）、污油水（45m^3）、污水（140m^3）、洗盥污水（140m^3）、污泥（87m^3）、残油（75m^3）、下水（27m^3）和舱底水（30m^3）。

船舶装备有400tAHC船中吊车和一个30t的AHC艉吊，能够在3000m水深作业。船中吊车由National Oilwell Varco提供，在200t负载下的提升速度35m/min，工作半径42m。

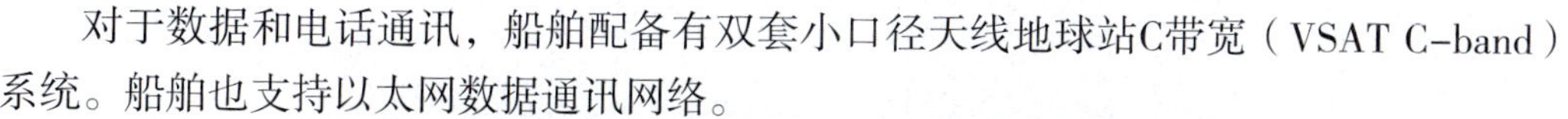

对于数据和电话通讯，船舶配备有双套小口径天线地球站C带宽（VSAT C-band）系统。船舶也支持以太网数据通讯网络。

图1-3-12 Boa Sub C 支持船

四、Boa Deep C支持船

Boa Deep C支持船在其左舷和右舷有两个等级的遥控操作的水下机器人（ROV）挂架。船舶使用两个Oceaneering Millenium设计的ROV在额定3000m水深工作。ROV可在典型波波高4.5m下布放。船舶安装有250 t的AHC船中吊车和30t的AHC艉吊，能够在深达2000m的深度操作。如图1-3-13所示。

船舶具有1150m^{2}的自由甲板空间。为了进行安装作业，甲板被加强到15t/m^{2}的特殊荷载。

具有2台2420kW的发电机组，2台1820kW和1台910kW的发电机组。也有1对4800kW的轴带发电机，产生18992kW的总容量。船舶的主推进以2台9000kW主机为基础，有1200kW的全回转推力器，产生19200kW的总输出。为了操纵，在前、后各配备有1425kW的隧道推力器。

Boa Deep C支持船的侧向能力为6900kW，准许的系柱拉力超过260t，最大速度15kn，经济航速12.5kn。船舶装备有防倾侧和减摇水舱。

船舶有1个主动起伏补偿吊车，在15m范围具备250t的起重能力和2000m的工作深度。1个500t的抛起锚滚筒（内直径3500mm、外直径5700mm）具有容纳90mm直径8100m长钢缆的能力。

a)

b)

c)

图1-3-13　Boa Deep C 支撑船

五、深水拖曳锚作供应船海洋石油681/682

海洋石油681/682（UT788CD）型船舶设计用于满足近海工业的一般和新的需求的

设计的锚作、拖曳、供应和服务船舶。该船可提供ROV服务、岸基和钻井平台之间的供应功能、拖带功能和提油支持功能，并特别地设计和装备用于由直到大致2000m的钢缆、锚链和/或纤维缆组成的深水的抛起锚和系泊作业，或在超深水纤维缆达到大约3000m的作业，悬挂中国国旗。具体如图1-3-14～图1-3-29所示。

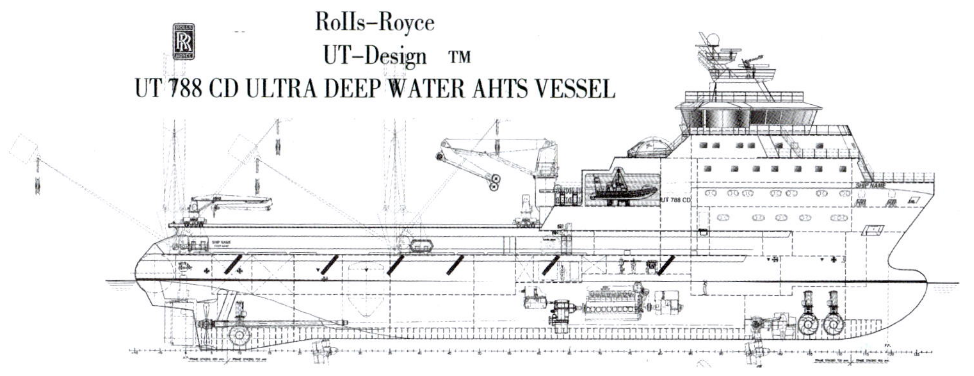

图1-3-14　UT788CD型拖曳锚作供应船侧视图（一）

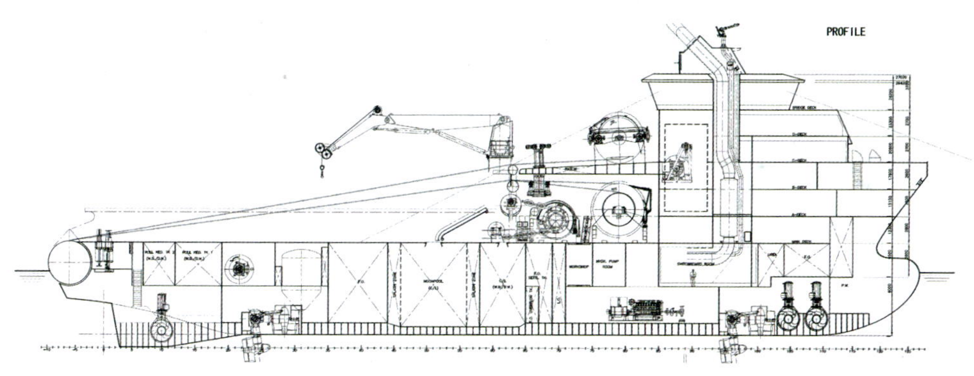

图1-3-15　UT788CD型拖曳锚作供应船侧视图（二）

船舶备有泥浆池和一个供选择的可在两个位置操作的A架，A架的配备情况视作业需求而定。

此外，船舶将被设计成具有油田检测、维护和修理（IMR）、守护和溢油回收功能。船舶布置成可由不同功能之间容易地转换。

布置和所有的设备要满足船级符号，包括附加标志的要求。主机和主发动机装置要有适当的证书以满足这些要求。

船舶设计成全球作业，包括热带区域，除美国内陆水域、波罗的海、黑海和类似

有特别限制或要求的区域。

该船布置成船艉带中线艉鳍、中度外倾和船艏带球鼻艏。机舱布置在船舯/前部，并且所有的住舱布置在前部。

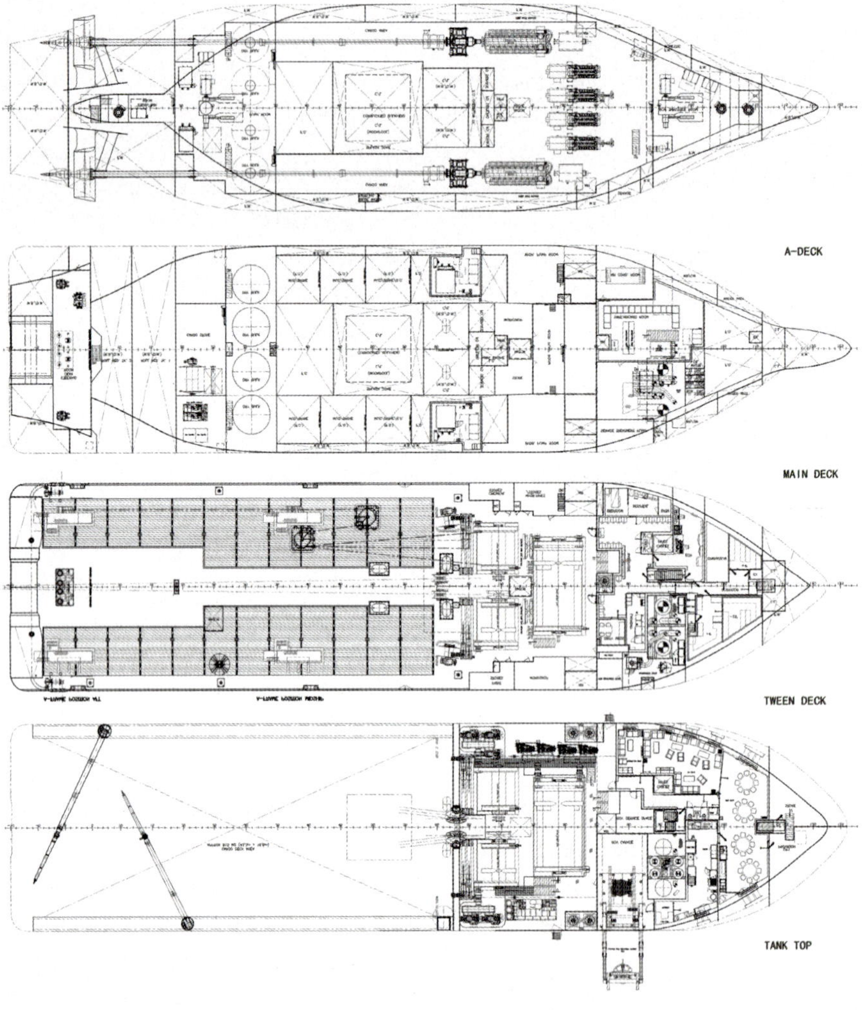

图1-3-16　UT788CD型拖曳锚作供应船俯视图

船舶装备有UT型的主动稳定系统以在作业条件下降低摇摆振幅。

装备有2个固定导流罩式的主推进器，在前部有2个侧向推力器和1个可伸缩式全回转推力器，在后部有1个侧向推力器、1个可伸缩式全回转推力器以及2个舵。

（1）主要性能指标

①总长度：大约93.40m。

②两柱间长：大约82.00m。

③型宽：大约22.00m。

④主甲板深度：大约9.5m。

⑤设计吃水（3.0m干舷）：大约6.5m。

⑥最大吃水（1.8m干舷）：大约7.7m。

⑦载重吨（吃水7.7m下）：4700t。

⑧总吨（1969国际吨位）：大于6000t。

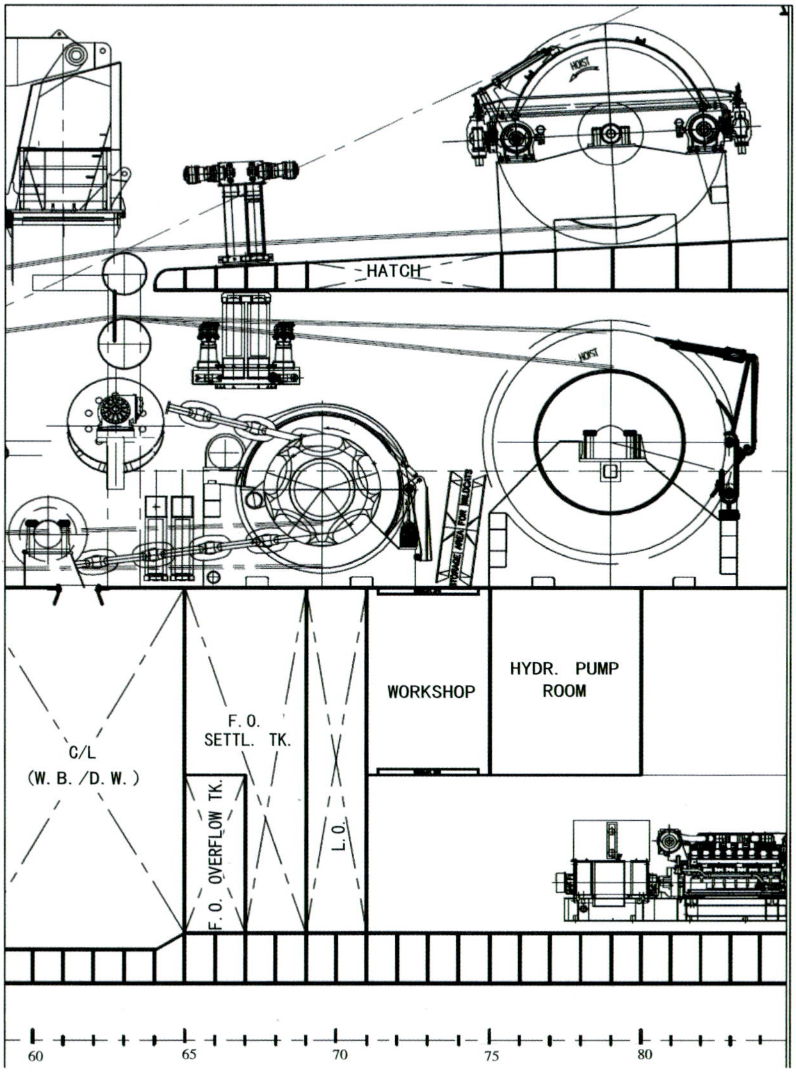

图1-3-17　UT788CD型拖曳锚作供应船拖缆机布置侧视图

注意：载重吨包括封闭的泥浆池区域，如果泥浆池开启，载重吨将改变。

船舶具有64人的居住设施和设备。

（2）选项

船舶要达到可96人居住，可将16个双人间改成4人间达到要求。

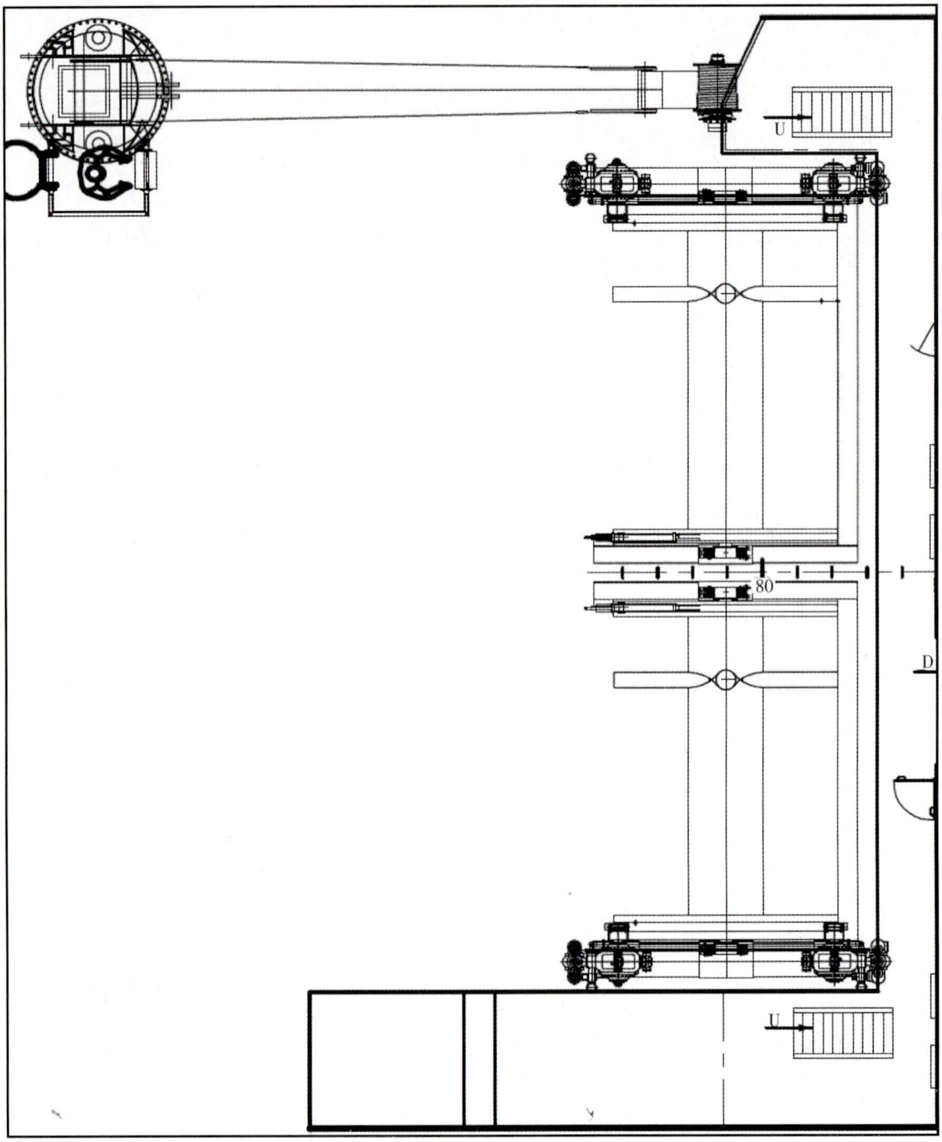

图1-3-18　UT788CD型拖曳锚作供应船D甲板拖缆机布置俯视图

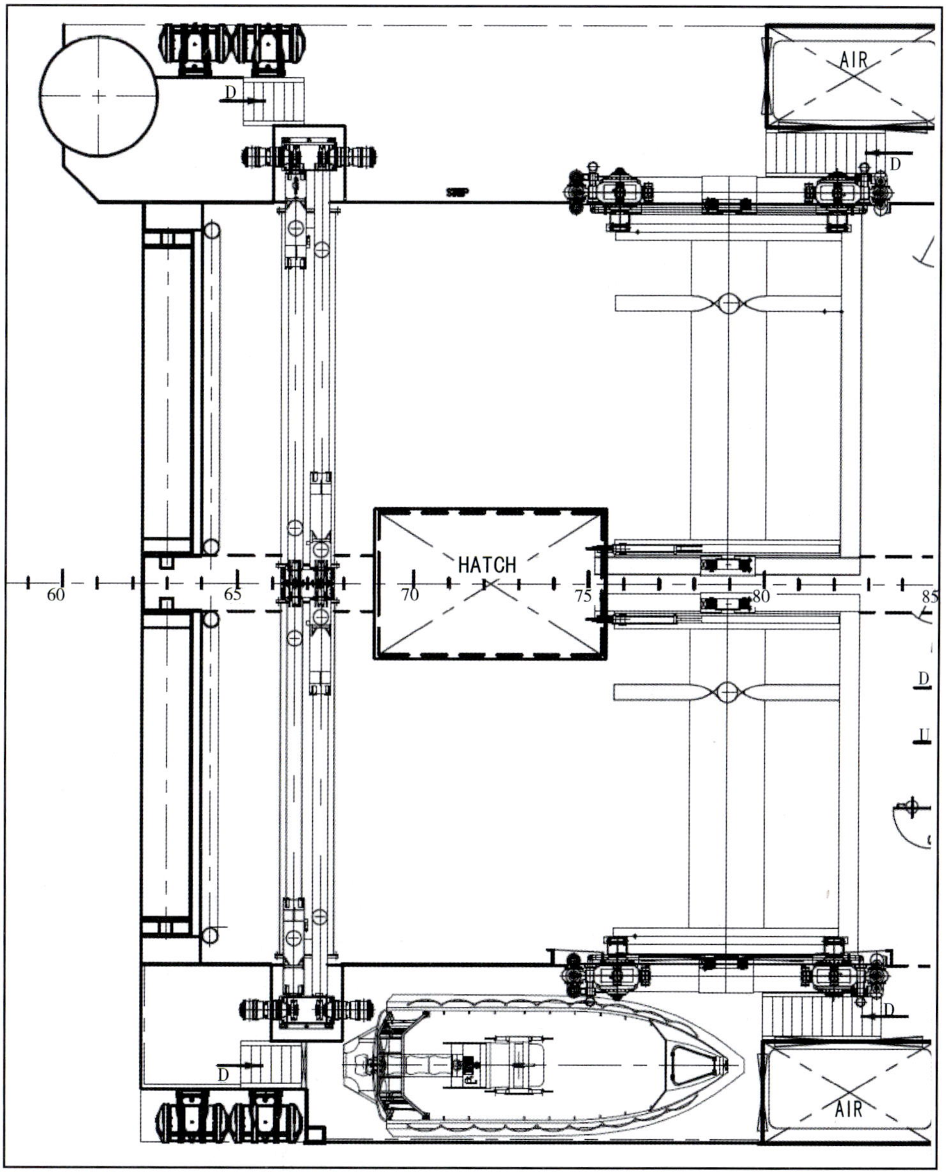

图1-3-19　UT788CD型拖曳锚作供应船C甲板拖缆机布置俯视图

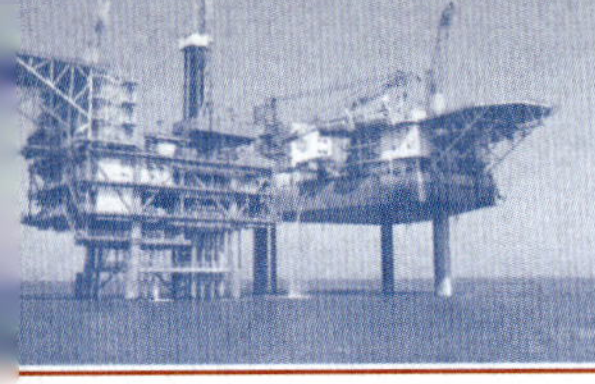

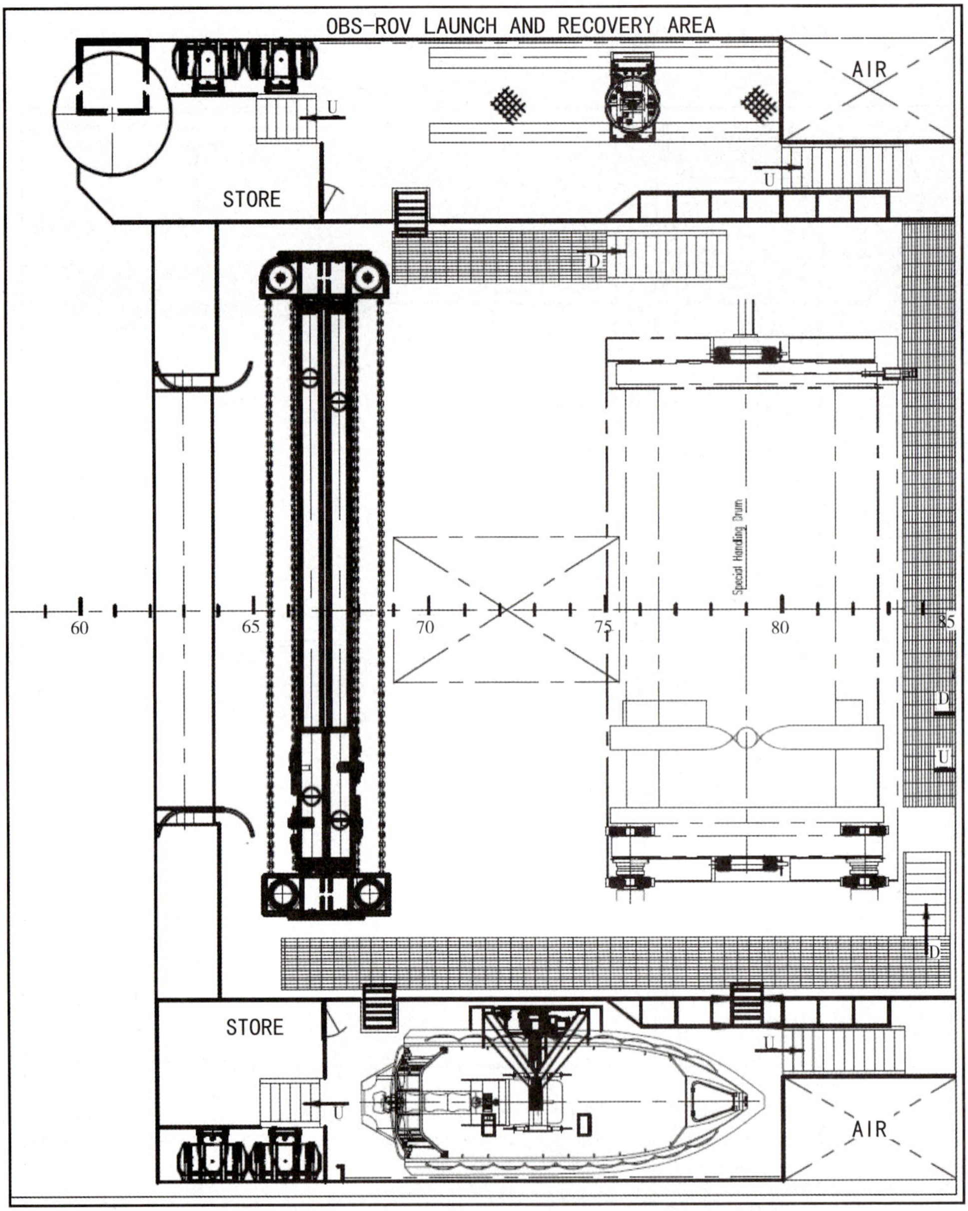
OBS-ROV LAUNCH AND RECOVERY AREA
AIR
U
STORE
U
D
Special Handing Drum
60
65
70
75
80
85
D
U
D
STORE
U
U
AIR

图1-3-20　UT788CD型拖曳锚作供应船B甲板拖缆机布置俯视图

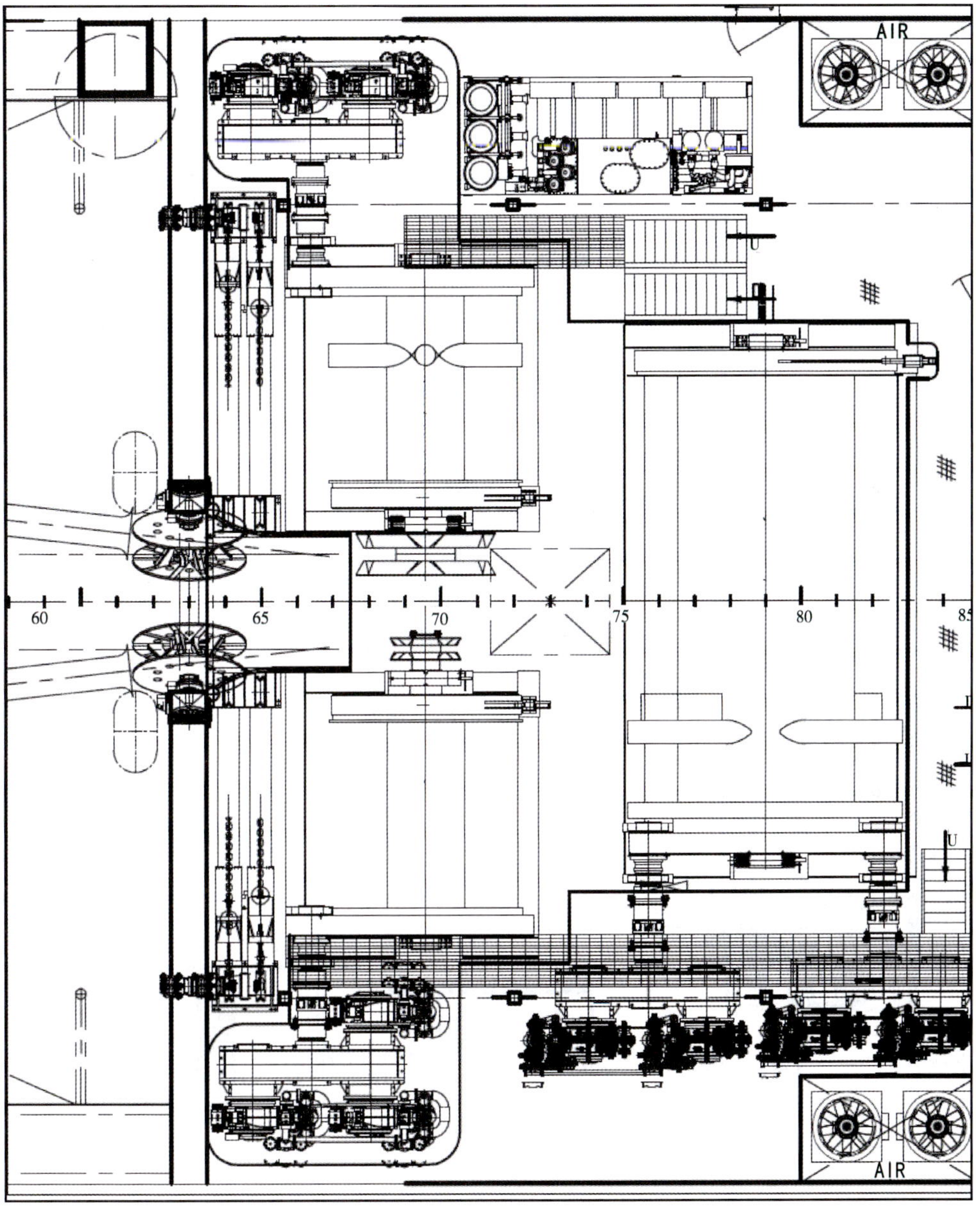

图1-3-21　UT788CD型拖曳锚作供应船A甲板拖缆机布置俯视图

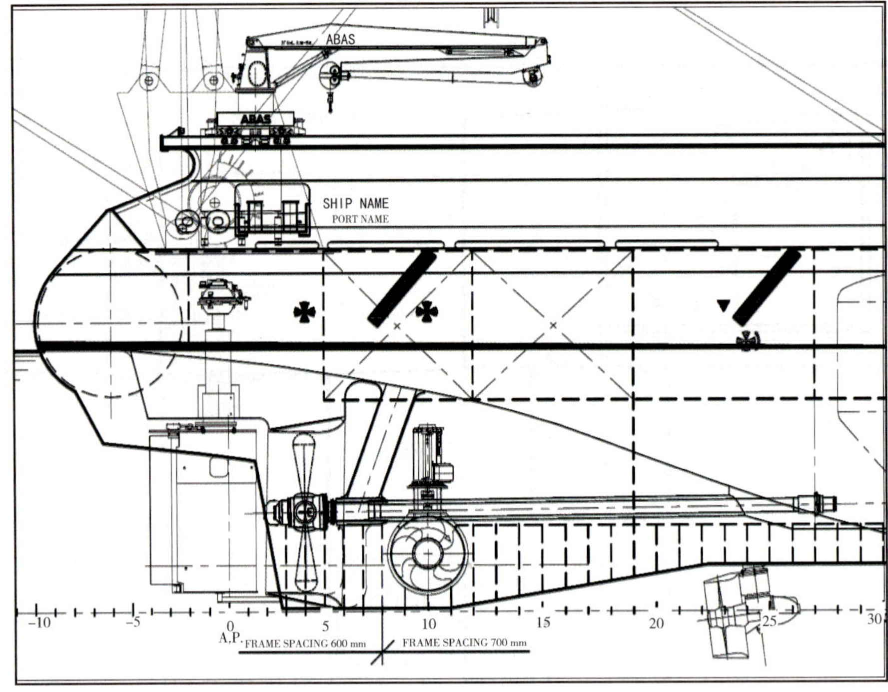

图1-3-24　UT788CD型拖曳锚作供应船艉部结构侧视图（一）

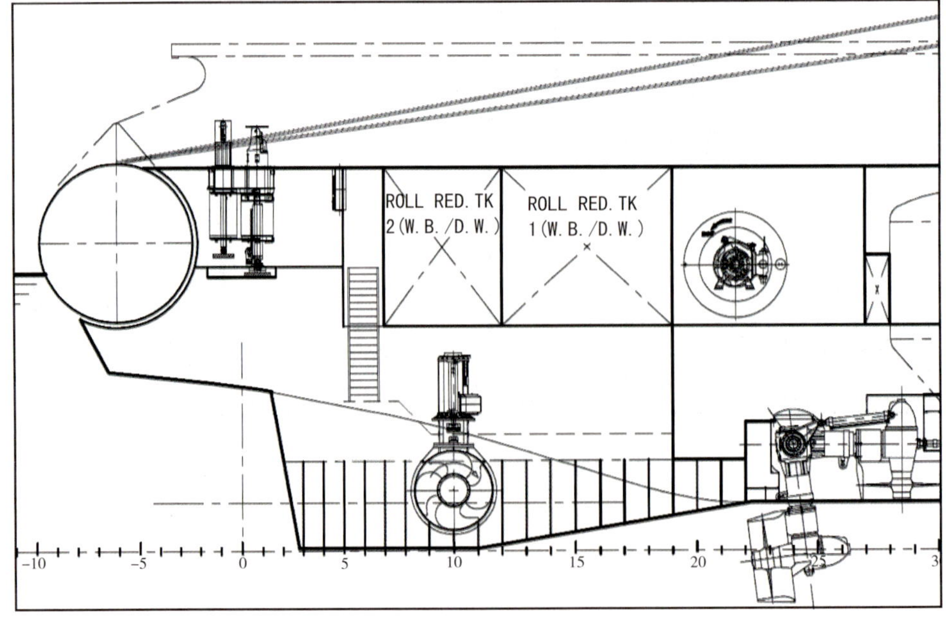

图1-3-25　UT788CD型拖曳锚作供应船艉部结构侧视图（二）

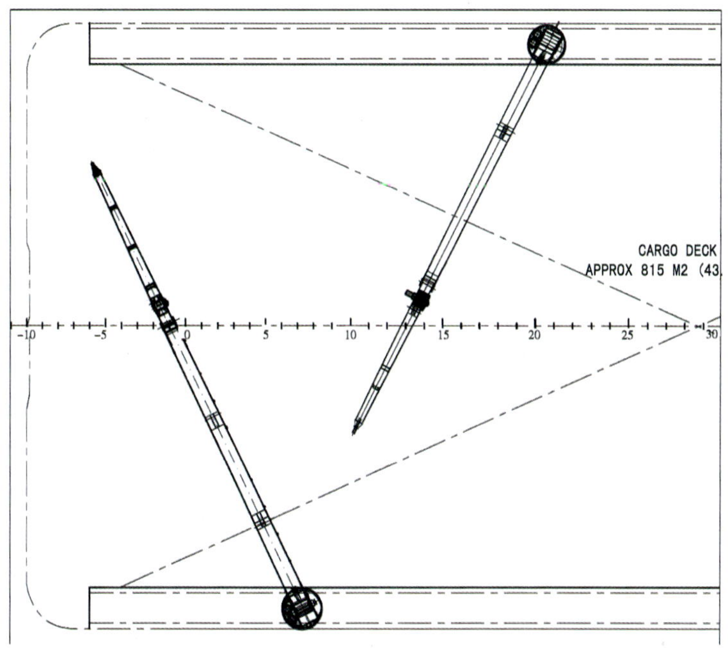

图1-3-26　UT788CD型拖曳锚作供应船艉部吊车布置俯视图

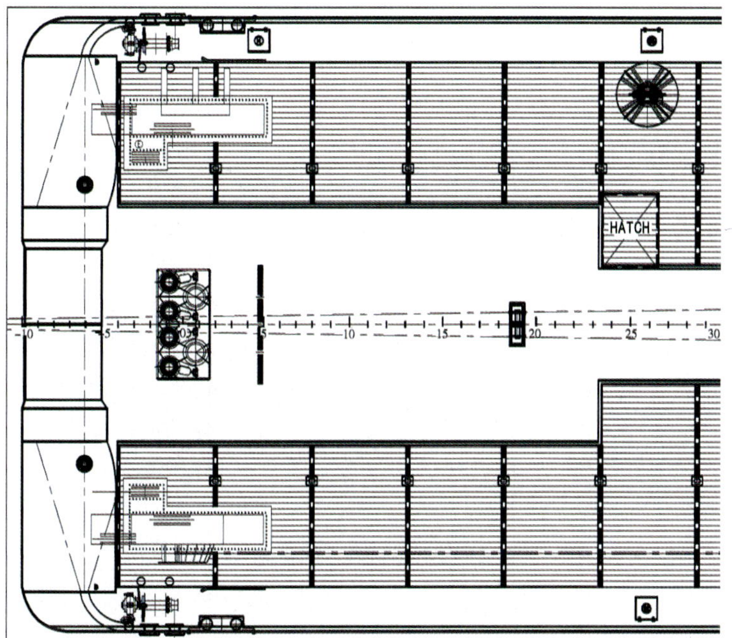

图1-3-27　UT788CD型拖曳锚作供应船艉部布置俯视图

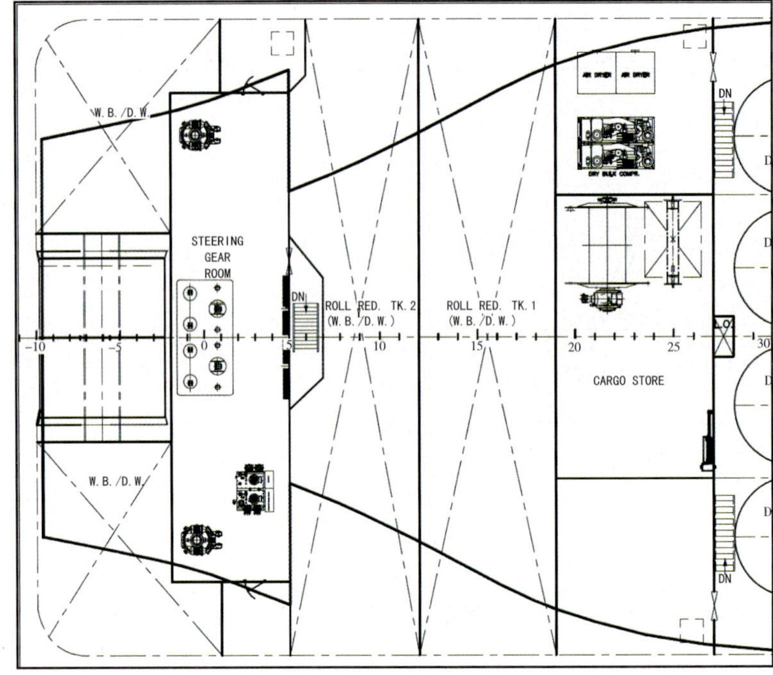

图1-3-28　UT788CD型拖曳锚作供应船艉部结构俯视图（一）

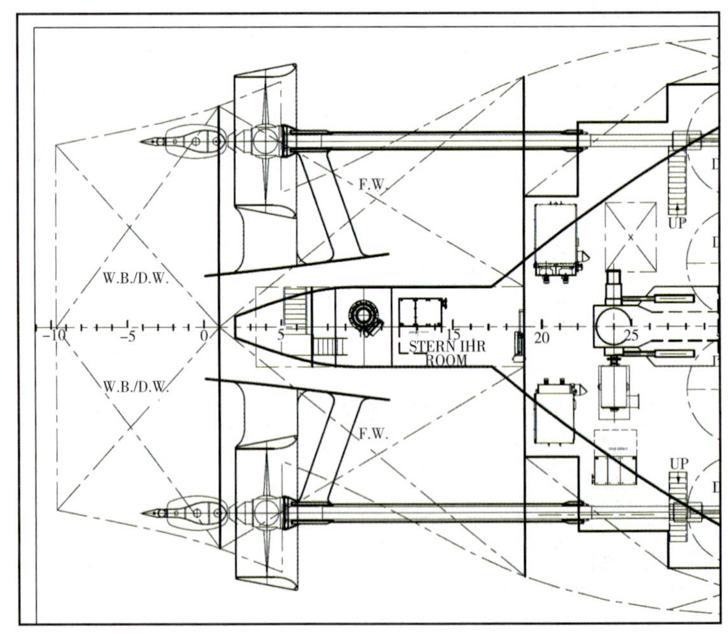

图1-3-29　UT788CD型拖曳锚作供应船艉部结构俯视图（二）

（3）试航速度

①在平静海况、深海、船体光洁以及100%主机负荷、轴带发动机空转下，船舶试航速度在压载吃水大约5.8m时为18kn。

②经济航速：10~12kn。

③续航力：大约10000海里（经济航速下），60天的食品和物料。

④连续系柱拉力大约290t，系柱拉力包括艏部的全回转推力器时大约300t。

（4）装载能力

①压载水/钻井水：大约3300m^3。

②饮用水：大约1130m^3。

③油基泥浆（包括泥浆/盐水）：大约220m^3。

④燃油：大约1390m^3；包括泥浆舱/盐水舱，大约1860m^3。

⑤液态泥浆/盐水（4罐）：大约470m^3；包括燃油舱，大约710m^3。

⑥ 平台锚链舱（6个锚链舱，包括泥浆池区域）：大约1140m^3。

⑦干散罐（4个）：大约260m^3。

⑧甲板货（重心高度甲板之上1m）：大约2000t。

⑨甲板货物面积（43.3m ×18.8m）：大约810m^2。

⑩浮油回收（4个泥浆/盐水舱+中部油舱）：大约940m^3。

（5）甲板机械/索具

①主拖缆机：BRATTVAAG，3个滚筒瀑布式布置，专用主滚筒拉力500t，刹车力600t，拖带/作业滚筒拉力450t，刹车力700t，带锚链轮及锚链舱。

②辅助拖缆机：BRATTVAAG，滚筒数量 2 个，拉力170t、刹车力210t，带索结分隔区。

③储缆滚筒：BRATTVAAG，滚筒数量 2 个。

④鲨鱼钳：KARM FORK 2套，最大工作负荷800t。

⑤拖销：2套，直径480mm，行程1600mm，旋转套960mm，下压力30t。

⑥中心扶正装置：2套，工作宽度2m，甲板上末端为2.5t，甲板以上100mm时最大为14t。

⑦艉滚筒：双艉滚筒，直径4500mm，长度每个2996mm，总长6000mm，2个滚筒间隙8 ± 4mm，最大安全负荷750t。

⑧限位销：2个，直径350mm，行程600mm，安全负荷200t。

⑨甲板机械手：2台，能力3t/14m，5t/10m。

⑩绞车：2台，最大拉力24t；三角眼板：1块，SWL225t，MBL>900； 卸扣：22个，SWL225t，MBL>900t。

第三节 超深水抛起锚作业主要索具的配置

一、张紧装置

图1-3-30～图1-3-35所示为Vryhof Anchor公司制造的一种用于对预置锚进行张紧以使锚入土达到设计张力的张紧装置。该装置可用于700m以上的水深，特别是超深水海域的预置锚作业。

1.张紧装置的主要技术指标

（1）可承受的负载高达1000t。

（2）适应于76～135 mm范围的工作锚链。

（3）系泊锚链的尺寸不受限制。

（4）对系泊链的操作不损害锚链性能、预期寿命或损坏链环。

（5）每根系泊链平均只需要4～6次的牵拉运动。

（6）在张紧装置的完整的负载销记载锚链线的张力，实时的记录在甲板上。

（7）设计有平滑的链槽，以防止锚链被卡阻。

（8）协调整合的形状使其能够平滑地通过艉滚筒。

（9）装备带有两套独立变形测量器的负载测量销，可连接用于声力传送信号。

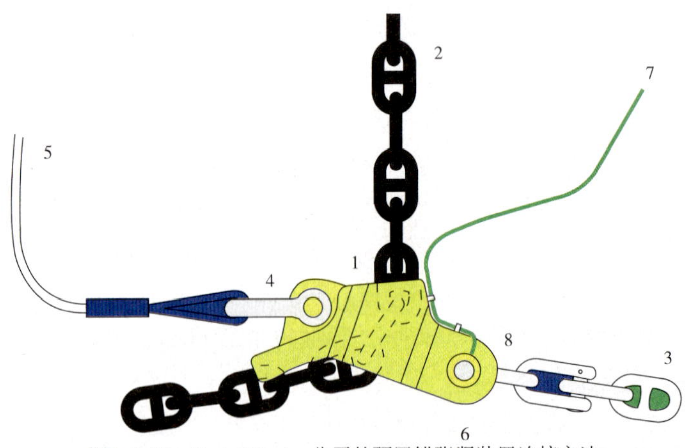

图1-3-30 Vryhof Anchor公司的预置锚张紧装置连接方法

2. 张紧装置的连接方法

主动链（2）穿过在安装船甲板上的张紧装置（1）。将被动链（3）连接到测量销

卸扣（8）。将解脱缆（5）连接到卸扣（4）上。将脐带带缆（7）连接到测量销（6）和甲板上的读数显示系统之间。

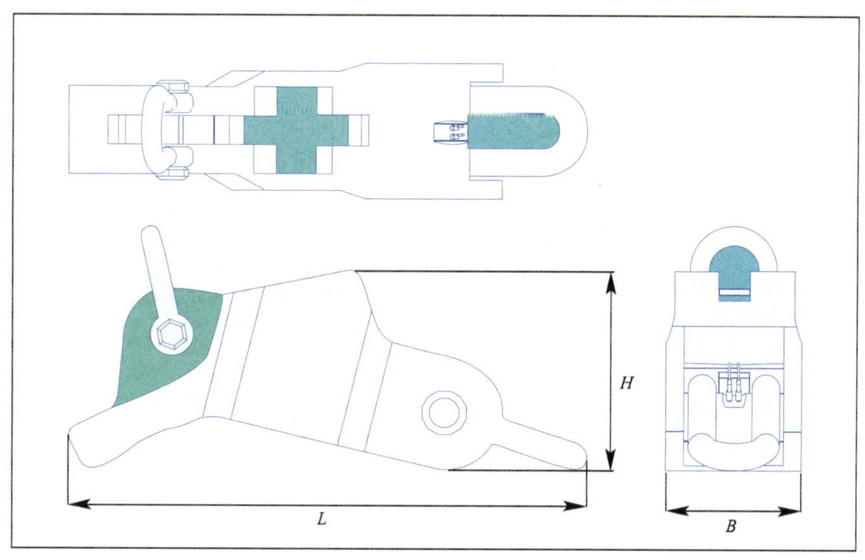

Stevtensioner model	Maximum horizontalload [mT]	Suitable*for chain size with Kenter shackle [mm]	Suitable*for chain size without Kenter shackle [mm]	Size Stevtensioner lxhxw[m]	Weight Stevtensioner [mT]
VA 600	600	76–84	76–87	2.0 × 0.9 × 0.6	3
VA 1000	1000	102–117	102–135	3.1 × 1.2 × 0.8	6

*The suitability only refers to the section of chain passing through the Stevtensioneu. Chain or wiirenot passing through the Stevtensioner may have any dimension

图1-3-31　Vryhof Anchor公司的预置锚张紧装置的技术规格

图1-3-32　Vryhof Anchor公司的预置锚张紧装置

图1-3-33　Vryhof Anchor公司的预置锚张紧装置的布放

图1-3-34　Vryhof Anchor公司的预置锚张紧装置在甲板上的连接

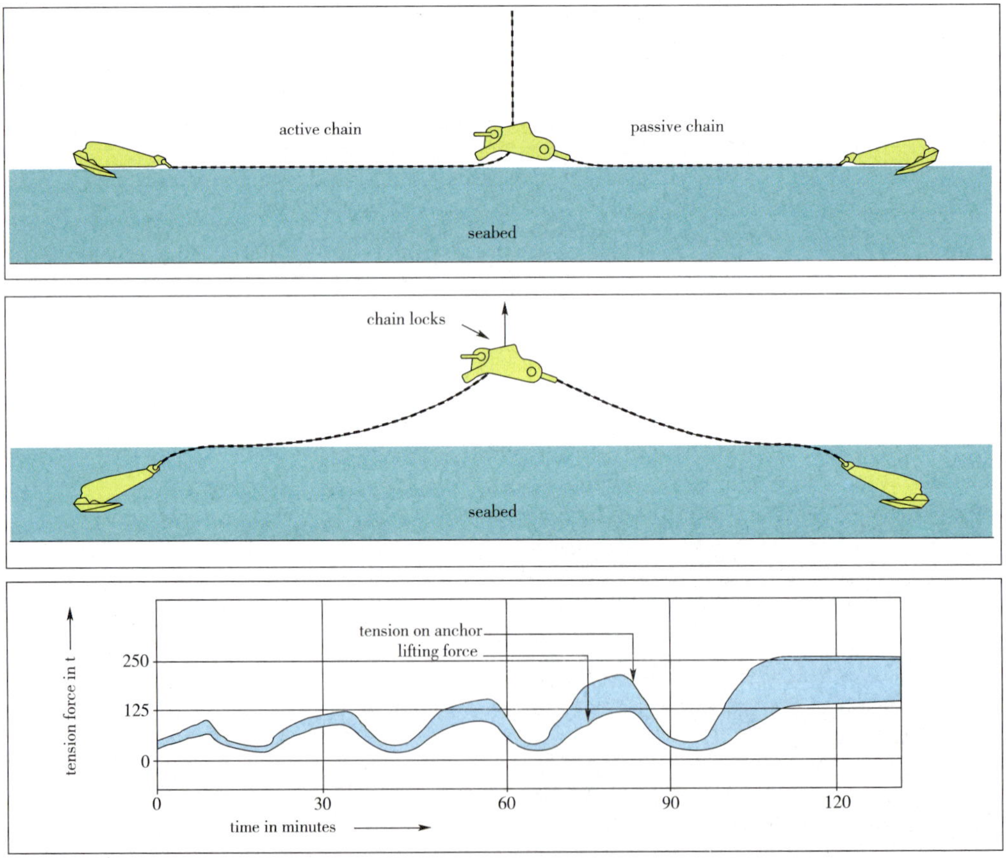

图1-3-35　Vryhof Anchor公司的预置锚张紧装置在海底的工作原理

二、抛起锚作业其他索具

除本节中介绍的抛起锚作业索具外，适用于在1500m水深以上预置锚作业或抛起锚作业的锚作船索具详见第一篇第一章及第二章“抛起锚作业索具的配置与布置”中的相关索具介绍，其主要区别是相关索具的数量、尺寸、规格、强度等相应加大，并与船舶的尺度、功率和功能相对应。

三、超深水UT788-CD型锚作船拖缆机滚筒容量

1. 主拖缆机（图1-3-36）

（1）型号：BRATTVAAG。

（2）数量：1台。

（3）拖带/作业滚筒数量：2个。

（4）专用滚筒数量：1个。

（5）左舷拖带/作业滚筒尺度：内径1500mm，外径3750mm，滚筒宽度2150mm+900mm。

（6）右舷拖带/作业滚筒尺度：内径1500mm，外径3750mm，滚筒宽度3500mm。

（7）专用滚筒尺度：内径3500mm，外径5400mm，滚筒宽度6500mm+1100mm。

（8）左舷作业/拖带滚筒容缆量：钢缆直径76mm、3500m，或合成纤维缆直径203mm、490m，或聚酯纤维缆直径168mm、600m（400m+200m），或直径118mm、1200m，分割区存缆量为聚酯纤维缆直径160mm、200m。

（9）右舷作业/拖带滚筒容缆量：钢缆直径90mm、3800m，或合成纤维缆直径203mm、800m，或聚酯纤维缆直径168mm、1200m（800m+400m），或直径118mm、2400m。

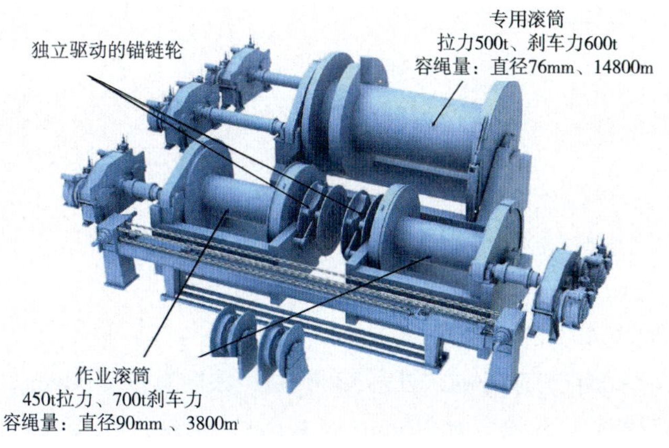

图1-3-36　主拖缆机

（10）专用滚筒容缆量：直径76mm、14800m，或合成纤维缆直径203mm、2180m，或聚酯纤维缆直径168mm、3000m（3×800m+400m+200m），或直径118mm、6000m。

（11）专用滚筒分隔区容缆量：直径168mm、400m。

（12）计算的船舶系柱拉力：约为300t。

2. 辅助拖缆机（图1-3-37）

以下以BRATTVAAG辅助拖缆机为例来说明。

（1）型号：2ALM63170U。

（2）数量：2台。

（3）滚筒：带刹车带的固定式滚筒。

（4）滚筒尺寸：内径1500mm，外径4500mm，滚筒宽度4500mm+1100mm。

（5）滚筒容缆量：合成纤维缆直径203mm、1600m，或聚酯纤维缆直径168mm、2400m（3×800m）。

注意：卷在滚筒上的钢缆或纤维缆的最大重量为150t。

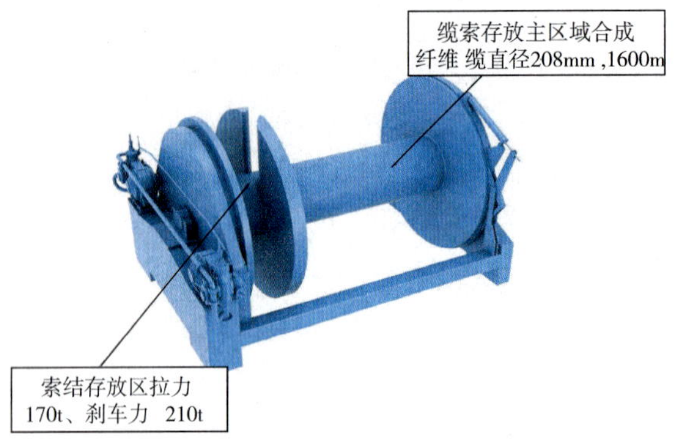

图1-3-37　辅助拖缆机

3. 储缆滚筒

以下以BRATTVAAG储缆滚筒为例来说明。

（1）型号：LALMX6308。

（2）数量：2台。

（3）滚筒：带刹车带的固定式滚筒。

（4）滚筒尺寸：内径1300mm，外径3500mm，滚筒宽度3400mm。

（5）滚筒容缆量：钢缆直径90mm、3300m，聚酯纤维缆直径168mm、1000m（600m+400m）。

第四节　预置锚系泊的系统连接与布置

一、STEVPRIS型预置锚的系统连接与布置

Vryhof Anchor公司的Stevpris 9T锚进行预置锚的系统连接与布置的相关系泊索具构成，如图1-3-38所示。

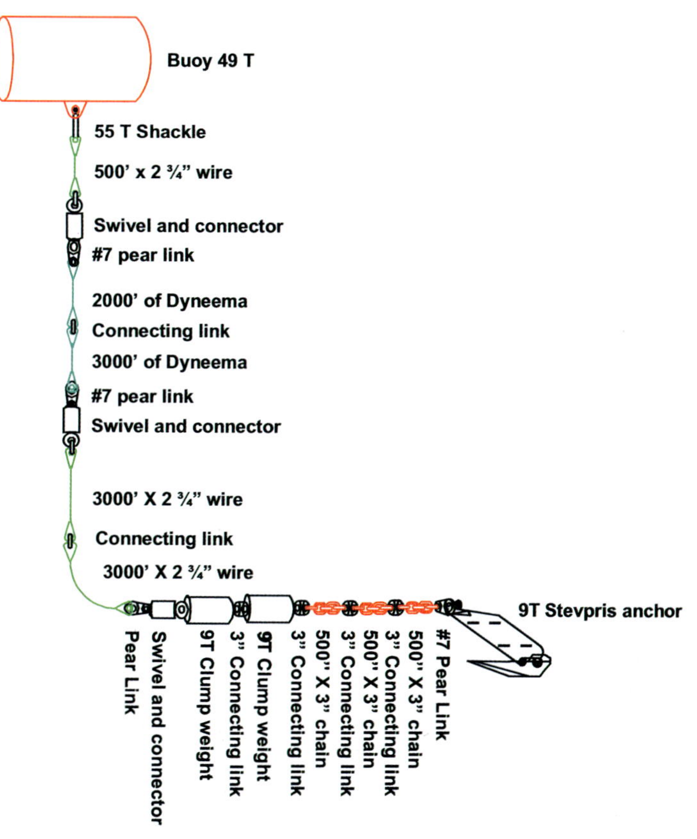

图1-3-38　Stevpris锚的预置锚系统的组成与连接

二、DENNLA MK2 VLA型预置锚的系统连接与布置

BRUCE公司的DENNLA MK2 垂直负载锚进行预置锚的系统连接与布置的相关系泊索具构成，如图1-3-39所示。

第一章　抛起锚作业组织与船舶作业计划

第一节　抛起锚作业的管理界面责任

一、海上设施迁移作业总则

对于移动式海上设施的迁移作业，其作业内容包括了海上设施的拖曳就位与可能的锚作作业，在船舶的租用选择上，要求具备拖曳锚作功能及相应功率与性能的海洋石油支持船，原则上推进器/推力器必须为CPP型式或电力推进系统。

移动式海上设施迁移作业具有专业性强、技术难度大、占用资源多、组织计划严密等特点，通常由定期租用的具备拖曳锚作功能的海洋石油支持船实施，作业者与承包者之间一般不单独签署《海商法》海上拖航合同规定格式的合同，以包含在船舶期租合同中有关拖航的条款为依据，仅在单航次租船进行海上设施的远程拖航（跨国拖航作业）时才考虑是否采用《海商法》海上拖航合同规定格式的合同。海上设施的迁移作业在拖航前要按规定制定好拖航计划及拖带与操作手册（如有时），其副本应保存在海洋石油支持船的船长处。

海上设施迁移涉及的拖航作业必须满足我国《船舶与海上设施法定检验规则》（海上拖航法定检验技术规则）的所有有关要求，按规定要求申请拖航检验，取得适拖证书和检验报告，并根据《中华人民共和国海上航行警告和航行通告管理规定》（交通部令[1993]44号）的规定申请主管机关发布航行警告和航行通告。此外，必须按作业者有关拖航作业管理规定的相关要求执行，并考虑我国石油天然气行业标准《钻井平台拖航就位作业规范》、《船舶靠泊海上设施作业规范》的适用建议，涉及国际航线的拖航还必须满足国际海事组织通函884号《海上安全拖航导则》的有关要求。

二、海上设施迁移组织管理特点

移动式海上设施迁移作业由作业者（租船方）负责组织与协调，其中钻井平台的迁移作业涉及到作业者、钻井承包人、拖航就位技术服务商、定位服务商与通讯服务

商，在迁移作业前作业者召开设施迁移会议并进行迁移准备工作。设施迁移小组由作业者代表、钻井承包人代表、拖航就位技术服务商和主副拖曳锚作船船长组成，迁移小组负责迁移作业的安全和现场指挥工作，组长由作业者（租船方）代表或其协议委托的拖航就位技术服务商具有拖航船长资格的人员担任，拖航就位技术服务商负责除航渡期间外的作业阶段对拖曳锚作船与设施的就位作业指挥，主拖曳锚作船船长负责设施航渡过程中指挥设施与副拖曳锚作船，并对设施的航渡期间的安全负责。

三、海上设施迁移相关作业活动

（1）与自升式平台迁移有关的离场期间的挂拖后的冲拔桩待拖、锚作、平台牵引，自升式平台拖航航渡，抵场（井位）后的锚作作业、平台牵引及解拖前的插压桩待拖；自升式平台精就位期间必须具备良好的天气海况窗口，通常要求风力不大于10 m/s。

（2）与半潜式平台迁移有关的离场锚作作业、挂拖、拖航航渡、抵场（井位）锚作与解拖，该锚作方式多采用PCC（提锚圈）系统，若布置串联锚，则采用PCC锚泊系统与浮筒锚泊系统的组合等。

（3）在深水海域，相当时候有些半潜式平台等海上设施采用预置锚方式预布及或置入钢缆（通常1000m以下水深）或纤维缆（通常1000m及以上水深）的系泊系统。

（4）在超深水海域，均使用预置锚系泊系统并在系统中置入纤维缆。

（5）移动式海上设施的迁移距离以短程或中程（小于1000海里）为主，通常均采用常规的水体拖曳方式，并配有额外的具备拖曳锚作功能的海洋石油支持船作为辅助船或护航船；对于远程（大于1000海里）的海上设施迁移，则考虑以半潜驳为拖曳载体进行干拖方式为主。

四、海上设施迁移作业相关方协定程序与责任

抛起锚作业和拖航作业均有潜在的危险。海上设施的人员应当充分意识到船舶的操作局限性，包括动力和干舷。船舶和船员的安全是极为重要的。

1. 船舶所有人的责任

船舶所有人负责确保用于抛起锚作业的船舶和设备，应满足：

（1）运行状况良好，并遵守相关的规定。

（2）充分配备胜任的人员，考虑休息要求的时间及工作范围，包括每天24小时/每周7天工作的可能性。

2. 作业者的责任

（1）安排必要的抛起锚船舶、测量定位设备和适当的人员以及海上设备，并事先向抛起锚作业范围的所有有关方简要介绍情况。

（2）为已签约的设施确保完整的抛起锚和拖航作业的足够计划和风险评估。

（3）确保设施依照计划的布锚模式系泊就位。

（4）获得必需的信息，包括海图资料和对矿区设施抛锚的现场测量。类似的要求包括将要就位的自升式钻井平台所需要的土壤详细资料。

（5）界定内容如下：

①海床下部结构、状况和任何的障碍物。

②锚和锚链/缆，包括高出的悬链线与设施和管线的水平和垂直的最小距离。

③危害和可操作性或风险评估。

④天气和波浪资料，以及适当的潮流资料。

⑤在同时进行的作业的信息。

（6）确保他们的有关要求：

①及时地与所有的相关方组织钻井平台迁移会议。

②决定后勤的需求。

③向他们任命的海事代表简要介绍情况。

④抛起锚设备的获得、证明和装船。

（7）与所有相关方协定完全清楚的设施迁移的书面程序。这些程序应当确定关键任务与责任。

（8）在离港前、在异常的环境下、或在现场开始作业之前，应事先向船舶船长简要介绍情况，包括任何特别的设施的详细程序，以及任何的安全意识问题。

3. 移动式作业装置所有人的责任

（1）准备钻井平台迁移的程序，用作业者的官方语言及汉语语言，除非已有另外的协定适合于完整的抛起锚或拖航作业。取决于当地的要求，钻井平台迁移的程序可由作业者准备。

（2）与作业者商定布锚模式，由满意的抛锚分析支持。

（3）获得必需的额外人员（锚机操作员等）。

（4）确保与参与的船舶和关键人员复查、了解钻井平台迁移程序，并已完成风险评估。

（5）为直升机信标分配频率。

（6）按当地的要求向当局通报设施的离开和到达。

（7）确保所有相关方之间全功能的通信。

（8）沟通工作范围的任何改变。

（9）确定潜在的返程的抛起锚设备。

（10）保证移动式作业装置的船员休息。

4. 海上设施迁移组长的责任

海上设施迁移小组组长，或称之为拖航组长（海上设施管理人OIM）的责任主要包括：

（1）按照法定要求和移动式作业装置所有人的政策，对海上设施和人员的安全始终负有全面的责任。可委托钻井平台迁移的一些职责给适合的有资格的人员，比如在拖航过程中也应与船舶船长协商的拖航船长（当作业者明确指定拖航船长为海上设施迁移小组组长或拖航组长时，承担海上设施管理人OIM的责任）。

（2）单独的联系点将通过所有的钻井平台迁移通知和外部通信传递。确保保持向所有有关当局通报所要求的钻井平台迁移状况。

（3）在设施的操作手册的限制范围之内，与作业者代表商议之后，决定何时开始作业是安全和可行的。

（4）确保正确的配置胜任的设施人员，以确保安全布锚和操作拖曳索具。

（5）负责确保在平台上举行钻井平台迁移前会议，并相应地在值班日记中以适当的条目记录会议结果。

（6）对拖带的指挥和安全负责，并直接（如其本人是拖航船长的话）或在与拖航船长协商之后，可向拖船发出关于拖缆布置、航路计划、航向和速度的指令。

（7）如发生任何重大的偏离被提议的钻井平台迁移程序，告知作业者代表。

（8）在钻井平台迁移作业所有关心的问题上与作业者代表保持联络。

5. 锚作船船长的责任

（1）在任何时对船上船员和设备的安全负责。如必要，船长可停止可能使船舶或船员处于风险的作业。

（2）迁移之前，应向船员简介以确保船员完全理解抛起锚安全程序，及如何将这些应用于特殊的钻井平台程序。

（3）动力需求的详细说明沟通，特别是涉及系柱拉力的明确指示。

（4）负责确保抛起锚作业的进行在安全意义上，适当的考虑安全工作守则和良好船艺习惯。

（5）必须确保实用的张力，避免超过任何钻井平台迁移设备，包括移动式作业装置和船舶拖曳索具的应力。

（6）主拖船船长负责拖航的航行操作，遵守定妥的计划，以定期时间间隔发出适当的航行警告，并确保其他的拖船遵循规定的计划。

五、钻井平台迁移会议

（1）作业者应当在作业开始前安排钻井平台迁移会议。会议之前应当分发钻井平台迁移程序。所有的相关方应当参加会议。

（2）会议的打算需确定有关的需要，具体为：

①抛起锚设备。

②航行与就位。

③物料的预先检查。

④对船舶和设施的危害和可操作性或风险评估的输入。

⑤锚泊装置图和草图。

⑥抛锚分析、布锚模式和钻井平台迁移程序。

⑦由所有方协定主拖曳布置和第二套的拖曳布置。

⑧船舶需求，数量和技术规范。

⑨船舶和设施人员的配备。

⑩ 通讯路径。

六、钻井平台迁移程序

（1）钻井平台迁移程序应有一个介绍，描述他们的目的并说明关键人员的角色与责任。对钻井平台的迁移要采取按部就班的步骤，最大限度地使用图表并包含如下：

①位置、离开和抵达。

②水深。

③海底条件（及对于自升式钻井平台的现场条件）。

④基础设施（海管、基盘等）。

⑤矿区的特殊要求。

⑥附录应描述布锚模式与锚链/锚缆的长度，及由厂商出版用于抛锚的操作手册。

（2）有关移动式作业装置的信息要求

①锚链类型和长度（锚缆/锚链的编号方式和布锚模式）。

②锚的类型、重量和数量。

③推荐的提锚圈短索（PCP）长度、尺度、索节类型和任何的末尾短链（双侧末端）。

④锚上的锚爪角度。

⑤拖曳索具的安全工作负荷。

⑥推进系统（推力器的大小和类型，设施的动力定位DP）。

⑦吊车半径和起重能力。

（3）对抛起锚船舶的要求如下：

①系柱拉力。

②拖缆机能力（拉力、滚筒容量、直径和滚筒数量）。

③链轮、数量和尺度。

④锚链舱，数量和容量。

⑤第二拖缆机，数量和能力。

⑥拖销/液压制动器。

⑦钢缆终止处的要求。

⑧艉滚筒：单或双。

⑨清泥系统。

⑩排缆设备。

⑪在甲板上的安全所需要的最小干舷。

⑫对在后部甲板用于设备操作的吊车要求。

（4）在钻井平台迁移程序中要求的其他信息如下：

①对特殊的作业，按部就班的准备有插图的说明。

②在锚索串的排列要比带有提锚圈短索（PCP）的锚链更为复杂时，应有图纸可供使用。

③对相关水深的悬链曲线显示不同的张力。

④在抛起锚期间（航渡、作业、风暴状态的吃水）设施的吃水。

⑤返程设备的清单。

⑥天气标准和天气窗口。

⑦时间估计。

七、海上设施迁移作业组织原则

（1）有关各方责任的界定。

（2）关于水深、其他海上和水下设施以及应急锚地情况必须在航路计划中谨慎地制订。

（3）航线距任何其他海上设施必须保持安全距离，最好是5海里。万一动力丧失或拖缆故障，在一侧通过时，最好保证拖带船队会漂离设施。

（4）航路计划应当避免使用海上设施作为航路点。如船舶显然地处在可导致碰撞的航向上时，海上设施的船员得前往集结地。

（5）规定拖带的天气标准和必要的天气窗口。获得定期的天气报告。

（6）指定通讯链路。

（7）评估需要什么样的海洋石油支持船舶。作为辅助船或护航船的支持船舶的任务包括，但不仅限于：

①监控和标绘沿拖航路线的船舶交通。

②拦截向拖带船队过于靠近的船舶。

③在设施到达之前，检查布锚现场处于清爽及没有障碍。

④具备作为备用拖曳船的功能，特别在冬季月份。

（8）建立从海上设施到拖曳船传递主拖带短索的安全程序，并确保所有各方清楚地了解该程序。

（9）确认移动式作业装置的第二套用于应急拖带的系统，建立可操作的易于回收主拖带索具的方法，并商定适合于在所有的天气情况下传递第二套拖带系统的安全程序。

（10）确保海上设施人员知道装配备用拖带钢缆可能需要的时间。如果在航路上有一艘额外的船舶可作为备用拖曳船使用，应装上适于拖带的索具。

（11）在作业开始之前，海上设施和船舶要执行风险评估。

（12）如果经风险评估的原计划的作业已变化，全部人员必须复查变化的作业危害。如变化的话，就要求暂停作业并在工作现场与所有有关的人员复查。

第二节　船舶抛起锚作业稳性要求

一、船舶抛起锚作业对稳性的影响

本节旨在为拖曳锚作供应船AHTS安全进行抛起锚作业提供指导。它应连同公司的程序手册、国际导则和承租人提供的具体程序一起阅读。

抛起锚作业包括一系列特殊海上操作，锚链和缆绳所承受的高张力可能产生巨大的倾侧力矩，并有可能引起锚作船的极度横倾和/或后退运动。船舶在水中的运动也可能受到抛起锚拖缆机的高速牵引或系柱拉力丧失的影响。该船可能受到重型锚设备所产生的拉力而被迅速向后拉动。同时发生的因任何原因导致的船舶推力丧失，可能产生一个旋转力矩导致船舶受到一个相当大的额外横倾力。环境条件也会影响操作，因此，应密切监测船舶稳性。

甲板操作还有可能引发其他危害，对于这一点所有船员都应认识到。熟悉本节的内容对于每一个从事抛起锚作业的船长和船员而言都很重要。团队精神也至关重要。

由于所有的工作都是不同的，因此不可能对所有情况都加以描述，但对于涉及船舶稳性、拖缆机操作和抛起锚作业而言，应遵循下述原则：船长以及船员，如对操作存在有任何疑虑时，应“停止工作”。

二、抛起锚作业船舶受力及稳性图解

抛起锚作业时的船舶受力与稳性情况，对于深水抛起锚作业应予特别的关注。如

图2-1-1～图2-1-10所示。

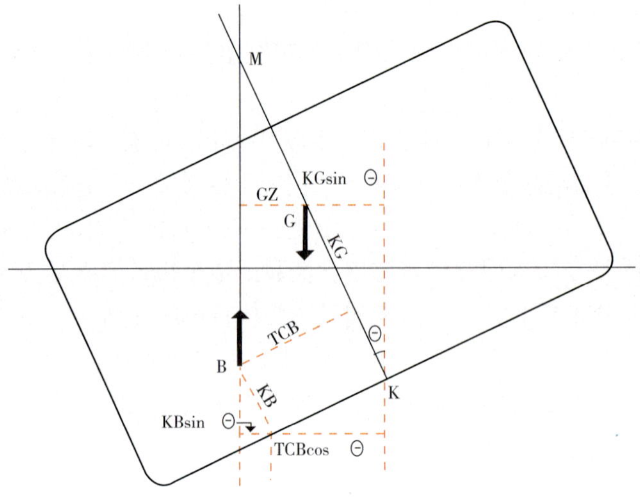

图2-1-1　从某一AHTS后视船舶横倾时的受力分析

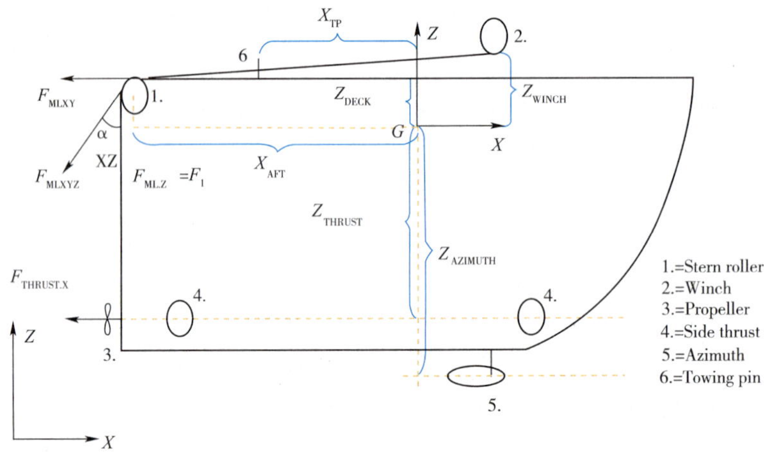

图2-1-2　从某一AHTS右舷侧视船舶抛起锚作业受横向力分析

三、对抛起锚作业船舶稳性的相关要求

抛起锚作业，尤其是深水和超深水抛起锚作业开始前，船舶的船长和大副应先核查船舶稳性。除了考虑航行情况，在计算稳性时还要考虑长期工作之后可能发生的最坏的情况。应把所有上述条件打印出来，并在整个作业过程进行显示；在有任何可能改变船舶条件的事件出现时立即重新复查。

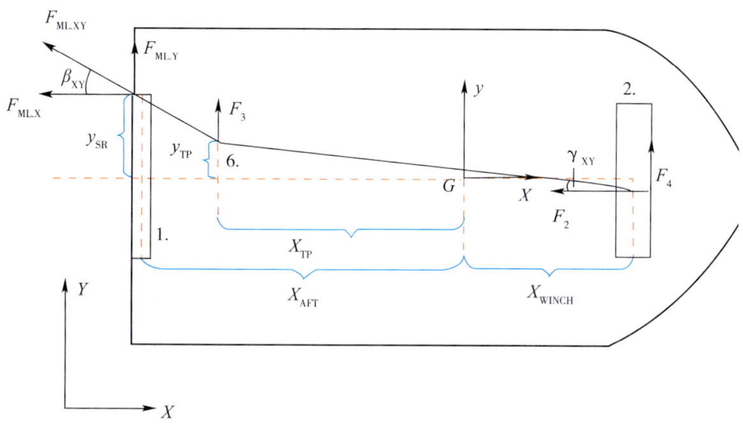

图2-1-3　从某AHTS俯视船舶抛起锚作业受横向力分析

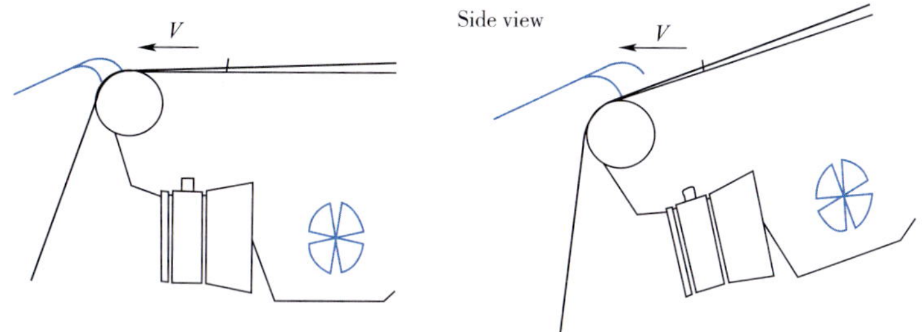

图2-1-4　从某AHTS右舷侧视船舶抛起锚作业受力分析

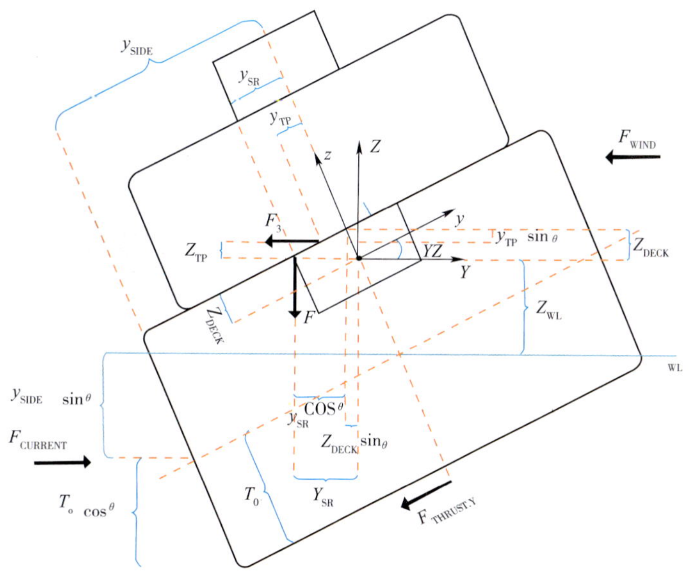

图2-1-5　从某一AHTS后视船舶抛起锚作业受横向力分析

如果计划进行深水迁移，根据拖销的布设，在偏离船舶中心线的位置上，作用在艉滚筒上的重量可达到几百吨。这将增加横倾力矩和艉倾；这类船舶经常遭遇稳性减小，在艉倾增加之前甲板边缘就浸水的情况。此时甲板上浪进水（如由破碎浪上浪引起的）也可能导致稳性的暂时减小。

除淡水使用和压载情况外，也要考虑双层底的燃料消耗。

在进行任何压载操作前，操作者应认识半载压载舱的存在对于稳性的重大影响，尤其是横摇减摇舱对稳性的影响。应考虑船舶在操作过程中可以允许的最大横倾角，并清楚地知道在船舶接近横倾角极限值时所应采取预防行动。通过减少船舶浸水风险来保持船舶稳性时，在整个操作过程中，除了通道外，主甲板上的敞开的水密门和通往下层空间的通路都应保持关闭。所有这样的门都应有标志，注明在抛起锚作业和拖航作业时不能打开。

船上应备有一张汇总表，其内容包含本航次船舶的复原力臂曲线和装载情况概要，并将其装入本船的《抛起锚操作手册》首页的袋子里。

第三节　制定抛起锚作业计划的相关计算步骤

具备拖曳锚作功能的海洋石油支持船接到抛起锚作业任务后，为确保抛起锚作业的成功，船长必须根据具体的作业任务和相关要求制定抛起锚作业计划，在制定作业计划过程中，必须对船舶作业能力进行相应步骤的计算，并对船舶在抛起锚作业期间的稳性情况以及作业风险进行评估分析，以使作业计划更具有符合性、实用性和可操作性，这样才能确保抛起锚作业的成功实施。

以下步骤以实例方式展开，如某一锚作船接到的抛起锚作业任务如下：

（1）水深600m；

（2）锚10t；

（3）钢缆/锚链规格3″；

（4）系泊钢缆914m 。

对此，船舶船长必须考虑船舶能否布设和回收此锚？能否将此锚起上甲板？

一、所需作业钢缆长度的计算

钢缆长度在较浅的水深中为1.5倍水深（如300m以下），在稍深些的水深（如300m以上）中要小于1.5倍水深。

$600 \times 1.1 = 660$ m

600 × 1.2 = 720 m

600 × 1.3 = 780 m

注意：使用较小的系数不一定有利。

二、拖缆机滚筒存缆能力的计算

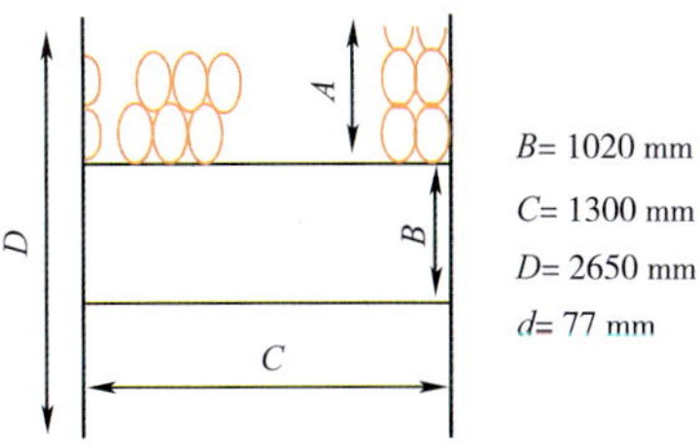

图2-1-11　某船钢缆滚筒结构示意图

某船的拖缆机抛起锚滚筒的规格如图2-1-11所示，根据滚筒和钢缆规格，可计算出该滚筒的存缆能力为：

$$A=(D-B)\div 2=(2650-1020)\div 2=815\text{ mm}$$

$$\text{拖缆机存缆能力}=A\times C\times \pi\times (A+B)\div d^2$$

$$=815\times 1300\times \pi\times (815+1020)\div 77^2$$

$$=1030\text{ m}$$

经计算得出该船拖缆机滚筒的存放钢缆的能力为1030m。

三、拖缆机实际拉力的计算

图2-1-12所示为某一船舶的拖拉机滚筒上相应层数处钢缆的拉力示意图，该滚筒的最大拉力为260t，滚筒规格同图2-1-11所示 某船钢缆滚筒结构示意图的规格，可通过钢缆实际层数距滚筒中心的半径等参数计算出在该层数处的实际拉力。

根据最大拉力为 260 t，及以下公式进行计算：

$$P_{max}\times B=P_i\times D_i$$

即：

$$P_i=P_{max}\times B\div D_i$$

式中：P_{max}——最大拉力，为260 t；

P_i——实际拉力，t；

B——滚筒内径，取值为1020 mm；

D_i——实际内径，取值为2650 mm。

$$P_i=P_{max}\times B\div D_i=260\times 1020\div 2650=100\text{ t（动态）}$$

如果滚筒的最大外径D只有2650mm，那么 P_i就是拖缆机的最小动态拉力。由于装在滚筒上的钢缆只有914m，通过计算得到当时滚筒的动态拉力为105t。

静态握持力（带式制动器）相对更大些，大概要大30% ~ 50%。

四、系泊系统重量的计算

对于船舶抛起锚作业，在深水中，从海底到艉滚筒的整个系泊系统的重量是相当

可观的，尤其是使用锚链系泊系统时，一旦系泊线偏离艉滚筒的中心线，船舶就会受到横向力矩的作用产生横倾，影响抛起锚作业的顺利进行，甚至可能危及船舶安全，造成船舶倾覆。锚链长度及受力与重量分布，如图2–2–13所示。

图2–1–12　钢缆滚筒拉力示意图

以下为使用的系泊系统的规格：

3″ 锚链重量：126kg/m，3″ 钢缆重量：25kg/m。

每根系泊线的重量计算如下：

①锚链的重量：$600 \times 0.126 = 75.6$ t

②锚的重量：$10 + 5 = 15.0$ t

每根系泊线的合计重量：90.6 t

其中浮力取值 = 15%，概算如下：

铁的密度 = 7.86

1000kg铁 = 1 ÷ 7.86 = 0.127m^3

1000kg锚在海水中的实际重量为：

$$1000-(127 \times 1.025) = 872.7 \text{ kg}$$

考虑浮力后的重量：

$$90.6 \times 0.85 = 77.0 \text{ t}$$

在作业中，浮力必须只被用于作为安全系数，因此每根系泊线的合计重量为90.6 t。

对于绞锚上甲板（图2–1–14），不算浮力的重量计算如下：

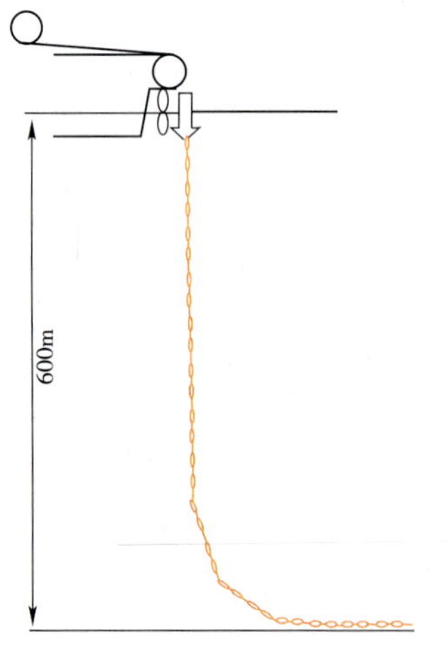

图2–1–13　锚链长度及受力与重量分布

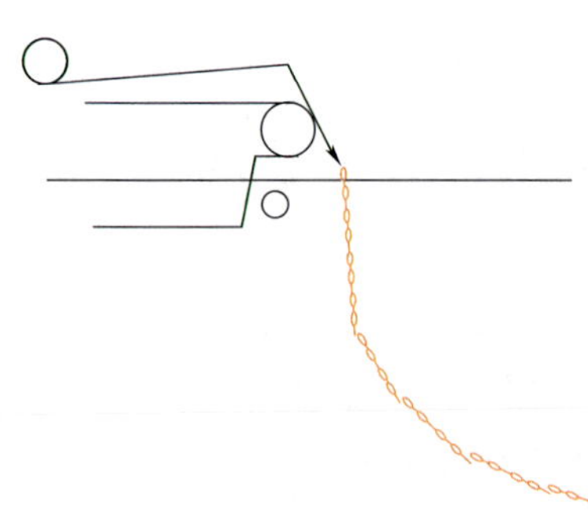

图2–1–14　锚链绞上甲板受力

锚链：$600 \times 0.126=75.6$ t

锚：10+5 = 15.0 t

绞锚时承受的重量合计：90.6 t

要将锚绞上甲板，你可能需要额外的30 ~ 50t的绞收力。

将其跨接到带较少钢缆的滚筒上可能是必要的，并因此更靠近滚筒中心轴（获得更大的绞收力）。

五、船舶系柱拉力的估算

在抛起锚作业中采用单独的系柱拉力估算。

船舶持有系柱拉力图（系柱拉力/影响），应参考图2-1-15所示，并确保所有驾驶员熟悉由主要设备诸如推力器、拖缆机和船用电造成的系柱拉力的减少。

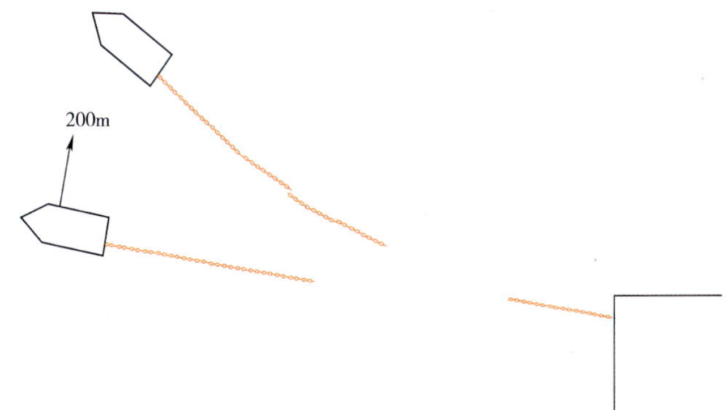

图2-1-15　拖曳锚作船系柱拉力受力

由于推力器/拖缆机的使用，系柱拉力减少。

图2-1-16所示为某一大型拖曳锚作供应船的设备使用情况与实际系柱拉力。

（1）最大系柱拉力为231t。

（2）使用1个艏推力器时，系柱拉力为216 t。

（3）使用2个艏推力器时，系柱拉力为202 t。

（4）使用2个艏推力器和1个艉推力器时，系柱拉力为192 t。

（5）使用所有推力器时，系柱拉力为182 t。

（6）使用所有推力器和拖缆机时，系柱拉力为178 t。

有关“Maersk Beater”锚作船系柱拉力的基本资料如下:

螺距对应系柱拉力数据的获得来自2000年5月23日的一次拖航，系柱拉力数据的活动来自静态刹车读出器。

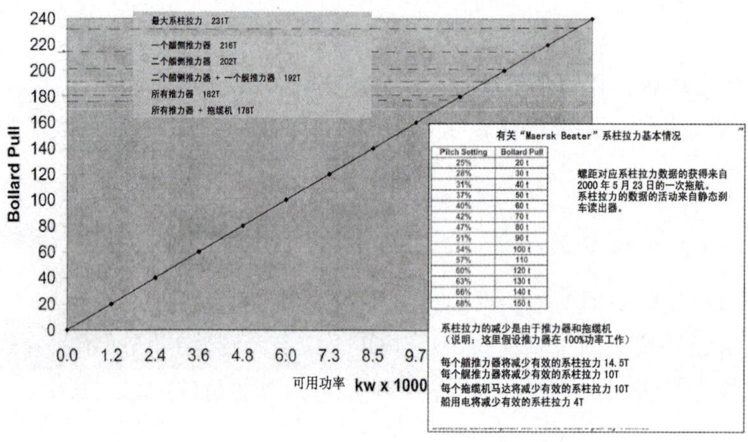

Pitch Setting	Bollard Pull
25%	20 t
28%	30 t
31%	40 t
37%	50 t
40%	60 t
42%	70 t
47%	80 t
51%	90 t
54%	100 t
57%	110
60%	120 t
63%	130 t
66%	140 t
68%	150 t

图2–1–16　船舶持有系柱拉力图

系柱拉力的减少是由于推力器和拖缆机（说明：这里假设推力器在100%功率工作）。

每个艏推力器将减少有效的系柱拉力14.5t。

每个艉推力器将减少有效的系柱拉力10t。

每个拖缆机马达将减少有效的系柱拉力10t。

船用电将减少有效的系柱拉力4t。

例如某一拖曳锚作供应船使用40%的螺距等于 43 t系柱拖力。如图2–1–17所示。

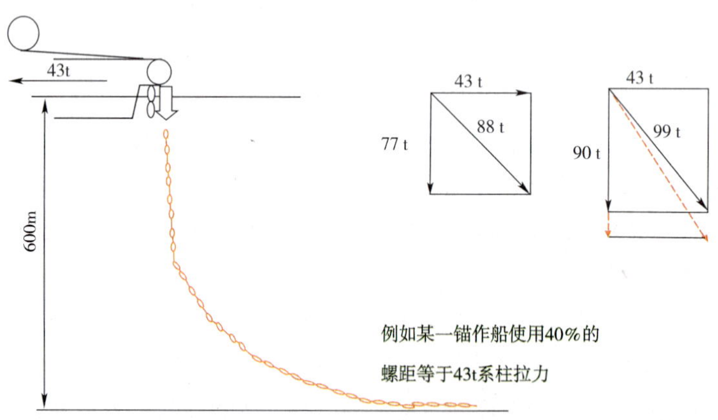

图2–1–17　船舶系柱拉力估算示意图

六、影响船舶抛平台锚能力的技术因素

1. 影响船舶抛平台锚远近能力的主要因素

（1）船舶系柱拉力（与抛锚距离成非线性正比）。

（2）平台就位点水深（与抛锚距离成非线性正比，水越深，可拉的距离相对就近）。

（3）平台锚机的许可放链速度。

（4）平台锚链分布方向的风、流及涌浪方向和强度。

（5）平台锚链分布方向下的海床地质情况。

（6）平台锚链直径和单位重量。

（7）船舶的操作方式（准确的风流压预置；船舶主机负荷的适时控制，包括拉力和速度的控制；使用同步舵；轴输出功率的有效发挥，包括轴带设备及电网的合理使用和主机负荷状态的预调整；船舶吃水）。

锚作船抛锚时锚链的悬垂与拉力及水深，如图2–1–18所示。

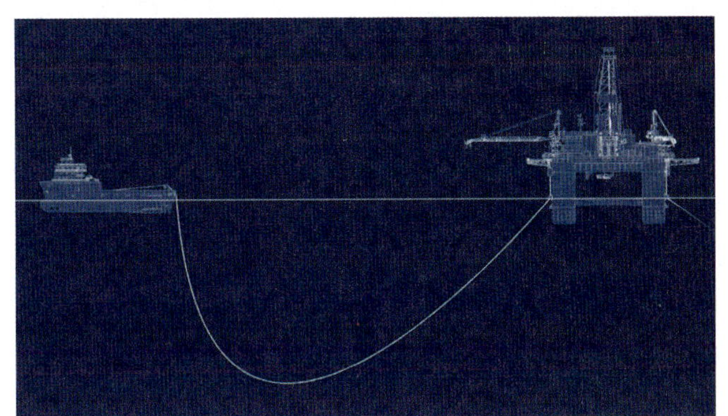

图2–1–18　锚作船抛锚时锚链的悬垂与拉力及水深示意图

2. 抛锚期间锚链最低点的估计

表2–1–1给出了抛锚期间锚链最低点（悬垂值，锚链触底值/水深）的估计值，该表特别用于低马力船舶，尤其是在黏性海底底质抛锚作业时，显示第二条抛起锚船使用J形打捞沟将锚链在锚链中段吊起的吊挂点，以协助第一条起抛锚船的抛锚作业。

表2–1–1数据是基于锚链直径76mm，在一特定的张力下，水面下的悬垂值H可使用以下公式计算，其中假定船舶具有导流罩和可调浆功能，以3节的对地速度进行抛锚作业。

$$H=（出链长度的平方\times单位长度锚链重量）/（8\times张力）$$

例如：一平台在水深100m，海底底质非常黏的海域，经计算拟抛出直径76mm的锚链1200m长，现场只有2艘80t系柱拉力的船可用。

从表2–1–1可查出，在锚链放出到800m时，锚链刚好触底，此时船舶将以其最大功率牵引。悬垂值H为100m，同时船舶需发挥89t的拉力以控制悬垂值不大于100m，但实际上做不到这样。

在抛锚期间，船舶可在距平台大约600m处停顿下来，此时，第二艘船舶可驶到距锚架400m处，使用J形打捞钩挂住悬链，并在前船带锚驶往预定锚位期间保持锚链悬挂在离开海底的位置。

表2-1-1为抛锚期间锚链最低点（悬垂点）的估计值，即锚链长度、悬垂值（锚链触底值/水深）、水平拉力和船舶功率需求关系表。

抛锚期间锚链悬垂点的估计值 表2-1-1

锚链长度（m）	悬垂概值H（m）	水平拉力（tones）	所需船舶功率概值（BHP）	锚链长度（m）	悬垂概值H（m）	水平拉力（tones）	所需船舶功率概值（BHP）
100	100	18	1500	1400	300	79	7100
	50	44	3900		200	133	12000
	25	93	8500		100	283	27000
600	150	27	2100	1600	300	79	7100
	100	47	4100		200	133	1200
	50	103	9400		100	283	27000
800	150	54	4900	1800	300	145	
	100	89	8100		200	225	
	50	186	16500		150	300	
1000	150	89	8100	2000	300	190	
	100	142	12600		200	270	
	50	292	26500		150	350	
1200	200	94	8700				
	150	139	12500				
	100	207	18000				

3. 锚作船系柱拉力不足时的措施

锚作船系柱拉力不满足现场作业条件及拟抛锚链长度时的措施主要有：

（1）等待合适的气象条件及风流向。

（2） 平台以许可的最大松链速度松放锚链。

（3）平台考虑使用猪尾串锚方式加抛后背串锚，但拖曳锚作船需具备存放相应长度短索的能力。

（4）采用二艘锚作船联合抛锚方式，但需备有相应的作业索具，如J型打捞钩等。

七、船舶抛起锚作业受力及稳性分析

在船舶抛起锚作业的每一步中必须计算预期的负载和能力。在抛起锚作业的每一

步中必须进行稳性计算并分析评估。

1. 船舶抛起锚受力情况分析（图2-1-19）

（1）巨大力量

水平分力：

$$H = T \times \sin\ \phi$$

垂直分力：

$$V = T \times \cos \phi$$

（2）力臂较小

作用点低并靠近中线；对VCG的影响小。

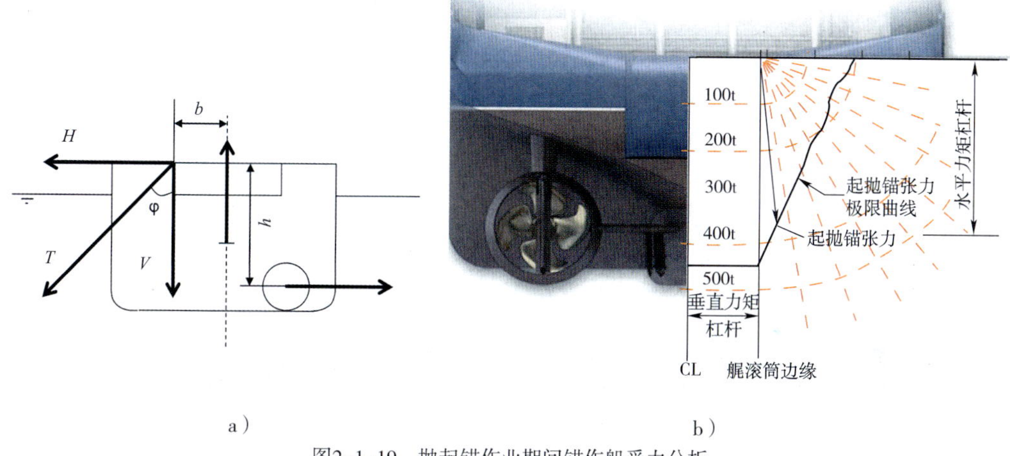

a）　　b）

图2-1-19　抛起锚作业期间锚作船受力分析

（3）两个力偶提供横倾力矩

$$M_{h1} = V \times b$$

$$M_{h2} = V \times b$$

图2-1-20为UT786CD船型抛起锚作业时偏差角与最大抛起锚张力的对应关系。

2. 船舶抛起锚稳性情况分析

Bourbon Dolphin于2007年4月10日发生的倾覆事故，如图2-1-21所示。

Bourbon Dolphin已知细节如下：

①锚链：1800m，包括85mm和76mm，其值为255.6t（142.2t ＋ 113.4t）。

②作业水深：1100m。

③Bourbon Dolphin系柱拉力：194t。

④Highland Valour系柱拉力：180t。

⑤Highland Valour在串联作业期间放弃了系泊系统的重力。

装载情况：
L40：起抛锚作业
离港

偏差°	最大起抛锚张力（t）
0	453
10	328
20	262
30	223
40	199
50	184
60	178
70	178
80	184
90	195

装载情况：
L41：起抛锚作业
抵达

偏差°	最大起抛锚张力（t）
0	445
10	313
20	242
30	207
40	184
50	168
60	160
70	152
80	148
90	150

图2-1-20　UT786CD船型抛起锚作业时偏差角与最大抛起锚张力的对应关系

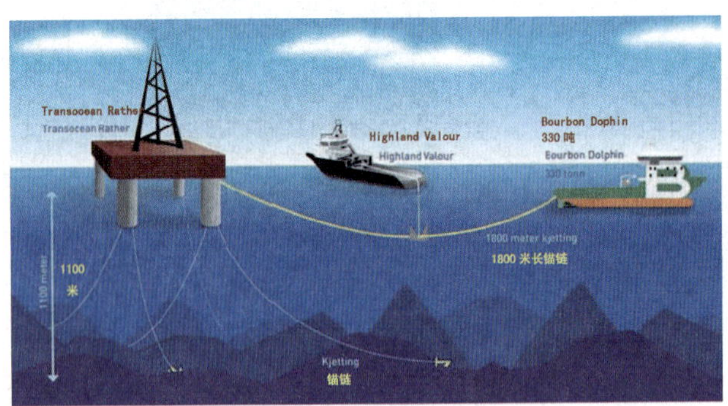

图2-1-21　The Bourbon Dolphin抛锚过程倾覆事故示意图

在Bourbon Dolphin灾难之后挪威海事局立即采取了以下的措施：

①倾斜角（横倾角）限制和横向张力的限制（图2-1-22、图2-1-23）

在立即行动中追踪Bourbon Dolphin的灾难，挪威海事局提出以下要求：进行稳性计算用文件证明船舶能够承受多大的垂直和水平横向力。钢缆/锚链在最大的许可张力下船舶的最大横倾角小于：

a.与最大GZ值的50%的GZ值相对应的角度。

b.导致水到工作甲板的横倾角。

c.15°　。

②在拖缆机工作时应知道如何应急释放系统

在每次抛起锚作业之前/班前会上，应详细检查应急释放系统的操作程序。如图2-1-24所示。

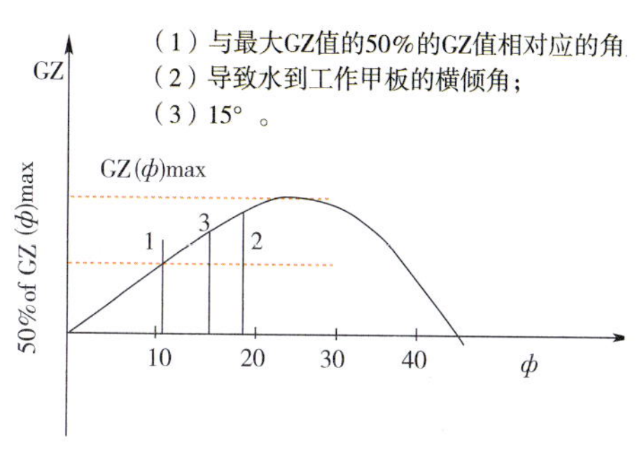

图2-1-22 倾斜角（横倾角）限制示意图

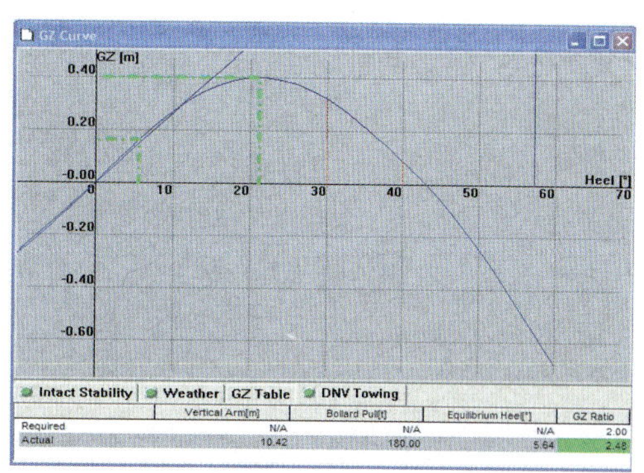

图2-1-23 稳性力臂GZ曲线图

注意：船舶在拖缆机室的额外的应急释放装备，其激活方法水手必须同样熟悉。

③在前后串联作业中必须建立程序

在有两艘船舶作业中，船舶直接与锚连接，必须在没有其他船舶协助情况下有能力承担系统的重量。

④抛起锚作业期间最大拉力负载图（图2-1-25）。

从“稳性手册”获得的稳性的最坏条件用于此计算。作用点位于艉滚筒的外边缘。

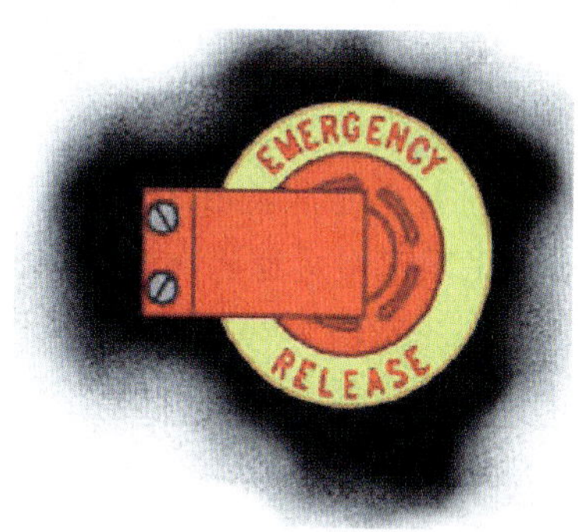

图2-1-24 拖缆机应急释放装置

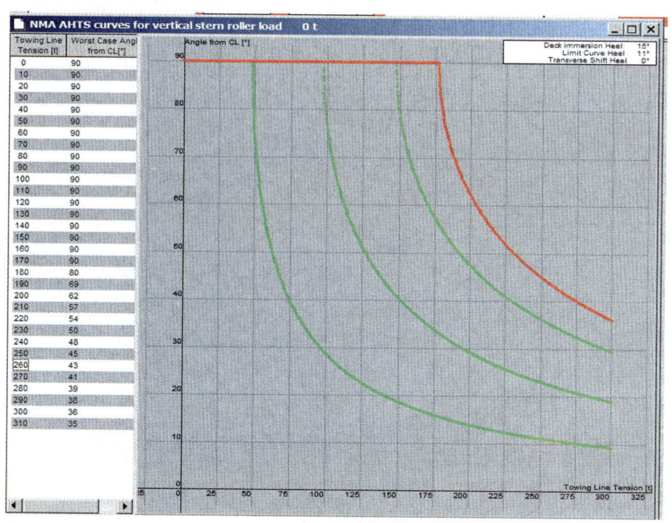

图2-1-25 抛起锚作业期间最大拉力负载图

第二章　500m水深以内抛起锚作业技术与应用

第一节　浮筒系泊系统抛起锚作业技术与应用

一、自升式平台浮筒系泊系统抛起锚作业技术与应用

1. 浮筒的种类与特点

浮筒大小通常表示为浮筒的物理尺寸和储备浮力。储备浮力是由浮筒全部浸水时排开水的重量减去浮筒在空气中的重量。

钢制浮筒最为常见，但另有玻璃钢（GRP）浮筒、充气橡胶浮筒和泡沫填充塑料浮筒。钢制浮筒水下被拖时，强度大、不易损坏，但易受海水腐蚀，自由漂流时会危及小型船只。

玻璃钢（GRP）浮筒重量轻，强度大，但受冲击时易断裂。充气橡胶浮筒重量中等，相当容易操作，但容易受到尖锐物磨损和刺穿。泡沫填充塑料浮筒重量轻，可吸收冲击力，易于操作，但容易受到尖锐物体的损坏，往往又较昂贵。

选择浮筒时，必须考虑浮筒的支持负载能力（储备浮力）、抗拉伸和抗弯曲的能力、形状和结构材料。如果浮筒带有照明，还须考虑灯光距离和颜色、灯质以及电源。

耐冲击浮筒的特点是具有不沉性，强度大，重量轻，免维护。浮筒用硬质泡沫塑料包住重型钢铁结构，提高结构强度。在硬质泡沫上覆盖着一层可吸收冲击能量的弹性泡沫，并漆上一种弹性纤维保护层。此外，还有用于船舶海上系泊的浮筒。如图2-2-1、图2-2-2所示。

2. 浮筒锚泊系统的组成部分

浮筒锚泊系统的组成主要包括：水面浮筒、尾短索、弹性浮筒、尾索、水面短索、躺底短索、链条配重、锚冠短索、毛冠链和锚冠卸扣。如图2-2-3所示。

3. 浮筒系泊系统船舶布锚技术

（1）布设浮筒锚泊系统的锚的正常程序

①AHT（锚泊锚作船）运转作业卷筒，以便按照平台船长指令，正确卷起水面索具（锚冠短索与水面浮筒之间的连接短索）。

类型	储备浮力		宽度		高度		长度		重量	
	kg	lb	mm	im	mm	in	mm	in	kg	lb
APB 4	4000	8820	1400	55	2000	78%	1910	75	910	2007
APB 6	6000	13230	1400	55	2000	78%	2665	105	1050	2315
APB 8	8000	17840	1750	70	2500	98%	2200	88 1/2	1220	2690
APB 0	10000	22050	1750	70	2550	98%	2690	108	1370	3021

a）

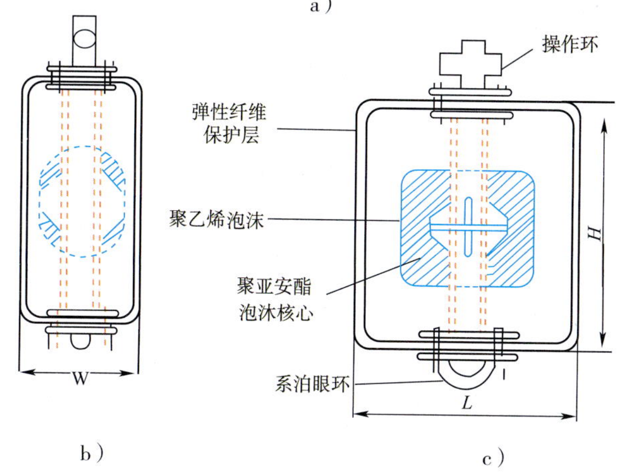

b）　　　　c）

图2-2-1　耐冲击浮筒规格

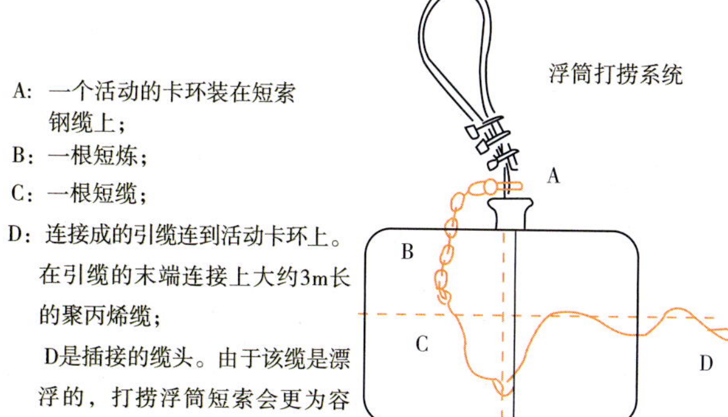

图2-2-2　用于铺管船的浮筒

②AHT驶向平台指明的锚架位置，接过短索钢缆。

③当短索系上作业钢缆/连接钢缆，锚从锚架上送出。AHT把锚绞到艉滚筒处。平台可能指示AHT，收锚上甲板并加固，或只要把锚固定在艉滚筒下方即可。

④把锚送至指定位置，拉伸锚链后放到海底。然后，平台拉紧锚链到大约1/3测试拉力，如果顺利，锚作船布设水面短索并接上随后放出的浮筒。

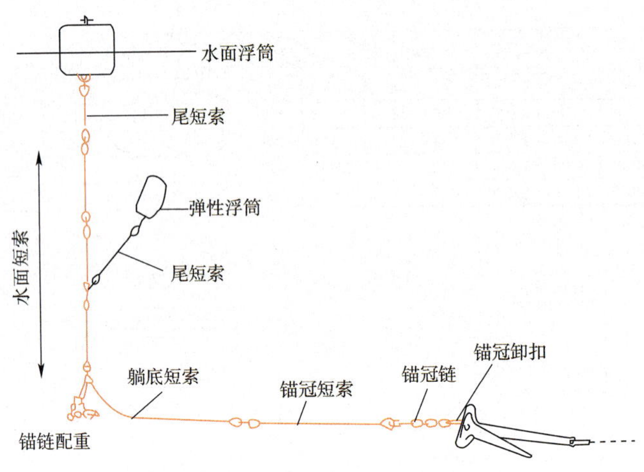

图2-2-3　浮筒锚泊系统的组成

（2）锚双重系固的方式

当在管道/井口或其他障碍物存在的水域布设锚时，锚作船将被指示把锚绞上甲板并双重系固。如图2-2-4所示。

方法一：锚绞上甲板，主链用鲨鱼钳制动。

方法二：锚绞上甲板，系上第二条作业钢缆。

方法三：锚绞上甲板，主链用速脱钩制动。

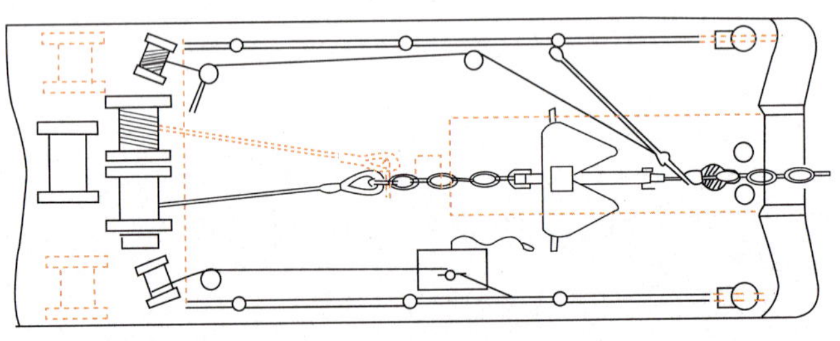

图2-2-4　锚双重系固的方式

（3）布设浮筒锚泊系统锚的步骤

①浮筒下降至锚作船，浮筒短索已卷起。如图2-2-5所示。

②连接锚短索。如图2-2-6所示。

③锚冠短索传递给锚作船。

④短索系上小绞车并绞起到制链器。

图2-2-5　浮筒上甲板

图2-2-6　连接锚短索

⑤制链器制住短索，作业钢缆准备连接。

⑥短索连接上后，锚作船绞紧拉锚至艉滚筒。如图2-2-7所示。

⑦锚作船开始牵引短索，平台松出锚链。如图2-2-8所示。

图2-2-7　绞锚至艉滚筒

图2-2-8　锚作船驶向预定的锚位

⑧锚作船驶向系浮筒位置，准备将锚送至海底。

⑨平台停止松出锚链后，锚作船减速，拉伸锚链后保持向前约1/3的系住拉力。如图2-2-9所示。

⑩开始松出锚短索；继续保持足够的向前动力以拉直短索。在把锚送至海底过程应保持短索钢缆受力。如图2-2-10所示。

⑪平台已初步受力后，锚作船降低马力，松出所有的浮筒支持短索。如图2-2-11所示。

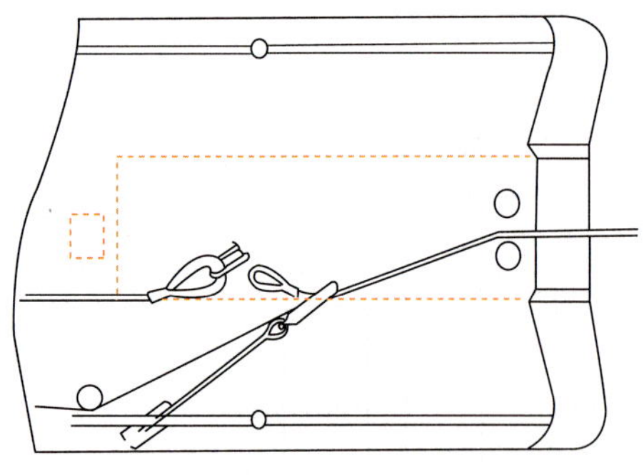

图2–2–14　解掉浮筒，锚短索接上作业钢缆

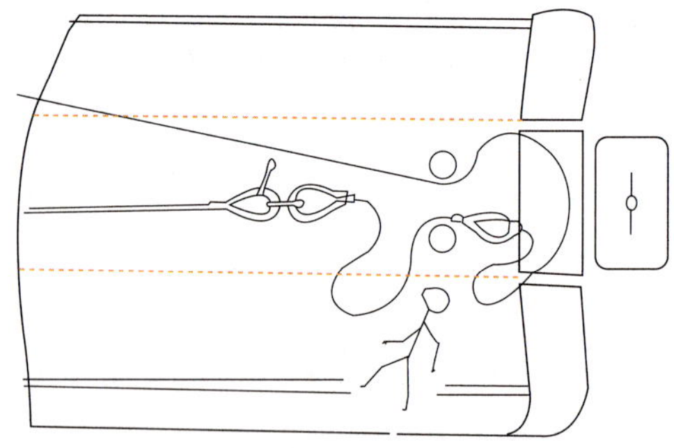

图2–2–15　清除缠绕的钢缆

⑤锚离底：方法1如图2–2–17所示。

a. 平台松出约30m锚链，锚链不受力。

b. 锚作船把作业钢缆长度缩短到水深的110%～115%，使钢缆与垂线的夹角20°～28°。

c. 锚作船向前行驶，保持和平台的距离不变，并开始以一定斜度（非垂直）绞锚出底。

d. 在大浪中，所用钢缆较长，绞车慢速绞起，仔细观察最大拉力。

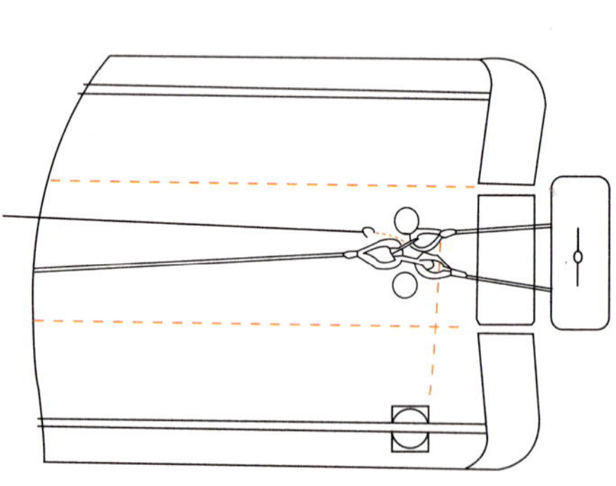

图2–2–16　作业钢缆与浮筒套索连接

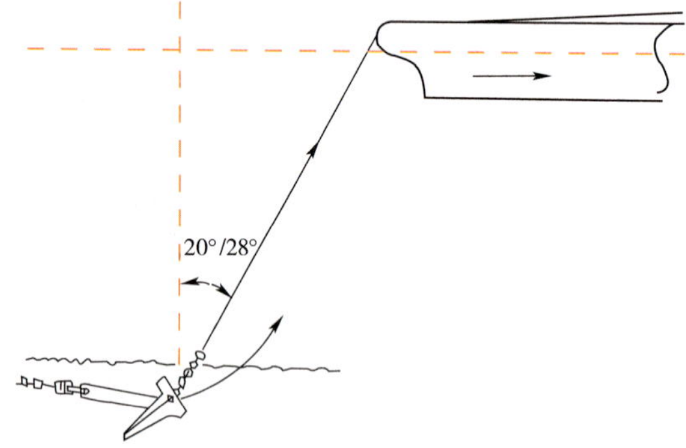

图2–2–17 锚离底（方法1）

⑥锚离底：方法2如图2–2–18所示。

a. 锚作船垂直缩短作业钢缆。

b. 锚作船转向，沿着锚链方位线驶向平台。

c. 随着锚链松弛，锚作船尽量绞紧。

d. 锚作船松出5～6m作业钢缆，加速驶向平台。

e. 通知平台收紧锚链至锚链张力约80t（如果是系泊钢缆40t）。

f. 当平台报告张力下降，此时锚已出底，锚作船减速。

g. 锚作船掉转180°，把锚绞到船艉滚筒。

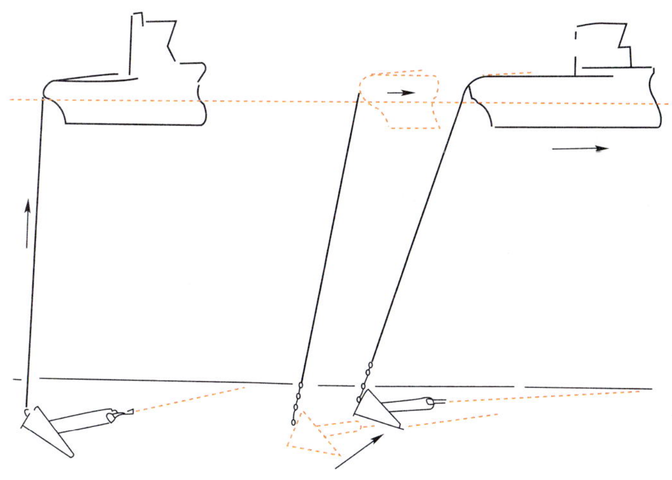

图2-2-18　锚离底（方法2）

⑦从黏质海底回收锚链：方法1如图2-2-19所示。

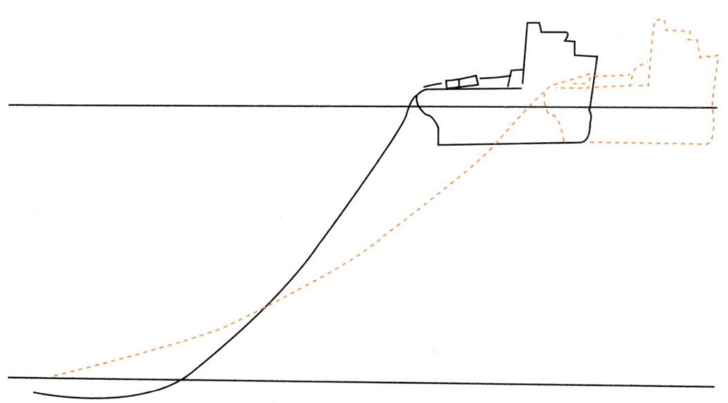

图2-2-19　从黏质海底回收锚链（方法1）

a. 如果海底特别黏，锚链可能难以绞进。

b. 平台通常报告锚链绞不动，即使锚已出底并绞到锚作船船艉。

解决方法：锚双重系固，锚作船全速前进，平台绞锚机停绞大约15min，试着拉锚链“出底”。

⑧从黏质底回收锚链：方法2如图2-2-20所示。

a.当平台绞锚机达到最大张力时，锚作船转向，朝平台方向拖一段锚链。锚作船行驶距离可能需达布设距离的一半以上。

b.当平台报告张力下降，锚作船停船并调转方向。

c.平台开始绞进，锚作船应沿锚链方向驶出，将松弛的锚链拉离海底。

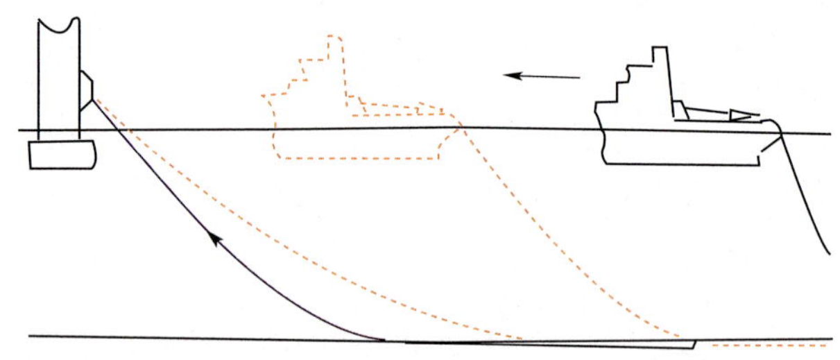

图2-2-20 黏质底回收锚链（方法2）

二、铺管驳船浮筒系泊系统抛起锚作业技术与应用

1. 铺管驳船锚泊作业特点及主要索具

铺管是一种或多或少持续的作业过程，这意味着铺管船沿着航线移动时锚泊索具需不断调整。对于一艘大型铺管船，通常需用3艘AHT/AHTS锚作船进行多点（10 ~ 12点）锚泊。“指挥塔”（铺管船）指示锚作船协同作业，锚作船须对指令作出迅速反应。这项工作用时可达数天甚至数周，锚作船配员需考虑甲板船员和驾驶员的疲劳因素。为此，驾驶台和甲板应超额配员。忽视疲劳因素可严重影响到安全和效率。

铺管船锚泊作业自有特殊的通信用语，锚作船人员应理解其含义，不可混淆。铺管船指令含义如下：

锚绞离底——Pick it up

锚送到海底——Put it down

按指示方位布锚——Take off

机动锚——Live anchor，是指拖曳船将锚紧靠于艉滚筒，按指示方位和动力拖曳。

装碰垫——Run the Yokohama，是指Yokohama型碰垫按指示系上锚泊钢缆。

布设锚桩——DMA system/buoy，开始铺管时已布设的一套锚具和浮筒。

A和R系统/浮筒——A and R system/buoy，管道末端放至海床时用浮筒布设。

铺管驳船锚泊作业主要索具，如图2-2-21 ~ 图2-2-24所示。

拖缆机作业滚筒上有直径62mm重型钢缆 —— 筒底高强度弓形卸扣（SWL 55t），轻便式浮筒钢缆（Suitcase Wire）直径40mm。

2. 铺管船锚泊作业程序

（1）大型铺管船锚泊示意——程序1

通常，船头锚的布设距离至少2倍于船艉锚的布设距离。如图2-2-25所示。

船艏拉力最大，以便不断拉紧所铺管道并使船舶向前绞进，而艉锚则稳住船艉，横锚把铺管船保持在航线上。通过改变艏锚和横锚的拉力角度可使铺管船曲线移动。

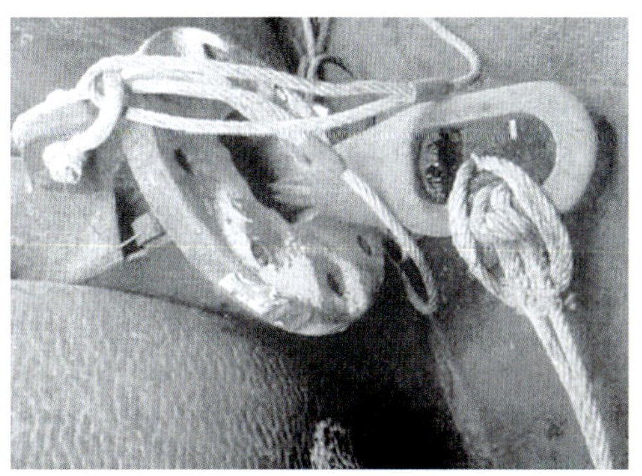

图2-2-21　提箱型浮筒设备（可见浮筒短索眼，捕捉索向上绕过短索绳头套）

图2-2-22　铺管船船锚（20t大抓力锚，Vryho型三角鳍式锚）

图2-2-23　铺管船锚作设备

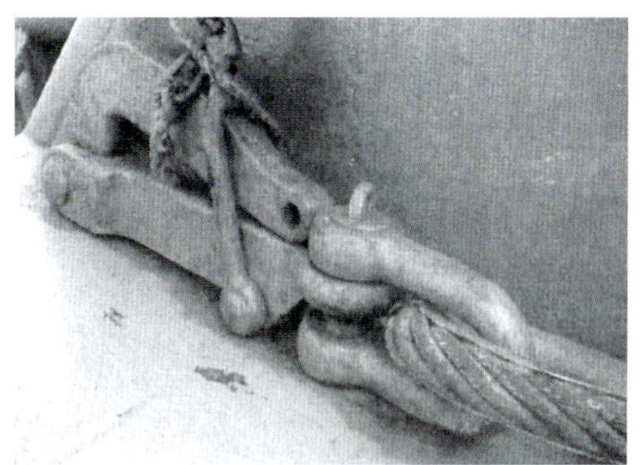

图2-2-24　快速脱钩制动器

（2）缩短艏锚链重新布设——程序2

艏锚缩短到约1/2原布设长度，绞起并重新布设。

当原正横前的横锚指向正横后时绞起。

锚作协同绞起铺管船的各组锚。

移锚顺序并非不变，但目的是维持一般锚泊模式，如图2-2-26所示。

（3）锚布设——程序3

图2-2-27中，驳船绞起1号左右锚，并重新布设2号锚。3号左锚用作“机动锚”。

（4）锚布设——程序4

铺管船驶近一个钻井平台，锚泊作业受限于水面和水下障碍物。如图2-2-28所示。

3号左锚处的拖曳锚作仍用于“机动锚”作业，直到3号锚可布设经过平台。

由于铺管船须向右转向，2、3号锚之间的张角就会很大。

由于存在水下障碍，2、3号右锚应支撑在障碍物上，因此须系上Yokohama碰垫。

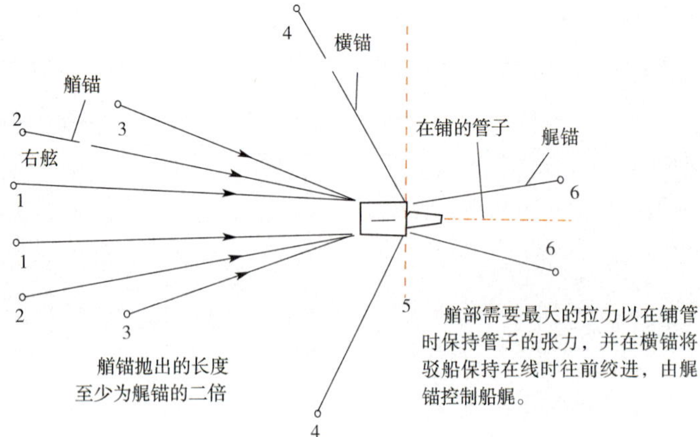

图2-2-25　大型铺管船锚的基本分布（程序1）

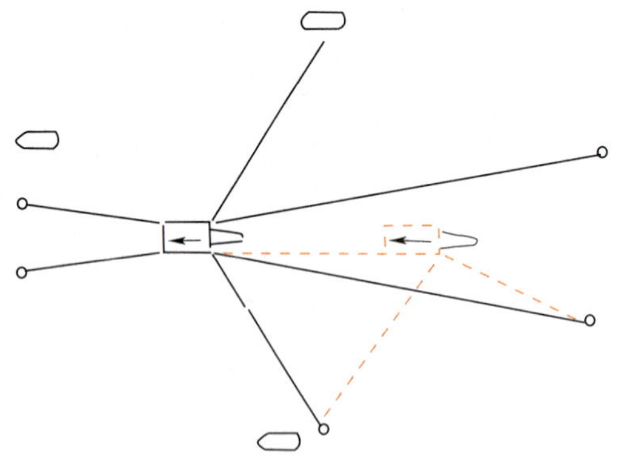

图2-2-26　缩短艏锚链重新布设（程序2）

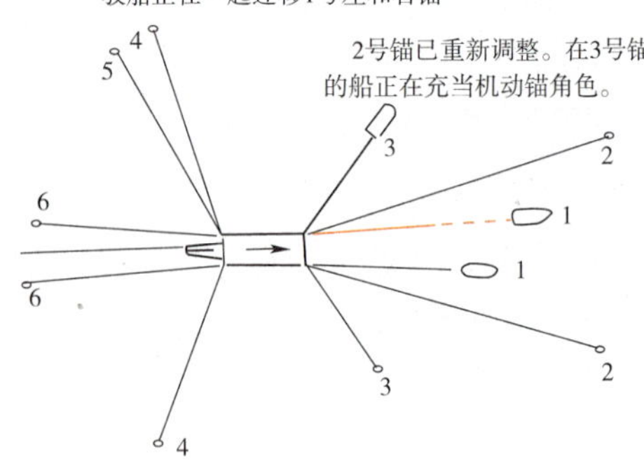

图2-2-27　锚布设（程序3）

3. 捕抓铺管船浮筒的甲板索具安排

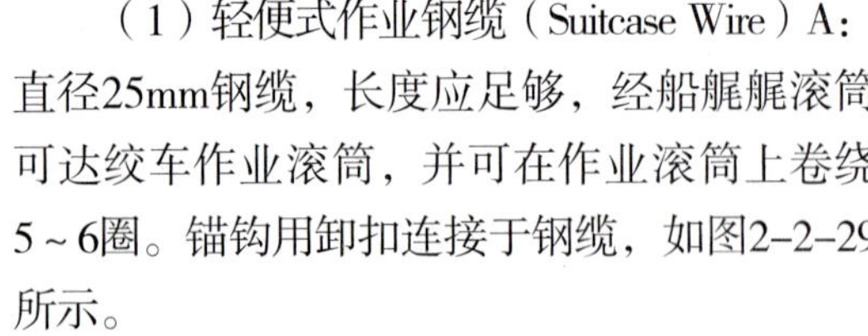

（1）轻便式作业钢缆（Suitcase Wire）A：直径25mm钢缆，长度应足够，经船艉艉滚筒可达绞车作业滚筒，并可在作业滚筒上卷绕5～6圈。锚钩用卸扣连接于钢缆，如图2-2-29所示。

（2）左舷小绞车B：装上短链和闭口安全钩（用于钩起浮筒钢缆）。

（3）右舷小绞车C：脱钩绞车，装上短链和开口钩，用于解脱锚钩。

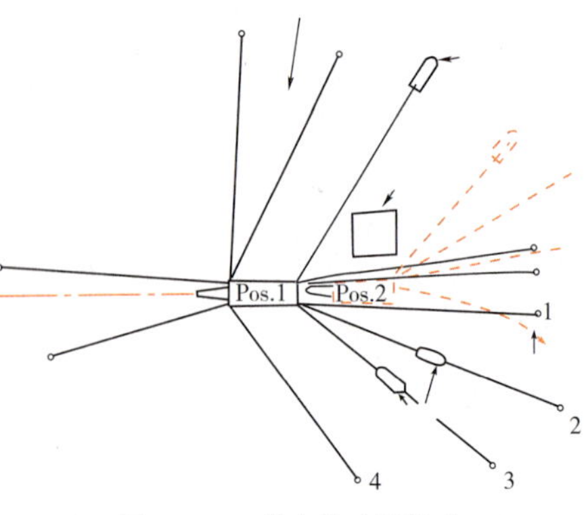

图2-2-28　锚布设（程序4）

（4）艇钩D：带有撇缆。

（5）快速脱钩E：备妥，规格与驳船使用的短索钢缆一致。

（6）开口滑车F：装在甲板后部以拉起缆索。

（7）轻便式作业钢缆（Suitcase Wire）G：备用，系在甲板准备使用。

（8）拖带作业滚筒H：一般装上拖带钢缆，但可接上粗作业钢缆长60m。

（9）切割设备I：备妥可随时与软管使用，软管长度足够，可达艉部末端。

（10）KARM型鲨鱼钳J：用于钳夹驳船所用短索钢缆。

（11）储存作业滚筒K：备用主作业钢缆。

（12）Norman销L：装上，特别在恶劣天气时使用。

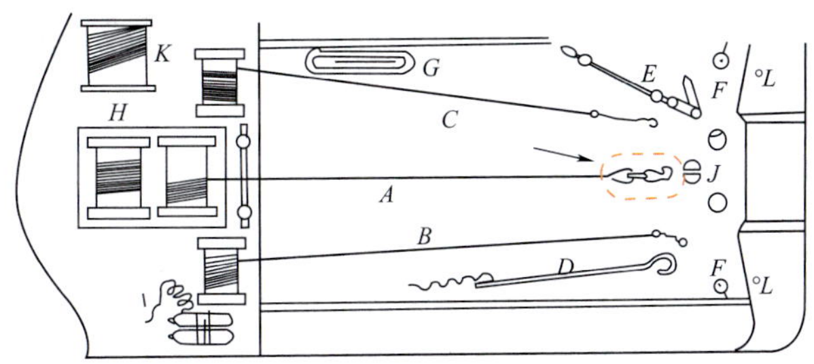

图2-2-29　捕捉铺管船浮筒的甲板索具

4. 浮筒/钢缆操作设备的甲板索具安排

浮筒/钢缆操作设备的甲板索具，如图2-2-30、图2-2-31所示。

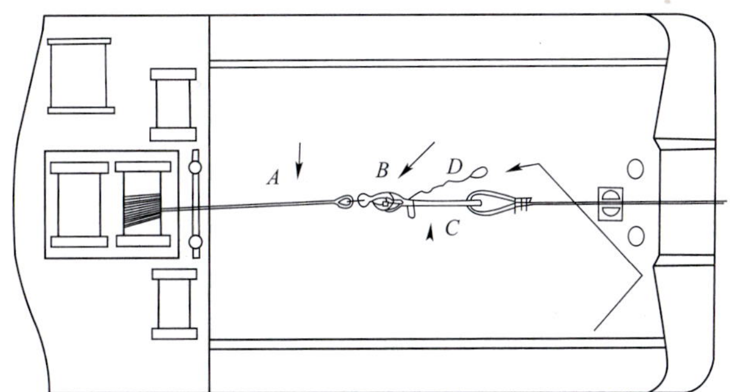

图2-2-30　浮筒/钢缆操作设备的甲板索具

（1）轻便式作业钢缆（Suitcase Wire）A：直径25mm。

（2）闭口型安全钩B：SWL16t。

（3）短吊索C：直径25mm，软眼，长6m。

（4）聚丙烯捕捉绳D：5m长，直径26/28mm。

现代“软”轻便式浮筒如图2-2-32所示。具体为：

①轻便式浮筒包括两个聚氨酯浮箱、填充泡沫、浮力模块、圆环螺栓。

②圆环上有一个导管，锚短索可穿过。图2-2-32中，短索眼环可见。

③这种浮筒可以支持500英尺76mm直径钢缆，只有约50%浸没或更少。

图2-2-31　轻便式浮筒装备（浮筒和锚位于甲板上，锚泊钢缆已经缠住浮筒短索，清除后才可布设锚）

图2-2-32　现代“软”轻便式浮筒

5. 收起浮筒短索的操作

（1）收起浮筒短索（步骤1），如图2-2-33所示：

①轻便型作业钢缆（直径通常为1.5英寸）。

②锚作船后退至浮筒，捞起牵引短索。

③牵引索接上小绞车钢缆。

注意：小绞车钢缆末端附有安全钩。

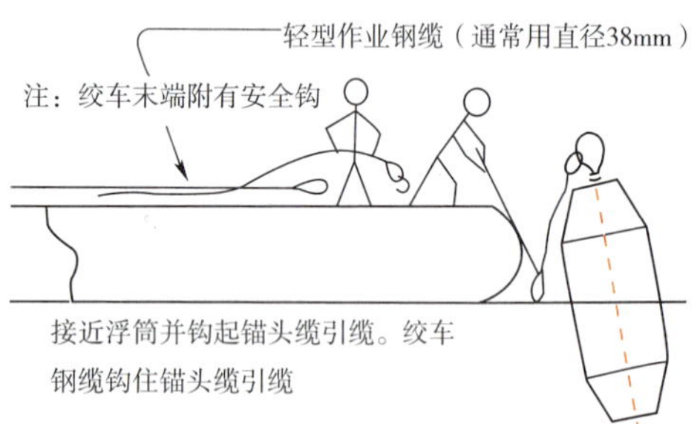

图2-2-33　收起浮筒短索（步骤1）

（2）收起浮筒短索（步骤2），如图2-2-34所示：

①小绞车把锚短索绞上船。

②作业钢缆吊索准备连接到短索。

注意：作业钢缆吊索通常是28mm钢缆，带有SWL12t的卸扣。

（3）收起浮筒短索（步骤3），如图2-2-35所示：

①用吊索连接作业钢缆和短索。

②小绞车钢缆松开并解掉。

③开始绞起作业钢缆。

6. 准备绞起短索钢缆的操作

（1）绞起钢缆。

（2）左舷小绞车钢缆准备扣上短索吊索（joker sling）。如图2-2-36所示。

（3）锚绞起至锚触到提箱式浮筒的底部。如图2-2-37所示。

（4）继续绞起，直到浮筒有1/4上了艉滚筒，然后松到所示位置。

（5）锚悬于此位，锚作船进行锚布设/回收作业。

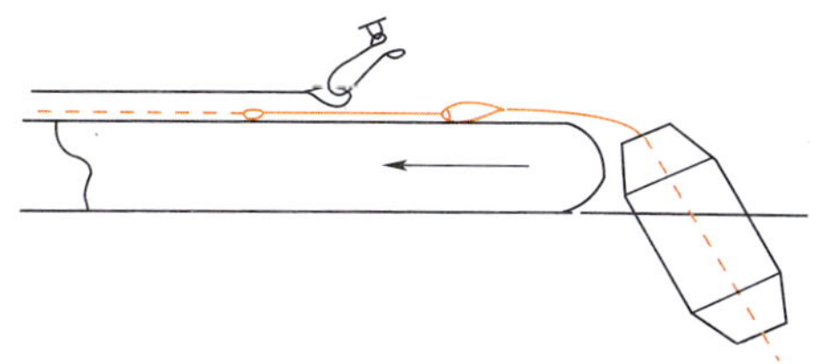

图2-2-34　收起浮筒短索（步骤2）

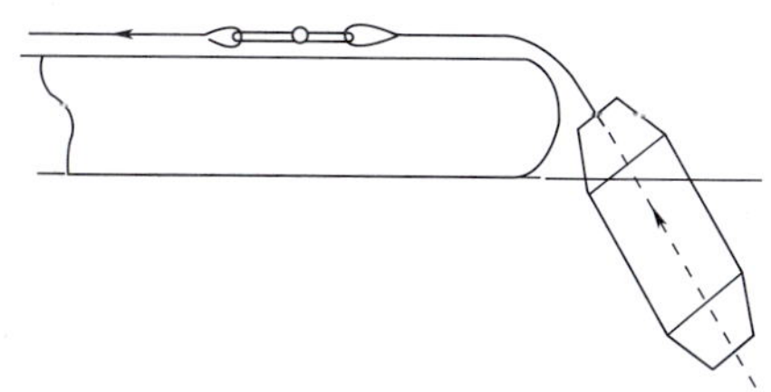

图2-2-35　收起浮筒短索（步骤3）

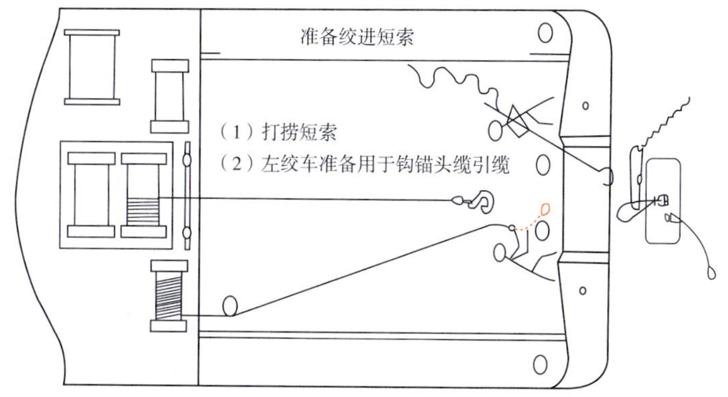

图2-2-36　准备绞起短索钢缆

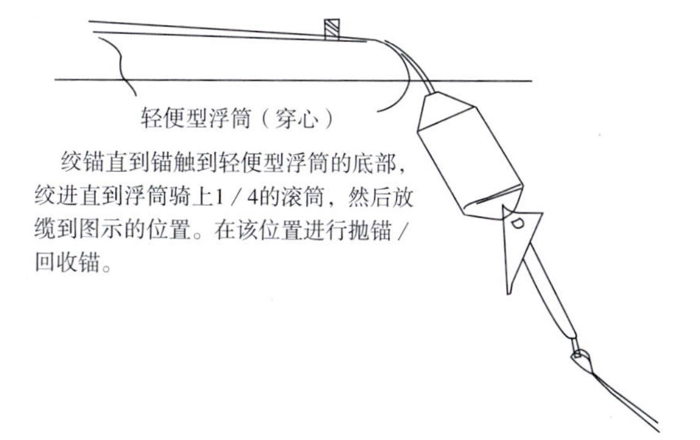

图2-2-37　轻便型浮筒

在甲板上拉紧短索，如图2-2-38～图2-2-40所示。

①左小绞车拉住与joker吊索相连的短索钢缆。

②轻便式作业钢缆扣上短索钢缆眼环。

③鲨鱼钳可用于钳住短索，以便扣上轻便式作业钢缆。

注意：备妥两把铁撬，用于打开被压扁的钢缆眼环，以便系上锚钩。

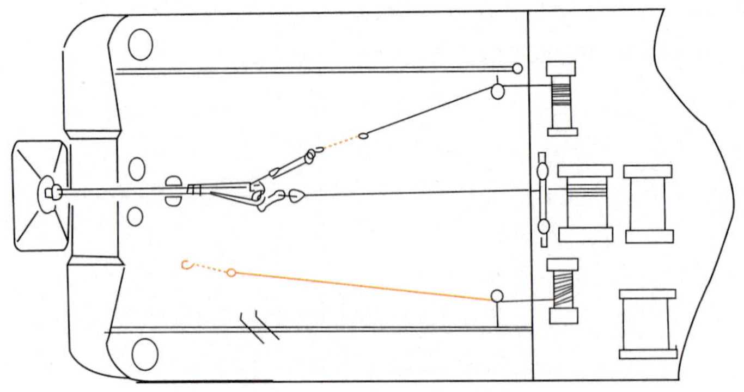

图2-2-38　在甲板上拉紧短索

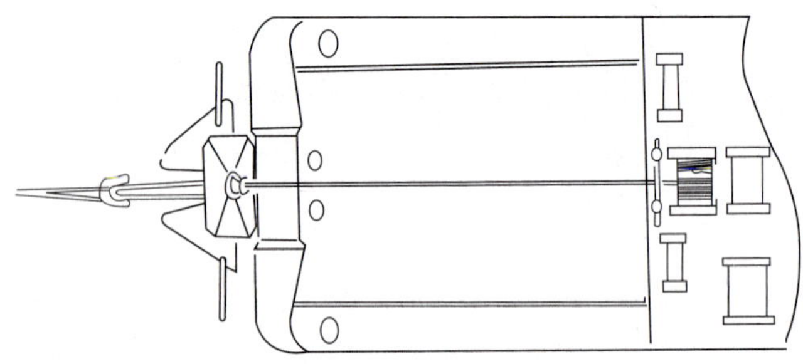

图2-2-39　锚和浮筒位于艉滚筒处（布设或回收）

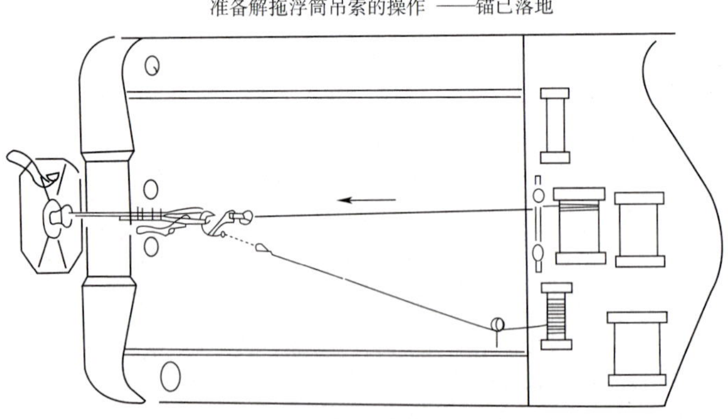

图2-2-40　准备松出锚浮筒短索，锚在海底

7. 快速锚钩的使用

快速锚钩的使用，如图2-2-41 ~ 图2-2-43所示。

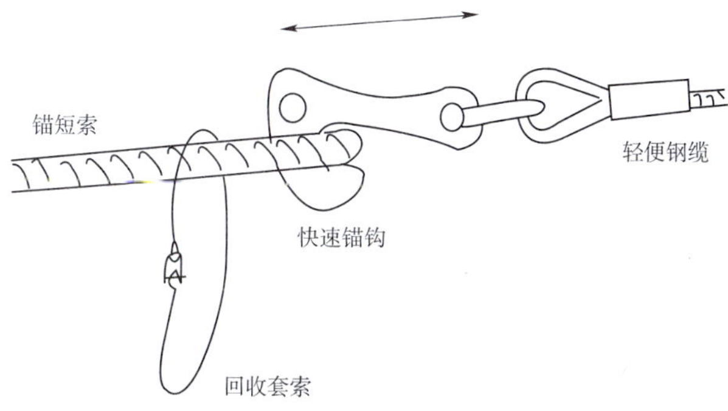

图2-2-41　快速锚钩的细节（一）

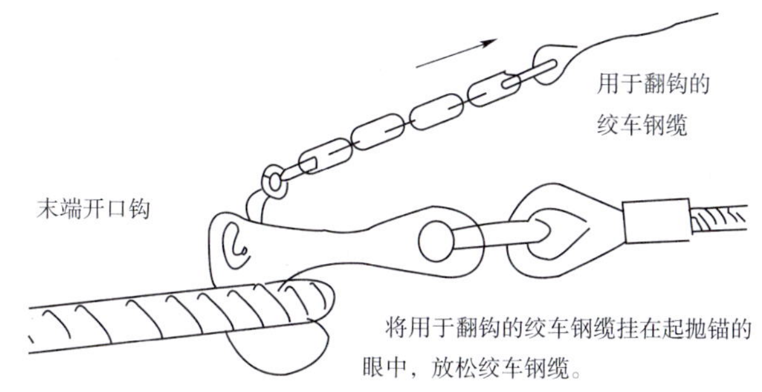

图2-2-42　快速锚钩的细节（二）

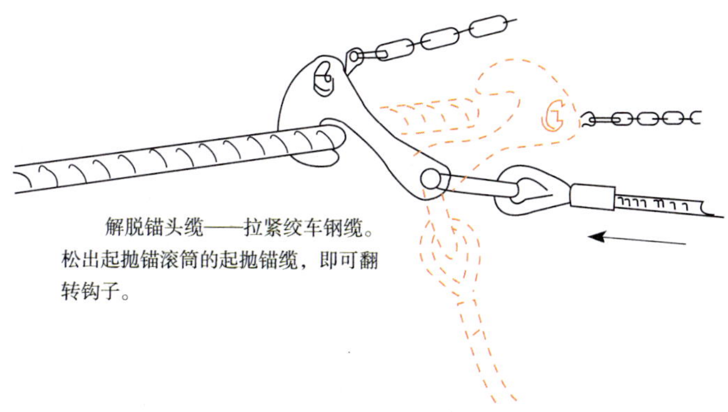

图2-2-43　快速锚钩的细节（三）

8. 从驳船上接收浮筒和锚

从驳船上接收浮筒和锚，如图2-2-44所示。具体为：

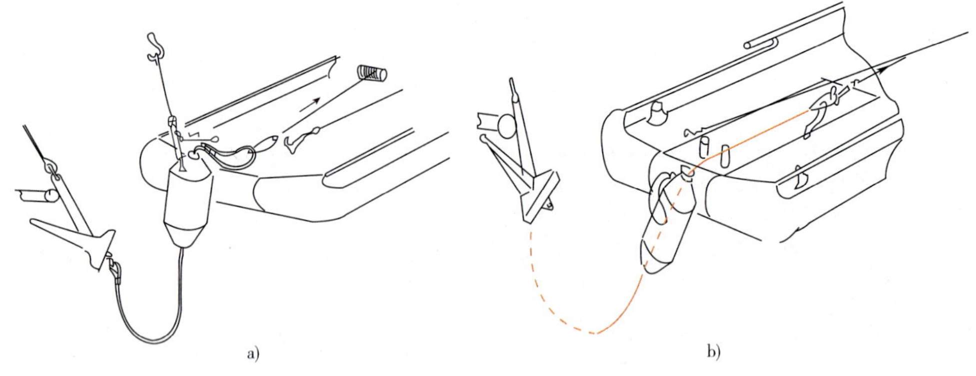

图2-2-44　从驳船上接收浮筒和锚

（1）绞起浮筒短索。

（2）从吊杆吊索上解开浮筒。

（3）短索将要全部卷起时，把锚送离锚架，并绞至锚作船艉滚筒下。

9. 浮筒捕捉系统的操作

浮筒捕捉系统的操作如图2-2-45所示。具体为：

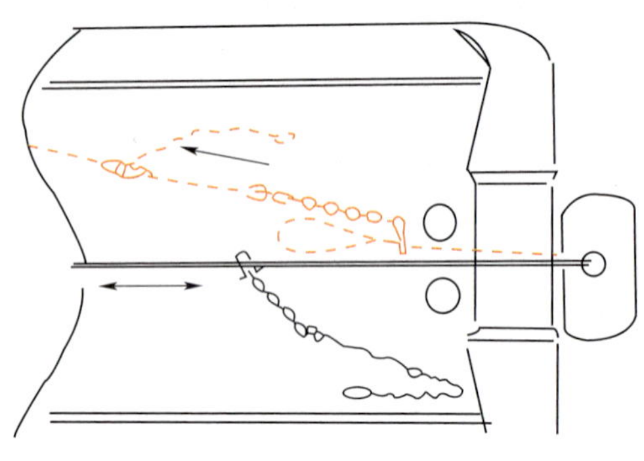

图2-2-45　浮筒捕捉系统的操作

（1）用艇钩钩住聚丙烯绳。

（2）用手把绳子拉到船上，直到连接索眼环拉上甲板。

（3）小绞车钢缆接上连接索眼环。

（4）把短索眼环拉到船上。

10. 恶劣天气下的浮筒收回技术

（1）锚作船船艏约30°受风，驶近浮筒，如图2-2-46a）所示。

（2）使浮筒处于工作甲板前端正横方位上，锚作船保持船艏30°～45°受风，漂流到浮筒。

备好小绞车钢缆和钩。小绞车钢缆通过导销，拉向浮筒一舷，如图2-2-46b）所示。

（3）当浮筒位于船边时，钩起浮筒短索，将其套索接上小绞车钢缆。小绞车收紧，锚作船开始进车，使浮筒位于船艉，如图2-2-46c）所示。

（4）锚作船转向、顶风，绞起浮筒短索并接上作业钢缆，如图2-2-46d）所示。

11. 用于浮筒侧收的甲板索具

用于浮筒侧收的甲板索具如图2-2-47所示。

12. 锚桩（Deadman）锚泊系统

（1）锚桩（deadman）锚泊系统（DMA）的组成（图2-2-48）。

①水面浮筒 5/8t顶盖，A。

②垂直钢缆 230m×45mm，B。

③“地脚”钢缆（ground leg）1000m×76mm，C。

④30t大抓力锚，D。

⑤链条5m ×76mm，E。

⑥30t大抓力锚，F。

⑦回收钢缆1000m×76mm，G。

⑧水面钢缆250m × 45mm，H。

⑨水面浮筒5/8t浮力，I。

⑩ 配重块2t，64mm连接链，J。

⑪100t卸扣，140t卸扣，K。

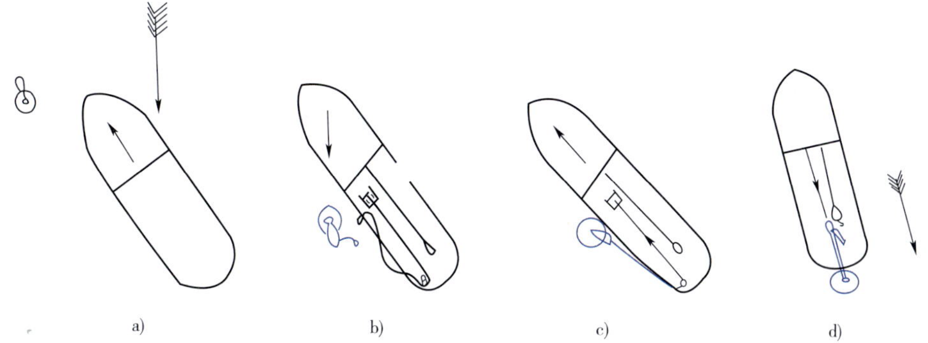

图2-2-46　恶劣天气下的浮筒回收技术

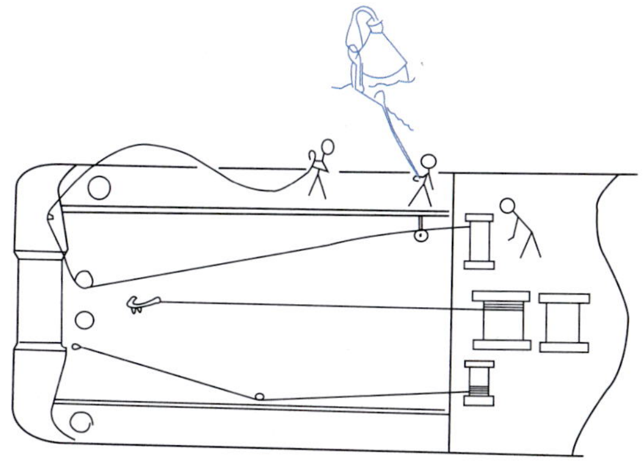

图2-2-47　用于浮筒侧收的甲板索具

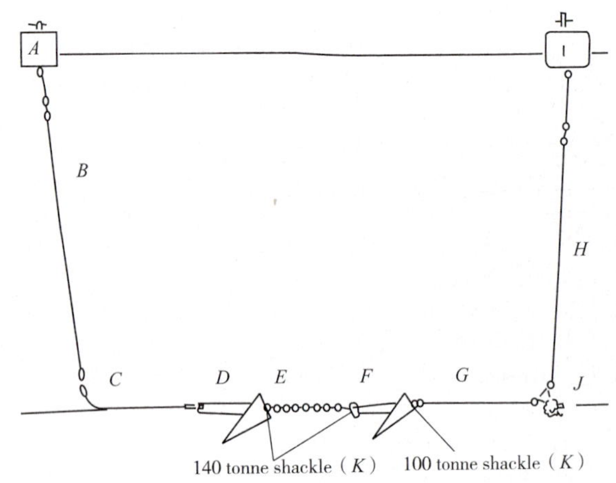

图2-2-48　锚桩（deadman）锚泊系统（DMA）的组成

（2）布设锚桩（DMA）系统（锚作船甲板布局，图2-2-49）。

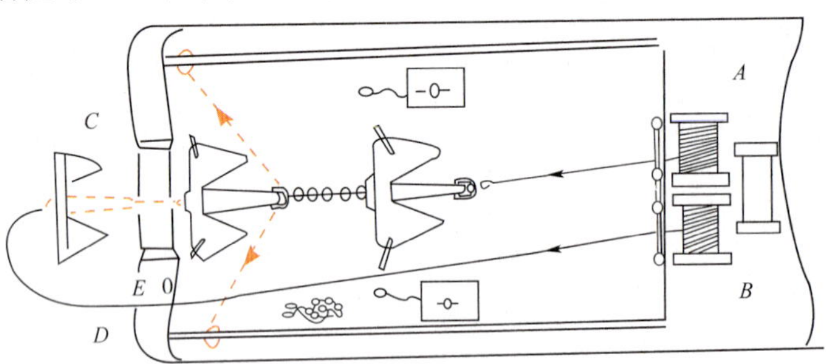

图2-2-49　布设锚桩（DMA）系统（锚作船甲板布局）

①左作业滚筒，垂直钢缆、“地脚”钢缆，“地脚”在上。

②右作业滚筒，水面钢缆、回收钢缆，回收钢缆在上。

③用绞盘/小绞车把锚拉上船艉艉滚筒。

④右舷锚操作卷筒松出。

⑤水面钢缆/回收钢缆朝向舷外，dolly销就位。

（3）布设锚桩（DMA）系统（锚作船驶近布设位置，图2-2-50、图2-2-51）

①锚作船微速前进 – 太快速度会导致锚旋转/扭转。

②回收索全部展开。

③接近目标位置时，锚降至接近海底。

13. 工程船锚浮筒及操作

（1）工程船的锚浮筒装备的组成（图2-2-52）

①1英寸吊索（起重），支撑钢环，浮力室。

②2英寸链条，1英寸吊索（捕捉），SWL20t的卸扣，锚链。

泡沫填充聚氨酯“软浮筒”装有尾链，可连接到锚短索上。如图2-2-53所示。

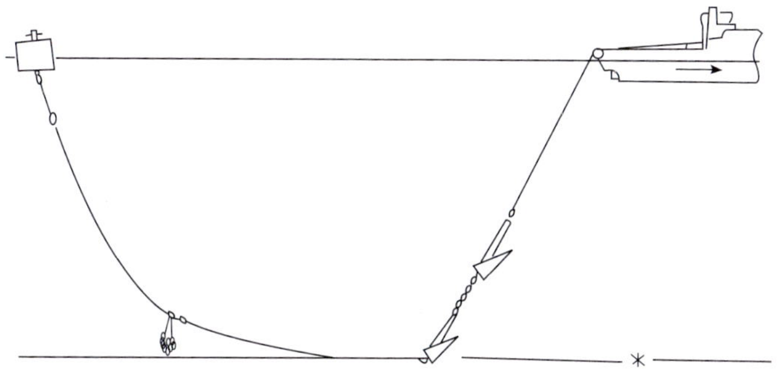

图2-2-50　布设锚桩（DMA）系统（锚作船驶近布设位置）

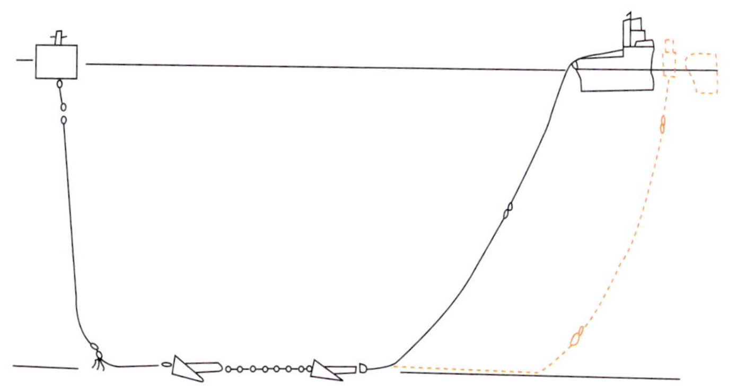

图2-2-51　下锚

图2-2-52　工程船锚浮筒装备的组成

图2-2-53　工程船锚浮筒

工程船上可用这种浮筒。短索用卸扣扣在浮筒下方。浮筒拉上甲板后，浮筒钢缆接到短索，开始绞起，而浮筒不解开。各短索钢缆都是整条的，因此，锚快速作业是可能的。

图2-2-59　浮筒绞上甲板，短索卷起，锚绞上甲板

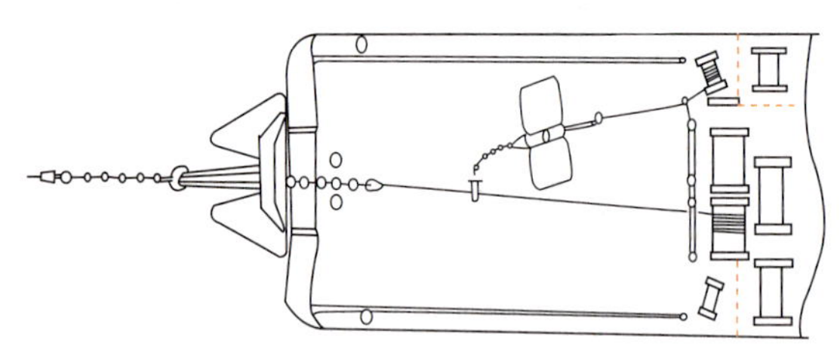

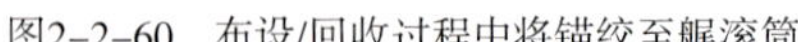

图2-2-60　布设/回收过程中将锚绞至艉滚筒

图2-2-61　拆开旋转插销

三、半潜式平台浮筒系泊系统抛起锚作业技术与应用

1. 钻井平台的迁移

半潜式钻井平台要使用8～10或12个锚和锚链来系固。在通常位置，这些锚链上连接有提锚圈（chasing collar），提锚圈内部椭圆形的大小约为1000mm×500mm，重量约1.5t。提锚圈接有一条60m长的钢缆，即所谓的提锚圈短索PCP（也称为Permanent Chain Pendant, Permanent Chasing Pennant 或 Permanent Chaser Pendant，永久性提锚圈短索）被连接于其上，它们之间通常用部分锚链连接。

通过计算以核实锚作船的受力是否在可承受的范围内时要考虑锚索的重量，以及可能发生在作业过程中任何阶段的预计拉力/张力。

在作业过程中的任何时候，如果锚作船受到比预计更高的负载/拉力/张力，必须中止抛起锚作业，解除或紧急释放工具和设备。

锚作船不能把锚/拖带设备直接连接到拖缆机上，除非根据稳性和负载计算，在可允许的范围之内，它能独立处理负载/拉力/张力和各种动态情况。

2. 短索钢缆与浮筒的操作

随着越来越多的中线浮筒和置入索具的使用，几乎许多的锚都设有浮筒。短索是120m或150m长，直径77mm，两末端带有硬眼环。

短索一般整捆送到船上。短索打开方式是：将外侧的末端连接至拖缆机滚筒上，而将内侧的末端经船艉投放入海。短索的任一末端与装配在锚上的提锚圈短索连接，或者直接用卸扣接到锚上。刚开始在短索最上端连接上一个5t重的浮筒，但作为长期使用，则禁止这样做，所以在当钻井平台建立张力就位之后，就将浮筒解掉，之后增加一根被称之为卧底的钢缆，该钢缆实际上是另外一根长度为120m的短索，钢缆连同附带着的引索（sacrificial strop）按给定的方向铺开。这样，在引索破断时，使得钢缆以理想的直线平直地躺在海底上。定位人员记录该数据以便回收。尽管放置该钢缆较为容易，但回收该钢缆时，你可能应使用链钩将其抓回。

使用提锚圈短索系统的，除抛串联锚之外，在锚作船的甲板上通常备有一套浮筒和短索系统，以备在抛锚后暂时不回送提锚圈的情况下，将提锚圈短索连接上浮筒短索及浮筒后投放入水。

要回收浮筒，则船舶应后退，直到船艉接近浮筒。两名船员随后抛出一个浮筒捕套索套在浮筒上。捕套索尺寸为13m×28mm，中间带有一小段链条。捕套索应恰好套在浮筒上，以便捕套索受力后，那小段链条刚好穿过浮筒下面。然后用与捕套索连接的拖缆机将浮筒绞回，将钢缆（浮筒后面的短索）固定在制动钢缆的鲨鱼钳上。

经常检查船舶相对于锚的位置，以防止钢缆突然受力。

较理想的是船舶横向受浪，则船舶和浮筒同时上下升降。如果装有侧推器，通常这是可行的。

如果不能使船舶横向受浪，则船艉受浪较好。如果不得不船艏受浪，则应小心防止船压住浮筒，导致短索钢缆绷紧，并使浮筒被拖曳到螺旋桨上。在抛起锚作业中，浮筒回收是一项最受天气影响的作业。

3. 中线浮筒的操作

在布锚时，锚作船利用提锚圈短索（PCP）和提锚圈，从钻井平台接锚并将其绞至甲板上。

锚链和锚是分开的，通常用77mm规格的Kenter链环连接。将钻井平台的锚链绞进锚作船的锚链舱，直至达到锚链所要跃过海底管线的确切点为止。配装上锚链夹和一个用于承受水压力的中线浮筒。然后随着锚作船的缓慢前行，放出锚链，直到锚能重新连接并就位。

当提锚圈不能送回到钻井平台时，将一根事先盘卷好的短索钢缆连接至提锚圈短索（PCP）,锚的布放要如之前的带着张力。通常，这根短索钢缆长度为180m、直径

77mm，两末端上带有压环型的peewee索节。

当锚落地时，装上水面浮筒并抛浮筒下水。在锚建立张力并已证明锚有足够的抓力之后，就将该浮筒置换成卧底钢缆。

锚回收作业的操作程序则相反。下钩抓住卧底钢缆，将锚回收上甲板，锚链绞进锚链舱，直到中线浮筒上甲板，由于锚链夹的销经常损坏，解掉锚链夹之后，在钻井平台绞进锚链的同时锚作船放出锚链舱的锚链，接上锚以便钻井平台收回上架。

第二节　提锚圈系泊系统抛起锚作业技术与应用

一、永久性提锚圈系统（PCC）的操作注意事项

使用永久性提锚圈系统（PCC）来布设和回收平台的锚系统，与通常浮筒系统相比，会使短索和作业钢缆受力更大。

一般说来，15～20t锚的回收短索应配上76mm直径钢缆，锚作船的作业钢缆直径最少应达64mm，最好不少于70/72mm。

当作业滚筒用于永久性提锚圈系统（PCC）时，应避免使用数根短索来组成作业钢缆。例如，锚作船自有的作业钢缆长度65m，锚泊作业水深为183m，那么，一根作业钢缆由3×152m短钢缆组成会比较理想。在北欧，短索钢缆通常达到30、60和152m标准长度，使用3×152m长钢缆以及锚作船的作业钢缆和锚回收短索钢缆（通常46m），当钢缆接头未在船艉艉滚筒时，锚作船可在任何时候均使钢缆达到最大受力。同样地，永久性提锚圈系统（PCC）仅有4个接头，应谨慎绞起，以便作业钢缆与第一段152m短索的接头以及每两段152m短索之间的接头，位于作业滚筒的同一侧并避开钢缆长度的警示条纹，在绞锚出底时，可避免接头嵌入滚筒上的钢缆中并损坏钢缆。

另一方面，提锚圈可能挤压在锚杆和锚爪之间的楔形处，在提锚圈“脱锚”操作时，锚可能被拉出海底。LWT和Danforth型的锚经常发生这种现象。

有时，提锚圈与短索直接用卸扣连接，中间没有接一段短链。不用短链，会对锚作船构成两种非常明显的危险。

首先，如果须把锚收上锚作船甲板，当锚经过船艉艉滚筒时，在回收短索的机制眼环（靠近提锚圈的连接卸扣）将产生非常大的弯曲力，因此经常发生短索破断。处理该问题的唯一方法是使得锚上船的方向正确，确保锚链尽可能轻，同时使用拖缆机

要平顺、慢速、不停顿地绞进。

另外，提锚圈若无尾链，在松出锚之前，锚在甲板上进行双重固定时可用的索具也就减少。

二、提锚圈抛起锚的准备

使用提锚圈抛起锚时，一位谨慎的锚作船船长将执行以下各项：

（1）计算出从平台到锚位的雷达距离，以及作业钢缆送出的长度。

（2）当锚作船位于锚泊方位线上，开始布设时，应观测分罗经方位，并与平台指示的方位相比。通过观测平台锚泊方位线可以使锚泊作业变得比较容易。

（3）注意风、流方向强度，可能会使锚作船偏离锚链布设方位线。

（4）任何时候都应清楚，已经布设了多长钢缆。

（5）预算出当地水深所需松出的钢缆长度，以便确定作业钢缆的正确长度（相当于1.5～2倍水深）。

（6）向平台确认：将要抛起锚的类型。

（7）向平台确认：海底底质；锚是否达到满负荷测试张力状态；已躺底锚链的长度。

提锚圈系泊系统抛起锚的准备工作如下：

（1）锚作船准备从平台上接收短索钢缆（图2-2-62）

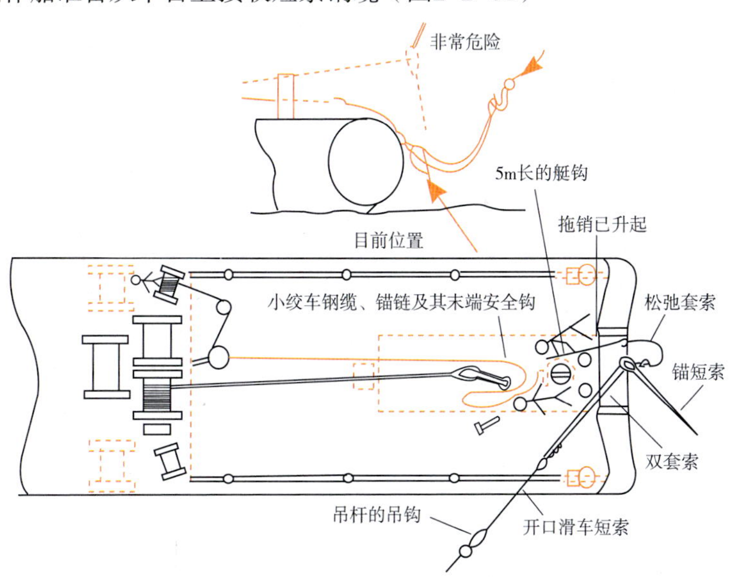

图2-2-62　锚作船准备从平台上接收短索钢缆

①平台吊杆松下短索钢缆。

②船员把小绞车钢缆系在短索钢缆末端的套索上。

③注意当绞车钢缆系紧套索上时，平台吊杆必须松出以便短索末端位于船艉艉滚筒下方。

甲板项目或图示项目主要有：吊杆吊钩，开口滑车短索，双吊索，锚短索，小绞车钢缆，锚链及其末端安全钩，5m长艇钩，升起的拖销，牵引索。

（2）准备绞起短索钢缆（图2-2-63）。

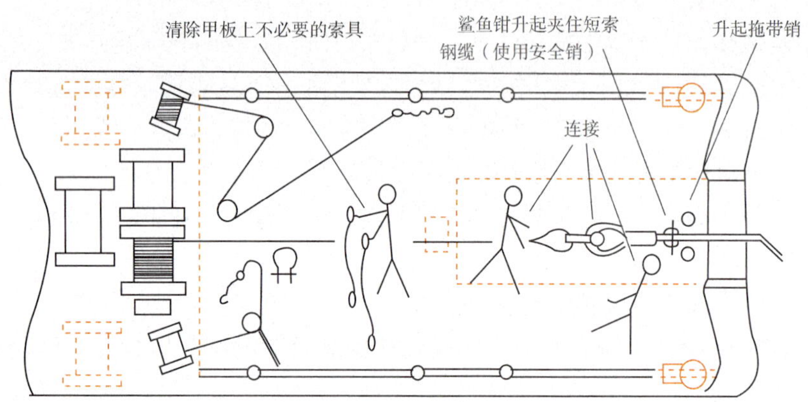

图2-2-63　准备绞起短索钢缆

①备好小绞车和工作卸扣，以将连接卸扣从滚筒上拉开，避免夹嵌在下面的钢缆中。

②清除甲板上不必要的索具。

甲板项目或图示项目主要有：连接，鲨鱼钳升起夹住短索钢缆（使用安全销），升起拖销。

（3）锚绞起至艉滚筒的双重系固（图2-2-64）。

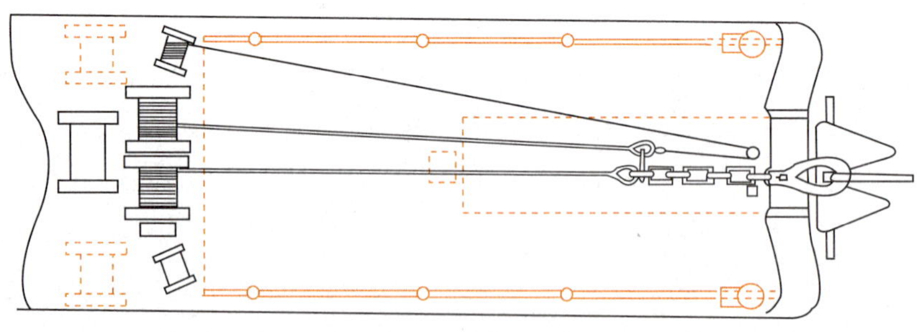

图2-2-64　锚绞起至尾艉滚筒的双重系固

当锚被绞起紧靠艉滚筒时，有许多方法来系固它。具体有：

方法1：通过拖缆机刹车和离合器拉紧短索钢缆来固定锚。

方法2：如果提锚圈带有足够长尾链，鲨鱼钳升起，用鲨鱼钳夹住来承受部分锚重。

方法3：如果有尾链，可松出拖缆或第二根作业钢缆，用卸扣将其与尾链末端系在一起。

注意：拖销升起将锚拉紧、固定就位。

三、提锚圈系泊系统布锚作业技术

1. 提锚圈系泊系统布设锚（步骤1）

锚短索接上作业钢缆后，锚作船以短索最低受力状态前进，通知平台开始松出锚。如图2-2-65所示。

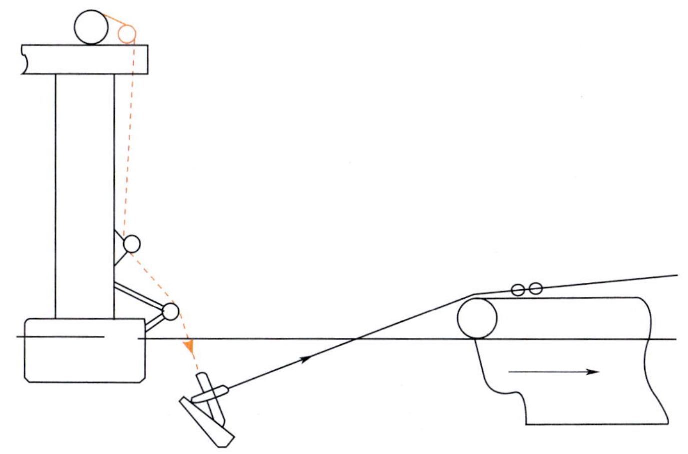

图2-2-65 提锚圈系泊系统布设锚的（步骤1）

2. 提锚圈系泊系统布设锚（步骤2）

如果锚作船距平台太近或短索松弛，锚就会下坠，锚杆脱离提锚圈。如图2-2-66所示。

为纠正这种情况，锚作船可松出短索，平台把锚绞回到锚架，把提锚圈重新套在锚杆上。

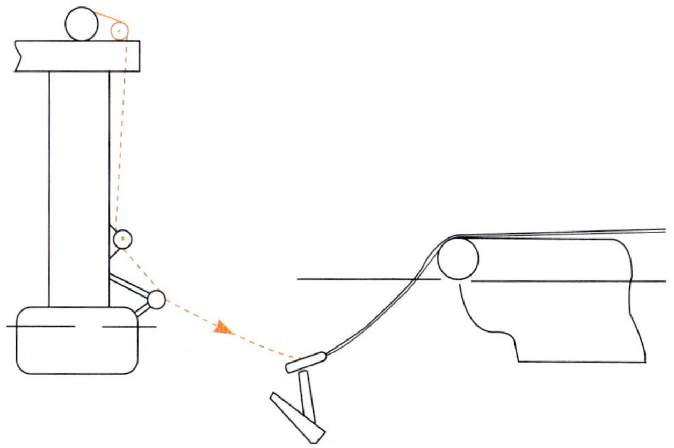

图2-2-66 提锚圈系泊系统布设锚的（步骤2）

3. 提锚圈系泊系统布设锚（步骤3）

锚作船拉住作业钢缆，平台绞锚机同步松出。锚作船慢速前进，锚链索形成悬垂状，以助于把提锚圈固定在锚杆上，如图2-2-67所示。

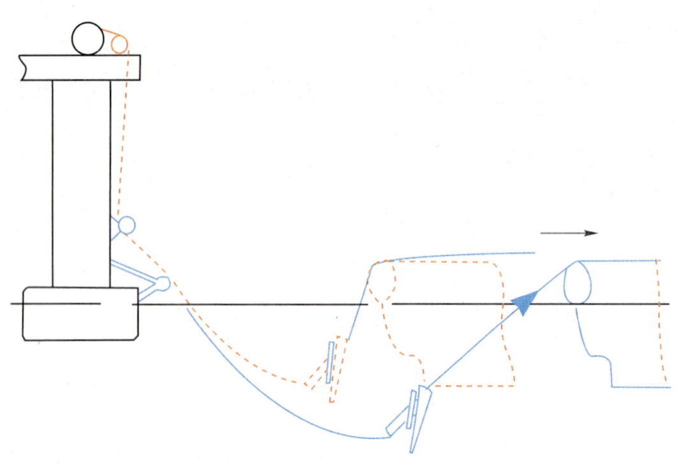

图2-2-67 提锚圈系泊系统布设锚的（步骤3）

4. 提锚圈系泊系统布设锚（步骤4）

为有良好开端，在锚作船开始移出之前，通知平台松出锚链，长度约为2倍水深，如图2-2-68所示。

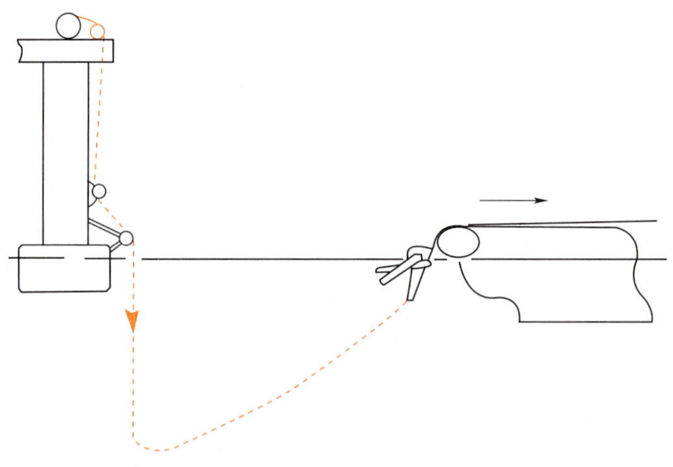

图2-2-68 提锚圈系泊系统布设锚的（步骤4）

5. 提锚圈系泊系统布设锚（步骤5）

锚作船到达目标位置时，平台刹住锚链，锚作船降低推进功率；在拉直锚链后，锚作船开始松出锚。如图2-2-69所示。

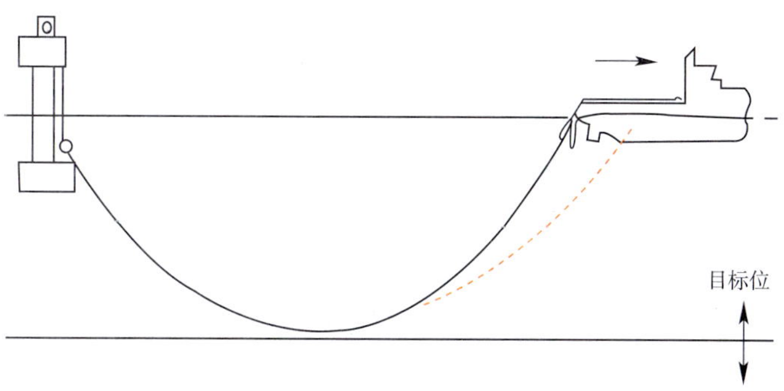

图2-2-69　提锚圈系泊系统布设锚的（步骤5）

6. 提锚圈系泊系统布设锚（步骤6）

锚作船保持慢速前进，用拖缆机把锚送至海床，作业钢缆保持受力松出长度为1.5~2倍水深，如图2-2-70所示。

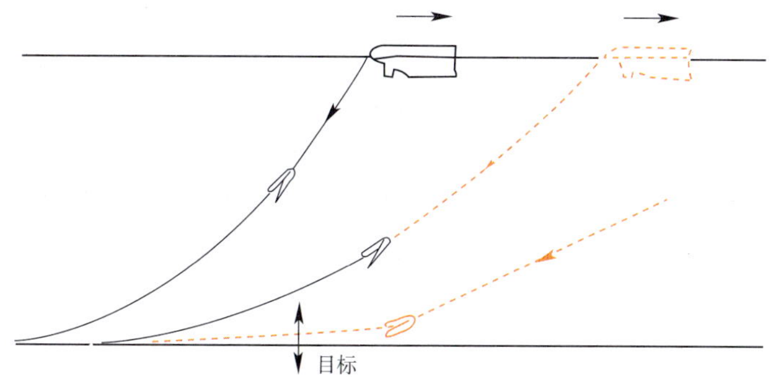

图2-2-70　提锚圈系泊系统布设锚的（步骤6）

7. 回收提锚圈方法1（第1步）

锚着底后，锚作船降低推进功率，通知平台收紧锚链索，使之达到1/3 测试拉力，如图2-2-71所示。

注意：除非锚链受力达到中等受力程度，否则锚作船将会把锚链弯结绞上来。

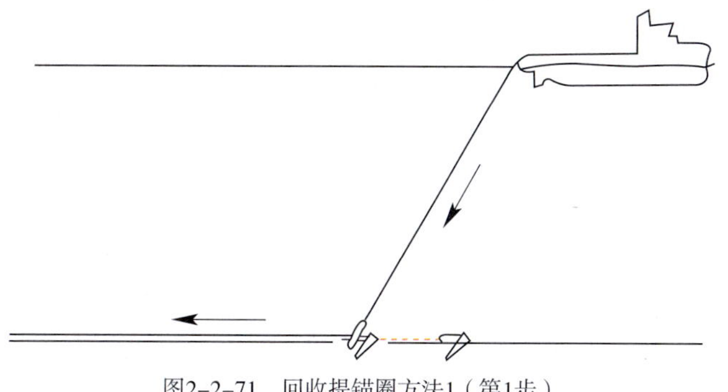

图2-2-71　回收提锚圈方法1（第1步）

8. 回收提锚圈方法1（第2步）

绞进作业钢缆至出缆长度约为1.5倍水深。如图2-2-72所示。

双车慢速倒车后退，锚作船保持在锚链方位线上。

不要让锚作船偏离锚链位置线。

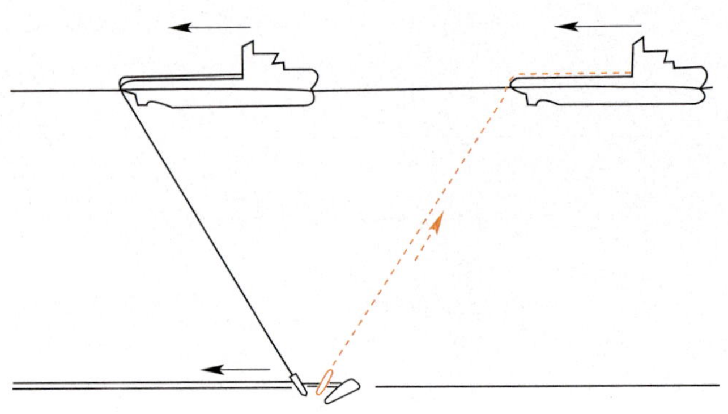

图2-2-72　回收提锚圈方法1（第2步）

9. 回收提锚圈方法2（Walsh法）

为了剥出提锚圈，多数锚作船须后退，后退距离接相当于“*D*”距离。这种操纵须计算出一个可接受的最大角度（约为55°），以免钢缆缠到船艉水下的任何构件。如图2-2-73所示。

后退距离“*D*”可按如下方法计算：

已知参量：水深183m，可接受的最大角度50°。

作业钢缆的松出长度为：

作业钢缆=水深/cos40° =238.7m

D（distance）= 水深/tan50° =153.3m

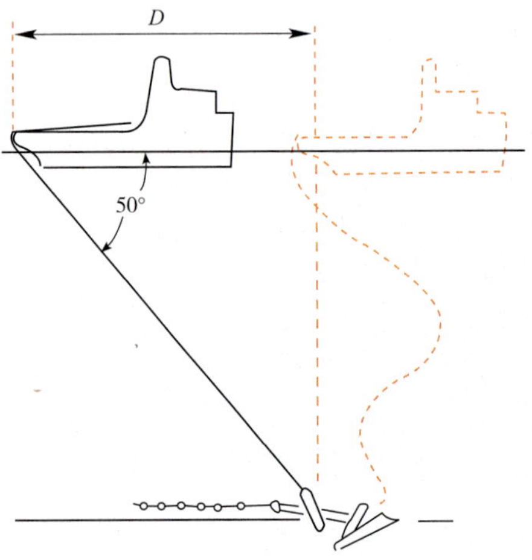

图2-2-73　回收提锚圈方法2（Walsh法）

10. 回收提锚圈方法3（Joaga法）（第1步）

水深457m，锚链松出1524m后把锚送至海底，作业钢缆松出760m。如图2-2-74所示。

11. 回收提锚圈方法3（Joaga法）（第2步）

作业钢缆缩短到550m，锚作船摆动180°，并准确回到锚链线上。如图2-2-75所示。

在操作过程中，作业钢缆保持很低受力。

提锚圈从锚杆上拉脱，锚作船拖着提锚圈驶向平台。

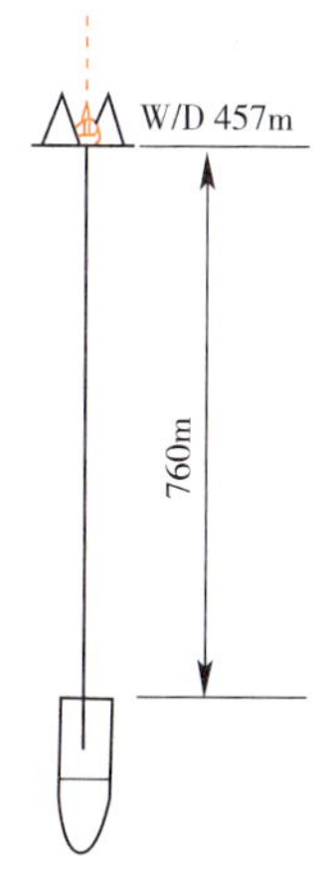

图2-2-74 回收提锚圈方法3（Joaga法）（第1步）

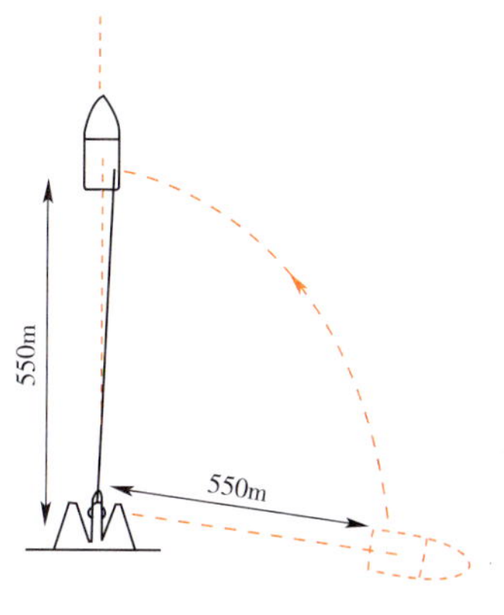

图2-2-75 回收提锚圈方法3（Joaga法）（第2步）

12. 判断提锚圈脱离锚杆的方法

提锚圈脱离锚杆的判断方法如图2-2-76所示，具体为：

①作业钢缆受力很低，稳定。

②平台报告锚链受力均匀，不减少。

③当提锚圈在锚链上自由滑动时，随着提锚圈被拖动，作业钢缆将会有节奏地“跳动”。

平台绞车操作员也可“感觉”到提锚圈在锚链上滑动。

提锚圈拖回时，锚作船可先是船艉（如A位）或先是船头（如B位）向着平台移动。

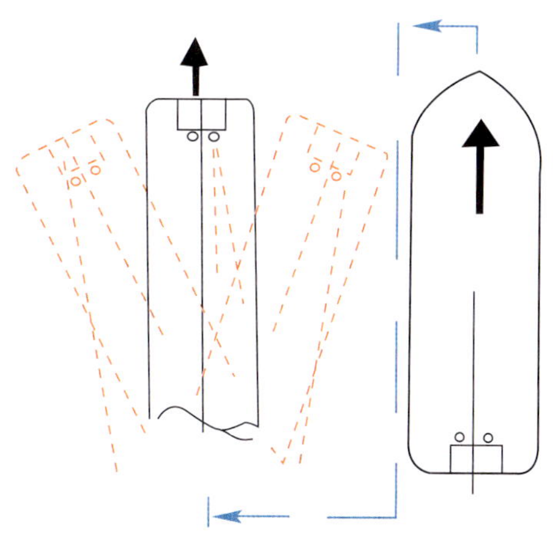

图2-2-76 判断提锚圈脱离锚杆的方法

锚作船前行时作业钢缆会有节奏地“颤动”。

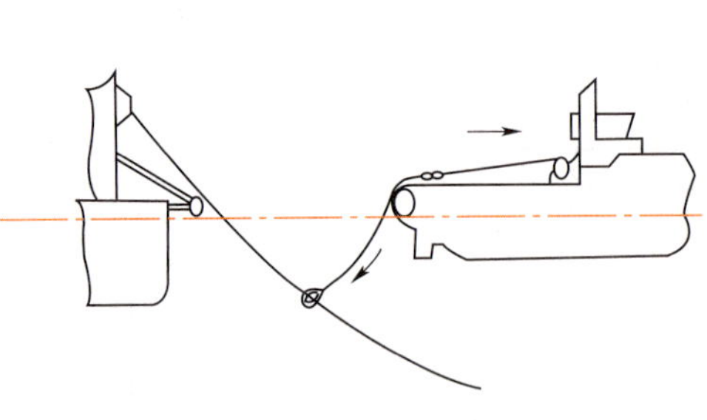
图2-2-80 拖提锚圈到锚的连接和启动

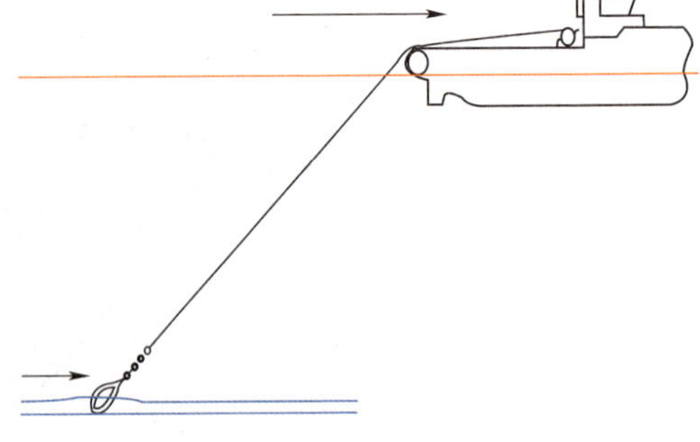
图2-2-81 拖提锚圈到锚的过程

（3）提锚圈到达锚的判断

仔细观察测雷达电子方位线（EBL）及拖缆机张力。当锚作船驶达预定距离（根据操作说明利用下列已知因素计算：从平台到锚的锚链长度、水深、作业钢缆长度）时，锚作船准备减速。当提锚圈到达锚并套上锚杆时，作业钢缆即停止“颤动”。如图2-2-82所示。

注意拖缆机负荷的突增，并保持锚作船处于锚链方位线上。

（4）提锚圈提锚离底

①作业钢缆长度缩短到1.5～2倍水深，保持慢速前进。如图2-2-83所示。

②通知平台减少锚链索张力，松出大约15m。

③当平台报告锚链索已松出时，锚作船增加推进功率至约50%。

④观察拖缆机张力，当张力下降时表示锚离底。

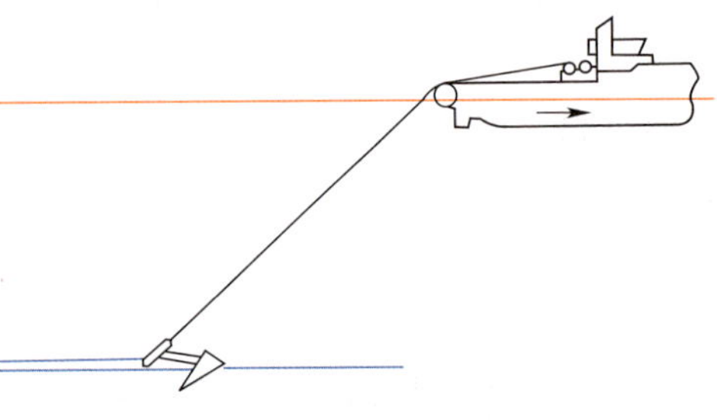
图2-2-82 提锚圈抵达锚的判断

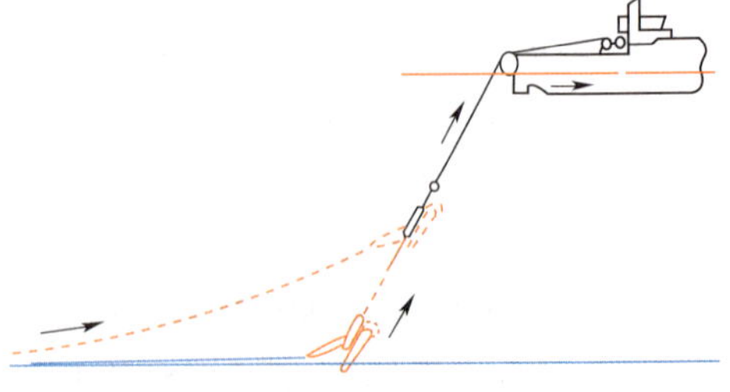
图2-2-83 提锚圈提锚离底

（5）结合锚作船的垂荡运动提锚离底

松出作业钢缆到1.5～2倍水深，应用50%的向前静拖力。目的是向后拉锚离底。锚作船垂荡可协助锚出底，增加前进动力而不是缩短钢缆。如图2-2-84所示。

（6）结合锚作船的垂荡运动垂直提锚离底

①如果短索钢缆太短，可试着垂直拉锚出底。如图2-2-85所示。

②短索受力很大，大风浪时可能会断。

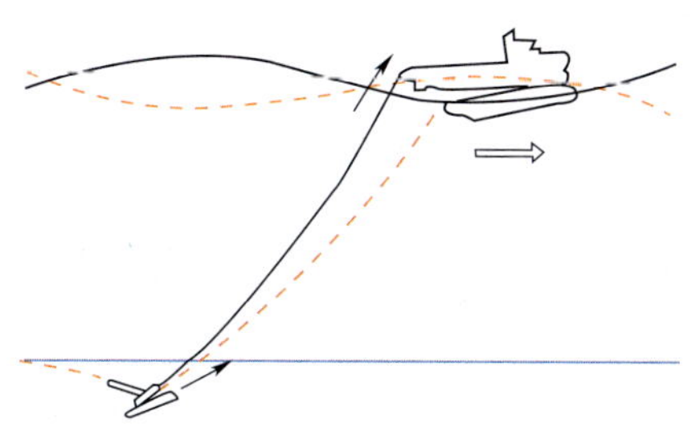

图2-2-84 结合锚作船的垂荡运动提锚离底

图2-2-85 结合锚作船的垂荡运动垂直提锚离底

3. 提锚圈拉锚离底的注意事项

大抓力锚的离底作业极为危险，也需要技能。这项作业会产生大张力，但所需的是耐心而非蛮力。

如果加大拉力回收某个锚时，锚没有滑动，则锚可能嵌埋很深，锚出底需要更大拉力。当锚深嵌埋时，若用作业钢缆垂直拉锚出底，有时作业钢缆经常破断，而锚还不会出底。

下列经验估值适用于大多数型号的锚：

①在沙质海底，锚出底拉力为锚测试负荷的12%～17%之间。

②在黏质海底，这个比例大约为60%。

③在黏性软质海底，这个比例可超出100%。

典型测试拉力大约是所用锚链破断拉力的1/3，表2-2-1是拉力的摘要。

破断拉力表

表2-2-1

锚链类型	1/3破断拉力	沙底17%	黏土60%	软质海底100%
76mm ORQ	159	27	95	159+
76mm K4	205	35	125	205
102mm K4	345	59	207	345

对于大型深埋锚，为拉锚出底，常用80t静拖力以及连续一段时间（如30min）200t拖缆机拉力。

如果有大涌浪，锚作船上下垂荡，这些拉力会明显增加。

拉锚离底应沿着锚嵌埋的轨迹，向后向上拖锚出底。在试图拖锚出底前，若觉得需要很大拉力，应确保短索钢缆和作业钢缆处于良好状态。过于急躁将无疑导致钢缆断裂。

五、使用提锚圈收锚上甲板的作业技术

1. 收锚上锚架（第1步）

（1）锚作船后退至离平台大约150m处。

（2）锚作船保持船位，平台保持绞进锚链。

（3）当平台绞进锚链时，锚作船同步松出作业钢缆，把锚“悬浮”到锚架上。如图2-2-86所示。

注意：为了传递短索给平台，锚作船应侧向移到平台吊杆下方。

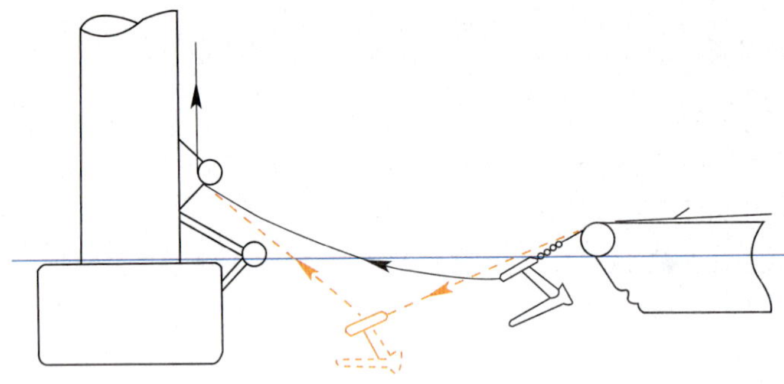

图2-2-86　收锚上锚架

2. 收锚上锚架（第2步）

（1）如果锚作船太靠近或作业钢缆没有保持受力，锚会从提锚圈滑出。

（2）收锚上架时，提锚圈应正确套在锚杆上。如图2-2-87所示。

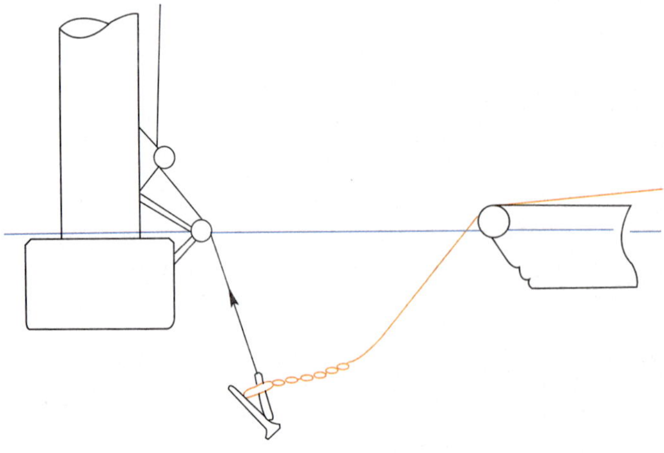

图2-2-87　收锚上锚架

3. 收锚上甲板（第3步）

锚位于锚作船的艉滚筒，锚链向后。当锚绞上时它总会旋转。如图2-2-88所示。

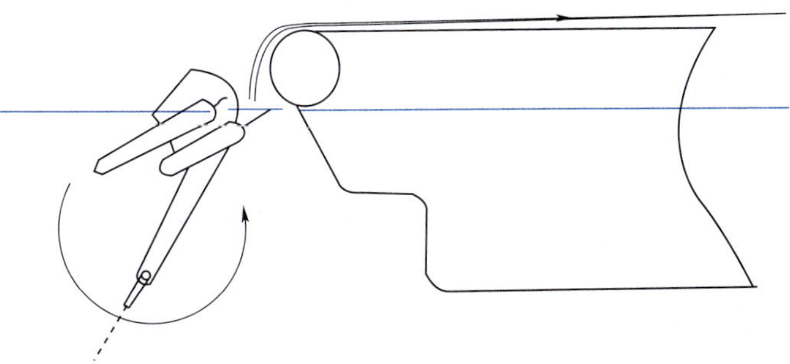

图2-2-88　锚上甲板（一）

4. 收锚上甲板（第4步）

锚绞到艉滚筒下方，方向如图2-2-89所示。

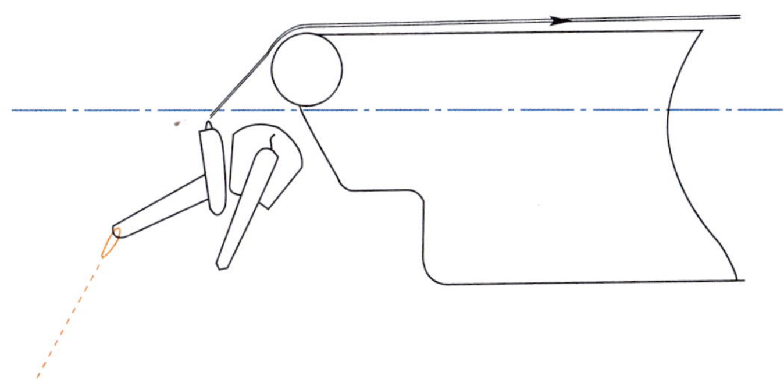

图2-2-89　锚上甲板（二）

5. 收锚上甲板（第5步）

如果在这位置把锚绞上甲板，需要很大拉力，短索有断开的危险，或者锚杆从提锚圈滑出。如图2-2-90所示。

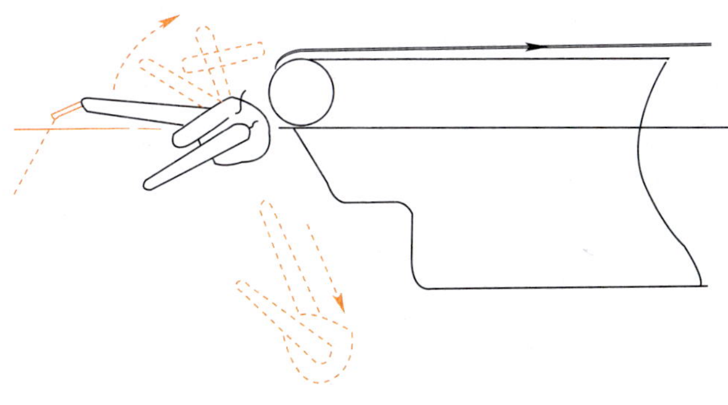

图2-2-90　锚上甲板（三）

6. 收锚上甲板（第6步）

这时如果过分受力，短索的索套很容易裂开。如图2-2-91所示。

7. 收锚上甲板（第7步）

（1）松锚到艉滚筒下方约10～15m。如图2-2-92所示。

（2）如果需要或可能，通知平台多松出一些锚链。

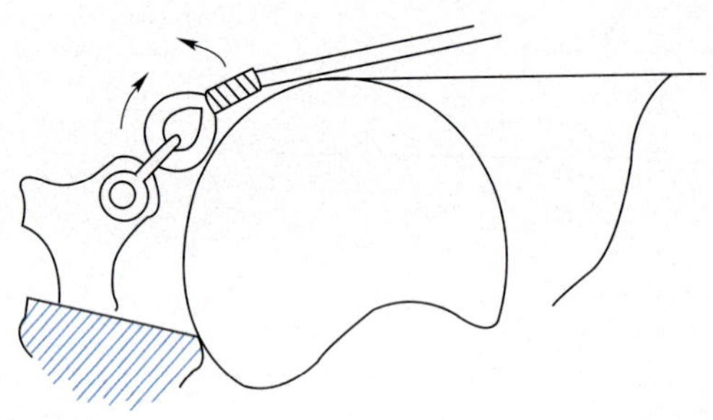

图2-2-91　锚上甲板（四）

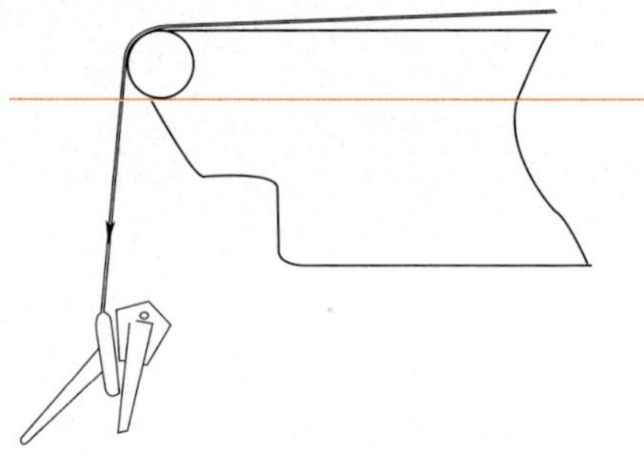

图2-2-92　锚上甲板（五）

8. 收锚上甲板（第8步）

锚作船后退，使锚和锚链处于图2-2-93所示位置，锚会旋转。

9. 收锚上甲板（第9步）

锚作船停止后退，绞起短索。如图2-2-94所示。

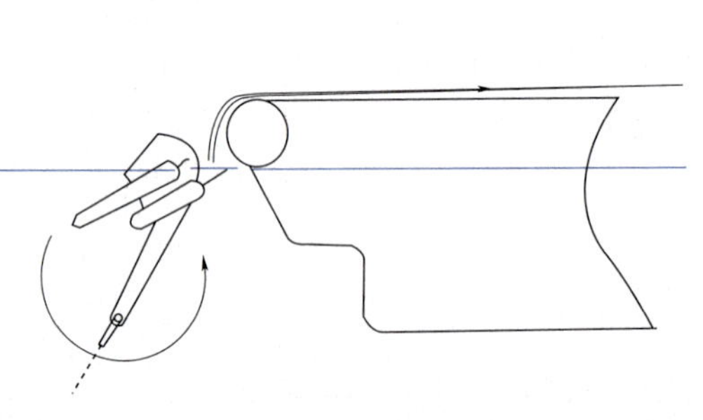

图2-2-93　锚上甲板（六）

图2-2-94　锚上甲板（七）

10. 收锚上甲板（第10步）

检查锚爪方向是否正确，如图2-2-95所示，拖缆机全部停绞。

11. 收锚上甲板（第11步）

如果锚爪方向正确，拖缆机把锚绞到甲板上，鲨鱼钳/叉夹紧锚链。如图2-2-96所示。

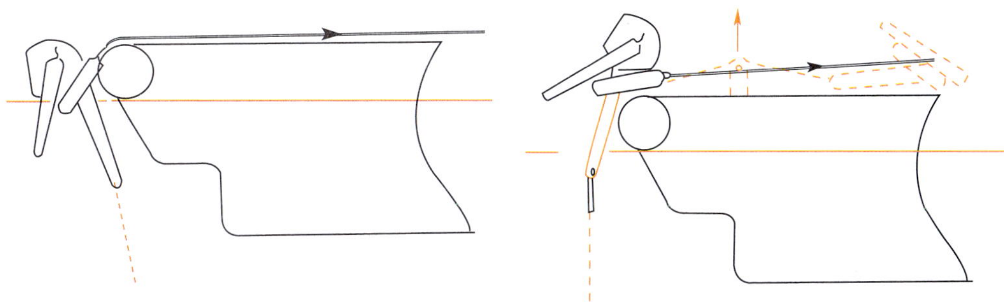

图2-2-95　锚上甲板（八）　　　图2-2-96　锚上甲板（九）

六、两艘锚作船使用J形打捞钩回收锚作业技术

在非常深水域、非常浅水域或在底质特别黏的水域，一艘锚作船可能不具有足够动力来布设所需长度的系泊链。另外，当只有低马力锚作船可用时，一艘锚作船的马力不足以布设所需长度的链索。

为解决这个问题，一艘锚作船可用J形打捞钩（J-chaser）捞起一段锚链，而其他锚作船则以正常方式来布设锚，或拖锚链离底。

在布设锚时，锚作船之间的距离通常约为所需布设长度的1/3。当两艘锚作船进行锚作业时，J形锁链大型打捞钩很有用。这种打捞钩是单向的，锚链只可单向通过，而反向则锁住。当布设一条又长又重的链条时，例如SBM的固定系缆等，这种设备特别有用。

用一个J形锁链大型打捞钩回收锚的步骤如下：

（1）用一个J形锁链大型打捞钩部署和回收锚（图2-2-97）。

①锚作船A处于锚位上，不能拖锚离底。

②锚作船B用J形锁链大型打捞钩扫过锚链，驶向锚。作业钢缆长度约为2倍水深。

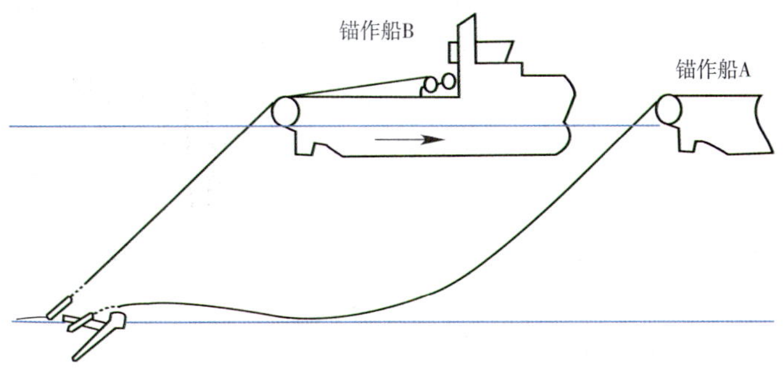

图2-2-97　用一个J形锁链大型打捞钩回收锚（一）

（2）用一个J形锁链大型打捞钩回收锚（图2-2-98）

①锚作船A再次绞紧。

②锚作船B转向平台，作业钢缆长度缩短到约1.5倍水深，使J形锁链大型打捞钩受力。

③平台松出锚链并使之不受力。

④锚作船A和锚作船B使作业钢缆达到最大拉力，以便拉锚离底。

⑤当锚离底被绞起时，B船减少拉力，A船把锚绞到船艉。

⑥J形锁环可自行滑落，或锚作船A把锚绞上甲板后才能解开。

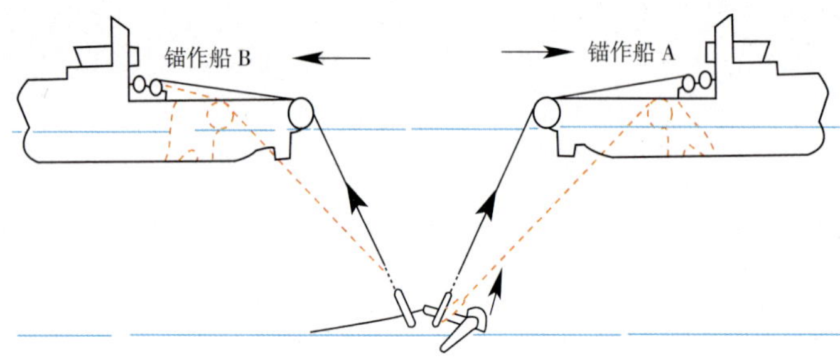

图2-2-98　用一个J形锁链大型打捞钩回收锚（二）

第三节　串联锚系泊系统抛起锚作业技术与应用

一、串联锚使用概述

前面已描述过所有理想的平台迁移、锚布设作业，之后的任务是使所有锚受力。为此，平台需要对相反方向的各对锚链进行收紧，直到达到预设的拉力。如果锚老旧，应减少工作拉力。

如果相反方向的锚走锚，则须重新布设，或增加一个串联锚（piggy back）。采用哪种方法常取决于海底的检测情况。如果抓底状况不好，锚可重新布设，前提是锚一开始就没有正确抓牢，或者锚倒翻；如果海底底质不好，那么必须立即增加串联锚。

给常规的带浮标锚增加串联锚，浮标首先必须收回并从短索上解开，在主锚短索上接上串联锚，并在串联锚锚冠上系上同样长度的短索。

为此，锚作船须先把锚放在甲板，该锚可从平台装上船，或如果很好安排，也可从岸上装船。锚作船须有正确长度的短索，盘在作业滚筒上。

有时容易把作业滚筒上短索连接到串联锚（piggyback）的锚冠上，然后用小绞车把锚拖向船艉。在这过程中，如果锚爪卡住甲板，可转动作业滚筒把它拉出。

一旦锚的两端已连接，可启动作业滚筒，拉紧整套索具。鲨鱼钳或其他系固设备，可以降下，拖销必须缩回到后甲板下面，以便串联锚（piggy back）滑到船艉。

这时，钢缆没有任何部位系到甲板的中部，而是通过锚重和船艏向被保持在位置上。锚作船船艉须正对着平台，这绝对必要，以便锚沿着甲板中线移到船艉。锚移上艉滚筒时，钢缆正好在防撞拦的上方，此时，锚作船由于任何原因偏离锚方位线时，锚可能滑过艉滚筒在艉胯处进入水中。锚和作业滚筒之间的短索会滑过船舷，如果防撞栏上没有羊角，会滑到生活区后面才停住。如果锚作船舷墙装配有引水员进入通道，钢缆滑到此停住，锚悬挂在此处的船下某处，处于船中之前。解决这个问题将非常棘手。

在这紧张时刻，拖缆机操作员倾向于从船艉非常缓慢地松出锚，这将使事情变得更糟。此时，船长可能会情不自禁大喊。如果锚快速滑过，则不会造成损坏，只是溅水声更大而已。

一旦串联锚（piggy back）降到海底，浮标可用传统方式重新连接并投入水中。

如果锚已装有固定式提锚圈，需要串联锚时，串联锚通常连接到锚回收短索上，尽管在多数情况下，提锚圈更靠近锚杆卸扣，而不是锚冠。

各种锚在设计时，大多为了提高在特定锚重下的抓力。最有名的是早期的布鲁斯（Bruce）锚和旧式的斯蒂文（Vryhof Stevin）锚，现今用串联锚取代。

回收串联锚与回收浮筒然后把锚绞到船艉的方法类似，并没有特别不同。

二、串联锚作业前的准备

1. 串联锚的典型连接

串联锚卧底短索直径11/4英寸，短索的连接使用85t安全负荷的弓型卸扣。如图2-2-99、图2-2-100所示。

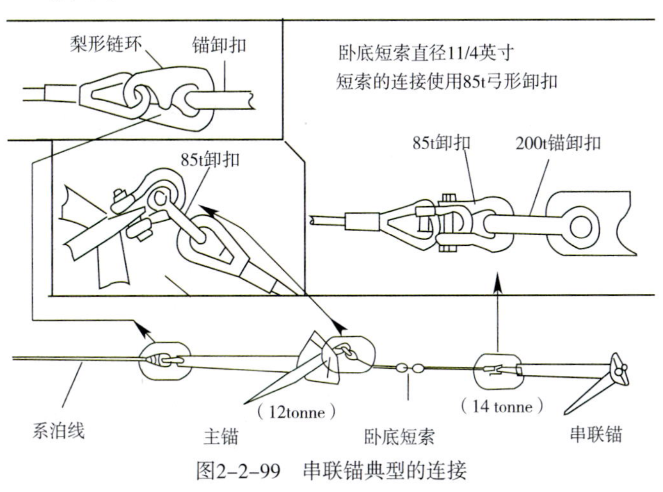

图2-2-99　串联锚典型的连接

使用的索具包括：梨型链环、锚卸扣、85t安全负荷的卸扣、200t安全负荷锚卸扣、系泊线、主锚（12t）、卧底短索；串联锚（14t）。

a)

b)

c)

图2-2-100 "滨海291"船串联锚作业甲板准备

2. 锚作船串联锚作业的甲板布局

从钻井平台上将锚浮筒拉上甲板并与拖缆系牢。如图2-2-101所示。

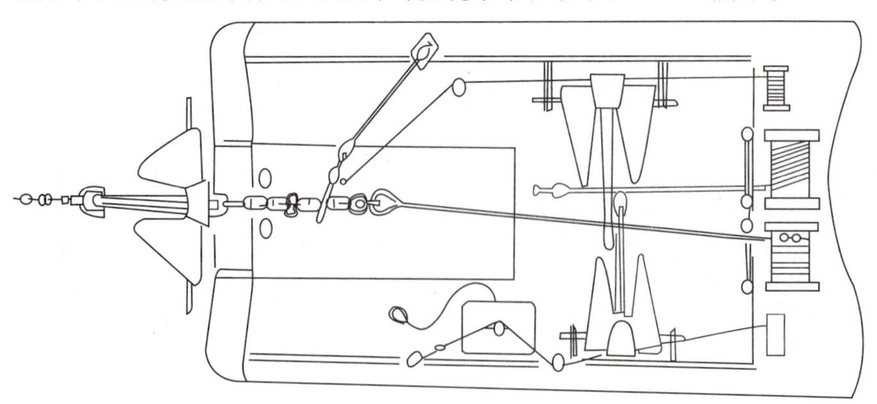

图2-2-101 布置锚标系统（串联锚在甲板上）

用正常的方法从钻井平台取过短索。锚短索系上作业钢缆后，绞到艉滚筒处。

布锚作业前应先将锚冠缆夹在鲨鱼钳上，或使用快速脱钩（pelican hook）将锚固定住。

注意：应该先将浮筒短索按正确的次序卷在作业滚筒上，并用卸扣扣住滚筒的一边，以防短索堵塞（jamming）。

三、串联锚系泊系统抛锚技术

（1）甲板做好布置串联锚的准备，主锚已在海底。如图2-2-102所示。

（2）给串联锚系上短索，在串联锚冠上系上锚头缆（surface pennant）。

（3）把串联锚松到海底，最后浮筒短索连接上浮筒后，抛浮筒下水。如图2-2-103所示。

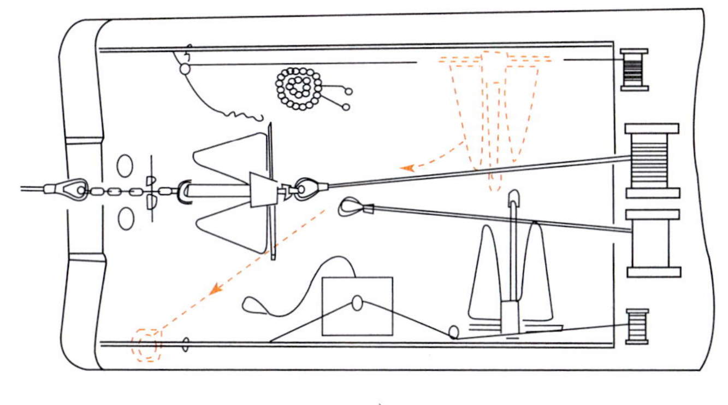

a)

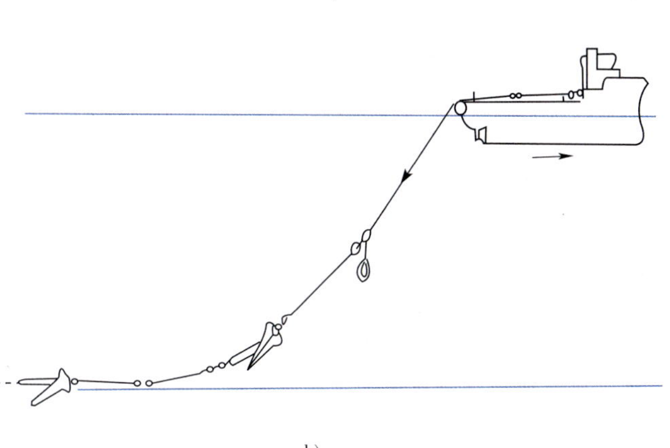

b)

图2-2-102　准备和布设串联锚

上船舶艏向应与方位线成一个迎向风/流力的角度移动，这样降低了风/流力的影响。加上锚作船自身的有效推力，使船横斜地运动。如图2-2-107所示。

图2-2-107　OSA Venturer最有利地利用风力和流

另一技术是锚作船保持既横斜又迎风或锚作船保持在方位线的上流移动，以便在船到达抛锚点时船舶位于方位线上。这必须以相当的技巧进行，特别是在拉锚链时，因为锚链可能会被拉成曲线，难以依靠平台的绞锚机拉直。如图2-2-108、图2-2-109所示。

不管船的功率如何，锚作船应始终尝试最大限度地利用风和流的影响。

（1）流来自左艏，右舷强风。

（2）向上风偏开一角度以减缓艏侧推力器的使用。将流置于下风舷有助于操纵。

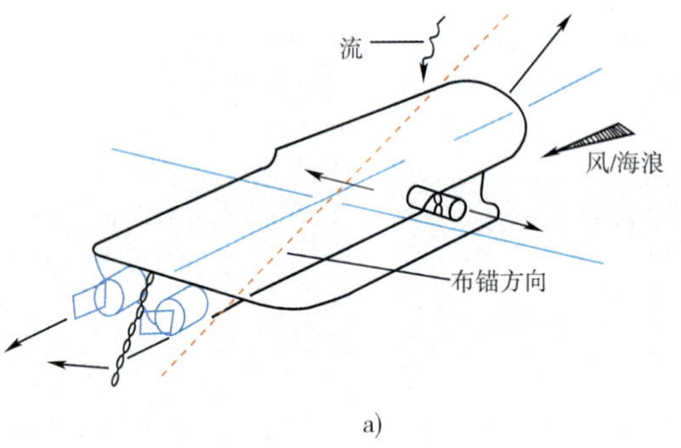

a)

（1）舵转成内旋舵角（内八舵），需要船艉偏向一侧时，将该侧的车加大。

（2）使用艏侧推将船艏向推向一侧，例如推船艏向左舷。

（3）加大左车功率，将艏侧推向右舷推。

b)

图2-2-108　布锚操纵

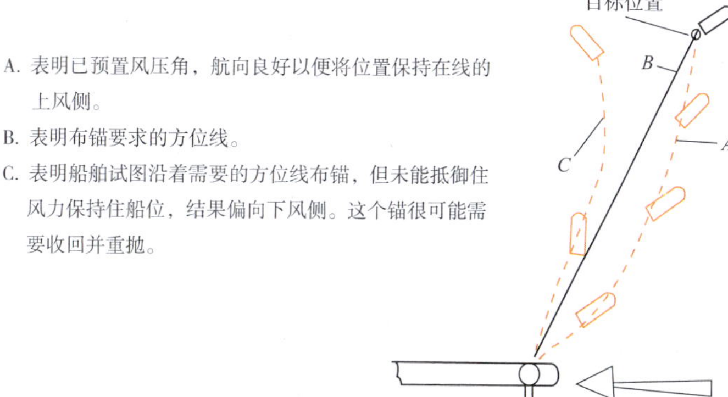

图2-2-109　横风流布锚操纵

二、认识和避免危险

1. 抛起锚作业危险的原因

（1）抛起锚作业常常是临界天气下的近距离船舶操纵，锚作船错误的运动能够导致锚作船与其所工作的平台之间的严重碰撞。

（2）抛起锚作业错误容限很小，没有弥补时间。

（3）钢缆承受着很大的张力。

（4）笨重型的设备操作困难。

（5）锚作船工作甲板上浪等等。

所有的这些危险叠加给正在甲板工作的船员会带来极大的危险。熟练的船舶操纵和意识危险的存在能够避免逐步形成的严重和危险局面。图2-2-110是滨海283甲板抛起锚作业。

图2-2-110　滨海283甲板抛起锚作业

2. 特别的危害发生的作业时刻

以下为特别的危害发生的作业时刻，特别需要非常熟练的船舶操纵和良好的危险意识，这样才是远离危险的唯一方法。

（1）平台在抛下其艉锚进入就位点，开始刹住锚机时，船舶正准备为平台布放艏锚。平台可能突然猛烈地旋转，离开或朝向通常离平台艏部很近的锚作船（有时连接着艏锚的短索）。通过注意听无线电指令，通知锚机操作员，当预料到发生旋转时船舶能够驶离。

（2）在布好锚后正向平台回送提锚圈短索（永久性提锚圈系统）。该操作要求船舶靠近锚架很近处等待，会受到提锚圈短索长短，典型的是30 ~ 60m长和吊车外伸距的约束。

（3）为正在启拖的平台起最后的艉锚时。锚链和系泊钢缆一离地，锚作船就受平台上锚机操作员的支配。如果平台在移动中，在最后一个锚上锚架之前，无论是随拖前行或是自行推进，在锚被收进到锚架时，锚作船必须追逐平台。然后锚作船必须在后移的时侯传递短索。平台也可能漂向或离开锚作船。

（4）接近就位位置时用两艘锚作船在艏锚短索处，一艘拖曳船拖着过桥缆。在该情况下用于操纵的空间受到非常大的限制。拖曳船可能会进行很大的航向改变，在锚短索处的锚作船必须知道这种情况下可能的影响，例如，尾随的船和在平台转动时处于有被平台撞击危险的其他船。

（5）黑夜对抛起锚作业增加另外的困难，特别是在近距离靠泊操纵时。船体下部、锚架等通常没有灯光，所以判断距离有困难。保持大的探照灯照射着下部船体结构是非常关键的。

（6）水下突出物诸如推进装置、船体下部延伸部位等，以及所有经常基于钻井平台和工作平台装置都会增加进一步困难，特别是移近进行短索的接或送时。

3. 几种常见的危险局面图示

（1）收绞最后的锚，平台带着试图保持位置的船启拖。如图2-2-111所示。

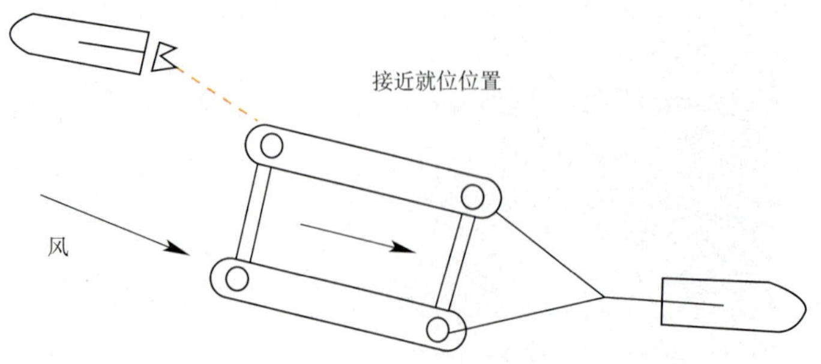

图2-2-111　收绞最后的锚，平台带着试图保持位置的船启拖

（2）接近就位位置，平台转向而作业船因被“连接索”困住无法跟着转向。如图2-2-112所示。

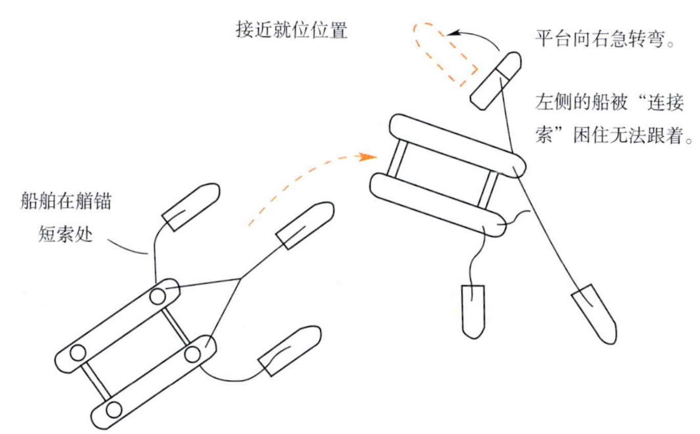

图2-2-112　接近就位位置，平台转向而作业船因被“连接索”困住无法跟着转向

（3）在狭窄水域，近距离接送短索。如图2-2-113所示。

（4）锚作船太靠近平台等的推进装置。如图2-2-114所示。

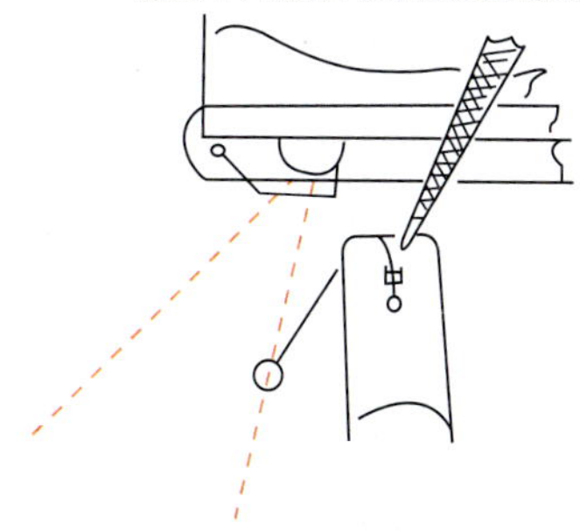

图2-2-113　在狭窄水域，近距离接送短索

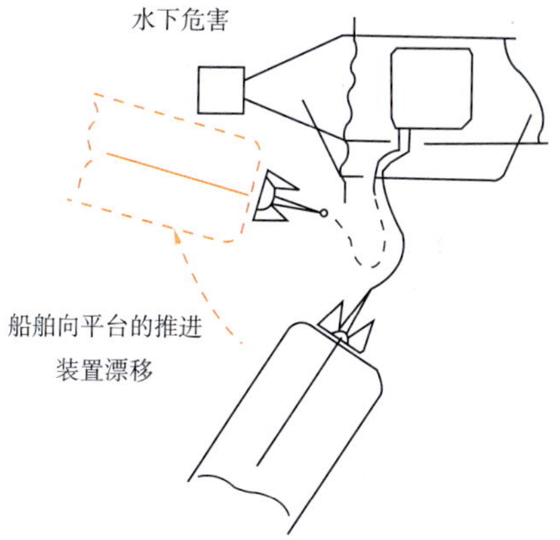

图2-2-114　锚作船太靠近平台等的推进装置

三、船的艏艉顶风流工作

现代的锚作船常被期待发挥它们的性能极限，抛起锚作业常常在海况和风力的临界条件下进行。

不得不停下作业的两个最普遍的原因都是由于天气原因而引起。首先是当在期望的方位和需要的位置处抛起锚的时候，风速和海况超过锚作船的能力；第二个是甲板猛烈地和频繁地上浪，使船员处于不可接受危险之中。其他原因也许是巨大的风和海

况施加于船舶，如果船舶正靠近在平台的上风侧作业可能发生碰撞，尽管船长尽最大的努力也难于避免。

在恶劣天气条件下打捞浮筒作业特别困难。后退驶向浮筒可给船长一个更好的视野，并因为船长使用倒车接近，浮筒不会被进车的排出流冲开，但不利的条件是现代的拖曳锚作供应级别的船舶的方型船艉会导致海浪变得陡峭、堆起和冲击船艉的倾向，给试图打捞浮筒的船员带来很大危害。因为现代的拖曳锚作供应船的方型船艉设计导致海浪变得陡峭、堆起和冲击，海浪可能冲扫整个甲板的全部长度。如图2-2-115所示。

图2-2-115　拖曳锚作供应船的方型船艉造成海浪变得陡峭、堆起和冲击

船艏朝向海浪工作，特别在临界条件下，给船长带来的问题是在向浮筒后退时，试图保持船艏顶风流。如果特别巨大的海浪将船艏推离风向，要恢复控制极为困难，并且太大的进车功率可能将浮筒冲走到不可及之处，或如果向后退去，浮筒可能被吸入推进器。

舷侧打捞浮筒的技术也许适当，但在高干舷的船上船员不熟悉此技术的应用时，就会浪费这种努力。

当使用提锚圈系统驶出捞锚时，许多船长会驾船向锚驶去，对于来自船艉方向的风浪，他们没有将船头偏转向海浪的打算，即使是风浪会猛烈地冲打甲板。在到达锚的时候，他们会利用海浪和船的纵摇将锚“浸泡”出海底来从事工作。在将锚拉出之后将锚绞到艉滚筒，假如船员不必前往甲板上，通常就允许船舶处于与风浪相对的自然的位置，在平台锚的约束下，船艉转向海浪。

如果船员不得不在船艉甲板上工作，在恶劣气候中船舶应该转向到将船艏迎风浪的方向上。如果锚必须上甲板并对其进行处理，在船员试图固定锚和浮筒时，重要的是要避免会出现导致锚和浮筒突然滑动而给船员带来危险的大横摇。在锚或浮筒上甲板之前应将船转向到横摇处于最小的最佳位置（艏或艉对海浪）。

下面是几种顶风浪或艉迎风浪操纵的图示：

（1）保持船艏迎风浪可能会因艏侧推器太弱而出现问题。如图2-2-116所示。

（2）艉迎风浪工作时波浪常常在船艉后加强。如图2-2-117所示。

（3）船艉迎大风浪工作时，因船舶纵摇，在船艏抬起时海浪可能上到船艉部并冲击整个甲板。如图2-2-118所示。

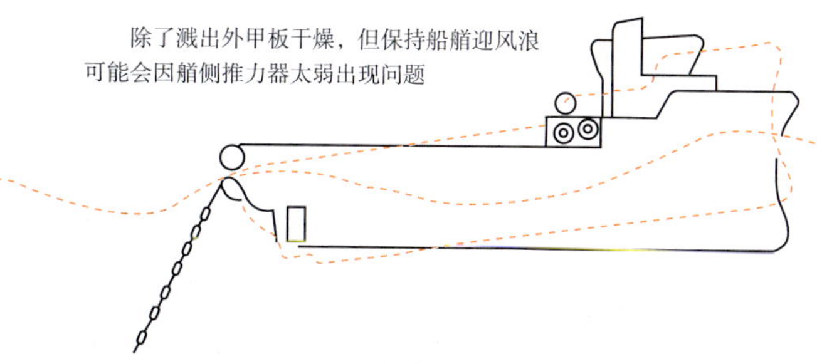

图2-2-116　保持船艏迎风浪可能会因艏侧推器太弱而出现问题

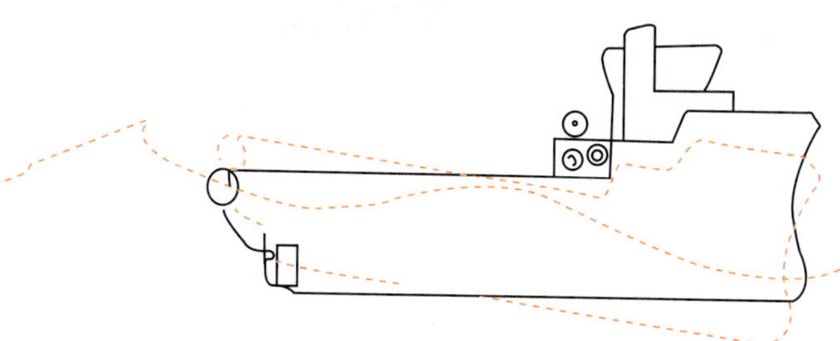

图2-2-117　艉迎风浪工作时波浪常常在船艉后加强

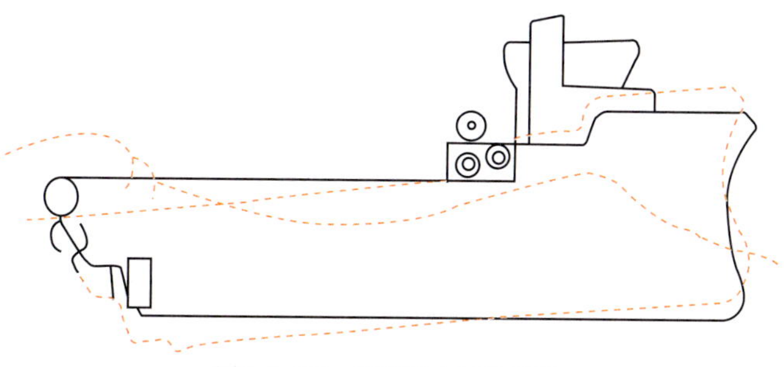

图2-2-118　船艉迎大风浪工作

四、侧滑上护栏问题

在抛锚和起锚作业时，必须将钢缆保持在正船艉的艉滚筒范围。如果钢缆会跳离或滑动或被侧向拉离其应在的艉滚筒范围，特别是如果钢缆有到很大的张力，钢缆就会向上滑向船的护栏直至拖缆限位处。

最常见的情况是在锚下水离开甲板时。由于当锚在艉滚筒处平衡状态，拖销限制其横向移动。但是如果船舶偏开离线，或布锚的速度太慢，或显著地横摇时，锚可能会从船艉跳下，锚拖着短索随之就会滑上侧面的护栏。如图2-2-119所示。

要避免该问题，放锚下水时应该做的是船舶恰好在系泊线上，并尽可能地快放。

下面以图2-2-120、图2-2-121来说明发生系泊线侧滑上护栏的情况和可能的纠正

置正确，以便系泊线（锚链或钢缆）上下没有偏离。

2. 对舵、导流罩和推进器的危险

当代的抛起锚船被设计成作业钢缆能以一个相当陡峭的角度偏到船艉的底部，然而如果偏到船艉下面的钢缆角度和位置没有被精确控制，船上的舵、推进器和柯特式导流管将受到损害。

仔细检查船舶的总布置图就会明白这些物体容易损坏的精确位置，船长必须保持对船底水下区域的记忆图像，以便使他能够判断作业钢缆刚好可以到哪以及怎样操纵才能避免损害。

当接收或送出提锚圈短索时，船舶得与先前布放的锚链靠得很近，被其绊住可能会很危险，特别是当平台为抛起锚工作而压载（锚链系泊）时。

在使用钢缆系统的平台上，系泊钢缆的入水角度可能很浅，在白昼可能看见，但在夜间存在看不见的钢缆的危害。

裸露型螺旋桨的船舶要比哪些带柯特式导流管的螺旋桨处于更危险中，因而钢缆偏向船底只有当钢缆走向保持在船的中心线上才被允许。

图2-2-123～图2-2-128所示为一些常见的危险局面。

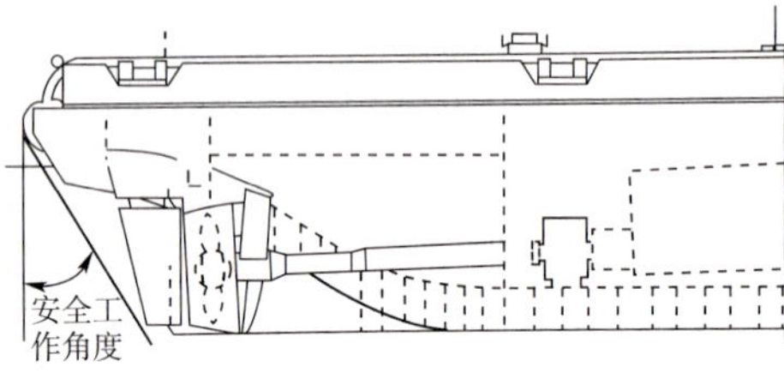

船舶总布置图的仔细检查有助于船长建立水下船艉区域的记忆图像和对短索/作业钢缆偏向船底的最大许可角度（除了位于船的中心线外）。

a)

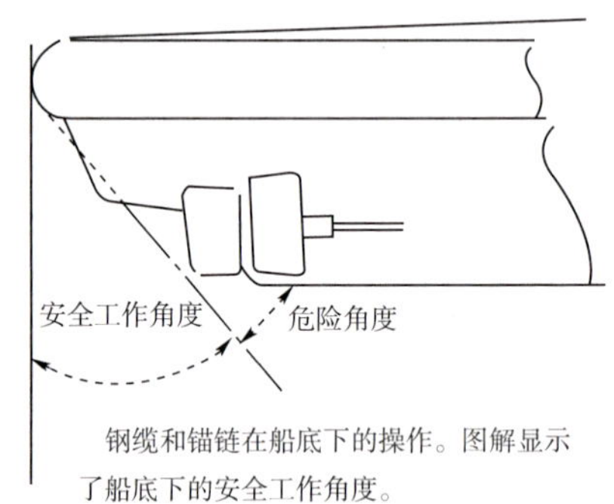

钢缆和锚链在船底下的操作。图解显示了船底下的安全工作角度。

b)

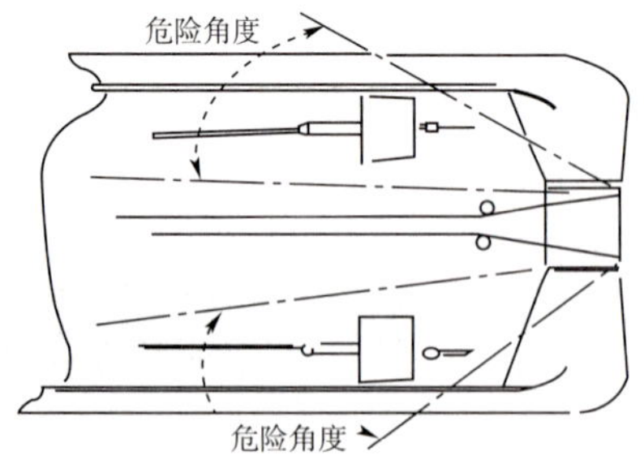

钢缆和锚链在船底下的操作。图解显示了船底下的安全工作角度。

c)

图2-2-123　作业钢缆缠上舵和导流管

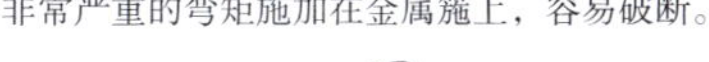

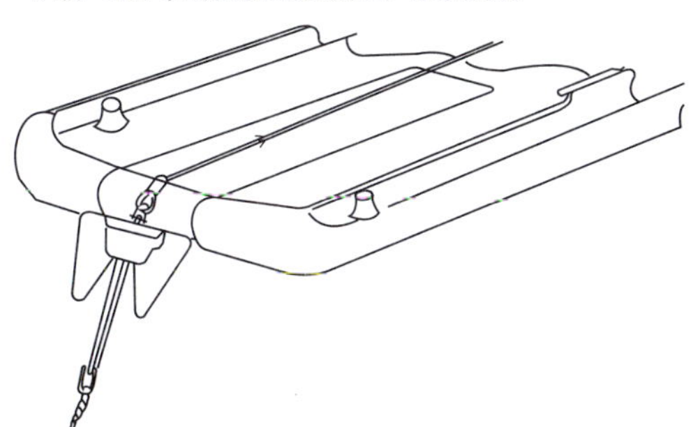

图2-2-124　将没有装配尾链的锚拉上甲板

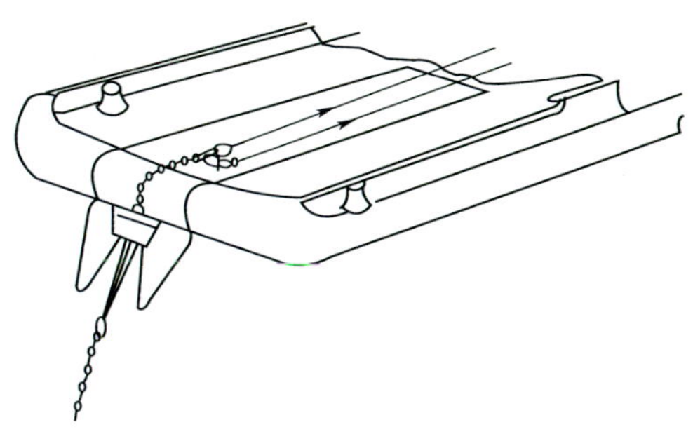

图2-2-125　用双短索将锚拉上船甲板

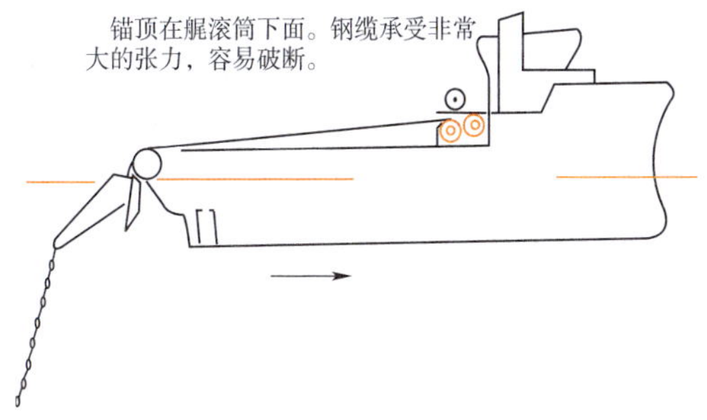

a)

如果船舶连续绞收作业钢缆，锚可能会被绞的动，然后锚可能会跳上艉滚筒，锚爪戳进甲板。

b)

图2-2-126　试图以错误的方向拉锚上甲板

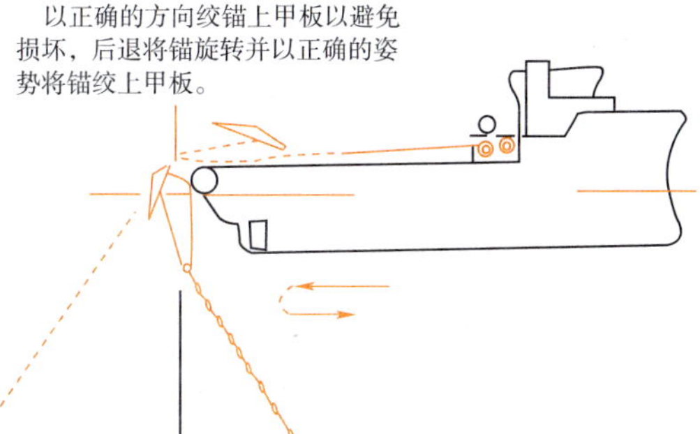

图2-2-127　重新定向并正确将锚绞上甲板

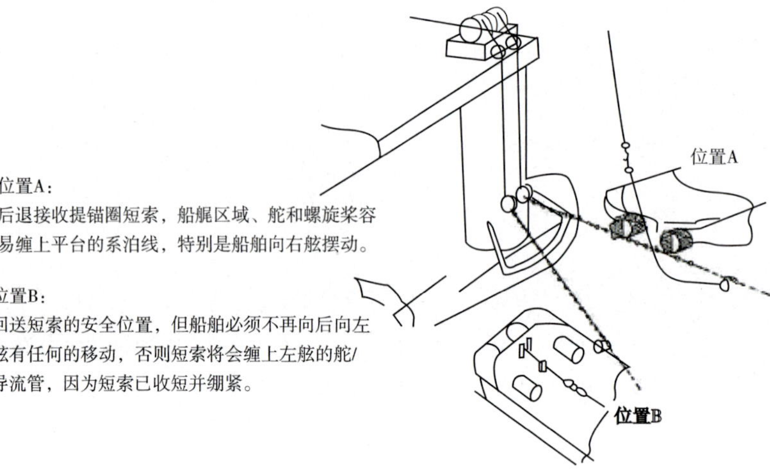

图2-2-128　船底设备缠上系泊锚链

第三章　500～1500m深水抛起锚作业技术与应用

第一节　海洋石油支持船深水作业技术要求

一、深水抛起锚作业技术概述

当水深700m以下时，移动式钻井平台通常采用传统的深水锚泊方法，相应海洋石油支持船在该水深范围内也使用传统的深水抛起锚作业方法进行作业。

在水深为700m～1500m左右时，有一定比例的移动式钻井平台或其他海上设施采用系泊方式就位，其中在1000m以下水深又通常采用锚链或锚链加钢缆及拖曳埋入锚组成的悬链线系泊方式，而在1000m以上水深则通常更多地采用了锚链加钢缆或锚链加纤维缆及拖曳埋入锚或吸力锚、鱼雷锚等锚组成的张力线系泊方式，只有少数情况下以悬链线系泊方式系泊。如图2-3-1所示。

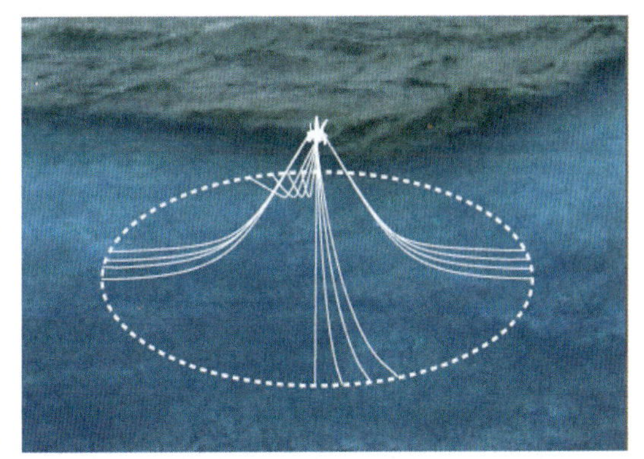

图2-3-1　采用悬链系泊方式的移动式钻井平台

在水深超过1500m的超深水时移动式钻井平台几乎均可采用DP3的动力定位系统维持平台艏向和位置，而有相当部分的海上设施，包括移动式钻井平台则更多地采用了锚链加纤维缆及吸力锚、鱼雷锚或个别类型的拖曳入置锚等锚组成的张力线系泊方式，悬链线系泊方式系泊几乎极少采用。

悬链线系泊方式的技术可采用直接式的布设和回收的抛起锚技术，也可采用浮筒式预置锚泊的技术，取决于移动式钻进平台的类型和其锚泊系统的配置情况，而张力线系泊方式则通常采用浮筒式预置锚泊技术。

但由于在350m～700m之间的深水或次深水的平台占相当的比例，因此，本章除对

700m以上水深的抛起锚作业技术及相关要求进行介绍外，也将概要介绍350m～700m之间水深段的抛起锚作业技术要求。

二、水深350～700m之间的抛起锚作业技术要求

在这种水深作业，因为对作业缆长度的要求，对于普通的低容缆量的不具备深水作业能力的拖曳锚作船，所以提锚圈短索（PCP）系统的使用受到了限制。除非是拖曳锚作船的拖缆机及其容缆量、索具配置和拖缆机绞收力满足这种水深的要求，则可按提锚圈短索（PCP）系统的布锚和回收技术进行抛起锚作业，相关技术见第二章相关介绍，否则钻井平台通常使用锚标浮筒或水下浮筒技术进行系泊锚的布设及回收，一般来说水下浮筒它们一接到抛起锚船的无线电信号即可返回水面（如果顺利的话）。

因为锚标浮筒不可能承受住从海底到水面所需短索的重量，所以从锚短索的末端到水面浮筒用细一些的钢缆连接（通常直径为32mm）。因此对于浮标系统的抛起锚作业，锚作船的抛起锚滚筒同样必须有足够的空间搁置几百米长的短索和相当数量的小直径钢缆，锚作船进行浮筒系泊系统的抛起锚作业相关技术见第二章的相关介绍。

在该水深段或更深的水深的抛起锚作业，锚作船必须根据钻井平台的系泊方式、布锚和回收锚的手段、锚泊系统组成、锚作船本身的拖缆机能力、滚筒容量、索具配置情况进行认真的评估分析，制订针对性的抛起锚作业计划，并进行认真的作业准备。

三、船舶深水作业准备

鉴于上述原因，具备拖曳锚作功能的相应功率的海洋石油支持船在进行深水作业之前通常在港内做好准备，除非是专门设计用于深水作业的锚作船，对于大马力的并非专门设计用于专业深水作业的其他锚作船来说，有时需要拆装船上的拖缆和备用拖缆。在国外海域，这些工作由受雇于油公司的承包人来进行，他们同船东一道确认每艘锚作船将要起锚的数量，弄清楚钢缆短索存放的空间大小，再决定总共使用的拖曳锚作船的等级与数量。

通常还指派一艘具备拖曳锚作功能的海洋石油支持船作为拖带船舶，该船也许根本不执行任何的抛起锚作业任务，因为该船必须将拖缆保留在适当位置。

抽走拖缆比较简单。承包人在船的艉端安放一个动力卷筒，当船上将拖缆缓慢松出时，将拖缆绞入卷筒。卷筒装满时，将其吊上车运走。

抽走拖缆之后的回装钢缆是一项更为复杂的工作，易出错、持续时间长，且令人厌烦。如果承包人缺乏经验，他们就会倾向于将卷筒放在原来抽拖缆的同一位置上，重新将钢缆末端装回到拖缆机滚筒上，并期待着钢缆能没有问题地卷回拖缆机滚筒。

因为钢缆以不同的速度经便携式卷筒卷绕到拖缆机滚筒上，所以钢缆经常地压到自身或留有空隙，甚至使用绞车来导缆也不能盘卷整齐。

较好的办法是把便携式卷筒放在甲板的前端，将拖缆经后部的一根拖销再绕回拖缆机滚筒上。接着继续导缆，使它容易导入拖缆机滚筒。

如果有两个作业滚筒，更好的技巧是将便携式卷筒放在甲板的末尾端，然后将拖缆缠绕在已抽出作业缆的作业滚筒上，之后抽回至甲板，绕过拖销然后绕回到另外一个作业缆滚筒上，待拖缆全部卷回到第二个作业滚筒后，将其抽回甲板，再绕过拖销然后绕回到拖缆机拖缆滚筒上，将拖缆末端进行固定后绞收拖缆，并使用排缆器或绞车引导拖缆绞入。如此就可产生足够的张力来将钢缆紧紧地盘绕到位，避免以后出现拖缆松弛的问题。

实施抛起锚作业的每艘锚作船将根据水深接收到足够的钢缆来布抛指定数量的锚。多半是2个或3个锚，要求船上的滚筒上存放有长达2100m直径72mm的钢缆和长达2100m直径32mm的钢缆。作业者指定的承包人（取走拖缆的和曾放在船上的动力卷筒的同一承包人）会在指定的时间内将预先准备好的钢缆装到船上。在运气差的情况下，或许正好在起航前，一个简易的架子和大量的钢缆滚筒才会堆放到船上，并指示在锚作船到达现场之前将这些钢缆卷装到位。

无论哪种情况，要做的是首先计算出每个滚筒上可缠绕的钢缆的最大长度，可能的话，每个滚筒上分配一整条短索，包括重量轻的细钢缆。如果不可行的话，所有细钢缆应搁置到单独的一个滚筒上，剩下空间试着安置一整条直径72mm的钢缆。显然，将重量较轻的钢缆缠绕到滚筒/卷筒上会更加困难，因为不管工作做的得多仔细，它还是会占据较多的空间。

四、水深700m以上抛起锚作业技术要点

水深700m以上抛起锚作业的技术要点主要有以下几个方面：

（1）近年来，移动式钻井平台向大约1200 m或更深水域挺进，锚泊系统重量变的更重了。钻井船使用锚链/缆的组合系泊装置，一般使用长1900 m直径96 mm的锚缆，长950 m直径83 mm的锚链，另加一根长950 m直径77 mm的锚链，然后挂一个重18 t的Bruce FFTS锚。锚作船和钻井船之间展开的这些设备的重力在拉紧之前达到368t。锚作船靠钻井船将接到的锚和打捞工具放在甲板上，并将钻井船上直径为83mm的锚链绞至船上，直到连接的锚缆离开导缆孔为止，锚作船连接随后要布放的直径77mm的加长锚链。

（2） 连接完锚之后，第二艘锚作船靠近第一艘锚作船艉部300m处，用链钩（grapnel）钩住锚链。为形成较好的锚链悬垂链状态，第一艘锚作船要以约170t的张力向前行驶。

（3）第二艘锚作船一旦钩住锚链，就用大约150t的张力将锚链往上绞至离船艉之下50 m处，在此同时第一艘锚作船在负荷减轻，并降低主机功率之后，将锚从船艉送出。然后第二艘锚作船放缆将钩着的锚链松劲，直到张力消失，链钩脱离锚链为止。在链钩的头部（爪冠）部接一根长10 m的链条会有助于该作业。

（4）在任何时候，每一船舶操作人员都必须意识到锚链重量的变化对两艘船舶操纵性和稳性的影响。

（5）作业应制定计划，比如，绝不将船舶置于一旦提供支持的船不能分担负荷，船舶承受的负荷就会超出自身极限的境地。也就是说，全部锚链的负荷必须在单船的承受能力范围之内。这一点可从稳性计算数据中获得，也可从承租人或作业者代表那里取得数据。

（6）除非船舶经稳性和负荷计算得出在其许可的能力内能够单独承受负荷/力/张力和动力条件，否则锚作船不得将锚或拖带索具直接连接到拖缆机上。

（7）在第一艘锚作船再次受到张力时，第二艘锚作船将J形打捞钩送出并接近钻井船，小心操作避开与直径83 mm的锚链连接着的锚缆。将J形打捞钩收到接近船艉的下面处，两艘船向着导航仪所显示的方位驶去，第二艘锚作船要确保在钻井船放出锚缆的时候不会顺着锚链往回滑向锚缆。

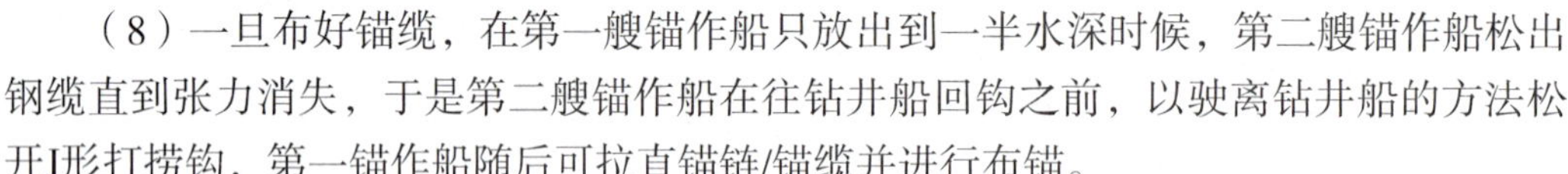

（8）一旦布好锚缆，在第一艘锚作船只放出到一半水深时候，第二艘锚作船松出钢缆直到张力消失，于是第二艘锚作船在往钻井船回钩之前，以驶离钻井船的方法松开J形打捞钩，第一锚作船随后可拉直锚链/锚缆并进行布锚。

（9）如果在第一艘锚作船将锚送到船艉的时候使用J形打捞钩来支撑锚链，就不能放松张力。

（10）如果在往锚位行驶期间用链钩支撑内侧（靠钻井船这侧）末端锚链，由于锚缆张力作用，锚链可能会绞缠，链钩可能会难以脱落，将会造成钩爪弯曲。于是这样的话，就需要将带有超过200t张力的链钩、锚链扭结绞上甲板，但愿损坏不至于到了把艉滚筒压塌的程度。锚链扭结随后可用J形打捞钩送回水中。

（11）这种作业使用的设备都已升级增强，有时使用的链钩SWL为300t，J形打捞钩SWL为350t，使用的锚缆直径大于83 mm、配备SWL120t的卡环。但损坏仍是经常的。

（12）由于新钢缆受力后会扭劲，试图用钢缆和锚链来预布方法就不会很顺利。转环，甚至是用机械装置，不能承受100t，并且最终回收的钢缆大多得废弃。

五、抽取松弛的缆圈

锚作船船员也许会花几个小时来仔细地缠缆，并确信钢缆之间没有空隙，但没想到钢缆一受力，受力的缆圈就会被完全地隐埋在下面，有时被迫得用几个小时才将其

抽出。这必然阻碍了布锚进程，从而导致钻井船船长（OIM）和锚作船之间过激的言行。

因此，不管钢缆看上去盘得有多整齐，如果有机会应当把它们放出，然后在钢缆带力的情况下将其盘回滚筒。有时使用的技巧就是在船全速行驶的时候来做此项工作，但这未必完全有效，也许结果会得到细微的改善。这些做法和过程还要及时做好记录。

如果锚作船上有一个滚筒空着，钢缆可以从一个滚筒拉出并带力盘到另外一个滚筒上去。有时在钻井平台就位准备过程中有机会让钢缆再次受力，或者至少部分钢缆受力。有时会派一艘船来使平台减速，将平台后部的锚短索连接到锚作船上的短索串将其作为拖缆使用。这样使得大部分钢缆容易抽出，然后使其带力盘回。

在连接平台锚时，或许有机会做同样的事情，但要等待指令去做，在紧迫关头，从平台获得作业实施许可并未超出服务信誉界限：他们同你们一样知道内埋缆圈会造成的问题。

六、布锚过程存在问题的处理

在深水抛锚时，显然有必要让锚作船将平台锚链尽可能地拖远，这样海底面就留有足够长的锚索串来提供良好的抓力。有关实施本部分作业所要求的功率意见不一，但可以估算出一艘有效系柱拉力为100t的锚作船具有在700m水深为钻井船抛锚的能力。

这是一个相当低的要求，几乎所有新型锚作船都可以满足，但要是大马力的锚作船，大多还可能有足够的钢缆存放空间，而且拖缆机能够将锚送至海底。

将大部分功率用于布锚的一些大马力锚作船经常会发现作业滚筒的制动器（刹车）负荷过度，而且当他们试图将锚放到海底时会产生问题，因为他们必须保留一定的功率来阻止悬垂的锚索串使船退向钻井船。

问题的原因在于这些锚作船的作业滚筒上缠满了钢缆，使得拉力作用在作业滚筒的外缘（力臂达到最大处），由此在开始放缆期间通过放出少部分的短索串，滚筒制动器上的张力会得到削减。这就意味着尽管钢缆的张力不变，但滚筒制动器的负荷和放缆过程中液压系统的受力将会随着滚筒上钢缆直径的减小而降低。

因此，在开始抛锚之前通过放出部分短索串来改善这一状况是有可能的，当然，这么做自然地会增加锚索串的悬垂度并使短索串接触到海底的可能性，从而增加短索串的拉力。放出短索串的操作必须极为谨慎，要确保稳定的船艏向和短索串的适度张力，并要确保拖销在拉锚驶离的整个期间必须处于升起并将短索串限位于其间。

在很多现代的锚作船上这些问题已经减少，这些船常常装备有向作业甲板的宽度延伸的作业滚筒，并因此可具有较少的钢缆层数。在新船上刹车握持力也

已显著地增加。

七、在深水回收锚的作业

正如已阐述过的，锚作船抵达钻井船所在位置时，拖缆已从拖缆机滚筒和备用滚筒上抽出，并携带极少量的备用短索。

锚标浮筒即传统的水面浮筒，或者是使用无线电信号释放的、能浮到水面的潜水浮筒。无论是哪种浮筒，典型的钢缆应由直径32mm、长度大于水深的钢缆连接一根直径72mm相同长度的（连接至锚的）短索组成。

如果作业滚筒容量足够大，通常更好的办法是捞起浮筒并把两根钢缆全部收回到一个滚筒上。即使锚作船上只有一个作业滚筒，也要备有两个可以使用的滚筒，作业滚筒和已抽出拖缆的拖缆机滚筒。因此第一个锚应当使用拖缆机滚筒收回。

一开始，船长就应该确保钢缆均匀地缠在滚筒上，在这种水深下，除了将船艉甩向一侧，再使钢缆往另一方向绞入之外，别无选择。在收到余下的钢缆不多和船下方的锚链重量增加情况下，使用绞车交替横拉钢缆的方法不一定能起到作用。

滚筒装满后，由于锚重和悬挂在船下方的锚链加长，使得拖缆机负荷承重加大。最后，锚将会正好悬挂在船艉下面。

深水作业通常要求锚作船将锚绞收上甲板，不是换锚就是更换短索串，或者要求提出锚的回收方法，通常有使用短索和浮筒的回收方法、使用提锚圈的回收方法。锚拉过船艉的那一刻，对拖缆机和短索串施加最大张力，在有些情况下，可能超过了拖缆机所能承受的范围。不论使用哪一种组合方案，船长都必须首先保证锚的正确朝向。

如果试图绞上船艉甲板的锚看上去形成一个杠杆，那么应将船掉头使船艏朝向钻井平台，然后，锚就将会以正确方式绞上甲板。如果锚仍不能被绞上艉滚筒，那么必须考虑采取其他措施。

如果锚因故卡在滚筒上，则拖缆机很有可能会把短索末端的Telurit接口拽掉。如果艉滚筒不能转动时就会发生这种情况，结果当然是把锚丢落在海底。假如锚离平台不够近时，则必须使用J型打捞钩将锚收回。

如果拖缆机未能将锚绞上甲板，也不能将短索抽出，那么在适当的时候应当考虑使用另一个滚筒。锚应当在锚冠短索处用鲨鱼钳卡住，再将其与第二根作业缆连接。如果这是实际在用的作业缆，甲板人员应首先保证作业缆被很好地紧固在滚筒上，由于重力，当其开始作用时，重力也许足以将作业缆的末尾端自作业缆滚筒抽出，那样锚和作业缆都会丢失，更为严重的是还极有可能由此伤及在甲板作业的人员。这是因为滚筒上没有足够圈数的钢缆来减小固定点上的负载。

一旦克服了所有这些问题，锚就可以绞收至甲板，然后进行相关的必要工作。接着锚可以重新入水，或按照惯例返还平台。

每艘锚作船必须收回的锚的编号早已确定，因此船员就会知道在起下一个锚之前是否必须抽出钢缆盘到储存滚筒上。如果要做这项工作，船舶应当撤出浮标区，将钢缆绞到储存滚筒上，然后准备再次进入状态。

八、深水钻井平台Transocean Rather布锚作业实例

为了满足深水作业要求，Transocean Rather采取了锚链与钢缆相组合的方式。如图2-3-2所示锚链防止锚被拉起，钢缆满足钻井船深水作业要求。在锚链的某一点上，将锚链更换成钢缆，平台上的一些人站在锚机的下方，解掉锚链，与钢缆连接。这种转换应防止提锚圈通过钢缆时造成损坏，必要时采用装有滚轴的提锚圈，钻井平台在Rosebank G的布锚作业中滚轴多次损坏，因此一种新的替代技术用于回收系泊设备。

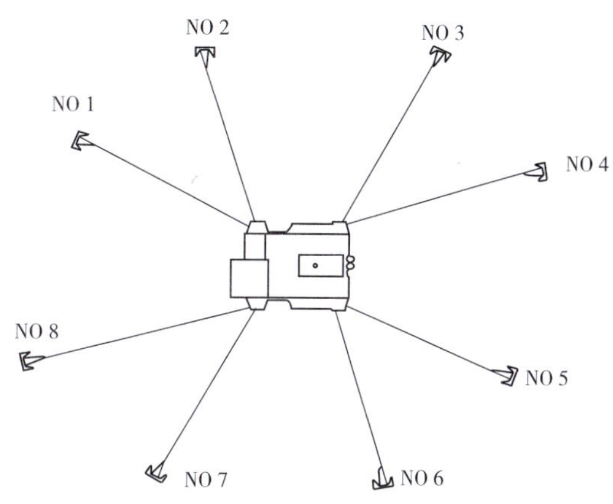

图2-3-2　深水平台系泊方案示意图

替代的技术是使用A船和B船，在钻井平台迁移程序中指定的一艘船作为主锚作船靠近钻井平台用J形钩钩住锚缆，然后驶向锚位，再将锚回收到艉滚筒。J形钩是一端有钩的牧羊杖形状的锻造钢件，挂在船艉之后用于打捞作业。

一旦主锚作船到达锚位并把锚拉到艉部滚筒，要求辅助锚作船去钩住主锚作船船艉的锚链，并且一旦完成这项工作，主锚作船就把锚拉到船的甲板，将锚解开，再把900m锚链装入船上的锚链舱。利用辅助锚作船的目的是为减少锚链的重量，尽量减少损坏锚的可能。这是依照锚制造商的手册要求进行的。

一旦用这种方法起完主锚，将用所有的4艘船来起串联锚。这些工作都将完全相同，无论哪艘船被指定为主锚作船或是辅助船。辅助船无疑也装备有从事该作业的设备。

一旦所有4艘船都在主锚处起锚，直到锚都被收到艉滚筒，钻井平台收回他的钢缆到连接变换处为止。第五艘船布置拖缆并与钻井平台的过桥缆连接。钻井平台以这样的配置和5艘船舶共同移位2海里前往新井位，如果4个主锚都很好地布设在对角的相对位置，钻井平台将完成系泊。

用于抛锚的负载分担程序已经编制。该程序包括拖曳船解除过桥缆后，承接连接处靠外方向的锚链重力。然后两艘船随着平台锚缆的放出，开始驶出布锚，直到抵达锚位点，然后主锚作船放锚，钩链的辅助锚作船链钩脱离，锚将被放至海底，钩链的辅助船离开等。这种做法是对原有程序的调整，因为已证明钻井平台的锚机刹车力是无法胜任抑制锚缆所受的锚链重力和船的拉力的任务。

一旦主锚抛妥，主锚作船将继续进行串联锚作业。现在可用辅助锚作船承担钻井平台一端的锚链重量，一旦布设好锚缆，他们将移动到主锚作船船艉的合适位置，并在放锚期间承担一部分的重量，以进一步减少可能的损坏。

锚作船的协作，如图2-3-3、图2-3-4所示。

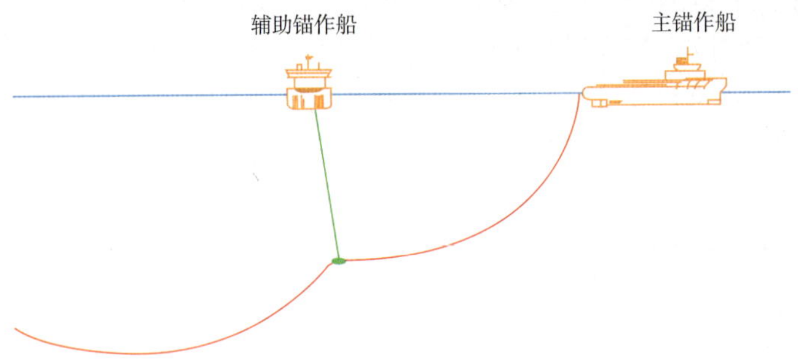

图2-3-3　锚作船的协作（一）

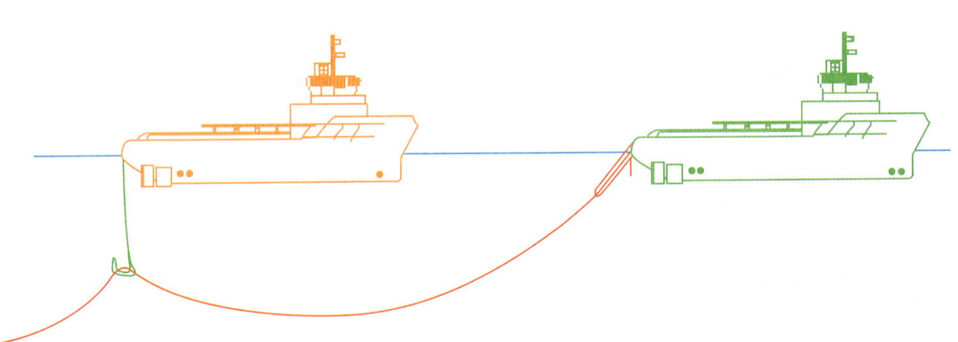

图2-3-4　锚作船的协作（二）

抛一个锚的操作实例如下：因为拖缆机的问题，在最初的位置已决定在作业的两个部分中使用两艘船。锚链舱装有锚链的为主锚作船，到钻井平台接提锚圈短索，并把平台附近的锚链拖到甲板上，然后上线向新锚点移动，直到钻井平台将84mm长度为930m的锚链全部放出为止。第二艘船然后钩住靠近钻井平台的锚链，然后将进行连接变换作业。辅助锚作船将放开链钩，主锚作船随后将船上锚链舱内的锚链与钻井

平台一端的锚链连接，并将915m长的锚链全部布出。随之将需要辅助锚作船在主锚作船船艉之后钩住锚链，这样使其能将锚从甲板上送出并抛下。所有这些作业是“负载分担”作业的准备工作。“负载分担”要求钻井平台放出平台上的锚缆，并且需要船上放出自己的作业钢缆，最后将锚抛在相对钻井平台正确的方位和距离的海底锚位点上。为了协助定位准确，钻井平台和船舶都安装了定位系统，在电脑屏幕上能看到整个作业情况。所有的船舶都要保证自己在屏幕上的影像保持在线上，直到到达锚位点。

第二节 纯锚链系泊方式抛起锚作业技术与应用

一、水深与距离的对应

一旦水深问题比系泊线的总长度问题更为重要，有些问题变得明显。比如在1999年在大多数水深时，锚被放置在距钻井平台1500m是完全可接受的。在100m水深时水深是距离的6%，在800m的水深时水深是距离的53%等。

对于那些负责系泊活动专家，现在有一种倾向，就是要求锚作船连续驶出到要求的1500m，或是将锚背在艉滚筒，但是当水深为距离的6%是可能的，而如果水深为距离的50%将是不可能的。如图2-3-5所示。

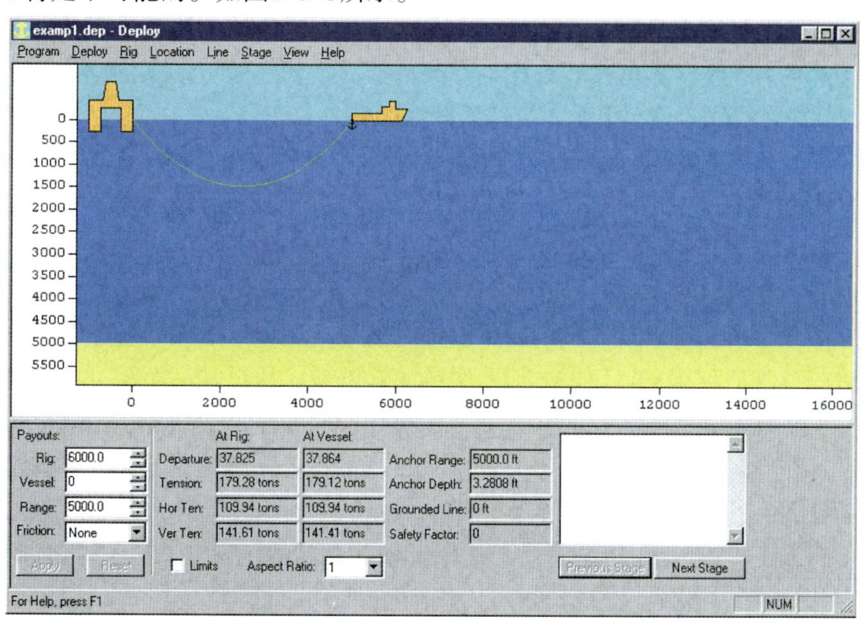

图2-3-5 BMT抛锚程序图解显示在5000英尺处、6000英尺长的锚链有179t的张力

假若这样合力作用在完全装满钢缆的抛起锚滚筒上，结果在操作中存在着刹车打滑的趋势，引起紧急情况。在紧急情况之后他们尝试别的东西。在大西洋之外他们尝试在中间放置第二艘带J形钩的船。这似乎可行，但这意味着两艘船忙于做一根系泊线的工作，无疑延长了钻井平台移位的时间。如果大西洋低压急速向平台位置移来，这会是至关重要的问题。如图2-3-6所示。

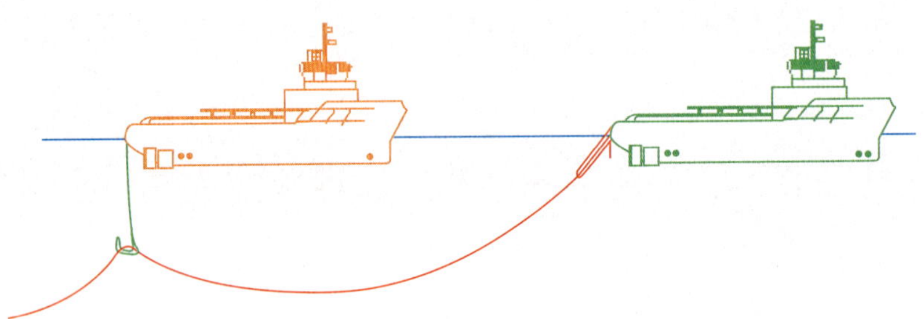

图2-3-6　两艘锚作船前后成一队形用J形钩钩住系泊线驶出

在墨西哥湾的深水“负载分担”技术已变得很平常，在那里锚被逐渐地向海底放下，船驶的更远。然而为了负载分担及将锚抛到想象的1500m距离之外，船舶需要能够储存大直径的很长的钢缆。

另一个已变得明显的问题是钻井平台的锚架易损性只在半潜式平台进入到深水时，锚架是钻井平台在拖航中存放锚的手段。

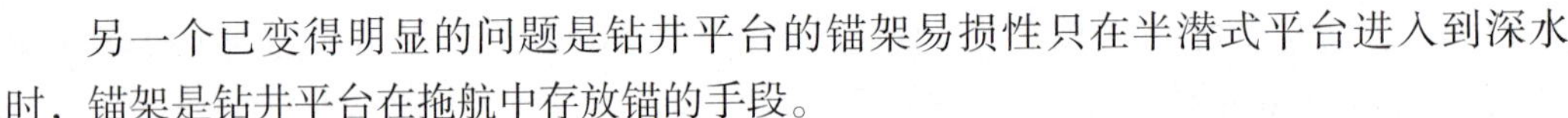

锚架不可避免地从钻井平台的桩柱突出来，超出浮筒体的侧面，因此如果使用的拉力不足，系泊线几乎不可避免地损坏锚架。经验表明锚链可能磨穿锚架的水平面，并成为凹陷或可能导致钻井平台实际结构的损坏。

二、锚链操作

不论是将锚链置入到已有的深水系泊线中，或锚链将替换一根完整的系泊线，操作的过程或多或少是一样的。

锚链将会装在拖缆机下的锚链舱里。锚链舱未使用时可兼用作盐水或压载舱。作业滚筒将配备有适用于3英寸或3.5英寸锚链的锚链轮。锚链从一个尺寸改变到另外一个尺寸，需要更换锚链轮。这是一个简单的操作，只要求从锚链轮的外侧将固定板卸掉，然后，在已焊接在锚链轮正上方的合适长度的支托架处用手拉葫芦承受重量，将旧的锚链轮拆下，然后将新的锚链轮吊装到位。

如果在锚链轮之上没有焊接有支托架，请勿想象会有更好的办法可以更换锚链轮。这意味这种工作以前还没有进行过，并且造船厂忘记了安装。最近，在挪威自动更换锚链轮已有了新的发展。

当任务是更换钻井平台的锚链时，最好的组织方式是在靠岸时就已装好一根锚链，再驶往钻井平台；到钻井平台后先从钻井平台移除一根锚链，将其存放在一个锚链舱，接着连接上新锚链并将其卷出。

要进行该作业，应将锚上到甲板并拆开移到一边，然后将锚链的末端拉到前甲板，并用克令吊或绞车钢缆将锚链绞到锚链轮上的另一侧，然后放入到锚链舱中。可能要谨慎地派出一到二名船员带着链钩下到锚链舱内。他们进入之后可以进行锚链堆装以确保锚链完全进入舱底。

新锚链最后卷出并送往钻井平台，然后另一末端与锚连接。锚可以以常规方式放回水里。用于这两项任务必需的一件索具是“夹链叉（Tuning Fork）”（图2-3-7：夹链叉是指用于操作锚链的双叉钩，装在作业钢缆的末端），夹链叉是两个末端能180°弯曲的叉，装在单个锚链环上。当锚链的末端从锚链舱出来之前，可将夹链叉装在甲板上的一个锚链链环，并将作业钢缆与其连接并收紧钢缆。很明显，如果没有这样做，锚链的末端只要一离开锚链轮，就会很快在船艉消失。另外一个方法是，当看见末端之前就应该将锚链固定在鲨鱼钳上，然后将松弛的锚链末端拉到甲板与锚连接。如果这种作业定期地进行，船舶也许应备有能与钻井平台锚链连接以开始存储作业或解除以完成抛锚作业的尾链。如图2-3-8所示。

图2-3-7　夹链叉（Tuning Fork）

图2-3-8　船员在甲板上操作锚链

如果任务是在系泊系统中置入一根锚链，过程几乎完全相同。如果船舶能通过DP系统保持船位，所有这些任务会更容易地进行。

三、深水系泊负载分担

在1997年为了抛深水钻井平台锚，在墨西哥湾单艘新的锚作船和一套计算机程序

图2-3-10 J形钩

锚链放松，并使锚缆或锚链容易被捞起。

许多方法都可以用来打捞系泊线，都要使用作业钢缆。打捞时，会看见作业钢缆在甲板上移动。平台上的观测人员经常能看到钢缆在船艉偏转并通过无线电话向锚作船报告这一现象。

有种方法就是绞收作业缆，直到J形钩移过锚链，但愿能钩住它。这种方法的难点是不可能看到钢缆是否仍连着，因为绞收时它会跳来跳去。另一种方法就是船同锚缆保持恰好的角度缓慢行进，这样J形钩就可以掠过它。但是，有时它也会正好跳过而钩不上。当船艉在锚泊线之上前后移动时，尝试着将J形钩放到正好的水深，可改变这种情况。

笔者建议最好的方法是让船顺着锚缆的方向，在一侧航行直到能够看到并钩到钢缆，然后朝锚的方向缓慢行驶，要确认保持同钢缆的接触。显然，J形钩与钢缆或锚链存在直接接触的机会，接着自然会钩住它。

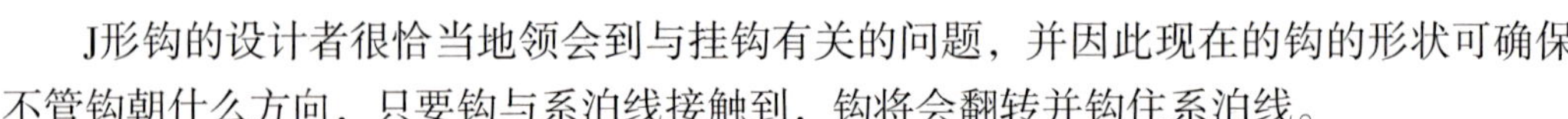

J形钩的设计者很恰当地领会到与挂钩有关的问题，并因此现在的钩的形状可确保不管钩朝什么方向，只要钩与系泊线接触到，钩将会翻转并钩住系泊线。

当用锁定型的J形钩执行该任务，重要的是接近的方向要使得钩挂上以后船是朝向正确的方向，以便随后以正确的方向驶出。如图2-3-11所示。

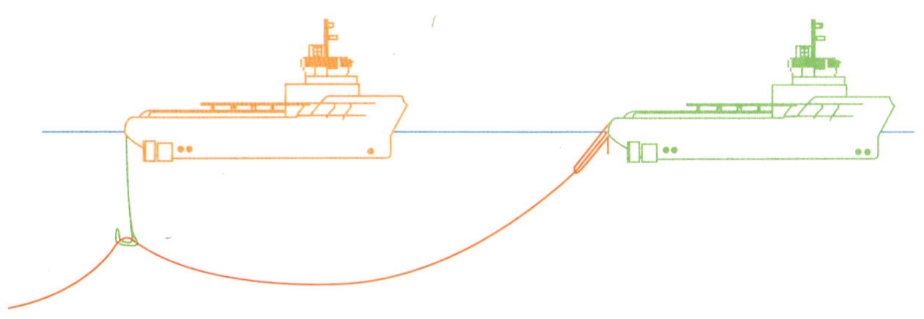
图2-3-11 协助锚作船使用J形钩支持主锚作船

一旦钩挂上系泊线，作业钢缆将会拉紧，钻井平台可能会给出成功的指示。然后船舶将开始驶出，确保在作业钢缆上保持一些张力，但在同时应逐渐地放出钢缆，当抵达锚位时应放出比水深大的相当多的钢缆。

尽管有潜在的和实际的困难，当船以正确的速度，并且船艉与钩之间的钢缆长度正确，就会有成功的机会。在钩通过锚链的每一个链环时，整艘船舶会感觉到有节奏

的振动，表明所有情况正常。

在出现该情况时，必须监控距钻井平台的距离，要么密切注意定位系统，要么通过雷达测量距离，并在船接近锚时需要降低速度。主要根据船长的预判。减速太多时船会停下，减速不足时则在接触时作业钢缆会承受过大的应力。以大约1节的速度可能较适当。

从前，当J形钩抵达锚时，钩会顺着锚杆直到滑到锚冠为止，钢缆将拉紧，船会猝然停下。然后要将主机功率降低直到作业钢缆剩下有限的张力为止。然而随着焊接锚的广泛使用，不见得钩会通过连接系泊线到锚杆的卡环。从提高船舶的功率的考虑，在抵达锚时可能需要多一些谨慎。

一旦J形钩在锚处，可将其绞到水面，越过艉滚筒上到甲板。一旦锚在甲板上，应将锚链固定住，移去并收回J形钩。现在可将新的短索或其他诸如此类的索具连接上，然后将锚送回钻井平台。

五、J形钩操作中的难题

如果钩锚的操作进行的不顺利，有可能会将锚链结起到甲板上，并有让锚链顺着钩子滑到锚的诱惑。这样做是不会成功的，但如果在甲板上有锚链结，应测量一下距钻井平台的距离，以判断锚是否离地。

如果锚已离底，可以将锚链结放下船艉，由平台应绞收直到船舶完全靠近为止。当作业钢缆放出时，J形钩将会顺着锚链垂直落下直到锚杆上。然后可绞进作业钢缆，将锚收上甲板，在将锚送回给钻井平台之前，可修理打捞或短索系统。

万一船舶离锚太远，如果锚未离底，可再次将锚链结放至海底，接着从钻井平台收紧锚链。船舶应确保放出足够的作业钢缆，再继续向锚方向行驶。

保持以合适的速度和方向是关键。船长必须确保锚作船向着锚链的方向移动。出发的太慢可能导致J形钩再次拉起一个锚链结，在船舶停止前进之前不会有结果。然后整个过程还得再重复一遍。

六、链钩的使用

多年以来链钩已被重新设计以改进它们挂住海底物件的机会，除此外链钩用于锚的布置及其相关短索串的布放是屡见不鲜的。

短索串的布放：在深水可将卧底短索通过弱环连接到作业钢缆的末端，然后在弱环接近海底时，弱环破断。幸运的是非常精确的定位系统的出现使得回收的过程相当地简单。

当回收系泊线或短索串，用于链钩的作业钢缆应至少为水深的1.5倍，也可更长些。如果作业钢缆长度小于深水1.5倍，应在链钩之前插入一段锚链，以提高上钩的机会。在非常深的水深，最好使用2个链钩，并将第一个链钩之前插入一段锚链，另外的一段锚链插在2个链钩之间，如图2-3-12所示。

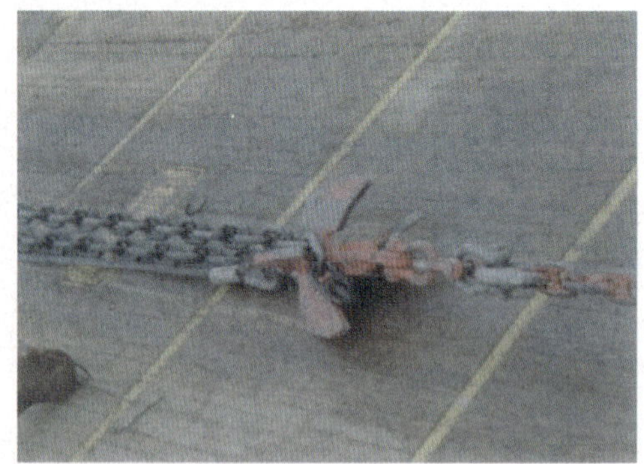

图2-3-12　链钩成功钩住锚链（链钩顶部的钢缆连接到第2个链钩）

第三节　锚链加钢缆系泊方式抛起锚作业技术与应用

一、置入钢索

当水深超过500m的深水水域作业时，由于锚链重力的作用，通常锚泊系统中的锚链下沉角度达到70° 。这种情况不利用于水平控制，因此需要一根长达1000m的钢索穿插置入于锚链中间。因为直径90mm的钢索重量为40kg/m，而锚链的重量为126 kg/m。

从钻井平台接锚并将锚绞上甲板，从Kenter链环处卸开锚和提锚圈，将锚链绞入锚链舱至需要的长度处，如果此处有可拆卸的Kenter链环则将其卸开，或将锚链切断，用NO.7号规格的梨形连接环将置入的钢索的一端连接到锚链上（钻井平台一侧的锚链），以正确的艏向将置入的钢索布出，钢索的另一末端则用梨形连接环与装入锚链舱的末端留在甲板上的锚链连接，将锚链舱的锚链放出直到末端（注：在末端出锚链舱的链轮之前，必须根据预先做好的末端标识，用鲨鱼钳将锚链制住），然后将余下的锚链用绞车导出，锚链末端与作业钢缆连接后将落鲨鱼钳降下将锚链末端送到甲板合适的位置；然后再次用鲨鱼钳固定住锚链，将锚和提锚圈重新连接上，然后把锚布放到海底。当距离钻井平台较远时，在放锚前要使用140t的拉力以使锚链拉紧，这样才能使提锚圈顺利回送到钻井平台，但当提锚圈通过旋转连接环时应降速。

在布放置入的钢索之前，拖缆机上的钢索必须带有约40～50t的张力，可通过将钢索从一个滚筒倒到另外一个滚筒，或将其传递给另外一艘可安全操作并使其受力的锚作船。

二、深水布锚作业及系泊系统配置图解实例（水深1300m）

深水布锚作业及系泊系统配置图解实例，如图2-3-13、图2-3-14所示。

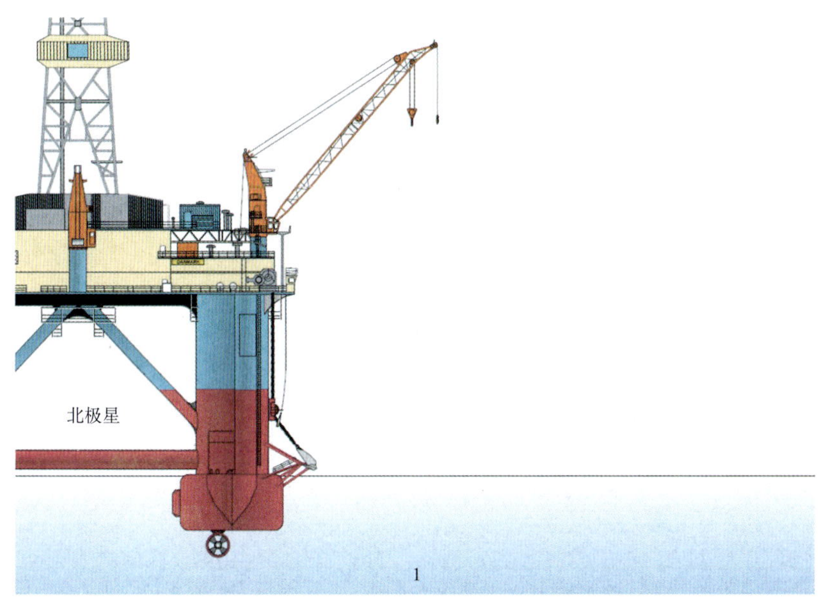

图2-3-13　北极星钻井平台

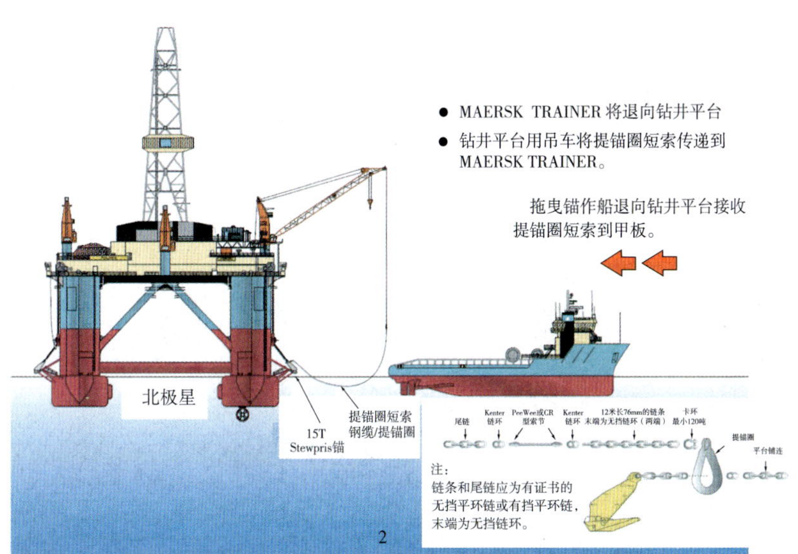

图2-3-14　接收提锚圈和短索

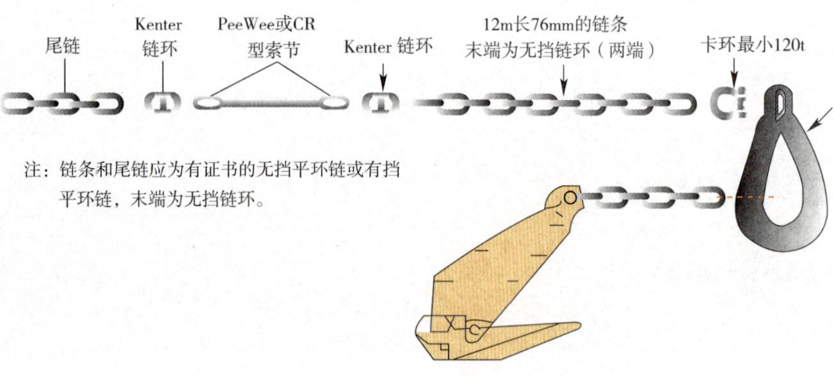

图2-3-15　提锚圈及锚的连接

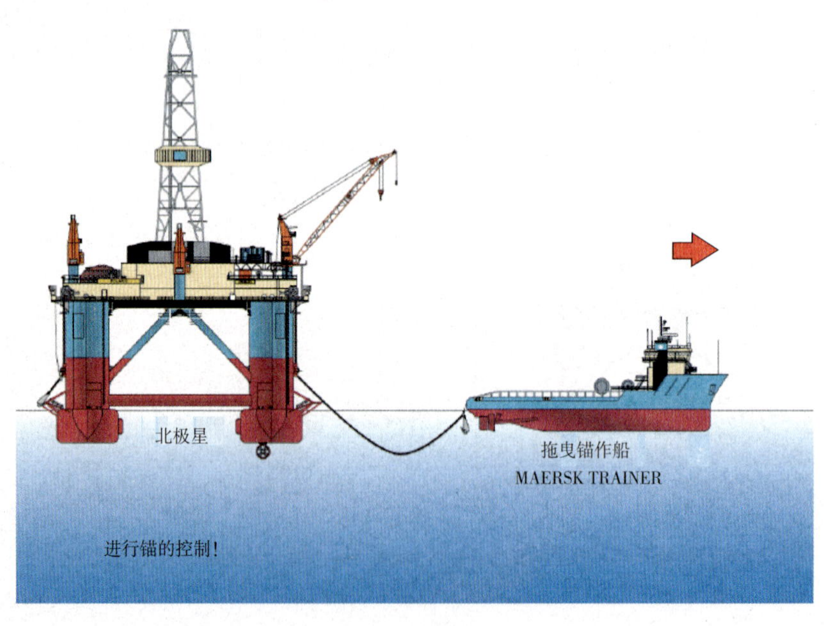

图2-3-16　AHTS接锚后驶离平台

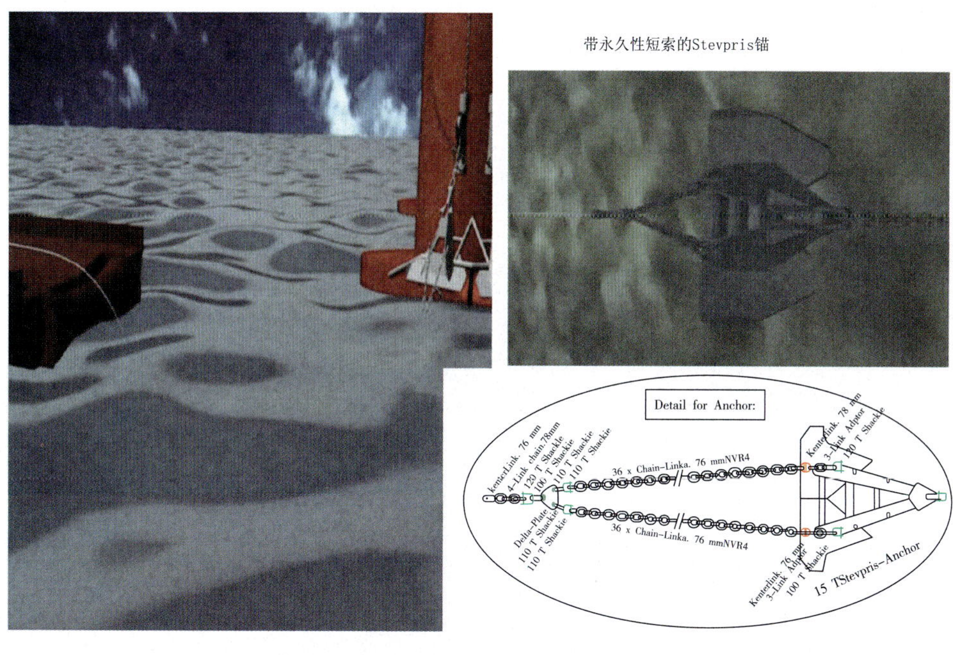

图2-3-17　带短索的Stevpris锚

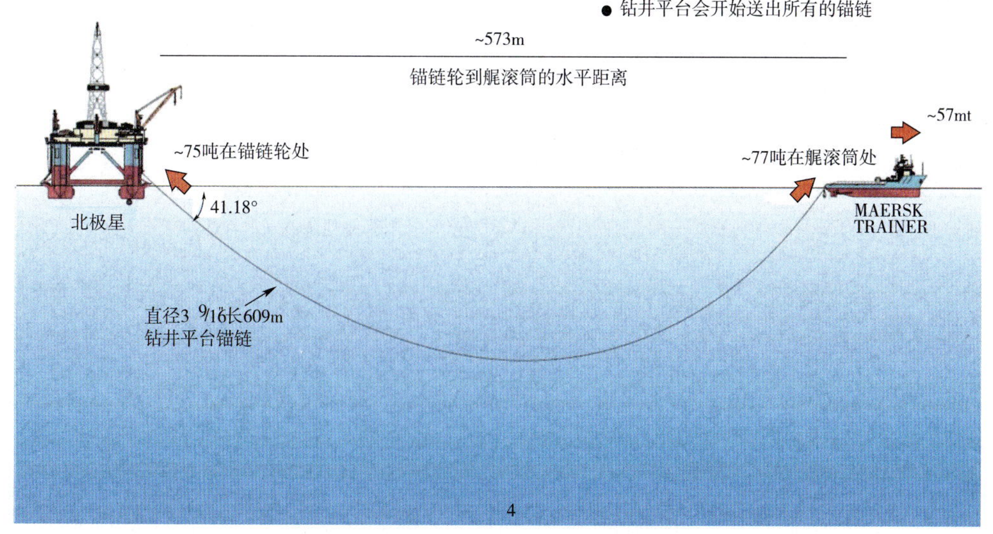

图2-3-18　送出锚链过程

布锚操作实例

- 在拖曳锚作船保持钢缆拉离锚架期间，钻井平台将送出额外的500m长的系泊钢缆后停止。

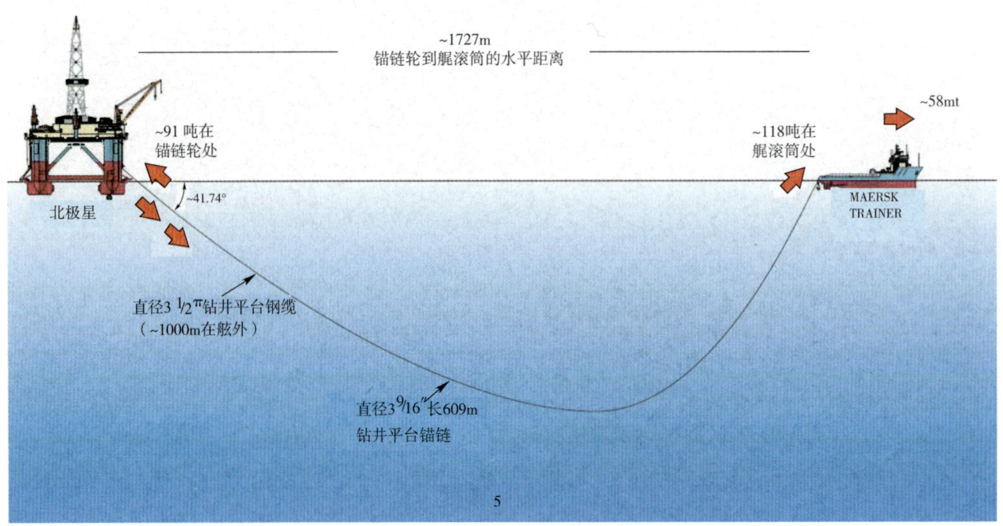

图2-3-19　送出锚链/钢缆过程

布锚操作实例

- MAERSK TRAINER 放出500m长的作业钢缆，并保持系统的张力。

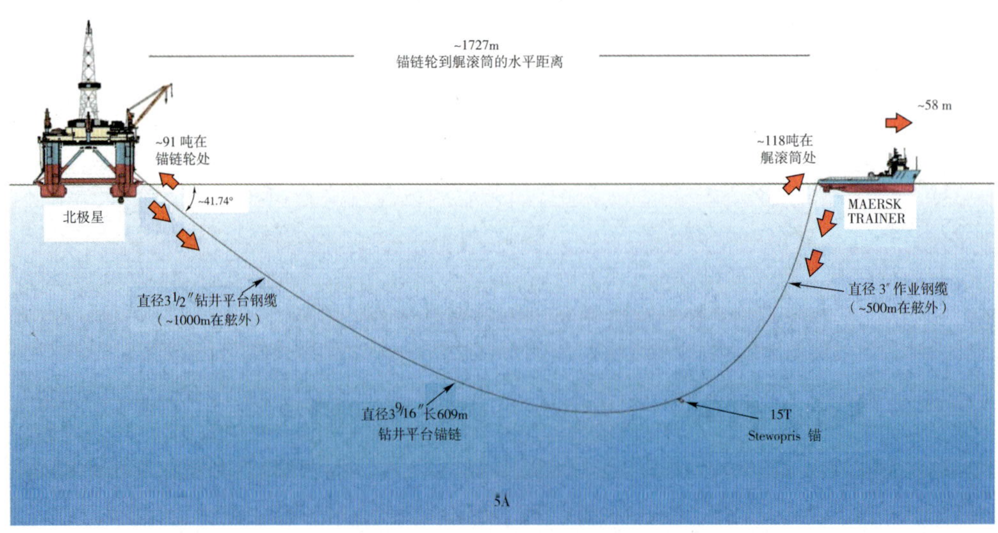

图2-3-20　送出锚链、钢缆过程

布锚操作实例

- MAERSK TRINER 将降低功率并放出额外的等于1.3倍锚位水深的作业钢缆。

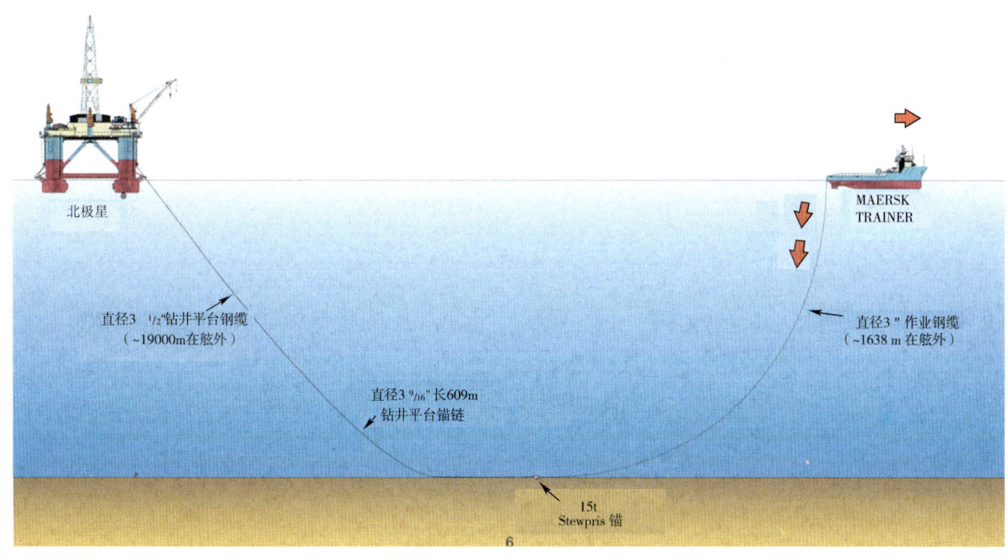

图2-3-21　抵达锚位

布锚操作实例

- MAERSK TRAINER 将再次增加足够的功率以拉直系泊线到大约91T的系柱拉力。
- 当钻井平台判定系泊线已经拉直时，将通知拖曳锚作船立即降低功率，从而将锚放置到底。

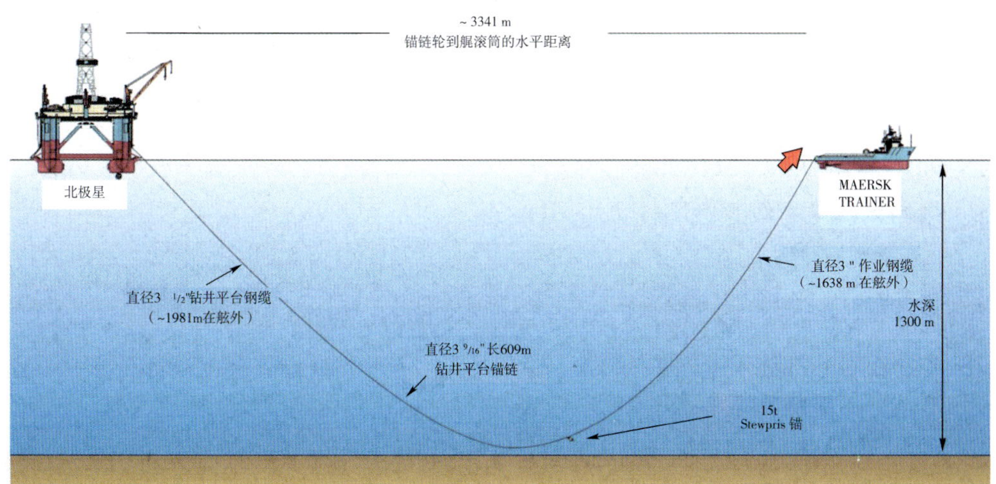

图2-3-22　拉直系泊线

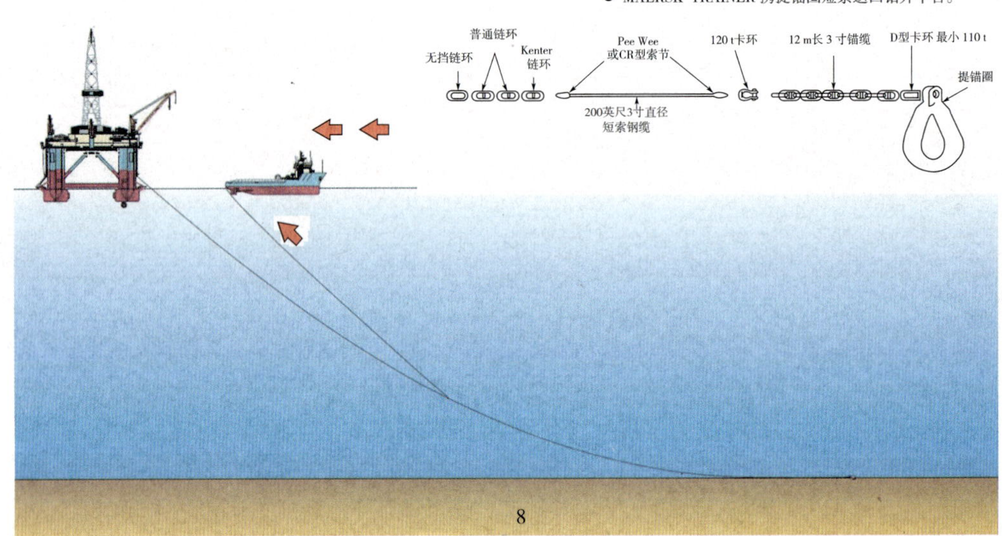

图2-3-23 回送提锚圈

图2-3-24 平台收回提锚圈短索

第四节　锚链加纤维缆系泊方式抛起锚作业技术与应用

一、锚链加纤维缆系泊方式特点概述

在一次锚系泊大会上，一位来自巴西的人说："他们的船在1983年以来不清楚如何处理锚系泊"。但是，现在巴西人是深水作业的先驱者。

当我们进入新千年的第一个十年时候，世界上可利用的超大型锚作船使作业者和项目经理思忖越来越多的、在越来越深的水域进行复杂系泊活动成为可能。甚至在北大西洋的险恶水域，移动式装置已在1300m的水深进行了系泊。

由于不同的移动式装置的性能方面的差别，只有很少的钻井平台既有能力在深水系泊，又有能力在世界上较为恶劣的环境下系泊。自许多新设计的锚作船明确限制作业范围以来，对锚作船新的构造的争论将有所改变。于是那些在北大西洋和类似区域从事钻井平台系泊的人员应该会发现他们自己以他们的最大能力，或甚至超过他们的能力在处理钻井平台问题。

这些情况的的一个方面原因可能是钻井平台的系泊线必须要延伸至符合安全系泊的要求，当然可以是钢缆、缆索或锚链。

受雇用于作业的锚作船因而得具备在这些极深的水深抛锚的能力，需要大量的空间用于作业钢缆，也用于储存可观长度的钢缆和锚链，以及更成问题的是很长的纤维缆。目前纤维缆通常达到800m长，并且直径为156mm或100mm多点。如图2-3-25所示。

尽管缺乏长期的纤维缆系泊的经验，纤维缆系泊已广泛用于坎普斯盆地。使用纤维缆的优势是在水中它们没有自身的重力。锚链和较小程度上的钢缆必须利用它们一定数量的力量支持它们自身重量，所以漂浮的系泊设备似乎是先进的。

图2-3-25　纤维缆在安装中，右舷强大的卷筒已经容纳2根800m的长度缆绳

使用纤维缆的劣势是纤维缆在尺寸上要比相同强度的钢缆大很多，并有很大的弯曲半径。结果需要很大的拖缆机来储存纤维缆，并需要很大的卷筒来运

的滚筒，如具有可分别存放卸扣、索眼等的分隔区，或者使用拖缆机时要确保索眼的金属部件要远离缆索所要盘卷的区域。

三、用于海上设施深水系泊的纤维缆

用于海上设施深水系泊的纤维缆相关图示、纤维缆规格、连接索具、使用及注意事项等内容。如图2-3-28 ~ 图2-3-30所示。

图2-3-28　纤维缆使用概图

a)

b)

图2-3-29　在车间中带装运的纤维缆

1. 纤维缆索的不同结构

纤维缆索的不同结构包括平行内芯缆、子扭编缆、线缆、系泊缆等，具体结构如图2-3-31 ~ 图2-3-35以及表2-3-1所示。

图2-3-30　装在拖曳锚作船滚筒上的纤维缆

图2-3-31　平行内芯缆

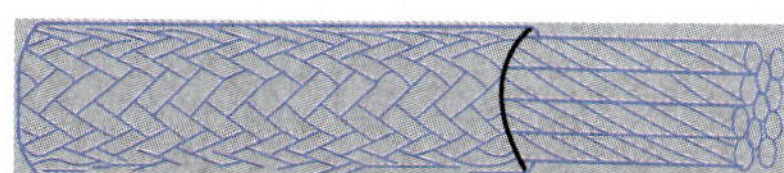

图2-3-32　子扭编缆

图2-3-33　线缆

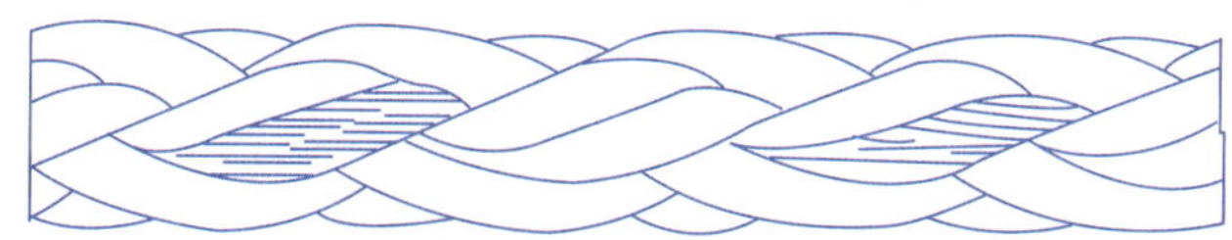
图2-3-34　系泊缆

基本参数（Balmoral数据）　　表2-3-1

名义周长（inches）	名义直径（mm）	最小破断负荷（tonnes）	质量（kg/100m）
20	160	467	1950
21	168	513	2150
22	176	563	2360
23	184	615	2580
24	192	670	2810
27	216	848	3560
30	240	1047	4390

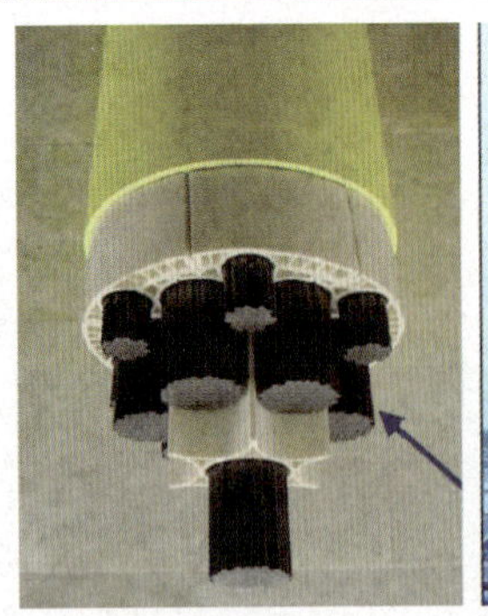

图2-3-35 碳纤维缆

2. 用于纤维缆的连接和链接索具

用于纤维缆的连接和链接索具如图2-3-36所示。

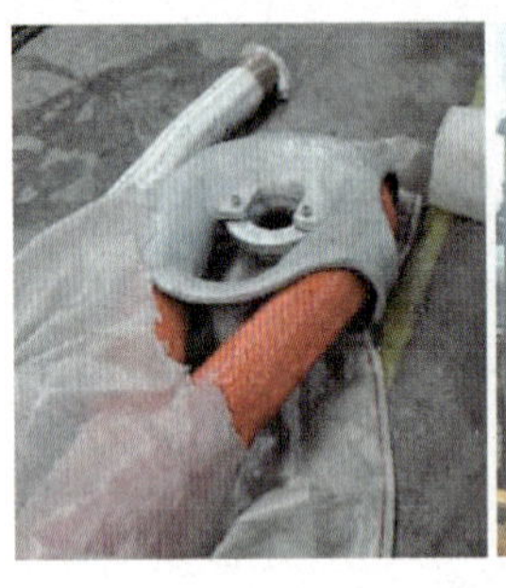

a)

b)

c)

d)

图2-3-36 纤维缆索连接索具

3. 对纤维缆的威胁因素

（1）锐边、机械损坏（钢缆、焊缝边缘等）。

（2）沙和黏土颗粒（损坏纤维、填充纤维中的空隙）。

（3）日常使用/磨损（表面的、纤维与纤维之间）。

（4）紫外线影响（露天无防护的储存）。

（5）海生物（特别在温水海域）。

（6）挤压和弯曲磨损纤维破断（盘卷设备、拖销等）。

（7）热和高温。

（8）化学品和酸类。

（9）扭曲和旋转（连接到已扭曲的系统）。

（10）收缩（最后一圈之后）。

（11）水解作用（纤维吸水受热变坏导致退化）。

4. 纤维缆索外套的功用

（1）将缆股和绳芯保持在一起，如图2-3-37、图2-3-38所示。

（2）保护纤维强度。

（3）阻止小颗粒的渗透。

（4）在连接接头/接合处特别覆盖。

（5）紫外线防护。

图2-3-37　纤维缆索外套的编织（一）

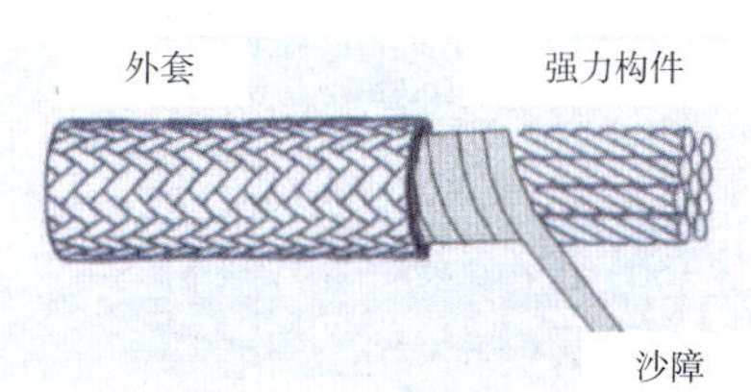

图2-3-38　纤维缆索外套的编织（二）

5. 纤维缆索受到的机械硬伤

纤维缆索受到的机械硬伤结果如图2–3–39 ~ 图2–3–43所示。

图2–3–39 损伤的纤维缆索（一）

图2–3–40 损伤的纤维缆索（二）

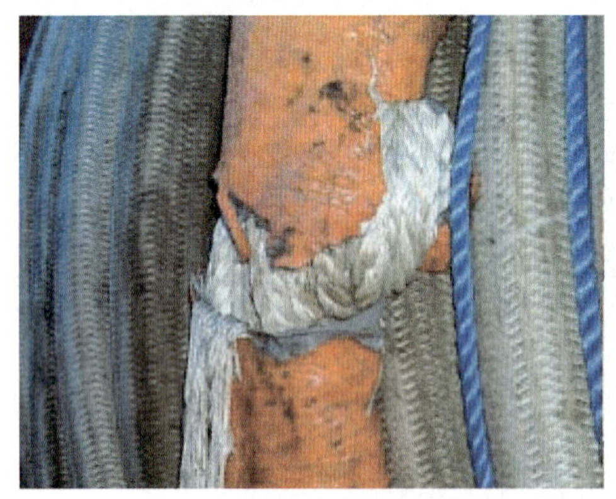

图2–3–41 损伤的纤维缆索（三）

图2–3–42 严重破损的纤维缆索

图2–3–43 断开的纤维缆索

6. 纤维缆索的修理与拼接方法

纤维缆索的修理与拼接方法如图2-3-44~图2-3-48所示。

图2-3-44 纤维缆索的维修（一）

图2-3-45 纤维缆索的维修（二）

图2-3-46 纤维缆索的拼接（一）

a)

b)

图2-3-47 纤维缆索的拼接（二）

9. 纤维缆索主要制造商

（1）Bexco Ropes, Belgia

（2）Corduaria Sao Leopoldo （CSL）, Brasil

（3）Marlow Ropes, UK

（4）Offshore Trawl and Supply （OTS）, Norge

（5）Quintas & Quintas, Portugal

（6）Scanrope, Norge

（7）Whitehill Manufacturing Corporation, USA

第四章　1500m以上超深水抛起锚作业技术与应用

第一节　海上设施的主要系泊方式

一、海上设施主要类型与适用水深及发展趋势

一般水深（500m以下）的海上设施的主要类型有传统导管架平台、自升式平台、半潜式平台、FPSO及顺应塔等5种。深水（500～1500m）海上设施主要类型有顺应塔、张力腿、半潜式、FPSO等4种。超深水（1500m以上）海上设施主要类型有张力腿、半潜式、FPSO、SPAR等4种，如图2-4-1～图2-4-4所示。

不同开发方案的海上设施适用水深范围如图2-4-5所示。

超深水海上设施的发展趋势如图2-4-6所示。

图2-4-1　张力腿（与半潜式类似但每个柱形浮体下由数根张拉索将其固定于海底）

图2-4-2　半潜式（由数个竖直柱形浮体与水平浮体联结而成以支撑上部模块，并由多根锚缆锚固于海底）

图2-4-3　FPSO（与固定式或浮式单点系泊装置连接的浮式生产、储油与卸载设施）

图2-4-4　SPAR（由单个大型竖直柱形浮体与下面桁架及压载舱组成以支撑上部模块并由多根锚缆锚系固于海底）

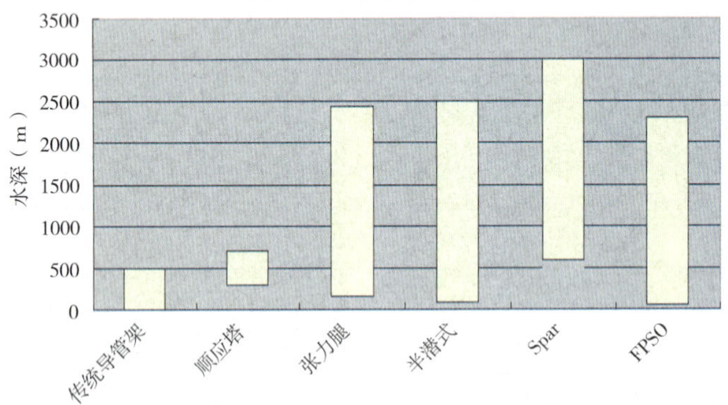

图2-4-5　海上设施类型与水深的关系

二、超深水海上设施系泊技术概述

深水及超深水系泊系统可以分为柔性和刚性两种形式。柔性系统包括悬链线系泊（SMS）和张紧式系泊系统（TMS），如图2-4-7、图2-4-8所示，两者的根本区别在于使钻井平台或海洋结构物复位的原理不一样。悬链线系泊系统的复位力量是靠锚泊缆的重量产生，张紧线系泊系统的复位力量是靠锚泊缆的弹性产生，即分别用锚泊线的垂向悬链线效应或锚泊线伸长的弹性效应引起的恢复力，使作用在浮体水平面内的外

力传递到海床上，使钻井平台或海洋结构物保持允许的位移。

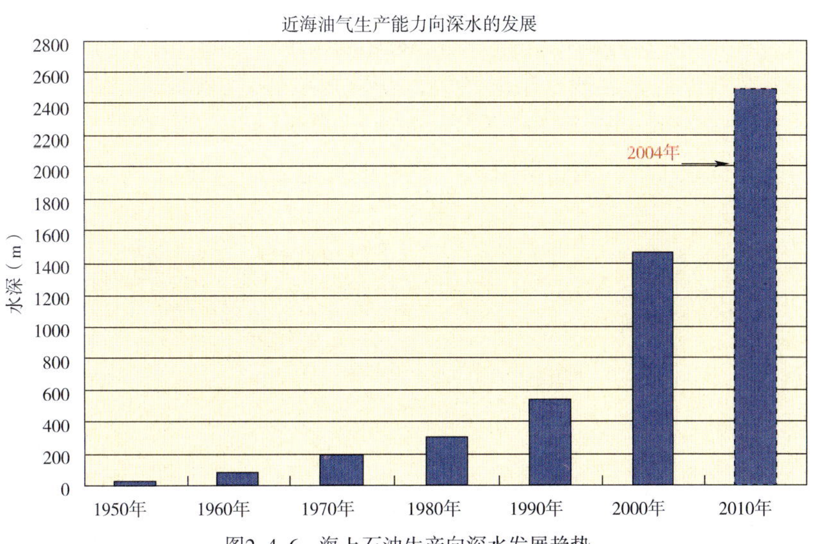

图2-4-6 海上石油生产向深水发展趋势

悬链线系泊系统即传统展开式锚泊系统，具有悠久的使用历史，能适应较恶劣的海洋环境，在当前的深水海洋油气浮式生产结构定位技术中占有重要的地位。悬链线系泊由标准的悬链线方程定义，它与锚缆的淹没重量、水平锚泊载荷、锚泊线张力、导向孔处锚泊线的角度等因素有关。悬链线系泊系统的受力由锚泊线的几何变形和轴向弹性变形一起来确定。锚泊线的几何变形使横向拖曳力对锚泊系统产生的影响较大。

由于水深的增加导致了传统的钢质锚链和钢筋束系统的自重增加，水平刚度减小，造成了锚泊的有效性变差。另外在深水中悬链线形状的系泊系统覆盖着相当大的区域，严重地影响到当地管线与缆线的敷设和其他船舶在该水域的锚泊。为了解决这一问题，传统的呈悬链线形状的锚链已逐渐为张紧或半张紧形状的锚泊线所代替，锚泊线质量相对较小，在锚和导缆孔之间呈张紧状态，从而减小了锚缆覆盖的区域。张紧系泊系统没有经历大的横向几何改变，恢复力完全由锚泊线的轴向弹力来提供。但是受力方式的改变，使锚基受到了会随着锚泊线的长度的增加而减少的垂向力作用，因此张紧或半张紧形状的系泊系统对锚基要求更高。

锚泊线一般由钢丝绳（钢缆）和锚链组成，有时由于布置形式的需要，还要加上重块和浮筒。锚链耐磨损、不易破坏，但一般较重，造价也高。对于悬链线系泊系统而言，锚泊线的长度与水深成一定的比例关系。水越深，锚链越粗重，船体需要承担系泊线悬链部分的重量。深水半潜式平台的锚泊系统需要的锚泊线长、尺寸大，因而深海锚泊系统设计面临着垂向载荷增加、水平恢复力降低、漂移增大和锚泊半径大等问题。在深水锚泊系统中，为了降低重量和成本，一般不采用全链系统。由于同样的断裂强度，钢缆比锚链轻得多，悬浮部分常常采用钢缆代锚链，增加系泊链的强度，减少上部张力。但钢缆的抗磨损能力差，与锚连接并触底的一段依然采用锚链。金属索通常多根缠绕在一起，形成复杂的结构，有螺旋形、6股或多股等缠绕形式。随着水深的增加，锚链—钢缆组合系统的优越性越来越明显。当产生相同的位移时，锚链—钢缆这样的多成分系统的回复力明显大于全索链系统。

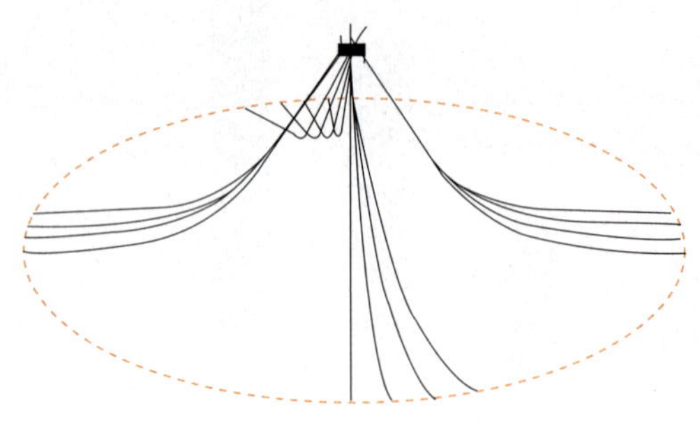

图2-4-7　悬链线系泊系统示意图

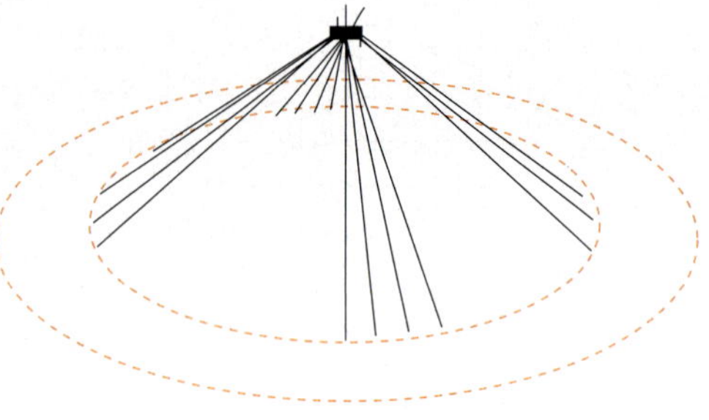

图2-4-8　张紧线系泊系统示意图

在1000m以上较深的深水，特别是超深水的恶劣环境条件中，平台的系泊系统的设计与以往的平台有很大的不同。由于自重大，水平刚度小，锚链—钢缆系统无法承担外载荷，这些传统的悬链线形状的布置形式在许多情况下被张紧式的布置形式所代替。材料和构成都不同的合成纤维缆索由于具有强度/重量比大、弹性好、成本低等优点，已经广泛代替锚链和钢缆用于悬链线系泊或张紧式系泊。合成纤维缆索的材料包括尼龙、聚酯、聚乙烯、聚丙烯等。这些新的系泊材料的使用给海上设施就位和工程提供了更多的选择，但是与锚链和钢丝绳相比，合成纤维缆索显示出来更加复杂的非线性作用，这使得其相关的机理特性、动力因素的模拟等方面需要进行更深入的研究，为深水及超深水系泊系统中的使用提供更有效和精确的理论支撑。

三、悬链线系泊方式与张紧线系泊方式的比较

1. 悬链线系泊方式特点

（1）通常用在浅水到深水（<1000m）。如图2-4-9所示。

（2）使用锚链和/或钢缆系泊线。

（3）有效的系泊线长度卧在海底。

（4）锚以水平方向受载。

（5）代表性地使用传统的拖曳式埋置锚。

2. 张紧线系泊方式特点

（1）有代表性地在深水（≥1000m）和超深水使用。如图2-4-10所示。

（2）系泊线以一个有效角度进入海底，没有卧底线。

（3）使用轻量级系泊线（合成纤维缆/钢缆）。

（4）锚以水平和垂直方向受载。

（5）能使用垂直负载锚（VLA）。

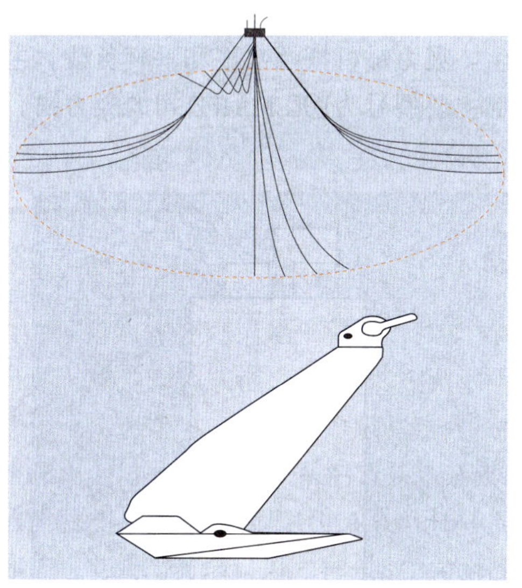

图2-4-9　悬链线系泊主要方式

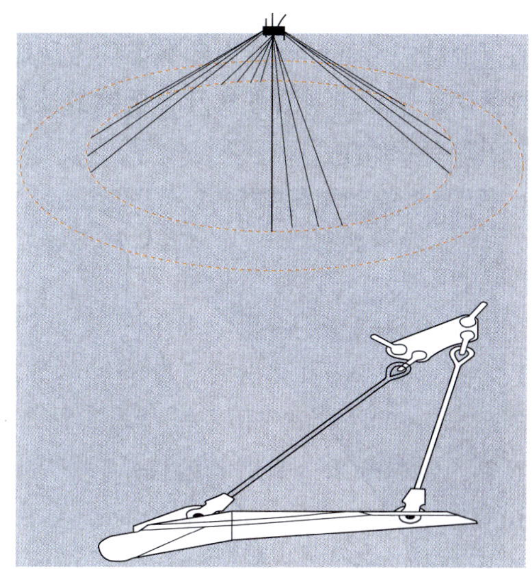

图2-4-10　张紧线系泊主要方式

第二节　系泊锚的主要类型与特性

一、系泊锚的主要分类

系泊锚按锚的结构、布锚方法和抓力原理等，主要分为拖入式埋置锚、吸力锚、垂直负载锚、桩柱锚、动态重力穿刺锚和重力锚6大类。

1. 拖入式埋置锚

这种锚是当今可用的最流行类型的锚。拖入式埋置锚被设计成可部分或是全部穿入海底。拖入式埋置锚的抓力由锚前面的土壤阻力产生。拖入式埋置锚非常适合于抵御大的水平负载，但不适合于抵御大的垂直负载，尽管有些能够抵御大的垂直负载的拖入式埋置锚在当前市场上可获得。主要适用于悬链线系泊方式。用于海上设施系泊

6. 重力锚

重力锚或许是现有最古老的一种锚。重力锚的抓力通过所使用材料的重量和重力锚与海底之间的部分摩擦力产生。当今用于重力锚所用的材料通常是钢和混凝土。该类型的锚不适用于海上设施系泊系统。如图2-4-16所示。

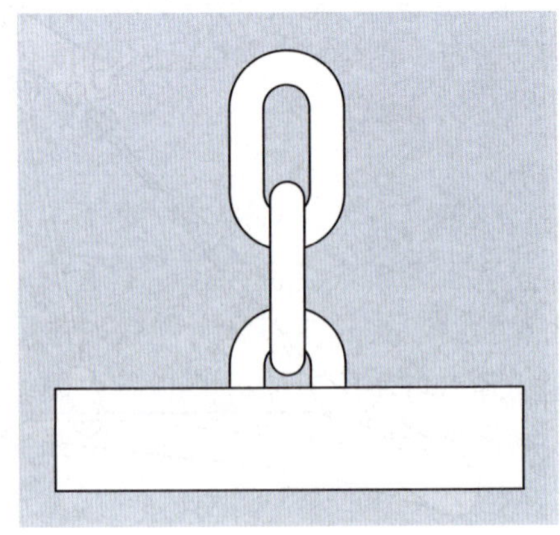

2-4-16　重力锚

二、拖入式埋置锚特性

1. 拖入式埋置锚的基本特点

（1）是当今可用的最流行类型的锚。

（2）被设计成可部分或是全部穿入海底。

（3）抓力由锚前面的土壤阻力产生。

（4）非常适合于抵御大的水平负载，但不太适合于抵御大的垂直负载。

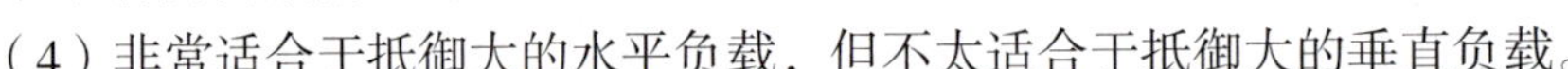

（5）主要适用于悬垂线系泊方式。

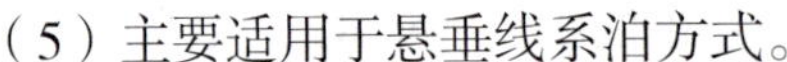

（6）适用于常规布锚，个别型号如Stevpris也适用作为预置锚。如图2-4-17所示。

图2-4-17　Stevpris的拖入式埋置锚

2. 决定系泊锚抓力的参数及因素

（1）锚爪面积（受锚设计强度的限制；使用更大表面积的锚，产生更大的锚抓力）。

（2）锚的穿透力，受以下条件制约：

①土壤类型（软黏土穿透的深、沙底穿透的浅）。

②锚的类型（现代的大抓力锚要比老式的锚产生更大的抓力，与老式锚的抓力为7～20倍锚重相比，现代的大抓力锚的抓力在100～150倍锚重之间）。

③使用的系泊线（锚链或钢缆）的类型。

④外加负载。

增加锚爪面积或增加锚的穿透深度导致更高的抓力。

锚的流线型参数，对锚的穿透影响进一步明显，锚的流线型对最佳穿透进入土壤极为重要。

锚的抓力 = 锚重量 × 效能

系泊锚的受力分析如图2-4-18所示。

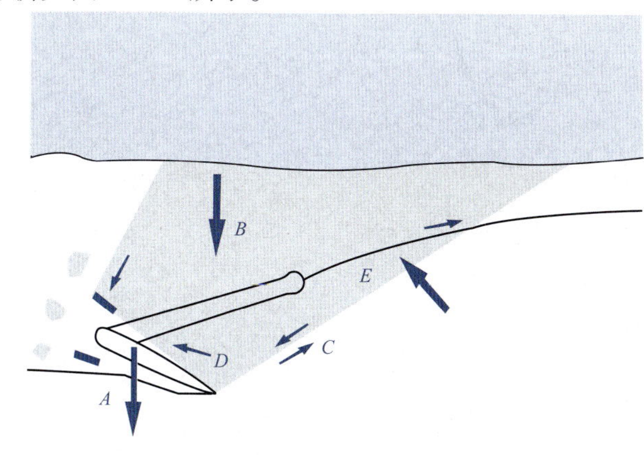

图2-4-18　系泊锚的受力分析

A–锚重；*B*–土壤重量；*C*–土壤的摩擦力；*D*–锚爪和土壤之间的摩擦力；*E*–系泊线摩擦力和承载能力

3. 锚的等级与效能系数

根据锚的尺寸、形状及结构等，将锚（主要是针对拖入式埋置锚）分为以下7个等级：

（1）A级：效能系数为33 ~ 55，如图2-4-19所示。

（2）B级：效能系数为17 ~ 25，如图2-4-20所示。

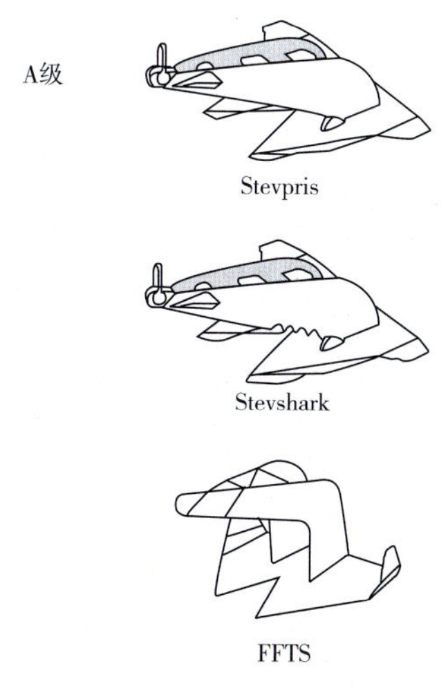

图2-4-19　拖入式埋置锚A等级

B级

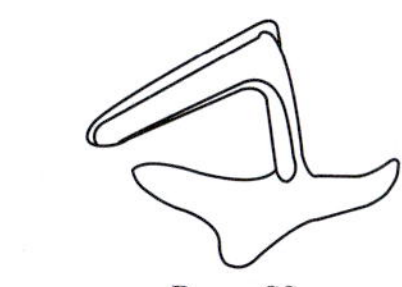

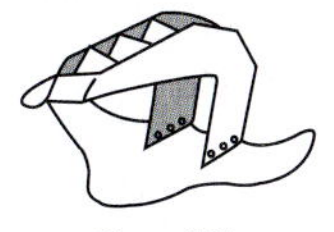

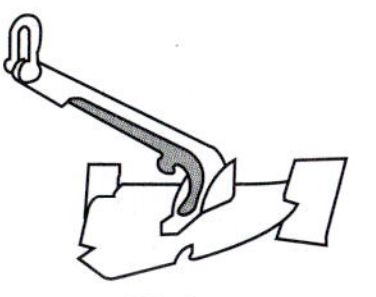

图2-4-20　拖入式埋置锚B等级

（3）C级：效能系数为14～26，如图2-4-21所示。

（4）D级：效能系数为8～15，如图2-4-22所示。

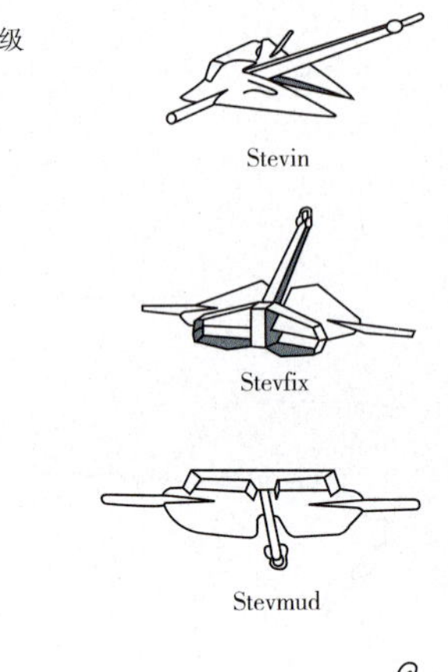

图2-4-21　拖入式埋置锚C等级

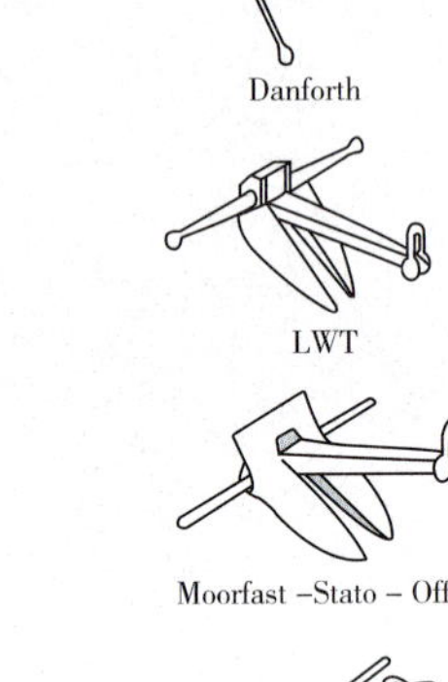

图2-4-22　拖入式埋置锚D等级

（5）E级：效能系数为8～11，如图2-4-23所示。

（6）F级：效能系数为4～6，如图2-4-24所示。

（7）G级：效能系数小于6，如图2-4-25所示。

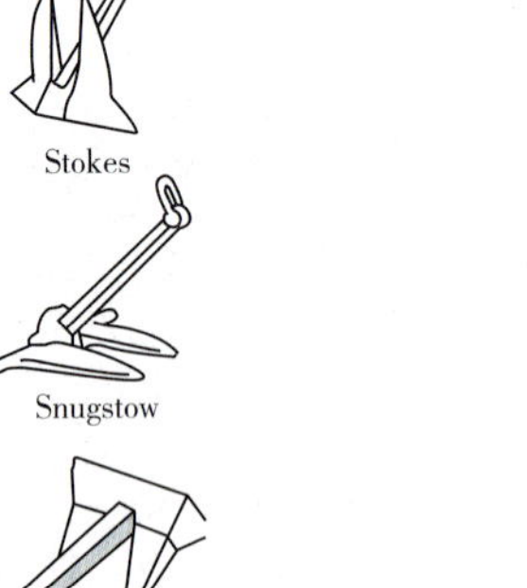

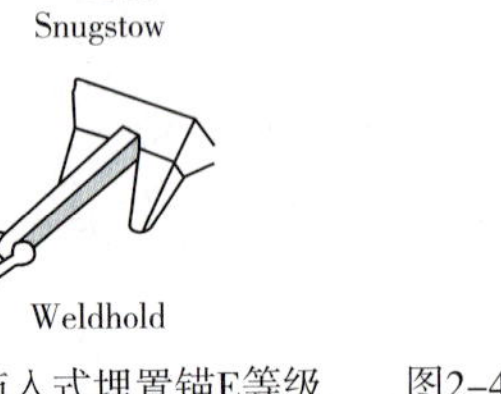

图2-4-23　拖入式埋置锚E等级

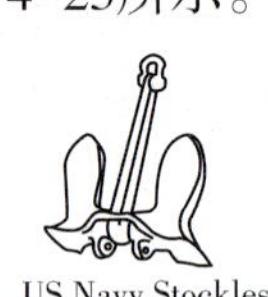

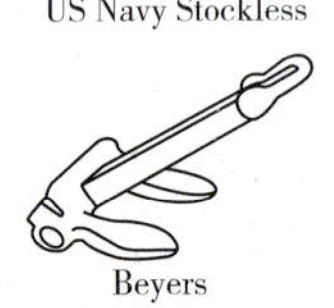

图2-4-24　拖入式埋置锚F等级

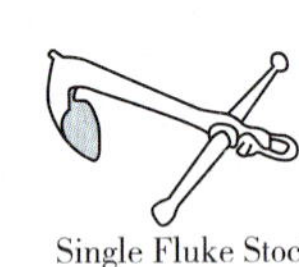

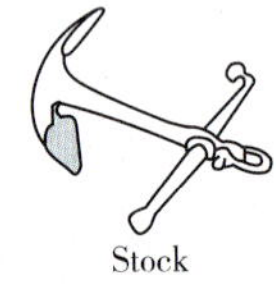

图2-4-25　拖入式埋置锚G等级

4. 拖入式埋置锚的计算与实际抓力

（1）拖入式埋置锚的计算

锚计算的可靠方式是基于不同类型的锚在相似土质中性能的比较。通过数年试验数据的收集，Vryhof公司得到在相似地质条件下所有试验数据的设计图谱。体现这些数据的设计图谱显示在图2-4-26中，并显示了基于幂次法则公式的锚重量和极限抓力之间的关系。利用外推法，这个公式还可用来计算其他锚，通常是较大的锚的极限抓力（UHC）。

$$\mathrm{UHC}=A\times W^{B}\ \mathrm{kN} \tag{2-4-1}$$

UHC和W的参数在公式中的单位是kN，参数B没有单位，参数A的单位是kN^{1-B}。两者包含了对于比例和其他影响的所有不知道因素。A和B的值取决于锚类型和土壤类型。基于上述提及的公式，图2-4-26显示了Stevpris Mk5锚的抓力曲线。

对于Stevin Mk3 and Stevpris Mk5锚，依据土壤条件和所使用的锚的前置索的类型（锚链或钢缆），公式中的参数A和B的取值见表2-4-1所列。

A和B的确定　　表2-4-1

土壤类型	锚的前置索类型	A Stevin Mk3（kN^{1-B}）	A Stevpris Mk5（kN^{1-B}）	B
非常松软泥土	锚链	20	48	0.92
非常松软泥土	钢缆	20	66.3	0.92
中等松软泥土	锚链和钢缆	28	67	0.92
硬泥土和砂质	锚链和钢缆	37	86	0.92

特定类型锚的抓力和尺寸也能通过土工技术计算，通过提供锚的尺寸、锚的前置索形式和锚的穿透性，土壤的剪切强度参数、渗透性和膨胀性。通常由于一些数据无法获得，这种计算不太精确，因此使用上述提及的经验方法是更可靠和更容易。

锚的极限抓力（UHC）常常与锚的重量联系一起，极限抓力能力与锚重量的比率称作锚效率。在非常软的地质条件下，Stevpris Mk5锚重量在1～10t，其相应的极限抓力能力在40～330t。锚的效率不是一个定值，它随重量而变化，传统使用的效率对于体现锚的抓力能力而言不是一个好方式。

（2）拖入式埋置锚实际的锚抓力

①实际的锚抓力 = 设计负荷乘以安全系数。

②完整和损坏负载条件下的不同的安全系数：

a.最大值控制。

b.锚的安装负荷（埋置负荷）典型的等于最大完整负载的80%～100%。这相当于

所需抓力的50%～70%。

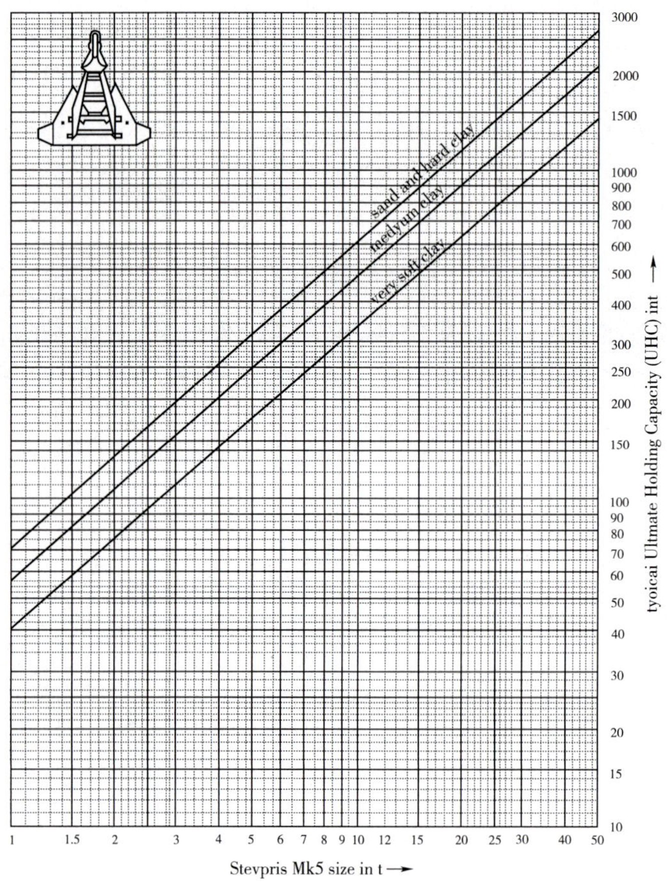

图2-4-26　Stevpris Mk5锚的典型抓力图

（3）拖入式埋置锚的安全系数（表2-4-2）

安全系数（API RP 2SK, 1996）　表2-4-2

项　目	准静态	动　态	项　目	准静态	动　态
永久系泊			临时系泊		
完整状况	1.8	1.5	完整状况	1.0	0.8
损坏状况	1.2	1.0			

5. 拖入式埋置锚使用对象

（1）半潜式平台，如图2-4-27所示。

（2）单点系泊浮筒，如图2–4–28所示。

（3）浮式生产系统（FPSOs），如图2–4–29所示。

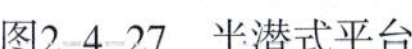

图2–4–27　半潜式平台

图2–4–28　单点系泊浮筒

图2–4–29　浮式生产系统

6. 锚设计所需相关信息

（1）土壤数据：土壤的类型将确定出能被使用的锚的类型和如何来布设锚。

（2）负荷资料：典型的锚的设计基于最大完整和损坏设计载荷的计算。

（3）系泊线的配置：悬垂线或张力腿系泊；锚链或钢缆系泊线。

（4）船级社：确定适当的安全系数。

7. Stevpris MK5锚特点分析

（1）Stevpris Mk5锚的特点（图2–4–30、图2–4–31）

①Vryhof卸扣的设计使提锚圈易于通过。

②吊眼（Pad–eye）作为连接短索或串联锚的眼孔。

③狭窄的锚杆作为提锚圈在还是操作中的一个有效的作用点。

④在回收上锚作船的艉滚筒时，锚翼的转动使锚到位。

⑤V形的锚杆易于土壤的通过，提高锚的抓底速度。

⑥V形的锚杆与猫爪有宽大的接触面，允许有巨大的锚爪面积。

⑦锚杆平滑圆角可以防止损伤锚作船的甲板和艉滚筒。

a)

b)

图2-4-30　Stevpris Mk5锚

⑧锚杆没有经过焊接，角度可调（32°、41°、50°），以最大范围适应各种底质。

⑨锚爪空心设计，以利于在坚硬底质时锚以最佳角度穿透海底。

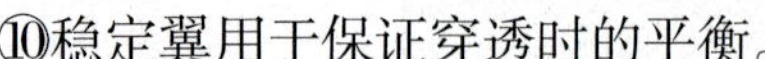

⑩稳定翼用于保证穿透时的平衡。

⑪锚爪尖的宽大设计，保证锚着地时的稳定。

（2）Stevpris Mk5锚的适用底质

①适合于许可类型的土壤条件。可安装在从很软的黏土到密沙和胶结土的不同土壤中。

②有大抓力可能性。可承受1500t的拉力。

③在很软的粘土中限制锚被提升的可能性。

不同底质对应正确的锚爪/锚杆角度如图2-4-32所示，具体为：

图2-4-31　Stevpris Mk5锚的特点

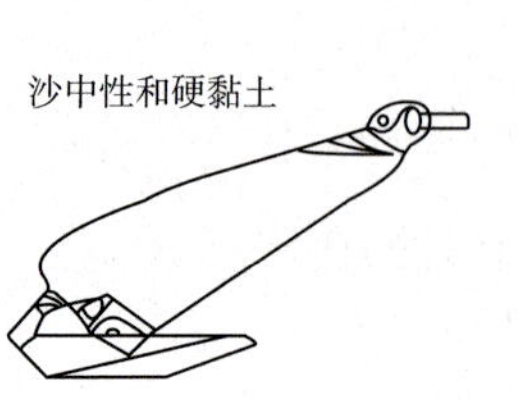

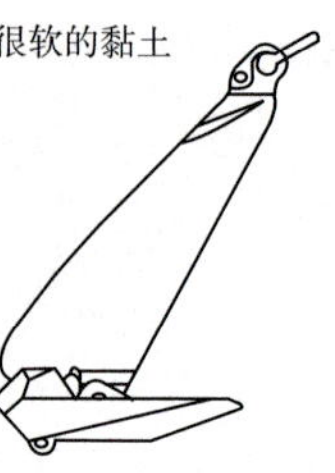

图2-4-32　Stevpris Mk5锚的锚爪角度

①泥（很软的黏土）：50°。

②中性和硬黏土：32°。

③沙：32°。

④中间的或分层土壤：41°。

（3）Stevpris Mk5锚的抓力特性（图2-4-33）

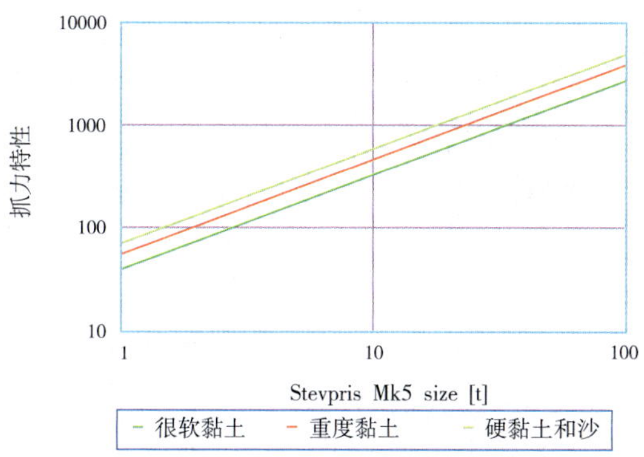

图2-4-33　Stevpris Mk5锚的抓力特性

8. Stevpris MK6锚特点分析

（1）Stevpris Mk6锚的特点（图2-4-34、图2-4-35）

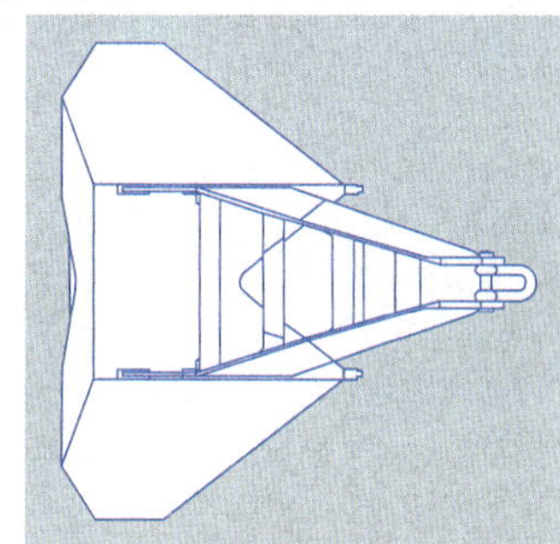

a)

b)

图2-4-34　Stevpris Mk6锚

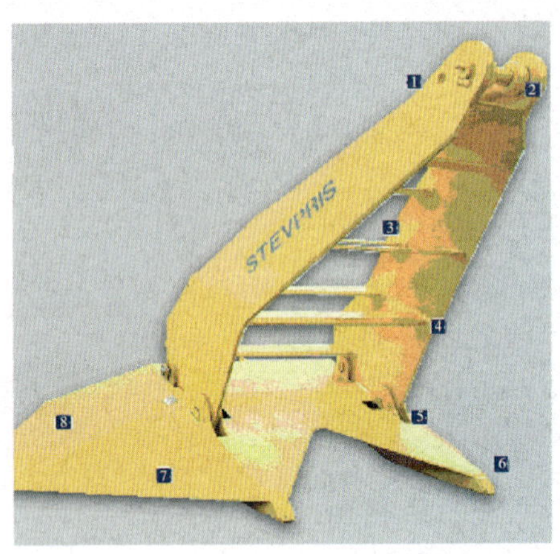

图2-4-35 Stevpris Mk6锚的特点

①全新的锚头设计提高其力量和操作性能。

②锚卸扣藏在锚头里，以使提锚圈能顺利通过。

③宽大锚杆及其重新设计的几何形状以利于提高穿透性能和强度。

④锚在艉滚筒上更加稳定，甲板更安全。

⑤锚爪角度易于根据底质进行调节。

⑥锚爪重新设计，稳定性更高、穿透力更强。

⑦增大锚爪面积，提高锚的抓力。

⑧锚爪中空，以利锚的平衡。

（2）Stevpris Mk6锚的适用底质

Stevpris MK6型锚比MK5型锚适用的底质范围更宽。适用于：非常软的黏土（泥）、松散的弱的淤泥，中等密度的沙和坚硬的黏土，沙和坚硬黏土的底质等。如图2-4-36所示。

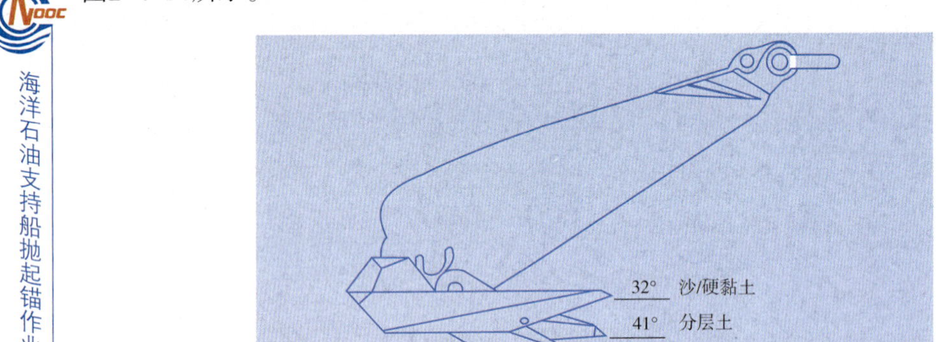

图2-4-36 Stevpris Mk6锚的锚爪/锚杆夹角

（3）Stevpris Mk6锚的抓力特性

在抓力特性最佳抓力图上（图2-4-37），预测的抓力线表示方程为:

$$UHC=A\times W\times 0.92 \qquad (2-4-2)$$

式中：UHC——最佳抓力（t）；

A——表示系数，根据海底底质、锚和系泊线，从24～110不等。

非常软黏土：表示非常软的黏土（泥）、松散的弱的淤泥；非常软的土壤对应的锚爪/锚杆的典型角度为50°。

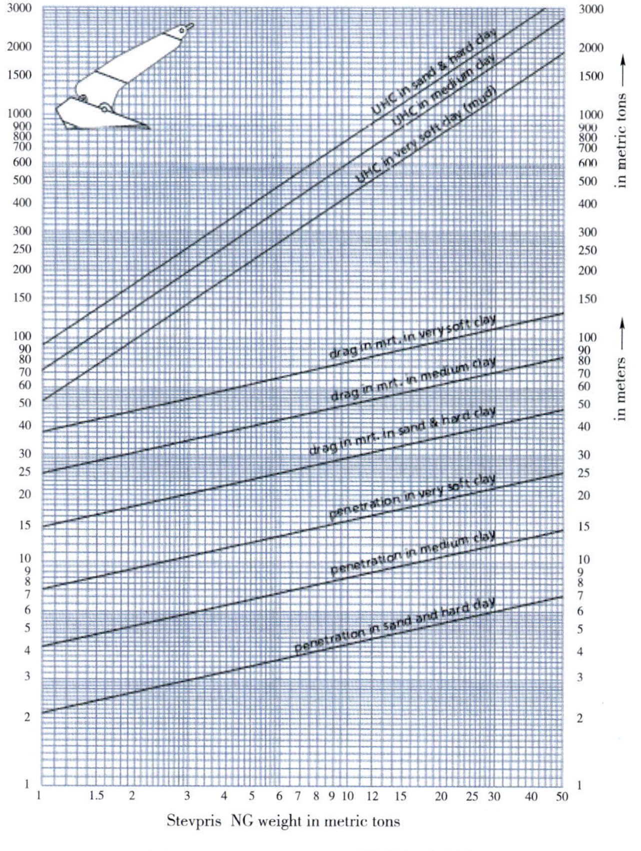

图2-4-37　Stevpris Mk6锚的抓力特性

Stevpris Mk6对应非常软泥的抓力线为从完全没有埋没的4kPa起，以每增加1m水深增加1.5 kPa，以方程表示为：

$$S_u = 4+1.5\times z \qquad (2\text{-}4\text{-}3)$$

式中：S_u——无排泄剪切浓度（kPa）；

z——海床下的深度（m）。

设计抓力线的“沙”代表的土壤包括中等密度的沙和坚硬的黏土。在沙和坚硬黏土的底质，锚爪/锚杆的角度应为32°。Stevpris NG设计的抓力线是基于中等密度的硅砂。中等泥土设计抓力线代表的底质包括淤泥和坚硬的黏土。锚爪/锚杆的角度应设定为32°以获得最佳性能。

9. Bruce FFTS MK4锚特点分析

（1）Bruce FFTS（ Flat Fluke Twin Shank ）MK4锚的特点（图2–4–38～图2–4–40、表2–4–3）

①锚上甲板时锚链在锚杆侧面。

②适用于传统的悬链线系泊方式。

③在所有的海底具有出众的抓持力。

④具有独特的自扶正能力，即使是倒置时。

⑤在硬和软底中可选择锚爪角以实现最佳性能。

⑥通过移动两个平销可简便地调整锚爪角度，无需焊接。

⑦拆解成两个部分易于运输并减低成本。

⑧多家船级机构核准作为通用的大抓力锚。

图2–4–38　在舰滚筒上的BRUCE FFTS MK4锚

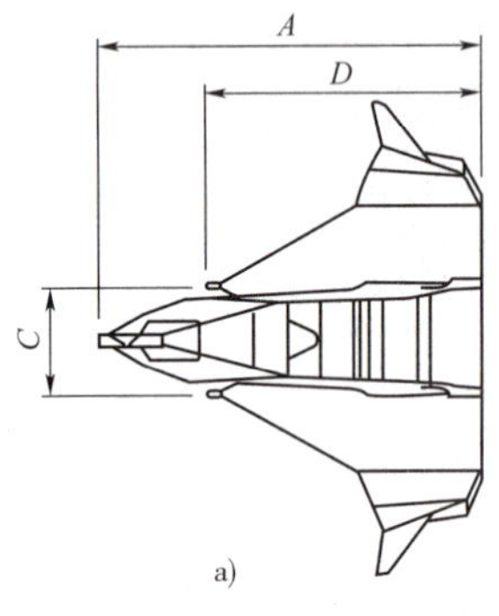

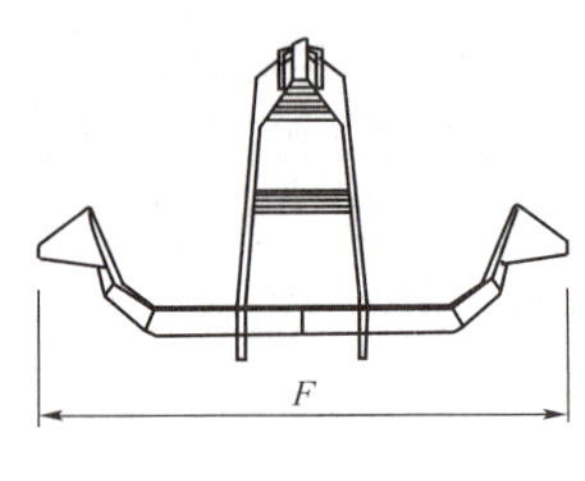

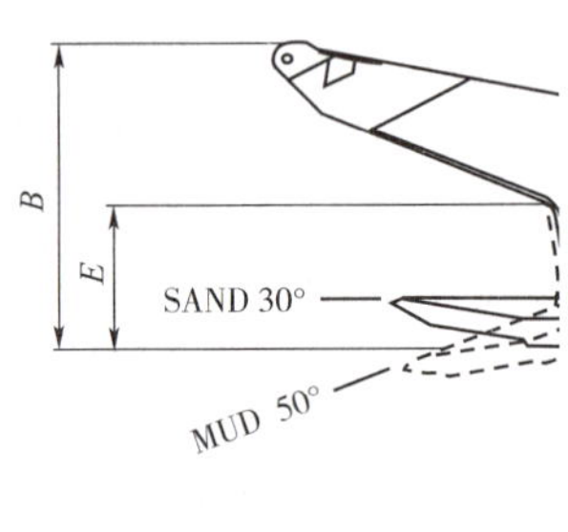

图2–4–39　BRUCE FFTS MK4锚的设计图

MK4锚的标称尺寸　　表2–4–3

重量（kg）	标称尺寸（mm）					
	A	B	C	D	E	F
500	1827	1280	500	1303	606	2188
1500	2648	1854	723	1888	878	3172
3000	3409	2388	931	2431	1131	4085
5000	4029	2822	1100	2873	1336	4828
9000	4846	3394	1324	3456	1607	5806
10000	5087	3563	1390	3628	1687	6095

续上表

重量（kg）	标称尺寸（mm）					
	A	*B*	*C*	*D*	*E*	*F*
12000	5437	3808	1486	3878	1803	6514
15000	5728	4012	1566	4085	1900	6864
18000	6129	4292	1674	4371	2032	7343
20000	6319	4426	1726	4507	2096	7571
30000	7225	5060	1974	5153	2396	8656
40000	8034	5627	2195	5730	2664	9626

a)

b)

c)

图2-4-40 BRUCE FFTS MK4锚

（2）Bruce FFTS MK4 锚的适用底质

BRUCE FFTS MK4型锚适用于软黏土、疏松沙岩到沙质海底。

其锚爪角度为：

①软黏土为 50°；

②疏松沙岩为 36°；

③沙为 30°。

（3）BRUCE FFTS MK4锚的抓力特性

BRUCE FFTS MK4锚的抓持力，在沙底中带前置锚链和在泥底/软黏土中（1.57 kPa/m的剪切强度梯度）带锚链和前置钢缆。如图2-4-41所示。

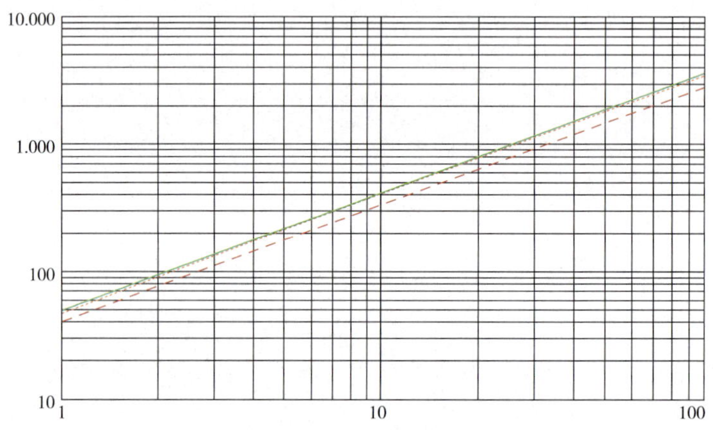

图2-4-41 BRUCE FFTS MK4锚的抓持力

10. Bruce FFTS PM锚分析

（1）Bruce FFTS（Flat Fluke Twin Shank）PM锚的特点（图2-4-42、图2-4-43、表2-4-4）。

①在所有的海底具有出众的抓持力。

②可为所有的永久性应用配置锚。

③在硬和软底中可选择锚爪角以实现最佳性能。

④通过移动两个平销可简便地调整锚爪角度，无需焊接。

⑤拆解成两个部分易于运输并减低成本。

图2-4-42 BRUCE FFTS PM锚等待发运

⑥可以定制以满足顾客要求。

⑦锚爪上的单点回收吊耳使破土阻力降到最低。

⑧多样化的尺寸标记可适合需要的卸扣尺寸。

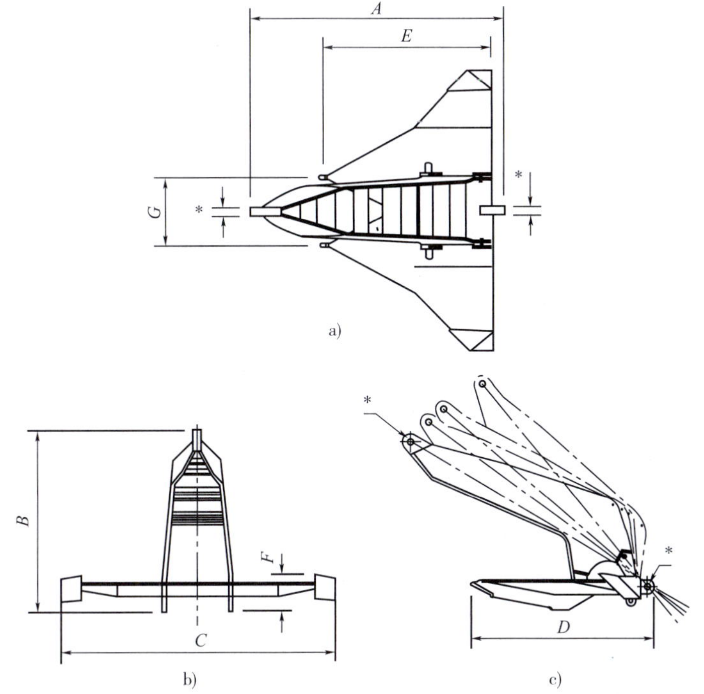

图2-4-43　BRUCE FFTS PM锚的设计图

PM锚的标定尺度　　表2-4-4

样品尺度	标定尺度（mm）						
WEIGHT（KG）	*A*	*B*	*C*	*D*	*E*	*F*	*G*
5000	4288	2995	4659	3141	2768	594	1120
10000	5318	3715	5778	3895	3434	737	1389
15000	6012	4199	6531	4403	3881	833	1571
20000	6764	4725	7349	4954	4367	937	1767
30000	7742	5408	8412	5671	4999	1072	2023
40000	8437	5893	9166	6179	5447	1169	2204

（2）BRUCE FFTS PM锚的抓力特性

BRUCE FFTS PM锚的抓持力，在沙底中带前置锚链和在泥底/软黏土中（1.57 kPa/m的剪切强度梯度）带锚链和前置钢缆。如图2-4-44所示。

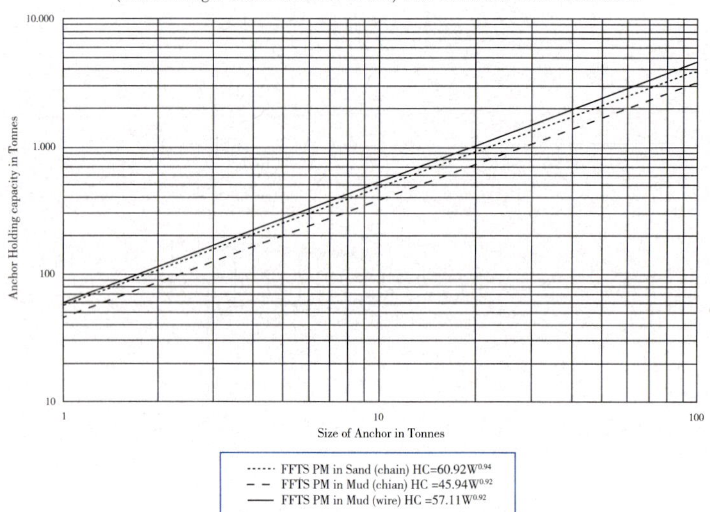

图2-4-44 BRUCE FFTS PM锚的抓持力

11. 拖入式埋置锚操作特点

布锚的最常用方法是采用一艘具备锚作功能的海洋石油支持船进行，特别是拖入式埋置锚的直接布锚或预置锚作业。锚作船把锚和系泊线布设到海底，利用系柱拉力或海上设施的锚机绞收力把锚埋入海底，并使之受力到所需要的布锚负荷。最大的布锚负荷由锚作船的系柱拉力所决定。如果所需的布锚负荷，包括系泊系统的重量超过锚作船的系柱拉力，可采用两艘锚作船进行串联作业（一前一后）。如图2-4-45所示。

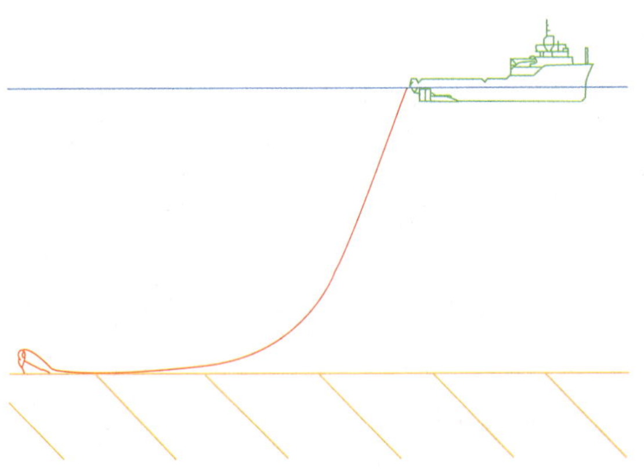

图2-4-45 使用一艘AHT船进行拖曳埋置锚的预置锚作业

由于锚作船在尺度和功率上的增加导致了Bruce或Vryhof型大抓力锚的大幅增加；偶尔也使用Delta Flipper焊接锚。这些锚会很难抛，要取得成功除非遵循推荐的抛锚技术。

如果有必要锚爪朝下抛锚，在锚向艉部滑去时，锚爪可能撕毁甲板面；也可能出现锚爪卡住；甚至可能刺穿甲板，而甲板底下通常是舵机舱。

当操作大抓力锚时，也有一或两项特别的要求，特别是Vryhof或 Stevpris锚。提锚圈不能套进这些锚的锚杆，所以它们应在整个抛锚过程保持相同的姿态，也就是锚爪始终朝向钻井平台。因此在将锚放到海底过程，在锚泊线上必须一直保持有一点重力。在锚触地之后，钻井平台收紧锚链时，锚作船应保持拉力。这样锚爪就将掘进海底，如果锚爪角度正确的话，这种锚都不可能走锚，随着受力的增加锚只会掘进的更深。如果Stevpris锚出现走锚，很可能的情况是锚背面朝下，应该将锚收回并重抛。

在焊接式锚收回存放的最后片刻，有必要在提锚圈短索上保持一点张力。如果这样做的话，锚爪将朝向桩腿并可协助将锚上架。如果允许将锚悬挂在锚架下，锚可能出现向任意方向偏转并可能最终出现背向桩腿。这可能是Stevpris锚的一个不足，但如果正确处理操作的话是可以克服的。

一旦钻井平台在超深水工作，在主锚之后布放串联锚或必须经过起锚和再抛锚的过程不再是良好的方案。那样花费的时间太长，事实上所有的超深水作业，以及任何超过2000英尺或700m水深的作业，最好的抛锚方案是只要锚抛的正确，就能保证钻井平台将会保持其位置。

Bruce和Vryhof型大抓力锚都是焊接制造的，以致提锚圈在锚杆的末端而不是顺着锚杆滑向锚冠。为将锚正确地放置在海底，船舶必须轻轻地放锚并仅用适量的拉力。Bruce型的锚宣称不管它们如何落地，它们将会翻过来，这也许是为什么锚爪的末端看起来像是某种类型的手工折纸。相反Vryhof's型的锚依则要依赖于锚作船船长抛锚技巧才能成功。如图2-4-46所示。

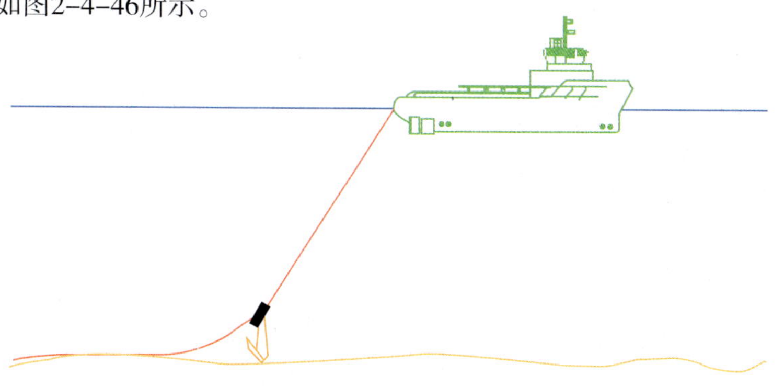

图2-4-46 抛大抓力锚要求谨慎好技巧

除了和操作人员抛锚作业技巧有关之外，在锚作船的甲板上还需要有大量的设备以确保抛锚作业正确进行，并能够储存必要的设备。此外，在超深水使用这些拖入式埋置锚，绝对要求使用相当长度的锚链以防止锚被提起。通常在转换成钢缆之前，使用1000m或是1500m的锚链，因为一旦到了比2000英尺更深的水深作业，钢缆总是以某种方式置入在系泊系统中。

接下来的问题也很明显，锚作船必须将全部的系柱拖力和所有的起锚能力都用于回收大抓力锚，才能非常有效地将锚回收。因为在试验张力过程中如果锚爪角度正确，锚就已深深埋入海底，当用提锚圈时，前面已提到过提锚圈将不会经过锚杆，而将会嵌在锚杆的末端上，因此，如果拖曳锚作供应船不适当地用力就可能导致锚相当大的损坏或甚至完全被破坏。因为大抓力锚需要缓慢地从泥里拉出，而且在深水中锚可能不上甲板，直到钻井平台已收回系泊线。

从驾驶台上看，一个很大的焊接锚（组合锚）在甲板上，船员在等待令人激动的事情发生。如图2-4-47所示。

12. 拖入式埋置锚在超深水的应用

（1）应用场景一

据2005年元月18日的相关报道，Delmar公司“置入钢缆”创系泊水深世界纪录。

Delmar公司和墨菲石油勘探公司（Murphy Exploration Corp）创世界纪录地在墨西哥湾的Mississippi Canyon （海沟）734 （Thunderhawk）平均水深1740.40m的水域里成功地安装了半潜式钻井平台（Transocean Marianas）。系泊系统的最深的8个系泊腿安装在水深1909.57m的海底。这是使用传统的拖入式埋置系泊锚在深水安装系泊系统的新的世界纪录。

这个世界纪录的创造综合利用钻井平台自带的锚链和钢缆系泊系统和系接到平台的高抓底能力的传统锚的2133m长的置入钢缆。由于水深大，Delmar公司还在各系泊缆/链上安装了半潜式浮筒，以优化平台的锚链和钢缆、置入钢缆的系泊系统。Edison Chouest公司提供了一艘抛起锚作业船（Dove and Edison Chouest），以配合Delmar公司的使用置入钢缆安装作业。这种作业方法可使船舶在每条系泊缆安装时相互协调，最大限度地减少作业船舶等待时间。但这种作业方法并不是Delmar公司的首先采用，因为位于Louisiana州的Broussard海洋系泊作业公司（offshore mooring company）首先使用了传统锚和吸力锚（suction anchor）系泊系统，这种系泊系统采用的是

图2-4-47　在甲板上的焊接锚

钢缆和聚脂纤维缆。

Delmar公司的执行副总裁Brady Como说："Delmar公司成功地运用新颖地系泊作业方法和解决方案，为业界提供了在之前认为不可能的深度，安装系泊式半潜式平台的经验。"

（2）应用场景二

Delmar公司创造传统拖入式埋置锚的系泊水深世界纪录。

Delmar公司和墨菲石油勘探公司（Murphy Exploration Corp）成功地安装了方形的近海半潜式平台（Ocean Victory），创造了在墨西哥湾的Mississippi Canyon（海沟）819（Thunderbird）的1729.74m水深里安装传统系泊系统的世界纪录。系泊系统的最深的8个系泊腿安装在水深1807.46m的海底，这是传统锚的最深安装纪录。这次安装作业采用的是平台自备的系泊系统。SEACOR Marine公司提供了一艘抛起锚作业船（Gerard Jordan），以配合Delmar公司的永久性提锚圈系统的安装作业。

Delmar公司的副总裁和首席执行官Matt Smith说："Delmar在墨西哥湾，乃至全球范围，继续发展和实践最为新颖、有效的深水和超深水系泊方案。自1968年以来，Delmar公司就被公认为在近海石油和油气领域的领导者，并将继续保持这个地位。"

三、垂直负载锚特性

1. 垂直负载锚的基本特点

该锚主要有两个序列：一个是Vryhof Stevmanta；另一个是BRUCE DENNLA。

（1）Stevmanta型锚的基本特点（图2-4-48、图2-4-49）。

①适合于张紧式系泊系统。

②在软黏土土壤条件下应深度穿透。

③安装如同传统的拖入式埋置锚。

④以正常模式放置垂直负载锚（VLA）。

⑤正常模式考虑到垂直负载。

⑥最终抓力到安装负载的比例：2.5到3.5。

⑦回收较容易。

⑧适合在所有方向受载荷。

（2）DENNLA型锚的基本特点

在此对DENNLA的Mk4锚的情况与特点进行介绍，DENNLA的Mk4锚是近垂直（法向）负载模式（Near Normal Load）和常规拖入埋置模式（Conventional Drag Embedment Modes）的混合体。如图2-4-50、图2-4-51所示。

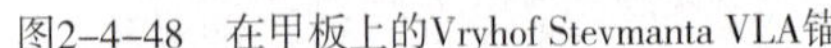
图2-4-48　在甲板上的Vryhof Stevmanta VLA锚

图2-4-49　在艉滚筒的Vryhof Stevmanta VLA锚

①深水或超深水锚泊中大提升角度时锚抓力大。
②利用改变方向处理面外负载（out-of-plane loading）技术。
③避免了抛落锚的垂直问题。
④没有拔出困难问题。
⑤锚杆向后滑动，以便利用系泊线进行轻便回收。
⑥已证明的深水、超深水应用跟踪记录。
⑦锚杆向下锁住，提高在沙质和硬土质海底的抓底性能。
⑧更深水锚泊作业中的截面小（Low profile for deeper embedment）。
⑨在甲板可快速转向。
⑩ 单负载路径的锚杆方便测定疲劳寿命。
⑾ 无须配备ROV、短索和水下连接设备。

图2-4-50　在甲板上的BRUCE DENNLA VLA锚

图2-4-51　在艉滚筒的BRUCE DENNLA VLA锚

2. 垂直负载锚的适用底质

（1）Stevmanta锚的适用底质

Stevmanta型垂直负载锚（拖入式金属板锚VLA）适合于在软黏土底质条件下，有深度穿透海底之下的能力。有高的提升角度。锚有代表性地用于（半）张力系泊系统。

Stevmanta型垂直负载锚（拖入式金属板锚VLA）已被成功地用于全球半潜式钻井平台的临时系泊和单点系泊浮筒及浮式生产系统（FPSO/FSO/FPU）的永久性系泊。

（2） Dennla锚的适用底质

Dennla Mk4锚在松软海底、沙底和硬底都可适用。

3. 垂直负载锚的计算与实际抓力

（1）Stevmanta型锚的抓力特性

基于土工技术原理，对于埋入土壤中的板，其极限强度，对于Stevmanta VLA锚的极限拔出能力（UPC）可用以下公式计算：

$$\mathrm{UPC} = N_c \times S_u \times A \qquad (2\text{-}4\text{-}4)$$

式中：N_c——承载能力因素；

S_u——Stevmanta VLA锚穿入深度的地质的无排泄剪切强度；

A——Stevmanta VLA锚的面积。

当前设计的Stevmanta VLA锚的土壤条件是将土壤的无排泄剪切强度作为锚穿入海底深度（D）的函数，公式如下：

$$S_u = k_0 + k_1 \times D \qquad (2\text{-}4\text{-}5)$$

对于板穿入土壤一定深度并受到垂向或者斜向的负荷，两种不同的失效机理要分清，它们是：

a.浅水失效：这种失效机理是当锚穿入不深而发生，典型是深度小于3倍锚爪长度。失效特征是锚被带着锚上面的柱状土壤而拔出。

b.深水失效：当锚穿入深度超过3倍锚爪长度的情形下仍会发生失效。失效机理是板上面的土壤流到板下面（土壤的塑性破坏）

最经济的锚设计当锚穿入一定深度（典型是穿入深度大于20m）而失效仍发生。

基于Stevmanta VLA锚的试验结果，承载能力系数Nc被发现对于Stevmanta VLA锚其值等于12（在该锚穿入土壤深度达到或超过3倍锚爪的长度情况下）。极限拔出能力对于特定尺寸锚在特定土壤条件下是可知的，已经发现一个方法来决定需要达到的入土深度。首先不同系数影响锚的穿入深度已经有统计。发现下面的系数是影响锚需要达到的入土深度：

a.土壤的无排泄剪切强度，由公式（2-4-5）中的系数k_1给出。

b.连接到角度调节器的锚泊缆的直径；直径越大，锚泊缆的阻力越高并且穿入的深度越浅。

c.锚的面积（A）。大锚会得到更大的土壤阻力。

d.使用的锚爪/锚杆角度（α）。

应用不同Stevmanta VLA锚的影响穿入深度的上述系数的试验结果，得出以下公式：

$$D=1.5\times k_1^{\ 0.6}\times d^{-0.7}\times A_{0.3}\times（\tan\alpha）^{1.7} \quad （2-4-6）$$

要求的Stevmanta VLA锚面积按照以前的公式进行计算。仅仅一个变化仍需要决定要求的布锚负荷（Finst）

$$F_{inst}=UPC/r_{v/h} \quad （2-4-7）$$

基于Stevmanta VLA锚的试验结果，使用的水平载荷和垂直载荷的比率从2.5到3.5变化。通过数年来对于Stevmanta VLA的评估，能总结出极限拔出能力和布锚负荷的比率由原来模型比率的1.8:1升高到3.5:1。使用上述公式，Stevmanta VLA锚的设计方法（图2-4-52、图2-4-53）如下：

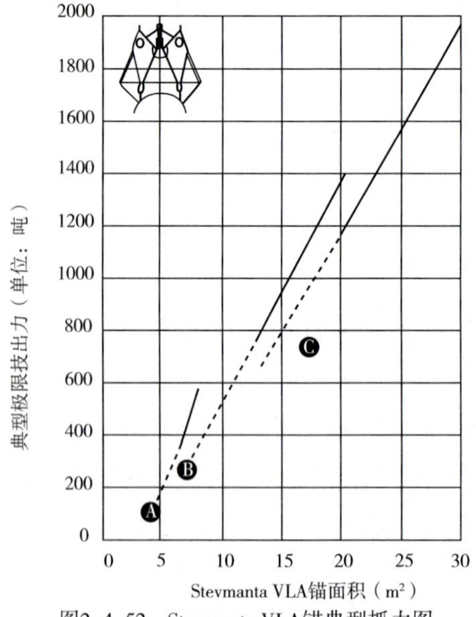

图2-4-52　Stevmanta VLA锚典型抓力图

Curve A –曲线A—76mm直径的钢缆；Curve B– 曲线B–121mm直径的钢缆；Curve C – 曲线C–151mm直径的钢缆

a.确定需要的极限拔出能力（UPC），单位kN。

b.确定土壤无排泄剪切强度图谱。

c.确定锚穿入深度与锚爪面积的函数。

d.从式（2-4-4）~式（2-4-6），需要的锚爪面积（A）已经知道。

e.需要的Stevmanta VLA的布锚负荷由公式（2-4-7）确定。

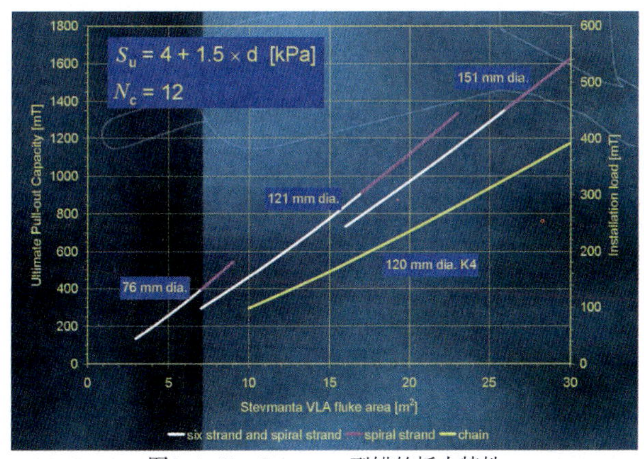

图2-4-53　Stevmanta型锚的抓力特性

（2）Dennla型锚的抓力特性

Dennla Mk4锚是种小截面（low profile）锚，其锚爪形心（centroid）的承力线角度从90° 降到78° （近法向）。这个改进使Dennla Mk4锚在触发后和被拖曳的角度高达45° 时都能继续掘进抓底，这个特点对更深水作业意义重大。对于相同的掘进深度和锚爪面积，已触发的Dennla锚的抓力为已触发的VLA锚的90%。但是，如果负载继续增加，则其他VLA锚就会被拔出海底而失效，而Dennla锚则继续掘进海底，并产生更大抓力。这是Dennla锚优于之前的VLA锚的重要方面。

（3）垂直负载锚（VLA）的安全系数（表2-4-5）

45° 动态负载　　　　表2-4-5

项　目	ABS	BV
永久性系泊		
完整状况	2.0	2.15
损坏状况	1.5	1.55

①对垂直负载锚（VLAs）要求更高的安全系数。

②这由锚的失效模式方面的差异所导致。

③拖曳式埋置锚通过土壤被水平地拉拽，并保持阻力。

④由于垂直负载分量，垂直负载锚被慢慢地拉到表面。

4. 垂直负载锚的操作特点

（1）Stevmanta VLA锚的操作特点

垂直负载锚的布锚操作有两种方法：一种是传统的拖入式埋置方法；另一种是使用水下张紧装置进行布锚作业。使用水下张紧装置的布锚方法中，两只锚被相互拉紧。锚作船对水下张紧装置施以垂直向上的拉力，则水下张紧器就会产生很大的水平拉力作用在锚上。如图2-4-54所示。通常，所需的垂直拉力是锚安装负荷的40%~50%之间。利用水下张紧装置，一艘锚作船或浮吊驳船就可完成垂直负载锚的安装作业。传统的拖入埋置布锚法的要求之一是锚的安装方向基本和锚受到的系泊负荷方向相同，所以锚布设时受到的收紧力必须通过系泊圈中心。当出现实际系泊锚的正对面没有锚的情况时（例如，有9个锚，分3组，每组有3个锚），则利用反作用锚（reaction anchor）来收紧其正对面的实际系泊锚。

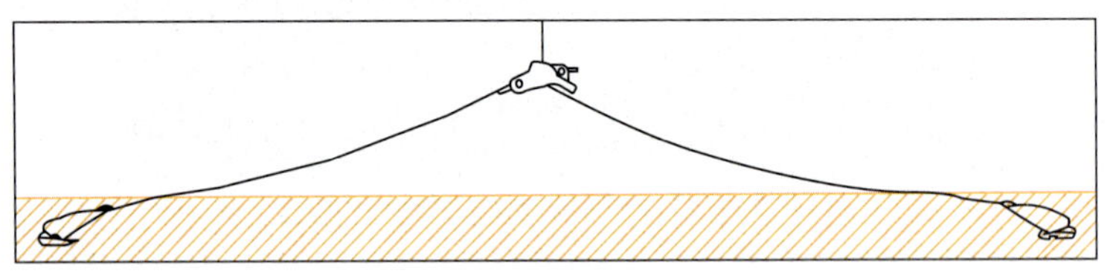

图2-4-54　利用水下张紧装置的锚安装方法

和传统的拖入式埋置锚一样，垂直负载锚（VLA）也可利用水下张紧装置来安装。由于Stevmanta VLA可以任何方向上进行安装，而不限于实际的系泊方向，则锚安装的成功几率大为增加。

例如，在锚分组安装系泊系统中，如果采用水下张紧装置和垂直负载锚，则就可以同时安装相邻的两个锚，而不必通过系泊圈中心收紧两个锚，如图2-4-55所示。对于Stevmanta VLA锚，目前已有只用一艘锚作船同时安装两个锚的安装程序。这种安装程序采用新近发展的水下联结器（subsea connector）和水下张紧装置。

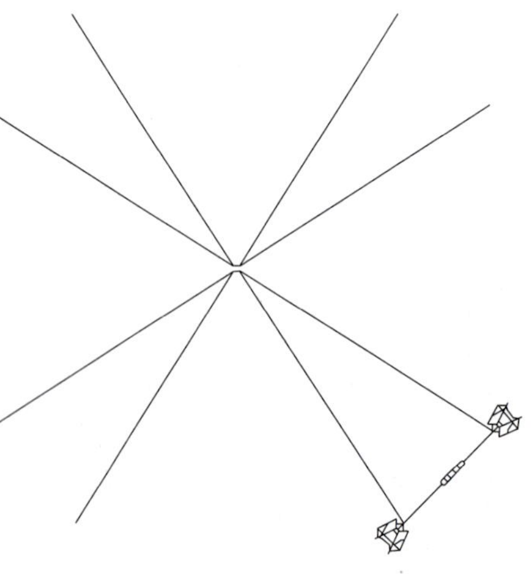

图2-4-55　利用水下张紧装置的双锚安装方法

Stevmanta VLA锚已成功运用于许多实际海上工程或海上设施的系泊，其中已应用的3项工程，即P-27（Ruinen and Degenkamp 1999）、P-36（Henriques et al. 2000）和

巴西沿海的P-40生产平台。

表2-4-6显示了这些作业的锚设计和安装作业数据。表中的安装负荷、入土深度和拖曳长度是各项作业的平均值。

锚设计和安装作业数据　　表2-4-6

项　目	P-27	P-36	P-40
所需要的UPC（kN）	6852	8600	9208
锚	11m^2 Stevmanta VLA	13m^2 Stevmanta VLA	13m^2 Stevmanta VLA
安装负荷（kN）	2805	3442	4609
入土深度（m）	23.5	30	20
拖曳长度（m）	45	75	43

（2）Dennla Mk4锚的操作特点

如前所述，Dennla Mk4锚是近垂直负载模式和常规拖入埋置模式的混合体。海上设施的系泊设备通常可由一艘拖曳锚作船轻松地运输。如图2-4-56所示。

Dennla MK4锚之前使用的垂直负载锚（VLA）是一种设计独特的拖曳掘进锚，通过脱开剪切销（shear pin），则通过锚爪形心（centroid）的承力线与锚爪的交角提升到接近90°。经触发，VLA锚的海底抓力可超过牵引负载（pull-in load）状态下抓力的2倍，但过多的负载会把VLA锚拔出海底。这个问题只能通过强制增加比传统拖曳掘进锚大的安全系数来减缓，而无法完全解决。

Dennla Mk4锚是种小截面（low profile）锚，其解决上述问题的方法是把锚爪形心（centroid）的承力线角度从90°降到78°（近垂直）。这个改进使Dennla Mk4锚在触发后和被拖曳的角度高达45°时都能继续掘进抓底，这个特点对更深水作业意义重大。对于相同的掘进深度和锚爪面积，已触发的Dennla锚的抓力为已触发的VLA锚的90%。但是，如果负载继续增加，则其他型号的VLA锚就会被拔出海底而失效，而Dennla锚则继续掘进海底，并产生更大抓力。这是Dennla锚优于之前型号的VLA锚的重要方面。

图2-4-56　海上设施的系泊设备可由一艘拖曳锚作船轻松运输

Dennla Mk4锚另一特点是在锚杆可锁住，使锚爪与海底夹角为36° 。这就使得在沙底和硬泥底中12mPP²PP and 14mPP2PP 的Dennla Mk4锚的性能分别和12000kg and a 15000kg Bruce FFTS Mk4锚相同。如图2-4-57所示。

超深水系泊系统除了采用预布吸力锚之外，也可能预布常规的锚和大抓力锚，并使用一种具有Vryhofo或Bruce制造专利的张紧装置对它们进行预张力收紧。当然该作业在过去被限制在较浅的水深进行，因为需要太长的锚链而无法接受。总而言之这种技术在很多情况下不见得是实用性的。

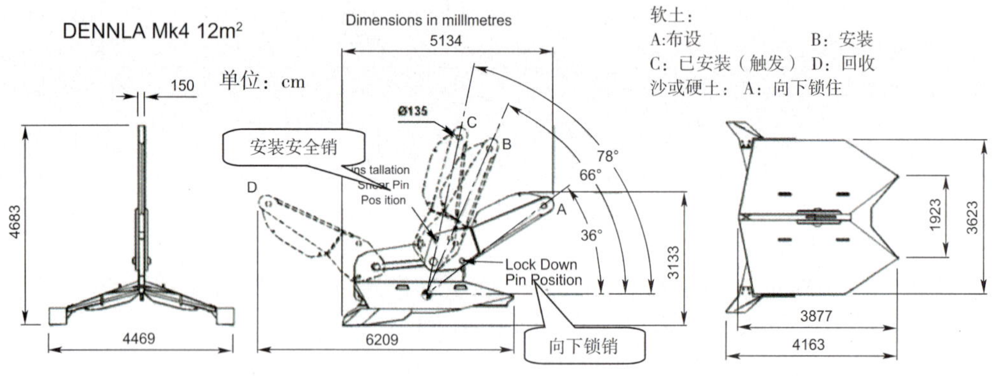

图2-4-57　BRCE DENNLA　MK4锚工作原理

然而，这两个困难不可思议地被垂直负载锚克服了。这种锚不再依赖系泊线的水平分量将其保持在锚位处。可将垂直负载锚放在海底悬挂在系泊钢缆上，然后锚作船可通过系柱拖力施加所需的力以将张力环拉断，这样锚形成新的姿势。其优点是：单一较大功率的锚作船就可以进行布锚并将其拉紧，而且锚本身不大易于操作。也可在远离开钻井平台时进行张力操作。如图2-4-58所示。

a)

b)

图2-4-58　在甲板上的BRUCE DENNLA垂直负载锚

四、吸力锚（负压锚）特性

1. 吸力锚（负压锚）的基本特点

（1）具有高度机动性。

（2）可承受较大的抗拔力。

（3）锚重比大。

（4）锚盖顶设有锚链环，同锚链和系泊缆索相连。

（5）可大大降低对海上吊重能力的要求。

（6）在海底表层土质松软的情况下，可提供较高的锚抓持力。

（7）受力后的位移很小，可提供全方位锚抓持能力。

（8）可有效地缩短系泊缆索的长度，减小系泊浮体的运动。

（9）能够维持大的升力角。

（10）可用于预置锚的锚类型。

（11）安装时需使用ROV进行配合。

（12）体积庞大、笨重，在布锚和收锚时耗时较多。

（13）一艘锚作船不能够在同一次航行中运载完整的一套锚具。

负压锚平放于海底，并靠锚的自重使锚筒下缘埋入土中，在形成锚筒内水体的封闭状态后，借助设置在顶端锚盖上的潜水泵向外抽水，并使同一时间内抽出的水量超过自底部渗入的水量，造成锚筒内部压力降低，当锚筒内、外压差造成的作用在锚盖上的垂直向下的压力超过海底底质对锚筒的阻力时，锚筒即可不断被压入土中，直至锚盖与海底接触时沉锚终止。此时，抽水泵可以卸去，锚筒内、外之间的压力差逐渐消失，筒内压力恢复到同周围环境的压力。在锚盖顶设有锚链环，同锚链和系泊缆索相联，负压锚沉放终止并经过一定时间固结以及试拉之后，即可承受系泊力。如图2-4-59、图2-4-60所示。

图2-4-59　在锚作船甲板上的吸力锚

图2-4-60　在锚作船艉滚筒上的吸力锚

候通过ROV连接或解除系泊线。

该能力明显地增加了系统的适应性并降低安装与回收的成本。

吸力锚系泊系统的优势是锚在较大升角所具有的抓持力，从而降低了系泊区和由钻井平台维护的警戒圈的周界。吸力锚系统在超深水提供了优异性能，使得钻井平台明显地延伸其水深能力。

吸力锚的其他明显优势是瞄准准确位置、土壤抓持特性及与钻井平台成直线的能力。在系泊系统上的潜水合成浮筒降低了钻井平台上系泊腿的重量。

超深水钻井和开发中，吸力锚系统是动力定位安全和合算的替代物。使用Delmar海底连接器（DSC）使系统理想的用于永久性安装，而单锚作船能够以所需的成本为传统永久性系泊的一小部分安装和维修完整的系泊系统。如图2-4-64所示。

6. 吸力锚（负压锚）在超深水的应用

（1）应用场景一

2003年9月1日，Delmar公司在Alaminos Canyon 857（the Great White IV Prospect）成功地安装了MODU“Transocean”，所运用的是高强度的合成系泊缆绳及其吸力锚。最深锚的水深为2862.37m。

a)

b)

图2-4-64　在拖曳锚作船上准备布放的吸力锚

（2）应用场景二

2003年10月20日，Delmar公司和Shell公司在墨西哥湾在2666.08m的水深里成功安装了深水平台（Nautilus），打破了此前的近300m的平台安装水深的世界纪录。这个已成功安装的系泊系统包括有8个嵌入海底的吸力锚（直径2.87m，长21.33m）及其相连的2743m长的复合纤维系泊缆（直径158.75mm）和1066m长的钢缆（直径95.25mm），并用Delmar公司专利产品水下连接器把复合系泊缆和钢缆系接到锚上。复合系泊缆较

轻，可替代传统钢缆。系泊缆所减少的重量可增加平台甲板载荷，从而允许平台在更深的水域里锚泊。利用最先进的系泊技术，深水平台Deepwater Nautilus采用预锚泊系统进行安装，减少了平台系泊时间，提高锚就位精度。Delmar公司再一次证明自己不愧为系泊技术领域的领袖。

（3）应用场景三

2004年6月1日，Delmar公司和Shell公司在墨西哥湾运用吸力锚技术创造了系泊深度的世界纪录。

Transocean系列第五代“Deepwater Nautilus”半潜式平台在深度为2728.3m的Lloyd Ridge Block 399海域成功安装，其中最深的抛锚深度为2805.7m。

这个超深水的系泊工程采用高强度的合成系泊缆绳及其吸力锚，其作业水深超过了前一年在in Alaminos Canyon Block 857由Shell公司创造的2657m水深的作业纪录。

这项创世界纪录的安装工程分两步完成，其中平台的吸力锚是由Edison Chouest Offshore公司拥有的抛起锚作业船“Laney Chouest”预先安装完毕。随后一旦平台就位后，就可快速地运用较轻的纤维缆和新颖的Delmar公司的水下连接器把平台的8个系泊腿系接到平台。系泊缆所减少的重量可增加平台甲板载荷，从而允许平台在更深的水域里锚泊。

这项技术的发展、测试和运用，使得传统的半潜式平台可以在这个水深及以上的深度上安装。当前，Delmar公司已为许多的MODU作业布设和回收了超过了400个吸力锚，远超其他公司作业数量。这项作业方法和轻复合材料技术将在石油领域在更深的水域里进行油气开发作业中发挥重要作业。利用最先进的系泊技术，深水平台Deepwater Nautilus采用预锚泊系统进行安装，减少了平台系泊时间，提高锚就位精度。

五、动态重力穿刺锚特性

1. 动态重力穿刺锚的主要特点

该锚主要有两个序列：一个是Deep Sea Anchors公司的Deep Penetrating Anchor（DPA）锚；另一个是Delmar公司的OMNI Max锚。

（1）Deep Penetrating Anchor（DPA）型锚的基本特点（图2-4-65、图2-4-66）。

①带稳定鳍的圆柱体及装有压载物尖端。

②可随时安装，安装快捷。

③重力作为安装动力。

④不需要导向，即可在任何方向负载。

⑤水平定位精确。

⑥锚被从船艉放下，深深穿透泥底直达坚硬的底层。

⑦稳定不旋转。

⑧不需要试验负荷，只需要分析一种失败模式。

⑨适用于张紧式系泊系统。

⑩性价比高。

⑪受水深影响不明显。

⑫相比吸力锚有更宽的安装时间窗口。

图2-4-65　在锚作船甲板上的动态重力穿刺锚（鱼雷锚）

图2-4-66　动态重力穿刺锚被从船艉滚筒放下并被深埋进入海底

（2）OMNI Max型锚的基本特点（图2-4-67、图2-4-68）

①是一种全方向性、自穿刺、重力安装锚。

②尺寸相对较小。

③可随时安装，减少安装时间。

④锚被从船艉放下，深深穿透泥底直达坚硬的底层。

⑤稳定不旋转。

⑥性价比高。

⑦受水深影响不明显。

⑧高负荷、高提升能力。

⑨平面外负载能力，真正反相式负载性能。

⑩在高提升角度、全方向（绕锚轴360°）时仍有强劲的负载能力。

⑪在大风暴期间平台保持位置的可靠性高。

⑫增加垂直负载，适用于张紧式系泊系统。

图2-4-67 往锚作船甲板装载的OMNI Max 动态重力穿刺锚

图2-4-68 在锚作船艉滚筒的OMNI Max动态重力穿刺锚

2. 动态重力穿刺锚的适用底质

动态重力穿刺锚适用于软质沉积物海底。

3. 动态重力穿刺锚的抓力特性

（1）Deep Penetrating Anchor（DPA）锚的抓力特性

Deep Penetrating Anchor（DPA）型动态重力穿刺锚通常长度达13m，带有4m宽的稳定翼。最大的垂直负载约700t，可用于移动式钻井平台。锚的设计可承受大的负荷（相比目前的移动式钻井平台能达到的），安装在海上油田后通过84mm锚链可提供超过700t的负载。

（2）OMNI-Max锚的抓力特性

OMNI-Max锚是多向、自埋、重力安装式锚。OMNI-Max能够在绕着锚360° 的任何方向承受负载。在极大的和垂直负载的情况下，锚会自动更深埋入，以获得所需的抓力。这种创新的锚技术，对水下设施在站台保持损坏或失效时的，非常有利于降低潜在的风险。也就是说，这种技术允许损坏的系泊系统维持更长时间，因为这种锚的负载方向可以改变，万一在有多条系泊线失效，也不导致系泊系统不利影响。

4. 动态重力穿刺锚的设计要求

以下介绍Deep Penetrating Anchor（DPA）型动态重力穿刺锚的设计要求。

早在1995年，挪威研究理事会就开始一个叫做“Dyptvann”或“深水”的项目，其主要焦点就是关于系泊和锚作。这也反映了海上石油业需要一种性价比更好的系泊方案，由于随着海上石油勘探向深海发展，当时的技术方案变得非常昂贵。理事会制订新的锚方案的目标是：

①锚的安装必须简单。

②锚的制造不应复杂或太昂贵。

③锚的短期负荷至少为400～500t，长期静态负荷为300t。

④锚作方案应可用于张紧式系泊，能承受垂直负载。

在距离海底一定高度释放动态重力穿刺锚（DPA™），以其重力作为安装动力。例如一个75t重的DPA™锚，如果从50～70m高度释放，当其达到海床时的速度为25～30m/s。在这种速度下，锚能否穿透海底坚硬的沉积物取决于锚的重量和变形特性。

DPA™锚的概念是基于下列原则：

①通过自由落体获得巨大的动能，使锚穿透海床。不需要外部动力源，也不需要试验负荷。

②最佳的流体动力设计以获得快速降落速度，而且稳定不旋转。

③锚的设计利用大部分的深海沉积物土壤在穿透重塑阶段相比固定时能够大大地减轻不排水抗剪强度的原理，也就是说，过多的水压力会消失。

④由于锚的横截面积小，当锚通过浪溅带和海水时的水阻力有限，因此相比其他类型的锚，其安装受天气的影响较小。

5. 动态重力穿刺锚的特性分析

Deep Penetrating Anchor（DPA）型动态重力穿刺锚是锚技术中的一种新颖构想，成为当今石油和天然气工业的用锚的另一种解决方案。自从20世纪90年代中期提出这种构想起，经历了从学科到可行性的详细研究，包括锚和锚链在抛落或自由降落阶段的的流体动力分析、地质分析包括锚的穿透和FEM计算以估算锚的性能、锚安装和变形后在短期和长期负载下的土壤巩固、评估合适的制造方案、运输和安装技术以及费用估算。此外，通过小模型（1：25）和大模型（1：3）在实验室和深水（300m）海湾和海上的一系列的测试。

（1）模型测试——比例1：25

1：25模型抛落测试在一个装满水的5m深的水柜里进行，主要是确定锚链在释放后的形态以及锚链对锚的影响。测试包括不同的锚链垂直长度和不同的链环规格，测试得出下列结论：

①锚链在锚的下降期间没有明显改变锚的形态，除了在连接处由于水动力，锚链被轻微地向垂直方向拖艉。

②通过增加锚上面锚链的悬垂长度，可用于实现降低锚链的阻力。

③锚链的阻力，没有明显改变锚的速度。

④降落期间，连接到锚的锚链部分有一定程度的收缩，收缩程度与锚链的水平长度有关。水平长度增加这种收缩则减少。

（2）模型测试——比例1：3

大比例模型测试在北海的Trondheimsfjord和Troll field进行，测试锚如图2-4-69。共

制造两个模型锚，一个安装了测量仪表，另一个没有。测量仪表包括数字水深传感器、加速器、摇摆测量仪和孔隙压力传感器，用以监视锚安装后期的增加的孔隙压力。

可能1：3模型试验的最重要的发现是证实了水动力的稳定性。图2-4-70为在Trondheimsfjord试验释放前的DPA™锚照片。由于流线形设计，锚发生旋转但很快就恢复。锚的最终倾斜大约1°。

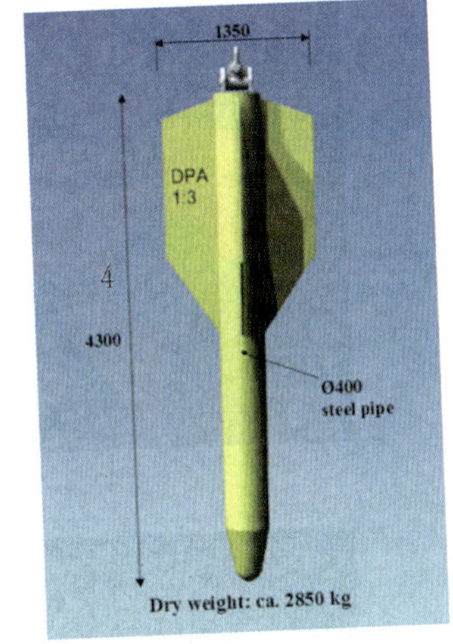

图2-4-69　在北海油田测试的1：3 DPA锚 模型的主要尺寸

（3）流体动力的计算

流体动力计算用于确定有关锚的阻力、最终速度和水动力稳定性方面的性能。应用一种有限量技术求解三维尤拉方程式。用这种方法预测锚周围给定点的流体压力和速度。因此可以通过计算锚表面的总压力得出阻力。根据经验公式加上表面摩擦力。

数字网格由12个结构模块和大约一百万个点组成。如图2-4-71、图2-4-72所示。

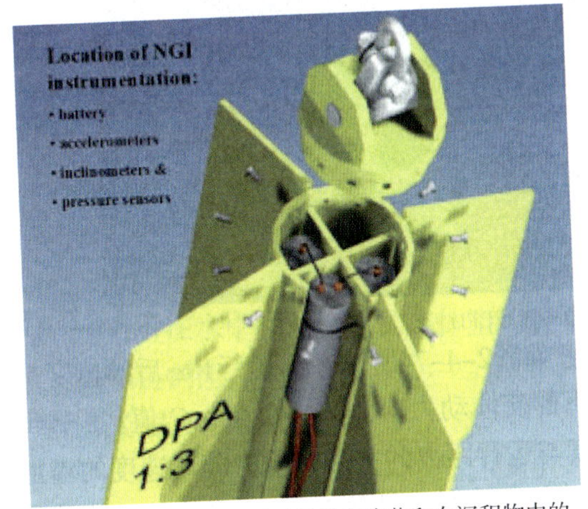

图2-4-70　锚顶端剖开显示锚在降落和在沉积物中的加速度、摇摆和孔隙压力的测量仪器

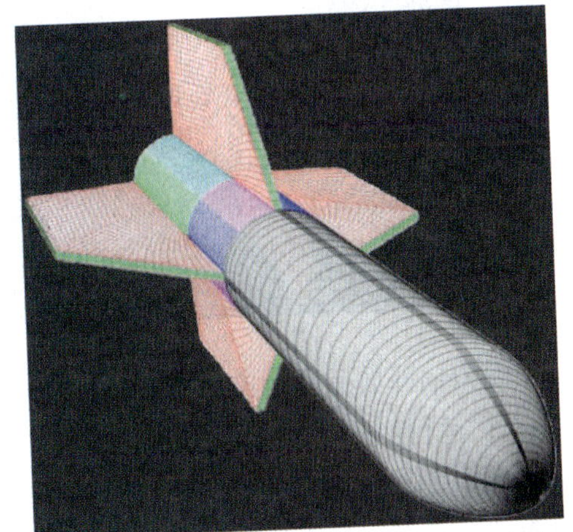

图2-4-71　在挪威进行流体动力计算（CFD）的数字网格图（将速度和压力的分布的分析结果可视化地显示）

在拖艉边缘的截止点水流分散导致低压伴流。低压伴流又对阻力起决定作用，可以通过减少流水线来降低其影响。水流边缘到总体阻力圆柱中心就是所谓锚杆。如图2-4-73所示。

图2-4-81 在Gja Field油田安装DPA φ 锚的船内燃机船 “Island Vanguard” 号

永久系泊线应在安装前系上锚。足够大规格的安装船，也可操作安装钢缆以及永久系泊线；否则，就需要另外一艘作业船，也可以是另一艘锚作船。

一种特别的连接装置位于临时安装钢缆和永久系泊线之间，在锚的顶端，设计允许其控制释放锚，当锚处于正确的位置、距离海底高度适当时让锚抛落。这要有一个适当大小，又有内置减幅用于抵消锚释放后的反弹。

图2-4-82显示准备抛落锚的释放装置，足够松弛的永久系泊线悬挂在安装钢缆末端。

安装锚的另一个主要问题是锚在靠近海底准备抛落时的定位。这要求使用在安装钢缆末端的应答器进行的海底定位；以及锚作船位置保持和调整能力。在定位和抛落前也可由AHT操作水下机器人，利用水下机器人进行测量监控。

锚抛落后收紧锚链，通过检测锚链离伸出海底的距离可以确定锚是否穿透到足够的深度。锚抛落后回收的监测仪器也可以证实。锚埋置在海底下不动，直到其完成任务。或者利用特别技术减少锚的摩擦力然后取回锚。

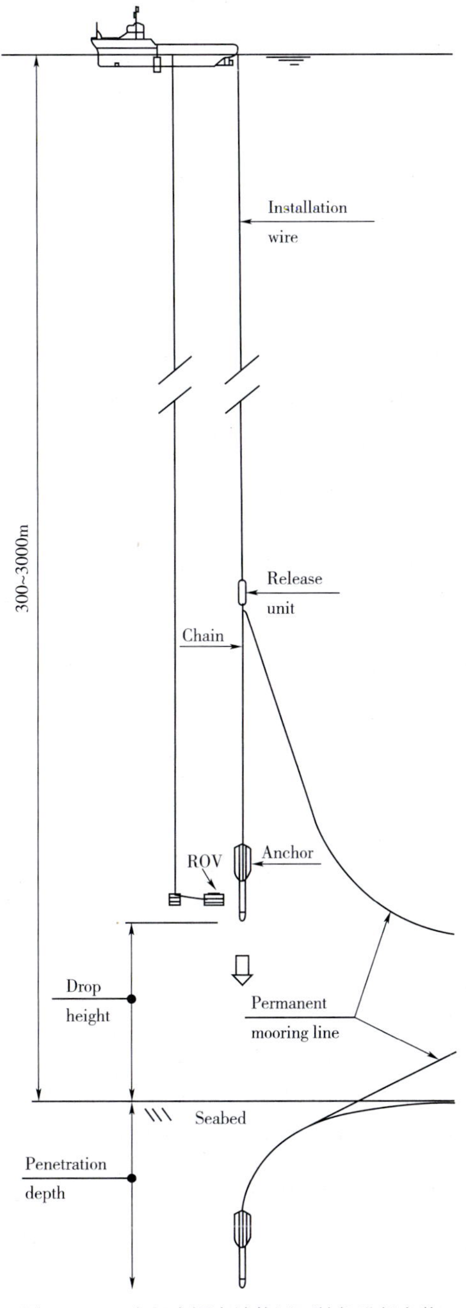

图2-4-82　在超水深水域使用两艘船进行安装

第三节　系泊锚的选择与系泊技术

一、不同水深中系泊锚的选择

1. 不同水深系泊锚的选择概述

海洋石油的勘探开发是稳步的向越来越深的水深发展，除了500m以下水深的浅水项目、500～1500m水深的深水项目的系泊作业技术较为成熟与普及外，1500m以上水深的超深水项目的系泊作业技术正在逐步发展并得以应用，一些海域的开发计划的项目水深甚至正在超过3000m。不同范围的作业水深对海上设施的技术性能、生产工艺、作业风险、锚泊系统、系泊方式、系泊技术等等均有不同的条件要求，在这么大水深范围内该使用哪种系泊锚，导致了海上设施对不同水深条件下对锚的使用产生了不同的技术要求。以下对不同水深环境中锚的选择进行探讨分析。

2. 不足千米水深的系泊锚选择

在1000m以下水深的系泊系统的布置最常见的主要是使用锚链加置入钢缆的悬链线系泊方式，也可采用锚链加置入纤维缆索的悬垂线系泊或张紧线系泊方式。悬链线系泊系统的一个很重要的特征是在整个受载情形期间，锚泊线的一部分通常将被布放在海底。重量是由所处位置的海底承担。这样就要求锚能承受巨大的水平荷载和较小的垂向荷载。这种情况下大范围的拖入式埋置锚得到广泛选择，其中仅仅有少量型号的拖入式埋置锚将被评估其使用范围并根据项目经验而限制，此外吸力锚、垂直负载锚、动态重力穿刺锚也均可在1000m以下水深的环境中得以采用。

3. 超过千米水深的系泊锚选择

在1000m以上水深的系泊系统，使用锚链加置入钢缆的悬链线的重量常常将会变得非常大，使海上设施等漂浮体的设计受到限制。一个解决方案是通过置入合成纤维缆索来减轻系泊线的重量。对于水深超过1000m的系泊系统除了悬链线系泊方式外，更多选择方案是采用张紧线系泊方式，这样系泊线以大角度（45°以上）进入海底。在张紧线系泊系统中如此大角度的系泊线要求锚能够承受巨大的水平和垂直方向负载。基于该用途，一些锚的制造公司开发出了适用深水、超深水并适用于张紧线或悬链线系泊方式的新型锚，主要有垂直负载锚（VLA）、吸力锚、动态重力穿刺锚，其中垂直负载锚（VLA）的工作方式类似于拖入式埋置锚。

4. 超深水水深下的系泊锚选择

对于1500m以上的超深水水域，主要采用锚链加置入纤维缆索作为系泊线，以及

采用垂直负载锚（VLA），或吸力锚，或动态重力穿刺锚，利用预布预置锚的系泊技术建立张紧线系泊系统。

二、对系泊锚设计的基本要求

为使得一个特定项目的锚能得到成功使用，下列信息要运用到锚的设计过程中：

①计算的最大完整和破损的设计负荷。

②现场土壤条件。

③使用的锚的前置索的类型。

④将要使用的系泊系统的类型。

⑤提交批准的船级社的要求。

这些参数的重要性在下面进一步详细讨论。

1. 设计载荷和船级社

设计荷载要结合指定的船级社的安全系数来决定所需的锚抓力。典型的最大设计荷载在系泊线的最高载荷中要指定，锚的抓力设计也要达到同样的载荷。然而，锚的载荷很大程度依赖锚的具体位置，例如由于直接的环境载荷，对于锚的设计就会作为一个独立的锚载荷。锚的设计载荷会决定要求的布锚载荷，布锚载荷典型的是等于最大完整设计载荷。当对比锚所要求的抓力能力，布锚载荷一般等于所需锚抓力能力的50%～70%（设计载荷乘以相关的安全系数）。

2. 土壤条件

土壤参数对于决定拖入式埋置锚的尺寸和适合的布锚方式是非常重要的。土壤数据决定锚尺寸和拖曳和楔入等的布锚参数的精确性。基本上有两种土壤数据的极端情形用于锚设计：第一种情形是对于计划锚泊位置而言几乎没有土壤参数；第二种情形是对于计划锚泊位置的如打桩要求进行了地质调查。计划锚泊位置的土壤类型不仅影响锚的尺寸，也影响锚爪/锚杆角度的优化。对于几乎没有土壤参数可用的情形下，锚的设计会基于该布锚区域的最差地质条件来设计，为确信有足够的抓力，锚设计的尺寸会适当的增加。对于具有土壤参数可用的情形，布锚区域的每个锚就有优化的可能。每个锚位的锚就可按照甲方愿望而优化为一组锚。这时会导致2～3种不同尺寸的锚甚至是不同形式的锚。

3. 锚的前置索

锚的前置索不论是锚链还是钢缆，尽管前置索用锚链更普遍。锚在特定地质条件下锚的前置索用钢缆有相当的好处，对于同样破断强度的锚链，钢缆有更低的阻力。在非常软质黏土地质条件下，锚前置索使用钢缆会使得锚穿入海底更深，这样锚的尺寸就比锚前置索使用锚链的锚要小。锚的前置索使用钢缆也利于锚在软土表面堆积硬质表皮的地质条件下的应用。钢缆会更容易穿透硬质表皮，这样就使得锚穿透进入更深的软质土壤下面。

4. 系泊系统

对于海洋石油工业的锚泊系统应用通常使用两种不同的系泊方式，悬链线系泊方式的复位力量是靠锚泊缆的重量产生，张紧线系泊方式的复位力量是靠锚泊缆的弹性产生。悬链线系泊方式常用于1000m以下海域，而张紧线系泊方式（张力腿系泊）更多用于1000m以上水深的海域。

悬链线系泊系统通常设计为一部分锚泊缆与海底接触。这样就要求锚具有承受巨大水平负荷要求而不是承受大的垂向负荷。对于张紧线系泊系统，传统的拖入式埋置锚是适用的。在张紧线系泊系统中锚泊缆要以相当大的角度（通常在30°～45°之间）进入海底。这种方式要求锚不得不承受大的垂直和水平方向负荷。为此垂直负载锚（VLA）、吸力锚和动态重力穿刺锚得到了发展。

三、不同水深采用的系泊技术

1. 不同水深系泊方式选择概述

如前所述，不同范围的作业水深对海上设施的技术性能、生产工艺、作业风险、锚泊系统、系泊方式、系泊技术等等均有不同的条件要求，如何根据实际水深、环境条件、海上设施类型及使用的系泊锚情况，正确采用锚泊方式、系泊方式及系泊技术保证海上设施安全系泊及系泊作业的安全进行是极为重要的。以下对不同水深环境中系泊方法等系泊技术进行探讨分析。

2. 不足千米水深系泊方式选择

由于在1000m以下水深大范围的拖入式埋置锚得到广泛选择，其中仅仅有少量型号的拖入式埋置锚将被评估其使用范围并根据项目经验而限制，此外吸力锚、垂直负载锚、动态重力穿刺锚也均可在1000m以下水深的环境中得以采用。因此，在1000m以下水深环境中，不仅可利用锚作船对海上设施采用直接布锚方式建立悬链线系泊系统，也可采用预置锚方式进行作业，以建立悬链线或张紧线系泊系统。

3. 超过千米水深系泊方式选择

由于在1000m以上水深的系泊系统通过置入合成纤维缆索来减轻系泊线的重量。对于水深超过1000m的系泊系统除了悬链线系泊方式外，更多选择方案是采用张紧线系泊方式。对于采用张紧线系泊方式的，在锚的选择上主要有：垂直负载锚（VLA）、吸力锚、动态重力穿刺锚。因此，在1000m以上水深环境中，主要采用预置锚方式进行作业，以建立张紧线系泊系统，如水深不足1500m，有些钻井平台有时也采用锚链加置入纤维缆索的悬链线系泊系统。

4. 超深水水深下系泊方式选择

由于1500m以上的超深水水域，主要采用锚链加置入纤维缆索作为系泊线，以及采用垂直负载锚（VLA），或吸力锚，或动态重力穿刺锚。因此，超深水系泊方式主要是利用预布预置锚的系泊技术建立张紧线系泊系统。

此外，由于布传统的拖入式埋置锚和垂直负载锚最常见的方法之一是使用一艘锚作船来产生所需的水平拉力。布锚工作所要求的布锚负荷要在锚作船的能力范围里。随着海洋结构物不断的增大，系泊环境的苛刻和向更深水深的迁移，作用在锚的力稳定的增加，导致布锚的负荷达到大约6000～8000kN已经变得很平常。对如此大的布锚负荷，一个更有效的布锚方法是使用海底张紧装置，使得所布的锚达到垂向拉力仅用船舶的拖缆机就可以。通常要求垂向拉力能力到达要求布锚负荷的40%～50%。将用项目经验解释深水海域海底张力装置的使用。

第四节 抛锚作业相关技术与应用

一、锚作船抛锚作业的技术问题

一旦水深问题比系泊线的总长度问题更为重要时，有些问题就变得明显。比如在1999年在大多数水深时，锚被放置在距钻井平台1500m是完全可接受的。100m的水深仅仅是距离的6%，而800m的水深时水深与距离之比是53%等等。

对于那些负责系泊活动的现在有一种倾向，要求锚作船连续驶出到要求的1500m，或是将锚背在艉滚筒，但是当水深是距离的6%时是可能的，而如果水深代表50%的距离将是不可能的。如图2-4-83所示。

图2-4-83 新一代超级锚作船Boa Deep C可在任何水深工作

假若这样合力作用在完全装满钢缆的抛起锚滚筒上，结果在操作中存在着刹车打滑并引起紧急情况的危险。由于存在紧急情况的危险作业人员尝试别的措施。在大西洋之外的海域作业，海上作业尝试在系泊线的中间放置第二艘带J形钩的船。这似乎可行，但这意味着两艘船忙于做一根系泊线的工作，无疑延长了钻井平台移位的时间。如果大西洋低压急速向平台位置移来，

这会是至关重要的问题。如图2-4-84所示。

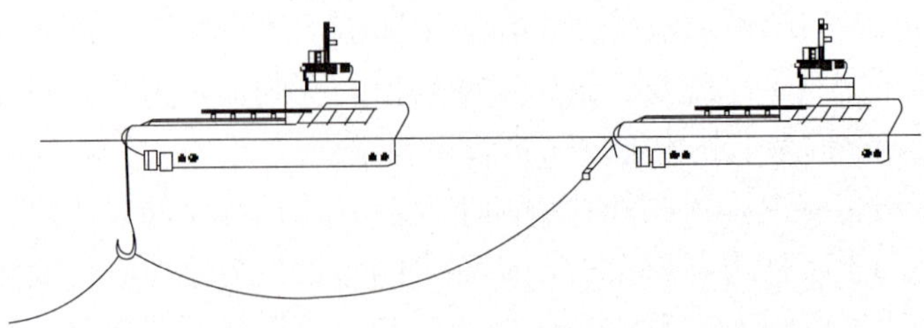

图2-4-84 两艘锚作船前后成一队形用J型钩钩住系泊线驶出

在墨西哥湾的深水“负载分担”技术已变得很平常，在那里锚被逐渐地向海底放下，然后锚作船可以驶出更远。然而为了负载分担及将锚抛到预定的1500m距离之外，船舶需要能够储存大直径的很长的钢缆。

另一个已变得明显的问题是钻井平台的锚架易损性只在半潜式平台进入到深水时，锚架是钻井平台在拖航中存放锚的手段。

锚架不可避免地从钻井平台的桩柱突出来，超出浮筒体的侧面，因此如果使用的拉力不足，系泊线几乎不可避免地损坏锚架。经验表明锚链可能磨穿锚架的水平面，并成为凹陷或可能导致钻井平台实际结构的损坏。

二、锚作船作业的配员问题

锚作船配员的变化取决于半潜式平台在深水单个锚作业的持续时间。在早期，由于布锚作业缓慢，驾驶台上的人员消耗时间用于控制船舶，船舶从一项艰难作业向另一个艰难作业。转换在甲板上船员可能同样地进行连续工作，只能抓住机会打个盹。为缓和这困难，英国的交通部发布一个被称为“M”通告的指示，建议增加锚作船的配员。增加的配员包括额外的驾驶员、额外的轮机员和一名额外的水手。这些增加的人员允许机舱值班的改变，也允许有两套的甲板船员，每套有驾驶员指挥。如果工作暂时停止，这样两班轮流可能会给船长一些休息的机会。我国的石油天燃气行业标准《船舶靠泊海上设施作业规范》中对锚作船从事抛起锚作业的船员提出了推荐性要求。

挪威已采用了一套规则，导致锚作船的配员情况要比供应船的要少，因为锚作船较小。除了所有这些之外，锚作船船长很不情愿将锚作船在与固定物标靠的很近的情况下将锚作船的控制权交给其他人。尽管有来自海事当局的正式鼓励，现在在深水工作的大型锚作船，由于时间周期的延长，必需有足够适任人员在船上满足现场完全的换班，并且“操纵伙伴”是定额。进一步的问题是操纵伙伴是否接受了适当水平的培训，因为随着大型锚作船数量的增加和深水系泊作业数量的增加将意味着所需船员数量的增加。

作为对该要求的响应，现在已有少数的模拟器设备用于供应船的船员培训。Maersk有它们自己的设备，在挪威和英国的Lowestoft、South Shields也有模拟器。虽然没有正式批准的用于船员在近海支持船所需要的船舶操纵培训的教学大纲，目前，技能的培训效果取决于教练员对在使得深水抛起锚作业更有效和更安全上将需要什么的理解。

三、超深水系泊线的基本组成

1. 抛起锚作业发展史

早在Sea Ouest的时代，在100m的水深船舶起锚上甲板就非常困难；在15年之前，他们发现在700m的水深锚上甲板有困难；而如今的船舶功能较强，锚几乎可在任何水深上甲板。系泊系统的制造商已被激励想出了将非常大的漂浮物体被牢固地系在海底，并且可由船舶处理的方法。许多锚作船都能够进行该作业，这些锚作船有大量的功率和很大的拖缆机，对于将要进行的工作，有些甚至具有储存数英里的钢缆或纤维系泊缆的容量。

深水系泊系统可概要地分为两类，即吸力锚系泊和组合（焊接）锚系泊，外加可能的动态重力穿刺锚。

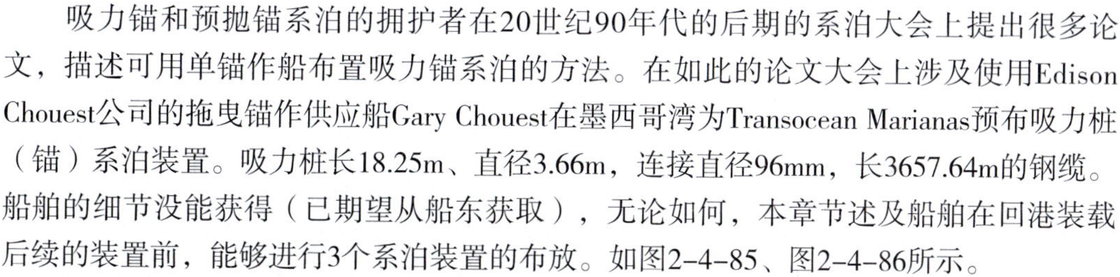

吸力锚和预抛锚系泊的拥护者在20世纪90年代的后期的系泊大会上提出很多论文，描述可用单锚作船布置吸力锚系泊的方法。在如此的论文大会上涉及使用Edison Chouest公司的拖曳锚作供应船Gary Chouest在墨西哥湾为Transocean Marianas预布吸力桩（锚）系泊装置。吸力桩长18.25m、直径3.66m，连接直径96mm，长3657.64m的钢缆。船舶的细节没能获得（已期望从船东获取），无论如何，本章节述及船舶在回港装载后续的装置前，能够进行3个系泊装置的布放。如图2-4-85、图2-4-86所示。

这意味着锚作船具有存放5500m长、直径96mm钢缆的滚筒能力。自从在系泊作业期间，ROV被广泛使用以来，锚作船还必须提供一些收放的手段。此外，在从事安放吸力桩和吸力桩吸入海底时，对配备有基本DP系统以及可能仍在使用该系统保持船位的锚作船会有更好的机会。当然需要少许的系柱拉力，因为一旦钻井平台到位，钻井平台系泊链与吸力桩系泊线连接上，诸如此类的作业是需要具备一定的系柱拉力的。几乎可以确定的是双鲨鱼钳或KARM制动叉也会使该作业的一些特殊部分的工作变得容易。

吸力锚可能较少在北海使用，那里的海底较硬，因此 Bruce 和 Vryhof的传统大抓力锚在那里获得认可。在1500m的水深使用传统的系泊技术已变的几乎很平常，在墨西哥湾Deepwater Nautilus钻井平台已用吸力锚和纤维系泊缆在2441m水深处进行了系泊。这是系泊钻井平台的记录。

图2-4-85 Transocean Marianas深水钻井平台

图2-4-86 吸力锚经由Solstad锚作船投入海底的过程

2. 系泊线置入钢缆或纤维缆技术

（1）常规系泊线

大多数半潜式钻井平台配有常规的锚链或钢缆悬链系泊系统。这是传统系泊方式最常用的配置。

（2）置入钢缆

当钻井平台常规的悬链系泊系统不满足预期的作业水深时，可在每根系泊线中增加延伸钢缆的方法延长系泊线的长度。该钻井平台增加的系泊线的延长线，使得钻井平台可在更深的水深作业。Delmar公司成为该方法使用的先驱者，扩展了传统的浅水钻井平台的作业水深能力。如图2-4-87所示。

图2-4-87 能够储存数千英尺大直径钢缆的作业滚筒

（3）预置锚

对于钻井平台系泊系统的升级，在期望的水深或特殊的作业位置条件下，在钻井作业处预置一个增强型的系泊系统在可能是较划算的。锚、锚链和钢缆可在钻井平台到达井位之前进行安装，避开钻井平台作业的关键时间范围。

（4）置入纤维缆索

在钻井平台受到传统的钢质缆/锚链系泊系统抑制的超深水的应用中使用合成纤维系泊部件。用传统的系泊成分与纤维缆索的结合的有效和实际的系泊方案，延伸现有钻井平台的水深能力。

Delmar公司在墨西哥湾首先使用纤维缆索，起因于1999年的JIP测试。结果，

Delmar公司设计、促成和安装了世界上第一个该类型的半张紧钢—纤维缆索—钢质海上移动式钻井装置系统，并且是唯一的在重复使用。该独一无二的系统包含Delmar公司专利的Delmar水下连接器（DSC），和有效地布放超深水系泊的安装方法，该方法使用单一具有与系泊线分开布锚能力的锚作船进行。如图2-4-88所示。

图2-4-88　能够储存数千英尺纤维缆的作业滚筒

四、使用纤维缆索系泊

纤维缆产品推销员的提出的理由是海面和海底上如此之长的钢缆长度其重量最终将会超过破断张力。但他们说纤维缆在水里因为有浮力，并因此使用纤维缆是更聪明的选择。在欧洲经常用纤维缆来使系泊线跨越海底管线或海底建筑物。通过该技术替代使用钢缆和水下浮筒。

Delmar公司维持世界上最大的用于移动式钻井装置的纤维系泊缆，连同连接件的存货。Delmar公司能够设计和安装用于最挑战的系泊条件的纤维缆系泊系统。Delmar公司能够引入纤维缆系泊作为解决被认为是更浅水的传统系泊项目问题的手段。如图2-4-89、图2-4-90所示。

图2-4-89　往卷筒卷入的纤维缆

图2-4-90　装妥卷筒待发货的纤维缆

拥挤的海底条件、海管及系泊区影响临近的钻井平台所呈现的挑战，纤维缆扮演了主要的角色。这些应用已被用于降低钢质系泊部件悬垂在管线或海底设备之上的风险，同时也减小系泊线的范围，以使其他结构物容易靠得很近。

纤维缆缺点是相同强度的纤维缆在尺寸上要比钢缆大得多，并具有较大的弯曲半径。结果需要非常大的拖缆机来贮存，和需要非常大的滚筒来倒缆。但目前已经有可

以存放很长纤维缆的存贮滚筒，而且存贮滚筒也很容易地进行操作,只需带有一点的张力。

纤维缆系泊部件可被最小磨损地重复使用。谨慎的布放计划和回收操作确保最大寿命。

置入纤维缆的方法：锚作船通常从系泊线移走锚，然后将一定数量的锚链放入锚链舱。甲板船员然后将在鲨鱼钳处捕抓住锚链并将其分解开。要么在连接链环处，要么用在海洋石油业被称之为“气斧”的氧乙炔设备将其切开。如果距平台的距离正确，则将锚链与纤维系泊缆的末端连接，随着船慢慢地远离钻井平台，小心地将纤维缆其放出，越过海底管线。一旦纤维缆的另外一末端在船尾，将其接上锚链，并将锚链从锚链舱放出直到到达锚位。船舶放出锚链的速度常常超过平台可以放出的速度。如图2-4-91、图2-4-92所示。

图2-4-91　卷装纤维缆

图2-4-92　Maersk Assister拖缆机操作员的控制台

五、纤维缆索在超深水的应用

合成纤维缆索在海上移动式钻井平台系泊系统的应用，提升了海上移动式钻井平台的系泊能力。当前，应用于海上移动式钻井平台系泊系统的合成材料仅限于聚酯纤维缆索，很少有例外。在近期的研究中，另一种合成材料——高模数聚乙烯纤维材料（HMPE）成功应用于海上移动式钻井平台系泊系统，其在深水作业应用中工程特性与聚酯纤维基本相同，包括使用寿命和位置保持能力。

在2004年和2005年，飓风“Ivan、Katrina和Rita”造成了多个海上移动式钻井平台脱离其系泊系统，在墨西哥湾漂移。这些台风过后，如何提高墨西哥湾中的海上移动式钻井平台系泊系统的生存能力获得广泛研究，其中包括逐步在飓风期间用合成纤维材料加固现有的海上移动式钻井平台。

在研究分析HMPE材料时，重点研究了海上移动式钻井平台系泊系统的主要性能。如传统的悬链线和聚酯纤维缆索的系泊系统，其性能作为HMPE材料系泊系统的参照基

准。研究考虑的最大水深为3000m。研究分析了在墨西哥湾中的飓风条件下的海上移动式钻井平台及其系泊系统的生存状况或吃水状况，并对所有的系泊系统的系泊缆受力极限和安全因素值进行生存对比分析。图2-4-93中显示了不同系泊系统的生存/性能范围及海上移动式钻井平台位置偏移量。

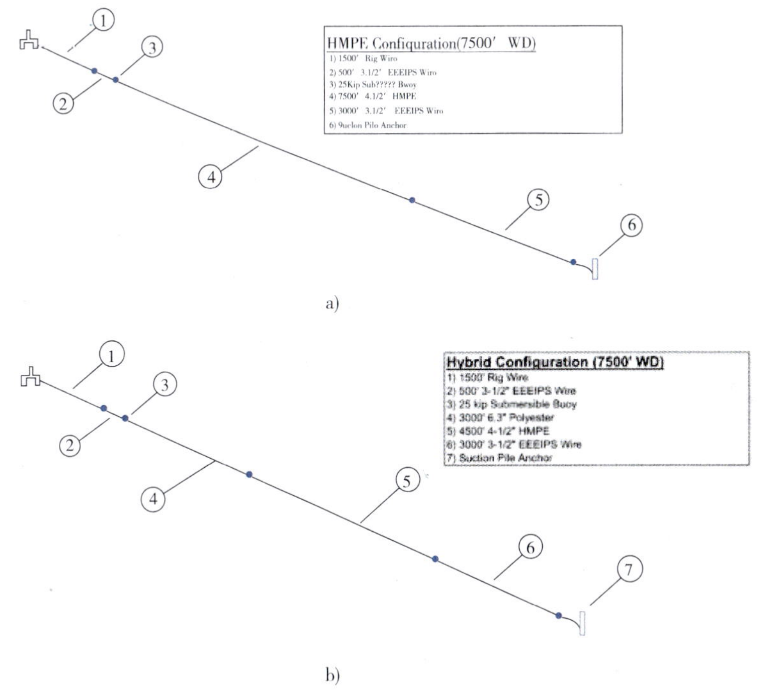

图2-4-93　生存性能范围及平台位置偏移量

把合成纤维材料嵌入到钢缆中，则系泊系统的重量和体积都得到降低。更轻的合成材料便于操作和安装，同时不影响系泊系统的生存能力。HMPE纤维绳已在一些特别的工程得到应用，如管道铺设、泥底中配合Delmar锚使用和西哥湾外的完整的系泊系统。本研究证实了HMPE纤维材料的系泊缆在西哥湾飓风条件下的可用性。聚酯的合成纤维已得到广泛应用，而HMPE材料则可以更好地提高深水的MODU系泊系统的生存能力。

六、超深水系泊系统的革新

永久性生产系统的系泊费用非常高，但新技术正不断降低该费用。海上石油工业应接受这些新技术。

自1995年起，在超深水水域不断出现性价比高的永久性系泊系统。设计变化主要

体现在传统的悬链式系泊系统的锚链和钢缆的重量方面以及张紧式系泊系统（TMS）的纤维缆的重量。

现在张紧式系泊系统（TMS）主要采用纤维缆：当锚既承受水平、也承受垂直负荷时，锚的设计也需要改善以提高锚的性能、降低抛锚风险。

拖入式埋置锚、垂直负载锚、动态重力穿刺锚和吸力锚的布锚费用对悬链线系统的总体费用影响较小。布锚费用主要由锚作船数量和长度大、直径大的钢缆/锚链的布设时间确定。

但是，即使在中等水深，布锚的不充分计划可能会导致预算的严重超支。

深水中TMS系泊系统布锚技术的改善方向是：采用重量轻的系统；采用便宜的高性能抗提升锚，结合大大缩短的弹性系泊线以节省成本。重量轻的锚和重量轻的系泊缆的结合，应用拖入式埋置锚、垂直负载锚、吸力锚或动态重力穿刺锚。能够深入海底的垂直负载锚（拖入式金属板锚）的性能10倍于桩锚和吸力锚。

但是，抛于软性底质的锚，特别是TMS系统的锚由于持续的张力和张力变化，引起微妙的有关持久性的地质问题，例如爬行效应（creep effects）等等。尽管有成功的案例，在锚的计算性能值和安全余量总要保持足够的富余量。

通过布锚技术改进比仅仅依靠新的技术更符合安全和准确的布锚要求。例如，传统的吸力锚的布锚采用顶部关闭方式，可移动内侧土塞重量从而应对巨大的提升力。

另外，吸力锚结构与完整的锚桩相结合以提高锚的抓底性能，特别是在软泥下面有坚硬底质的海底。在深海水域由相同的、软泥土沉淀而形成的底质，任何类型的锚都能够有效抓牢，但这种海底很少。

革新的努力方向：作为一家系泊缆的供应商，Selantic公司一步一步地进入这个行业巨大又复杂的工程。Selantic公司3年来已为FPSOs提供系泊缆以维持其弹性升高系统的位置。每一个升高系统通常是对应单个锚。

Selantic公司目前参与欧盟的工程，该工程的总体目标是为发展选择纤维张力换能器（OFSTs），以监视系泊和提升缆绳系统的拉伸特性。OFSTs与缆绳形成一整体，希望这些监视器能够有助于确定合成纤维缆绳在恶劣环境的永久大型系泊系统的使用，省掉目前标准需要的昂贵开支。

巴西的海上系泊工程给人以深刻印象的是合成系泊材料的潜力的测试结果。这些纤维材料在系泊中的应用还会有突破吗？

七、预置锚系统的优势及条件与要求

1 预置锚系统的作用与技术概述

如果形势需要为期望的水深或因为特殊的位置条件升级钻井平台的系泊系统，预

置一个钻井平台在钻井位置的增强的系泊系统可能是符合成本效益的。如图2-4-94所示。

锚、锚链和钢缆可在钻井平台到达之前安装到位，并错开钻井平台作业的关键时间范围。在到达预置位置之前，可能需要拆掉一些钻井平台的标准系泊部件。

钻井平台一旦到达钻井位置，用一或两艘锚作船将钻井平台上剩余的系泊设备连接到预系泊系统。

图2-4-94　预置锚系统原理图

单一的锚作船能够安装每一预系泊系统的系泊线。系泊线部件运送到现场并按指定的坐标布设。水面浮筒通常附在每根预布的系泊线上以便当进行钻井平台连接时可快速回收。钻井平台一旦到达现场，锚作船将钻井平台连接到预布置的系泊线上。

任一钻井平台系泊部件的重新安装或将钻井平台迁移往其他的预系泊系统，以类似的方式完成钻井平台的系泊解除。

预系泊系统应允许钻井平台以比布置钻井平台自身的系泊系统所需的更少时间完成连接。然而，这受到是否必须拆掉钻井平台自己的系泊部件或在钻井平台上重新安装系泊部件，以及可能影响系泊程序的影响。如图2-4-95所示。

水深、钻井计划的时间长度，和船舶与钻井平台费率一样，在决定预置方案的经济性上，所有都扮演了一个重要的角色。应研究这些因素以确定系泊钻井平台的最经济手段。通常最经济的是使用钻井平台自己的系泊系统。

当有必要补充钻井平台的系泊到有效程度，超过简单的延伸钢缆长度或如果海底特性或海底管线冲突，进行传统的布锚变的不切合实际，则预置锚系统就变得经济。

图2-4-95　钻井平台与预置的预置锚通过锚作连接

2. 预置锚及纤维缆索系统的优势

（1）深水及不适合使用锚链系泊系统的钻井平台系泊。如图2-4-96所示。

（2）解决水深超过1500m时锚链和钢缆系统变得无效问题。

（3）减轻拖曳锚作船抛起锚作业

时的过度负载。

（4）传统的系泊方式作业费时太长。

（5）张紧线系泊方式平台位置偏移较小。

（6）垂直负载锚/纤维缆索可得以应用。

（7）存在海管电缆等海底障碍物。

（8）改善深水钻井隔水立管相关问题。

（9）在钻井平台到达之前进行系泊系统设置。

（10）在钻井平台到达之前解决锚的抓力问题。

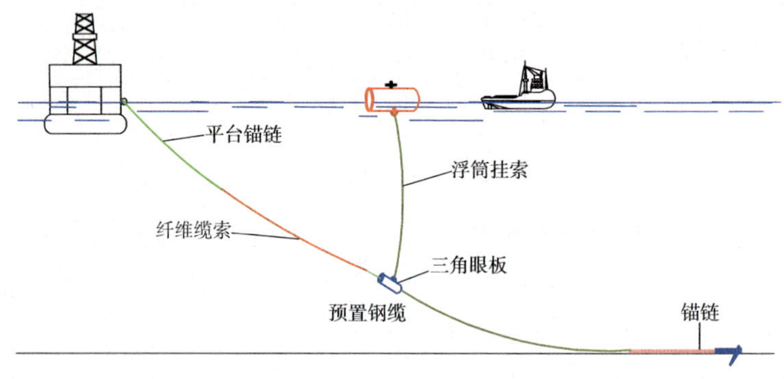

图2-4-96 预置锚加锚链/钢缆、纤维缆索系泊系统示意图

3. 预置锚系统相关条件及需求

（1）建立相关程序（临时或永久式性布锚）。

（2）系泊浮筒在装运途中（临时或永久式性布锚）。

（3）在可能时使用垂直负载锚技术（有效特性）。

（4）小于1500m水深用张紧线钢缆系统（有效特性）。

（5）大于1500m水深用张紧线纤维缆/钢缆系统（有效特性）。

（6）减小锚泊半径范围，减小平台位置偏移范围，减小系统重量（有效特性）。

（7）初始布设5～15天（易于布设和回收的便利性）。

（8）回收5～10天（易于布设和回收的便利性）。

（9）适于油田操作的拖曳锚作船（滚筒存缆能力）（易于布设和回收的便利性）。

（10）每个单锚泊线典型的布设或回收时间约6个小时（易于布设和回收的便利性）。

（11）商业或拖曳锚作船公司的区域周转选择（易于布设和回收的便利性）。

（12）设备跟踪程序（易于维护，可重复操作）。

（13）维护程序（易于维护，可重复操作）。

（14）最少的部件、证书与检验（可靠性）。

直接布锚系泊方式与预置锚系泊方式，如图2-4-97所示。

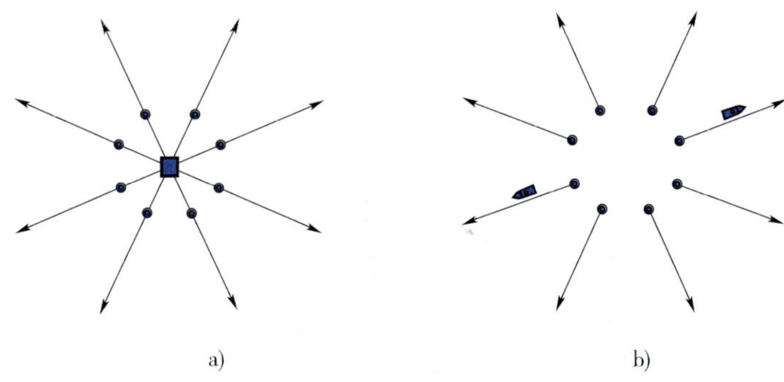

图2-4-97　直接布锚系泊方式与预置锚系泊方式

4. 预置锚系统的基本管理要求

FRANKLIN OFFSHORE公司自1996年至2005年期间进行了160次的预置锚作业，主要作业者为SHELL Brunei（3口井、锚链/钢缆）、SHELL Sarawak（2口井、锚链/钢缆）、SHELL Egypt（2口井、锚链/钢缆）、UNOCAL Indonesia（超过100口井）、UNOCAL Philippines（3口井、锚链/钢缆）、TFE Brunei（3口井、张紧线系泊）、TFE Indonesia（1口井、张紧线系泊）、ENI Indonesia（3口井、张紧线系泊）、Amerada Hess（3口井、锚链/钢缆）、Santos Indonesia（3口井、锚链/钢缆）、MURPHY Oil Malaysia（提供设备）、DELMAR USA（提供设备）、AKER USA（提供设备），作业水深范围为500～2400m，自1997年开始使用2艘Maersk和Swire公司的拖曳锚作船连续操作，在张力线系泊系统和垂直负载锚的作业方面拥有丰富的经验。期间其安全记录为：较大的事故1起（肋骨/骨盘骨折，操作技能很差）；小事故多起（扭伤踝骨、皮肤切口等）；1起张紧线系泊系统跌落海底（浮筒眼板损坏）。

基本管理要求如下：

①与拖曳锚作船、钻井公司和作业者人员建立危险与可操作性研究（HAZOPS）及程序。

②拖曳锚作船适于用途。

③遵守规范的海上行为规范（避开受力的钢缆等）。

④系统设计原则要易于/安全于甲板操作活动。

⑤预置锚系泊只在监督下进行。

5. 布设预置锚系统的动员要求

（1）布设预置锚系统的动员原则

①制定作业计划。

②落实资源（拖曳锚作船、基地港口设施）。

③方案设计。

④配备有经验的人员。

⑤落实准备操作设备（盘卷设备、移动式卷筒），如图2-4-98、图2-4-99所示。

图2-4-98 装在锚作船上的盘卷设备、移动式卷筒

图2-4-99 装在锚作船甲板上的预置锚、浮筒等设备与索具

（2）用于预系泊系统的预置锚

①BRUCE 垂直负载锚

a.锚的类型：BRUCE 垂直负载锚，近常规的拖入式埋置锚。如图2-4-100所示。

b.锚爪面积：DENNLA 11.5m^2。

c.穿透深度：在1.25kPa/m土壤强度下穿透泥线之下14～30m。

d.拉力/破土负荷：200t。

e.锚的抓力：400～700t。

f.单船布放，无需ROV。

g.最深深度达到2400m。

②Vryhof 垂直负载锚

a.锚的类型：Vryhof 垂直负载锚。如图2-4-101所示。

b.主要用途：主要用于永久性系泊。

c.特点：在销子剪切时系统的负载量骤增；遭遇过回收困难；在甲板上操作困难布设时间比BRUCE锚增加30%。

d.作为BRUCE 锚的替换性选择。

图2-4-100　在锚作船尾滚筒的BRUCE垂直负载锚

图2-4-101　在锚作船甲板上的Vryhof垂直负载锚

③BRUCE MK4 垂直负载锚

a.锚的类型：BRUCE MK4垂直负载锚。如图2-4-102所示。

b.锚爪面积：DENNLA 11.5m^2。

c.浇铸式锚杆。

④BRUCE MK2 垂直负载锚

a.锚的类型：BRUCE MK2垂直负载锚。如图2-4-103所示。

b.锚爪面积：DENNLA 12m^2。

c.滑动式锚杆。

d.简化式设计。

e.布设时锚杆向前，回收时锚杆向后。

图2-4-102 BRUCE MK4垂直负载锚

图2-4-103 码头上的BRUCE MK2垂直负载锚

（3）BRUCE DENNLA的拉锚张力（表2-4-7）

BRVCF DENNLA 的拉锚张力 表2-4-7

WELL NAME	Water Depth	LINE 1	LINE 2	LINE 3	LINE 4	LINE 5	LINE 6	LINE 7	LINE 8
GANDANG 2A	1711	90	120	127	90	112	195B	195B	100
GENDALO 3	1553	130	100	125	88	91	105	181	82
RANGGAS UTARA	1606	102	120	100	115	104	104	92	111
RANGGAS 4	1570	95	98	94	107	123	95	75	100
API-1	1667	111	102	107	83	103	125	99	96
RANGGAS 5	1628	122	106	113	106	115	163	96	108
GULA 2	1928	107	99	195B	126	100	128	123	95
GUDANG 1	1371	××	××	180	130	110	137	127	160
GENDALO 5	1144	××	××	××	72	200	210B	××	××
RANGGAS 6	1618	110B	110	160	120	195	103	shank Failed	123
RANGGAS 6A	1633	113	114	194B	98	111	117	95	107

NOTE B=BREAKING OUT WHILE PULLING ON BACK SIDE。
ALL VALUES IN METRIC TONS。
NOTE=GENDALO 5 LINE 6，ANCHOR BROKE OUT ON BACK SIDE ON THIRD ATTEMPT。
NOTE=RANGGAS 6A，ANCHOR BROKE OUT ON SECOND ATTEMPT。

（4）系泊分析简介

Noble Denton公司的系泊分析软件集成了系泊和立管状态的分析。程序包括了准静态的或动态的分析，分析采用行业算法，用于预系泊的配置。如图2-4-104所示。

（5）纤维缆的操作

①高性能聚乙烯（Dyneema）

规格：10 × 3″ × 914m，在水深达2048m处悬链线系泊方式使用过。

优势：尺寸、强度比佳。

劣势：价格高（约2.5倍的聚酯纤维缆价格）、僵硬。

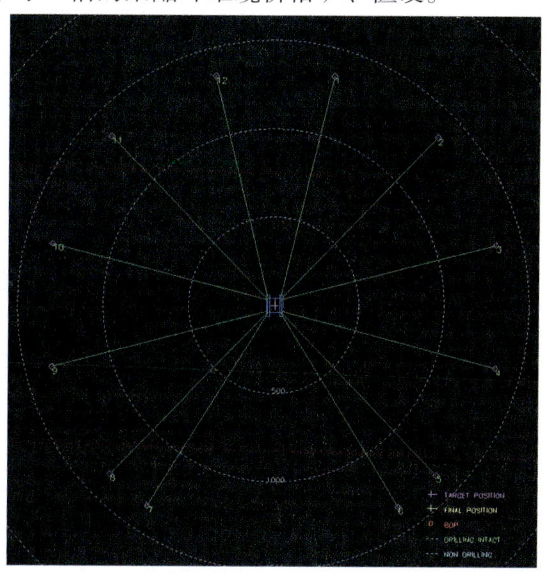

图2-4-104 Noble Denton公司的系泊分析软件

②聚酯纤维缆（Polyester）

规格：18 × 5.25″ × 1220m，在水深达2311m处悬张紧线系泊方式使用过。

优势：价格、僵硬。

劣势：储存容量、尺度大、强度比差、末端尺寸大。

在锚作船甲板上的纤维缆如图2-4-105、图2-4-106所示。

图2-4-105 在锚作船甲板上的纤维缆索结末端

图2-4-106 在锚作船甲板上的纤维缆

（6）钻井平台使用纤维缆系泊的系统连接（图2-4-107、图2-4-108）。

6. 张紧线系泊分析结果概述

表2-4-8为在水深2500m处海域作业的8锚式钻井平台使用张紧线系泊方式，假定风暴自30° 方向袭来，对无调整系泊和调整一些系泊状态下的完好和损坏情况下钻井

平台的偏移情况进行的分析。如图2-4-110、图2-4-111所示。

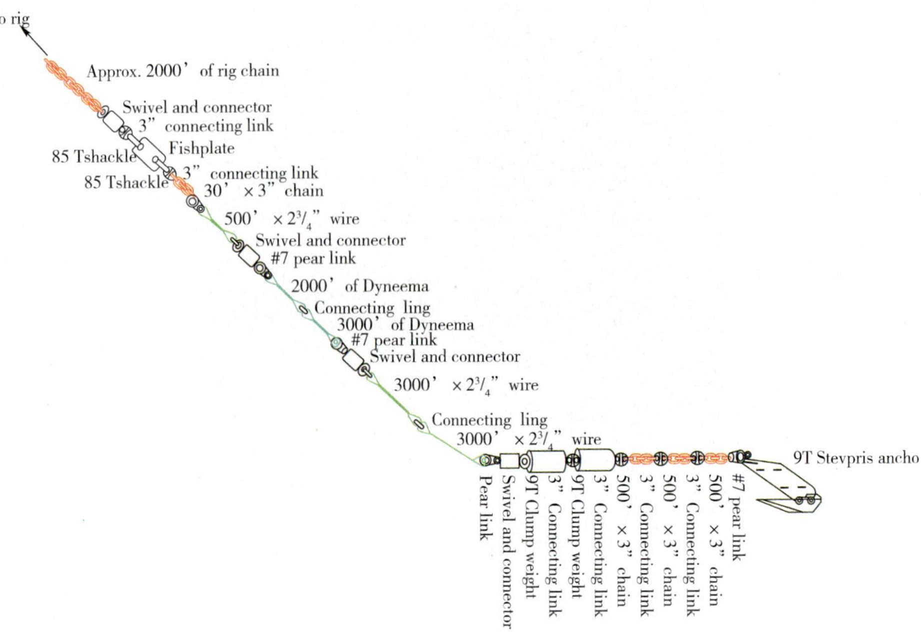

图2-4-107 钻井平台使用纤维缆系泊的系统连接（一）

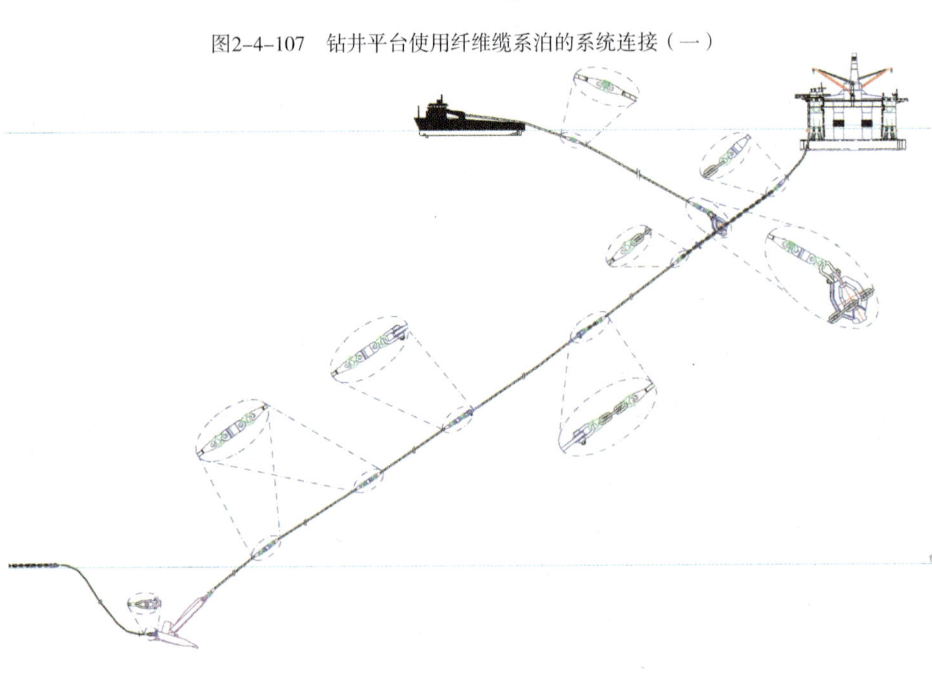

图2-4-108 钻井平台使用纤维缆系泊的系统连接（二）

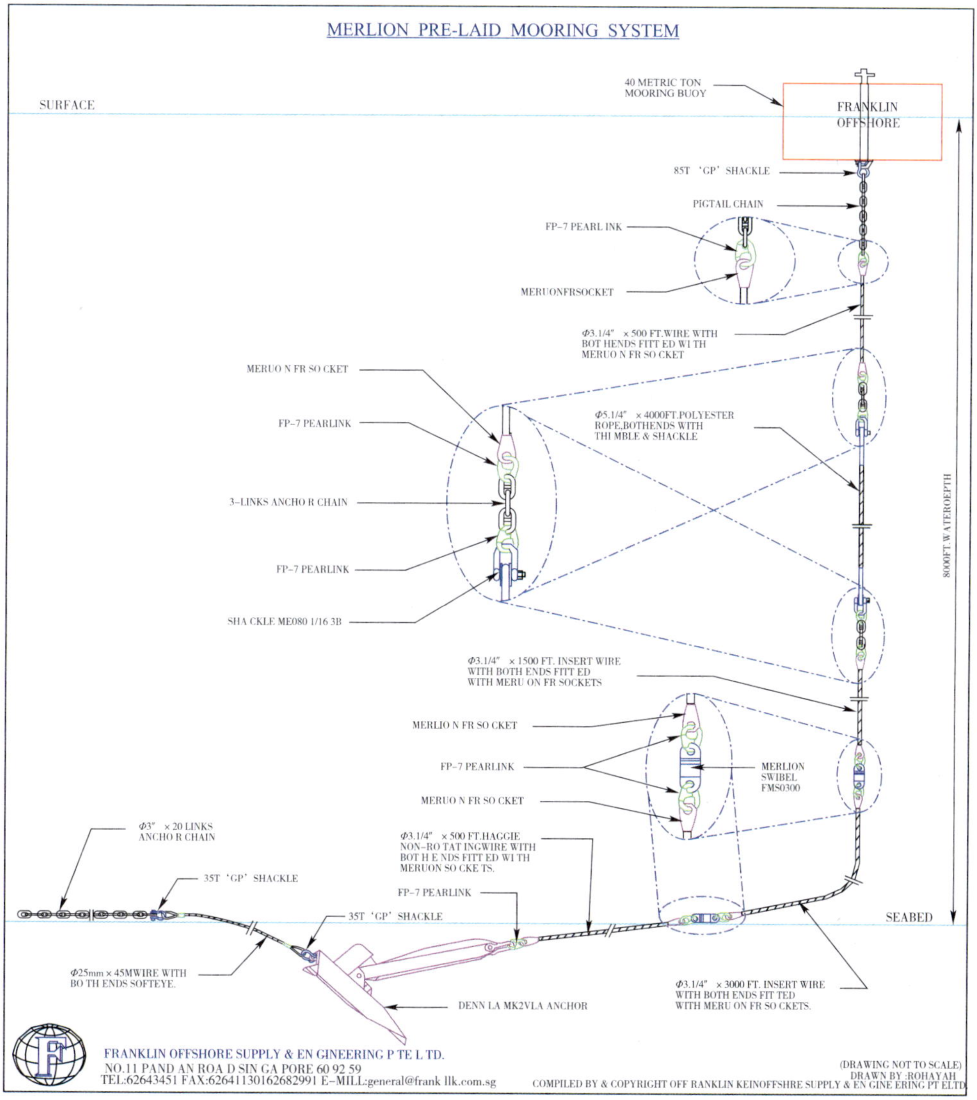

MERLION PRE-LAID MOORING SYSTEM

SURFACE

40 METRIC TON
MOORING BUOY

FRANKLIN
OFFSHORE

85T 'GP' SHACKLE

PIGTAIL CHAIN

FP-7 PEARL INK

MERUONFRSOCKET

Φ3.1/4" × 500 FT.WIRE WITH
BOT HENDS FITT ED WI TH
MERUO N FR SO CKET

MERUO N FR SO CKET

FP-7 PEARLINK

3-LINKS ANCHO R CHAIN

FP-7 PEARLINK

SHA CKLE ME080 1/16 3B

Φ5.1/4" × 4000FT.POLYESTER
ROPE,BOTHENDS WITH
THI MBLE & SHACKLE

8000FT.WATERDEPTH

Φ3.1/4" × 1500 FT. INSERT WIRE
WITH BOTH ENDS FITT ED
WITH MERU ON FR SOCKETS

MERLIO N FR SO CKET

FP-7 PEARLINK

MERLION
SWIBEL
FMS0300

MERUO N FR SO CKET

Φ3" × 20 LINKS
ANCHO R CHAIN

35T 'GP' SHACKLE

Φ3.1/4" × 500 FT.HAGGIE
NON-RO TAT INGWIRE WITH
BOT H E NDS FITT ED WI TH
MERUON SO CKE TS.

FP-7 PEARLINK

35T 'GP' SHACKLE

SEABED

Φ25mm × 45MWIRE WITH
BO TH ENDS SOFTEYE.

DENN LA MK2VLA ANCHOR

Φ3.1/4" × 3000 FT. INSERT WIRE
WITH BOTH ENDS FIT TED
WITH MERU ON FR SO CKETS.

FRANKLIN OFFSHORE SUPPLY & EN GINEERING P TE L TD.
NO.11 PAND AN ROA D SIN GA PORE 60 92 59
TEL:62643451 FAX:62641130162682991 E-MILL:general@frank llk.com.sg

(DRAWING NOT TO SCALE)
DRAWN BY :ROHAYAH
COMPILED BY & COPYRIGHT OFF RANKLIN KEINOFFSHRE SUPPLY & EN GINE ERING PT ELTD

图2-4-109 使用纤维缆预系泊的系统连接

张紧线系泊分析结果概要 表2-4-8

操作条件—10年（YRP）重现期条件，水深2500m									
风流来向	情　形	破断系泊线号	系泊线张力			平均偏移		锚的上升角	导向器角度（°）
			最大张力	破断负荷（%）	需要破断负荷（%）	大小（m）	水深的百分比（%）		
风暴来自30°方向	完好，无调整系泊线	—	172 t	32	50	71.5	2.9	28	52
	损坏，无调整系泊线	4	251 t	47	70	141	5.6	32	63
风暴来自30°方向	完好，调整了一些系泊线	—	142 t	27	50	47.8	1.9	23	55/72
	损坏，调整了一些系泊线	4	213 t	40	70	114	4.6	31	52/75

Vessel Excursion

Mean Offset : 141 m
Quasi Static
(5.6% WD)

Environmental

Current : 1.0 m/s
Wind : 23 m/s
Wave : 8.5m &9.8 Tz
Current Dir : ±30 deg
Wind Dir : ±30 deg

Line Breaking Strength
: 550. MT
Anchor Holding Power
: 350 - 700 MT

Water Depth at Anchor
Shallowest = 2400 m
Deepest = 2600m

NB: Assume failure Envelope of 5.5% of WD offset from Riser Analysis,

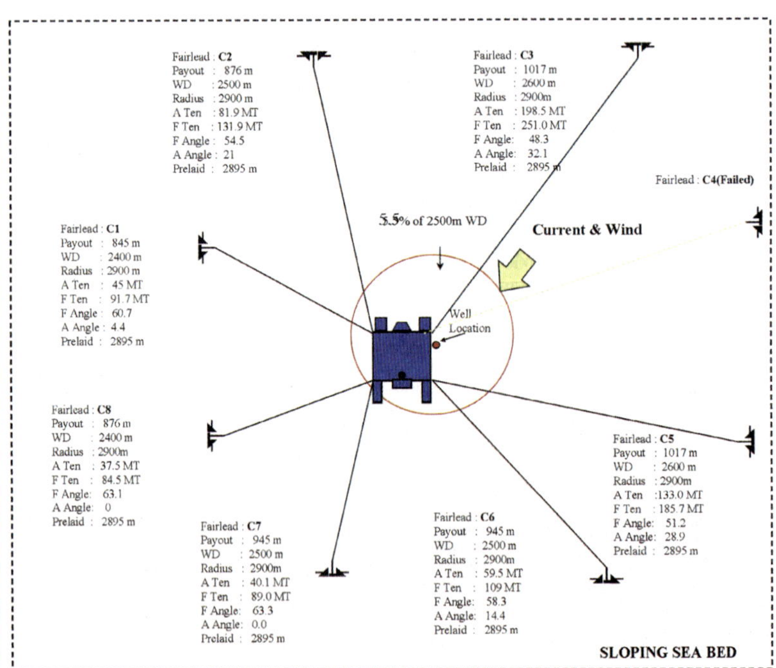

图2-4-110 钻井平台受风浪影响下的系泊状态分析

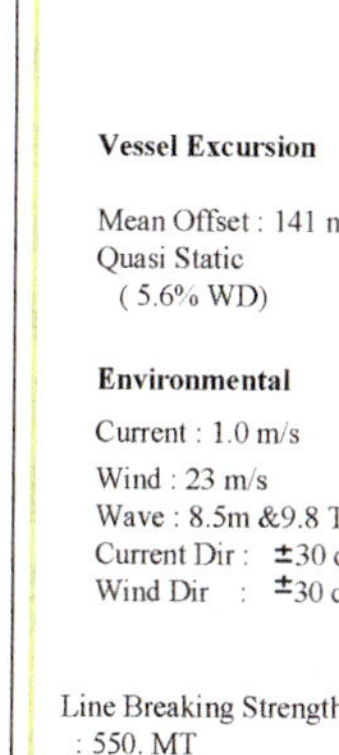

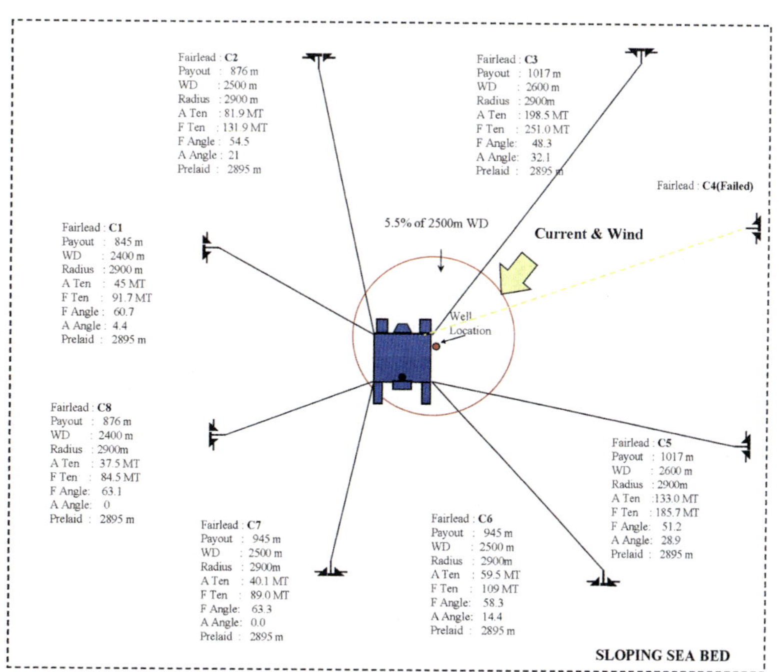

图2-4-111 钻井平台受风浪影响下4号系泊线破断时的偏移分析

八、锚链加置入钢缆的锚泊作业实例

在2000年4月份开始的时候，当绿色和平组织成员以整夜在艾格尔峰北侧的登山运动员的风格，从桩腿和外部突出的设备，登上Sovereign Explorer钻井平台的主甲板面时，Sovereign Explorer钻井平台显著地特写照片在英国的国内新闻中。那时候在石油工业界堪称“妖艳”的钻井平台暂停使用，并正在为Marathon Oil深水合同做准备。如图2-4-112所示。

图2-4-112 半潜式钻井平台Sovereign Explorer

英国Marathon Oil的租船人和Transocean Sedco Forex的所有人得到一个远离抗议者的劝告，随后他们的默默地消失。访客接着类似的攻击R&B Falcon公司的半潜式平台Jack Bates，抗议者将他们自己用链条系在部分系泊线上。绿色

和平组织将开往大西洋的钻井平台作为目标，声称平台的存在对海洋生物和所有物种有不利的影响。

Jack Bates和Sovereign Explorer两座钻井平台朝较著名的苏格兰西部群岛之一的Harris以西60海里、水深大约1320m的地方迁移。在英国大陆架这算是恶劣深水水域。

因为两座钻井平台的迁移日程安排可以兼容，Marathon 和Enterprise决定风险合作。Jack Bates首先出发并系泊，Sovereign Explorer随后，同样的锚作船用于两座平台的作业，挑选出来的船舶是昂贵的、S级的Maersk船舶，它们是Maersk Seeker和Maersk Searcher。两艘锚作船是由Maersk根据B级船舶设计并在新加坡建造的。Marathon 公司同时雇佣了Swire Pacific 公司的UT720船舶Pacific Blade 为Sovereign Explorer作业。如图2-4-113、图2-4-114所示。

图2-4-113　Swire Pacific 公司的UT720 B级船舶

图2-4-114　Olimpic Pegasus上的操纵控制台（大多数的控制设置在椅子臂上）

Sovereign Explorer钻井平台最初设计用于在最大1066m的水深工作，因此不得不增加200m长的额外锚链配备。这样钻井平台系泊线就包括1400m的76mm的锚链和1800m的90mm的钢缆。最后锚链的末端连接到浮筒体的卷筒上的钢缆末端，通过安装在拐角圆柱体锚机上方的张力绞车送出、拉紧和回收。锚是12t的Stevpris锚。尽管钻井平台打算在极端环境下工作，但钻井平台在规模上不大，每个方向上的边长为90m。

在平台其他人员撤离及已将额外的200m长的锚链加到系泊系统的情况下，钻井平台由Maersk Master拖带，在4月4日下午4点离开Cromarty Firth。除了在不利天气中24小时的顶风滞航外，拖带船队向北平静无事地通过了费尔岛（Fair Isle），钻井平台及其服务船舶在4月16日1:30时到达现场。

在不久之后的2:00时，钻井平台认真的开始了现场的工作，将用于右舷前方和左舷后方系泊线的1号和5号锚的提锚圈短索传递给锚作船Maersk Seeker和Maersk Searcher。这两艘在钻井平台对角的锚作船，开始驶出，按钻井平台迁移预定的程序进行作业。

虽然组合钢缆和锚链系泊系统的深水钻井平台必须装备有从锚机到绞车的转接手段。但是无论如何转接总是困难的，因为锚链被堆积在锚链舱，而钢缆存放在滚筒上；一些系统是自动的、复杂的和昂贵的，而一些系统需要完全地通过钻井平台的船员进行，他们得拆开锚链并将其连接到钢缆的末端，常常在锚机下较小的平台工作，并且有时没有机械协助。

Sovereign Explorer钻井平台处在二者之间。钢缆的末端永久地系在锚链的末端，但从锚机到张力绞车的负载转移开始用液压驱动及手动控制的导向系统协助进行。系统设计可接受来自90t锚链的垂直负载，在添加的200m锚链后超出了该负载。因此，锚作船Pacific Blade参加作业。如图2-4-115所示。

图2-4-115　Sovereign Explorer钻井平台和锚作船Maersk Seeker

当系泊线到达已知的转接点，要求锚作船Pacific Blade靠近钻井平台用J形钩钩住锚链，降低导向系统的受力。最初证明是困难的，因为除了两艘锚作船在相反方向牵拉外，钻井平台还没有固定住。用J形钩钩住水平的系泊线较为容易，而钩住垂直的系泊线几乎是不可能的，为达到少许水平分量需要一些配合。不管怎样，最初的困难被克服，到当天的15:00时之前，最初的两个锚已被布妥。如图2-4-116、图2-4-117所示。

由Maersk Seeker布抛的8号锚实例过程描述较为详细。

图2-4-116　用于深水作业级别的Maersk Shipper

图2-4-117　锚作船Pacific Blade

大约在系泊作业开始13个小时之后，即4月16日15:22时，8号锚的提锚圈短索传递到Maersk Seeker锚作船上。船舶的船员将短索的末端用一个SWL120t的卸扣连接到2000m作业钢缆末端的连接头上，锚被放离钻井平台锚架。作业滚筒收绞锚链直到能在

艉滚筒看到锚为止。

然后放出100m长的锚链以允许锚作船驶离并重新缠绕船上的作业钢缆，当钻井平台船员开始放出8号锚锚链，Maersk Seeker开始驶往锚位，此项工作在19:38时之前完成。大约在20:30时，已放出1400m长的锚链，Pacific Blade用J形钩钩住锚链以便将锚链转换为钢缆的操作能够成功。锚链一旦被钩上就进行转换，在21:06时完成转换。然后Pacific Blade从锚链解脱。

接着钻井平台和锚作船重新开始轮流地放出钢缆。当钻井平台在21:22时停止放缆，Maersk Seeker放出650m的钢缆，按程序保持需要的系柱拉力。当完成这工作，船舶距钻井平台1775m。然后钻井平台放出900m总长度的钢缆，船舶在仍然保持需要的系柱拉力时放出进一步的650m钢缆，其后增加功率以达到距离钻井平台2900m。然后钻井平台放出进一步的950m钢缆，在23:46时完成。在作业的现阶段，船舶距钻井平台3500m，并要求在整个作业期间最高负荷水平使用105t的拉力。然后Maersk Seeker放出进一步的480m钢缆并离开到最大4000m的距离，这是2.5英里开外。在次日00:12时8号锚落到海底，除了将提锚圈短索送回钻进平台之外，这个锚的系泊在欢呼声中结束。提锚圈回送操作另外占用了1小时40分钟时间。

在17日的早晨，还只剩下两个锚要抛，天气开始变坏。在大西洋的西部和北海的北部，低压可能不可预见地改变方向，由于抛一个锚大约需要接近12小时，船舶在抛锚过程中的部分阶段可能遭遇天气方面的改变计划。所以Maersk Searcher在进行2号锚的作业时，因为天气原因被迫放弃6小时的作业时机。无论如何，现代的导航和定位系统较先进，船舶能够顶风停在钻井平台的锚处，当布放好2号锚时，保持船首顶风直到19日的上午为止，然后接着去抛最后的6号锚。

最后工作得以完成。在4月19日的19:00时完成系泊安全张力调整，Maersk Searcher是当时唯一一艘离开现场的锚作船，被许可离开前往Aberdeen。要求两艘船舶在回港前将船上的作业钢缆进行松弛。在深水作业之后进行作业钢缆的松弛操作是例行的，因为从作业滚筒回收钢缆存储卷筒的缆圈不一致。通常的技术是在钢缆的末端连接上一个5t的锚从船艉抛下，然后将钢缆放出。在浅水或深水，取决于给你的心情如何。无论使用什么技术，操作者特别渴望的是钢缆能以良好的状态收回。一般来说，这些钢缆毕竟要比拖缆要长且要粗的多，并且尽管船舶船长对待拖缆犹如他们的易碎的骨骼部分，但对非常长的作业钢缆，也要采用相同的方法。

除了两个绞车的电子设备拒绝认为锚链长度已从1200m增加到1400m故障外，整个作业以非常少的问题进行。当到了钻井平台回收系泊线的时候，整个作业同样进行的很成功，保证钻井平台迁移去执行下一任务。

九、利用锚作船进行深水设备安装的技术

1. 背景

1998年，Shell International Exploration and Production Inc（壳牌国际勘探和生产公司）同时进行3个深水工程的施工作业，其中的一个项目的水深达1188m。这个项目广泛使用平台绞车（rig-mounted winch）来安装油管头四通阀（tubing head spool，THSs）和水下采油树。这样的施工工艺相比使用平台钻塔（derrick）可节约几百万美元。使用平台绞车的施工工艺很快成为墨西哥湾的安装作业标准，并成功应用于1615m水深的安装作业。

简单地说，使用钻井平台作为水下设备安装作业平台，可以使隔水管（marine riser）或完井隔水立管（completion riser）在安装水下设备（subsea equipment）时保持布设状态，从而节省回收和布设隔水管好几天的时间。这是节约深水作业投资的重大突破。但是，要将该方法运用于深水作业，仅仅使用平台绞车是不够的。

Shell公司深入研究发现，当作业水深达到1828.8m以上时，仅使用钢缆（无论钢缆的材质、构造和外径），即使海面上配备有主动起伏补偿系统（Active heave compensating system），都会导致水下设备组件产生不能忽视的垂直运动。仅使用钢缆无法使设备进行平顺和可控地着陆。经过广泛地深入调研研究，Shell公司和Delmar公司共同研究这个问题的解决方案。这套解决方案是对Shell公司深水服务管线作业组1993年专利技术的全面改进。

起伏补偿着陆系统（Heave Compensated Landing System，HCLS）最初是使用吊车从铺管船上吊装轻型的海底管道维修设备发展而来的。在1996年，这个系统进一步应用于小型船舶甲板，而不是曾经使用过的大型工程船或多功能支援船（MSV）上吊装轻型地或敏感的水下设备，如控制吊舱和小型阀门/控制组件（valve/chock asemblies）。

在接下来的水下设备安装作业的水深达到2133.6m，而平台绞车研究的不成功，这样摆在Shell公司面前的只有努力使HCLS变成一个可调节系统。在进行海上安装前的6个月里，在Shell公司和Delmar公司的共同努力下，HCLS得到很大地改善和提高。在接下来一年多的海上安装作业进一步提高了HCLS的作业效率。目前HCLS是在各种不同水深条件下安装水下设备的首选作业方法。

吸力锚布放及甲板上的浮筒，如图2-4-118所示。

2. HCLS工作原理

HCLS包括漂浮在水下的复合泡沫浮筒模块。这个模块用于悬挂有效载荷（本项目中是水下采油树Subsea Tree和油管头四通阀），这个有效载荷系在连接浮筒模块的短缆上，距离海底有一定的距离。这条短缆长度可根据水深和工程需要进行调整。浮筒

图2-4-118　吸力锚布放及甲板上的浮筒

再通过钢缆和钢链组成的布设缆（deployment line）系固到安装船舶上，本项目使用的是锚作船（Anchor Handling Vessel）。这条布设缆在锚作船和浮筒间构成了悬链系统，如图2-4-119、图2-4-120所示。

以可控的方式把有效载荷从锚作船上放到水中，这就增加了浮筒和船舶之间的锚链长度和重量。随着越来越多的锚链松出，当有效载荷重量超出浮筒提供的浮力时，则有效载荷重量就往下沉，下沉速度和长度由锚机的速度和松出的锚链长度控制，并与之成正比。则浮筒和船舶之间的悬链就是HCLS系统的补偿部分。

Delmar公司指出，通过这个悬链连接到水面船舶的水下设备，能有效地吸收从船舶振动传来的震波（即退耦），这是由于船舶运动和水下设备应激运动存在时间差。在这种振动抑制系统作用下，水下浮筒重量的增减能有效地使海底设备基本保持静止状态。

3. 系统构成

如果HCLS系统的各部分尺寸合适且连接牢固，在各种海况下，锚作船可自由运动，而浮筒和相当大的悬挂载荷则基本保持不动。Delmar公司提出，如果船舶功能合适、作业计划完备，则这个系统可以安装任何尺寸的水下设备，甚至是特大、精密且需要精确安装的设备。

要精确地控制的有效荷载，则各部件地重量和尺寸至关重要。但可能通过简单计算和电子制表软件来完成确定各部件的重量和尺寸要素。以下对HCLS系统的各部件进行介绍。

（1）悬挂短索（Pennant line）

有效载荷从锚作船上放到水里，这条悬挂短索应该是标准钢缆，其强度应能承受空气中有效载荷重量，而且能承受在释放过程和通过锚作船浪溅区时所产生的顿力。

（2）浮筒模块

这个模块是由复合泡沫做成的，其重要特征是能提供充分的浮力。作业深度差异很大，但可改变悬挂短缆长度来适应不同的水深，并控制浮筒深度，因此可使用较为便宜的浮筒模块。该模块提供的总浮力取决于有效载荷和系固在悬挂短索上各部件的重要。浮力系数应使提供的总浮力比所有的有效载荷和缆绳的重量总和大。

复合泡沫浮筒设计成尖形，方便从作业艉滚筒上进行释放和回收。该浮筒的泡沫外包一个保护构件，以延长使用寿命。

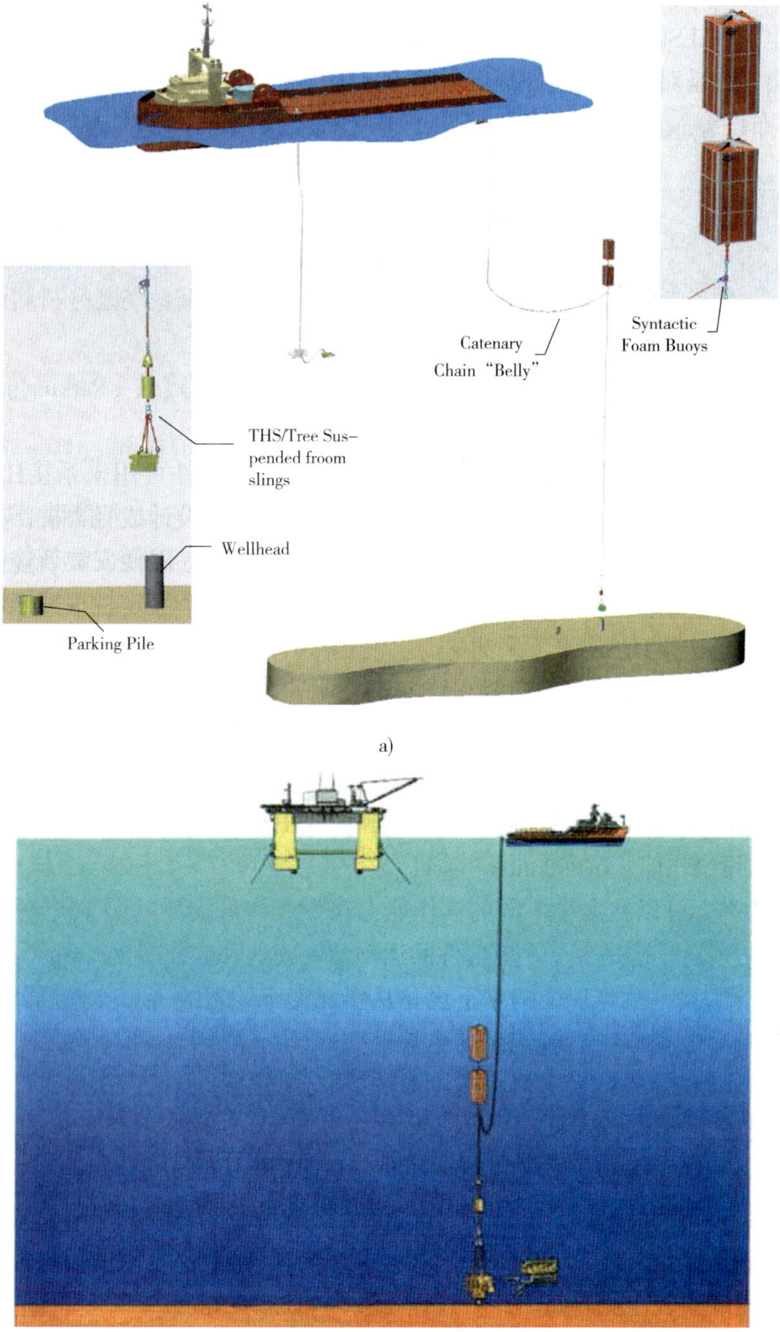

Syntactic
Foam Buoys
Catenary
Chain "Belly"
THS/Tree Sus-
pended froom
slings
Wellhead
Parking Pile

a)

b)

图2-4-119 HCLS基本原理

在2002年，SEPCO钻井小组成功地把约13607kg的井口变扣短节（Wellhead adaptor）安装在已有的水下井口，以适应防喷器组（Blow-out preventer Stack）底部的另一种类型的连接管。在浪高1.5m和1.5～2m涌高的海况下，悬在海底的井口上方悬停的井口变扣短节的运动小于5cm。HCLS方法在其他的钻井位置上安装同样的井口变扣短节，并成功地布设了16套THS，14套水下采油器和一套合成系泊缆系统。水下采油器的安装时天气状况在以前是不可想象的。在浪高2.5～3m的海面上，一套水下采油器在2195m水深下由ROV进行软控制和引导进行布设时的垂直沉降运动几乎可以忽略。

垂直精度可以方便达到。由于浮筒支撑载荷，AHV船上的布设缆可有效地控制垂直深度。在安装过程中，通过测量锚作船布设缆通过甲板的长度，可精确地测出荷载的深度，并通过ROV进行核实。

5. 结论

通过最近使用HCLS系统进行超过2133m水深的水下设备布设，加上所有的最初布设工程费用，安装10套水下采油器的所有的安装费用可节省1000万美元。

本例完成的工程布设证明，HCLS可运用的水深已达2225m。在不远的将来，HCLS的作业深度将超过2743m，这已没有重量和水深的限制了。相对传统布设方法，HCLS可节省费用接近50%。且这种方法可广泛应用于安装水下设备，如管汇、跨接管（Jumper）、输油管线等。

采用A字架或其他类似的方法从锚作船甲板上起吊水下设备，则可以完全不需要平台上或昂贵的作业船上的吊车，从而节省费用。

第五节　深水设施锚泊作业主要程序

一、Stevpris系列锚操作技术

1. Stevpris锚布设技术

（1）接锚上锚作船

锚作船从平台接收提锚圈短索并接到锚作船拖缆机作业钢缆上。锚作船离开平台适当的距离（根据天气情况而定，如50m）。停止绞收提锚圈短索并使之保持充分受力。提锚圈短索受力保持在20～30t或更大，使提锚圈停留在锚头上。此时，平台松出锚链，锚作船拖缆机绞进来。在牵引锚靠近船艉滚筒过程中，锚作船保持适当受力。当锚达到船艉螺旋桨排出流区时，螺旋桨减速，直到把锚收回到船艉滚筒上，螺旋桨再增速。如图2-4-125所示。

布设Stevpris锚的通常做法或根据作业者要求，一般是在锚下水前先把锚拉出放在

甲板或船艉滚筒上，以便检查锚链（jewellery）。锚链跟着导出并应从锚爪之间穿过。如图2-4-126所示。

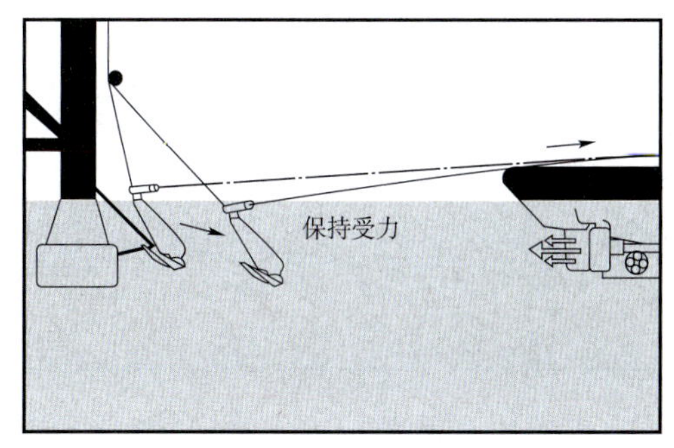

图2-4-125 接锚上锚作船

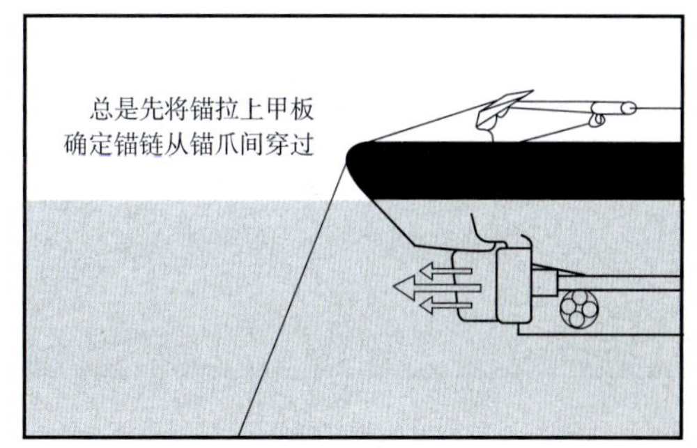

图2-4-126 锚链的布设

（2）松出锚链

锚作船向前移动，直到平台上绞车受力指示器读数上升。当平台指挥员命令下锚时，松出提锚圈短索，直到锚移动到船艉滚筒上。保持锚以一定的速度向艉滚筒滑出，以便锚能顺利越过甲板和滚筒之间的连接处的隆起部分。如图2-4-127所示。

如果锚停留在船艉滚筒上，则保持三角眼板在主卸扣（main shackle）下方靠住艉滚筒，以稳定锚。或者将提锚圈停靠在甲板或滚筒上。在这种情况下，锚作船螺旋桨的排出流位于Stevpris锚下方，但不影响锚爪。如图2-4-128所示。

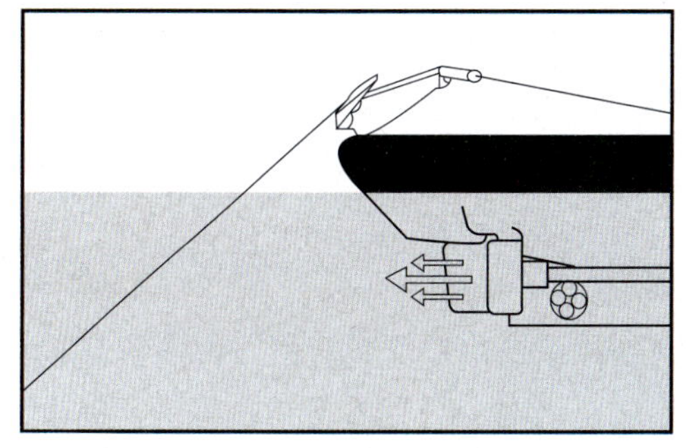

图2-4-127 锚快速经过艉滚筒

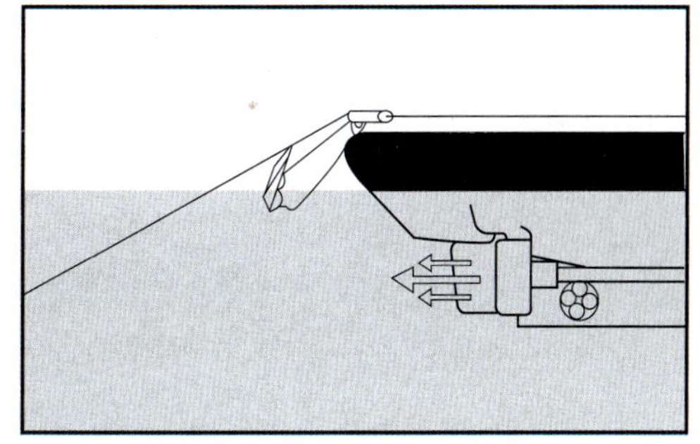

图2-4-128 三角钢板靠往艉滚筒

当锚通过锚作船螺旋桨排出流时，应立即降低螺旋桨转速，保持提锚圈在锚头位置，以便控制锚爪方向。同时继续下放锚入海。如图2-4-129所示。

当锚放到低于螺旋桨排出流区域时，提高螺旋桨转速并保持推力在30t左右。保持提锚圈短索恒定受力，防止锚从提锚圈滑落下去，即保持锚停留在提锚圈上、锚爪方

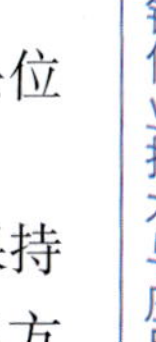

向正确。如图2-4-130所示。

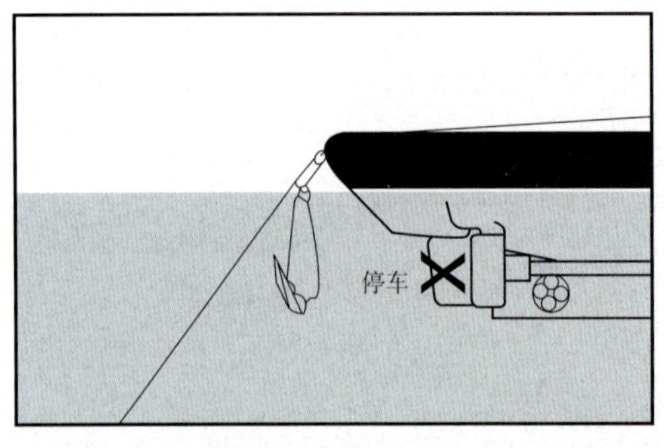

图 2-4-129

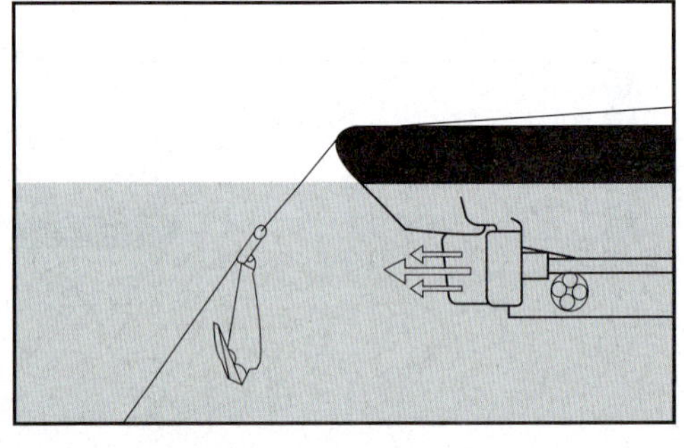

图 2-4-130

注意：在有些情况下，锚作船倾向于把锚放到螺旋桨排出流下方、距离海底约60~80m位置。这种方法实际布锚下水过程中，所需的绞锚机马力较小。如果采用这种方法，应确保一直保持正确的锚爪方向，保持提锚圈短索恒定受力，防止锚从提锚圈上滑落和可能地翻转。

当锚下降到离海底有10~15m时，应停止下放。平台指示锚作船松出提锚圈短索，如在浅水区域（100m），则松出的提锚圈短索约为水深的1.4~1.5倍；如在深水区域，则是1.3~1.4倍。锚作船增加马力直到平台锚机受力指示器读数上升，即提锚圈短索受力大于锚链和海底的摩擦阻力。如图2-4-131所示。

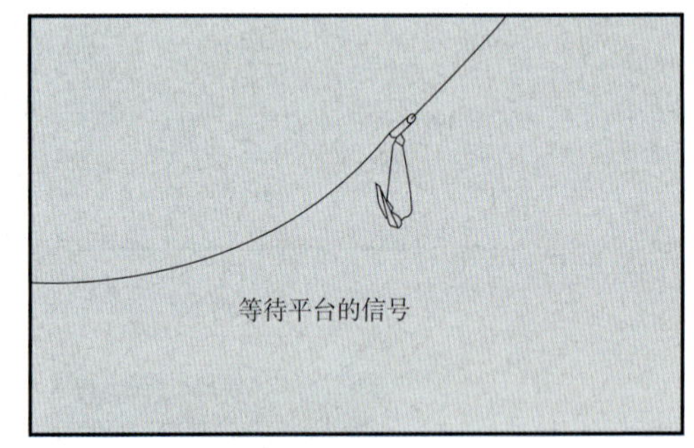

图 2-4-131

（3）布锚

平台开始缓慢绞进锚链，同时锚作船继续增加马力，使平台锚机受力指示器读数继续上升。此时，平台命令锚作船抛锚。锚作船立即停车，在锚链作用下向后退。锚作船松出提锚圈短索，直到锚着陆海底、松出的提锚圈短索长度约1.5～2倍的水深。在连接锚标浮筒或等待过程中，提锚圈短索应保持松弛状态，防止影响锚掘进海底。锚作船保持在锚上方或后面。

平台继续绞紧锚链，使锚链受力等于锚链和海底的摩擦阻力加上50t力的总和，并使锚完全掘进海底。

如锚完全掘进海底，则在锚作船回收提锚圈或连接浮筒时，锚有一定的稳定性。此时，锚作船可以将提锚圈脱离并回收，并向平台靠拢。如果条件许可，平台可以直接使锚链受力达到预张力载荷。如图2-4-132所示。

2. Stevpris锚的起锚技术

（1）将提锚圈拖到锚头

把提锚圈拖动到锚头，松出的提锚圈短索长度从船尾滚筒位置起至少为水深的1.5~2倍。提锚圈应自由地挂在锚链上，直到海底，即提锚圈短索保持松弛。提锚圈短索太短或锚链受力太小，会导致如图2-4-133所示的错误。

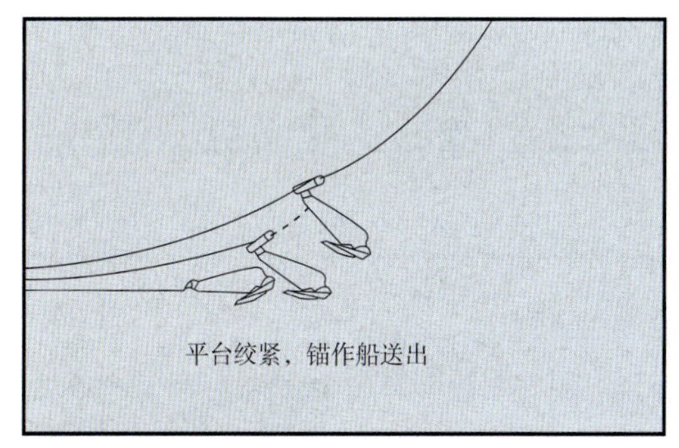

图 2-4-132

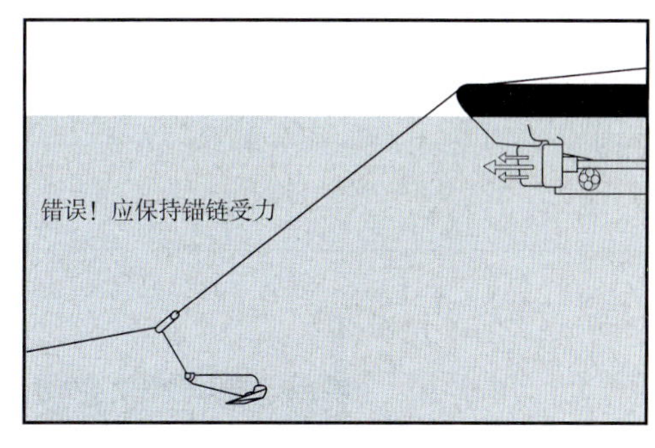

图 2-4-133

在提锚过程中，平台应保持锚链受力在预张力的60%～70%之间。提锚圈短索不能受力，以确保提锚圈顺利滑过锚链。当提锚圈到达锚杆时，锚作船增加螺旋桨推力，在提锚过程中，保持牵引力，特别在恶劣的海况中。

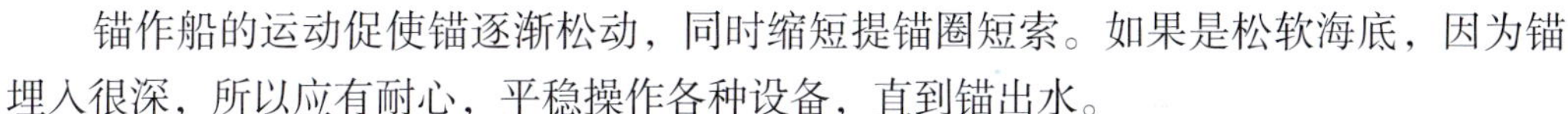

锚作船的运动促使锚逐渐松动，同时缩短提锚圈短索。如果是松软海底，因为锚埋入很深，所以应有耐心，平稳操作各种设备，直到锚出水。

平台可绞进锚链，以加速起锚速度。一旦锚离底，锚作船保持提锚圈短索充分的牵引力，以确保提锚圈位于锚的弓型卸扣上。

（2）锚的朝向

锚爪方向应保持朝向平台。锚上锚作船甲板上时，锚背躺在甲板上、锚头卸扣指向锚作船船头方向，且锚链通过锚爪之间。应检查锚链。如图2-4-134所示。

在布锚、收回上锚架和绞锚上甲板的整个过程控制好正确锚朝向是最重要的。即在操作锚时，应保持提锚圈短索受力。如果锚从提锚圈中滑落，则需要把锚绞回至滚筒，再检查锚朝向。如图2-4-135所示。

（3）调整锚的朝向

如果锚的朝向不对，则降低螺旋桨转速，让锚从提锚圈中滑下。由于在靠近平台位置上，所以受力都小，旋转锚朝向较为容易。如图2-4-136所示。

松出提锚圈短索，并确保锚位于螺旋桨排出流作用范围内，利用螺旋桨排出流短暂冲击，以促使锚旋转。如图2-4-137所示。

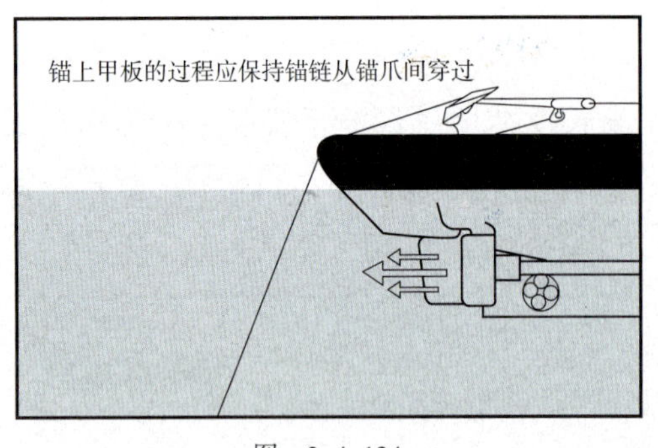

图 2-4-134

图 2-4-135

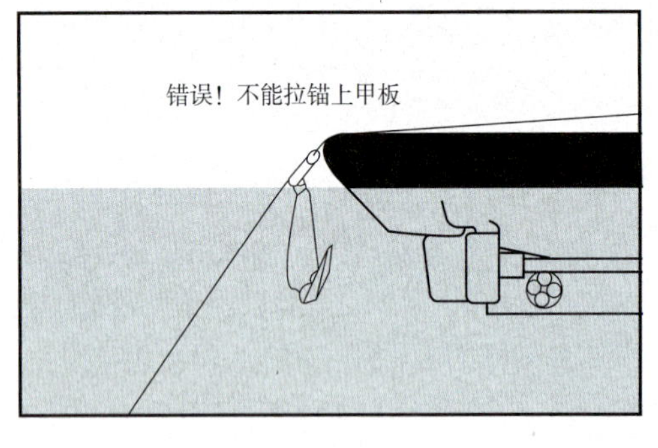

图 2-4-136

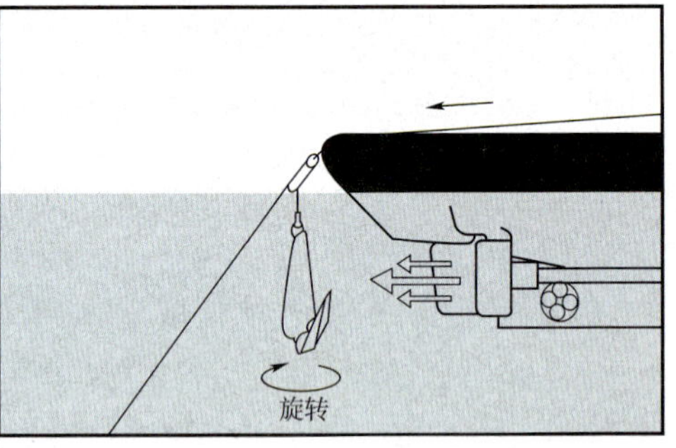

图 2-4-137

增加螺旋桨转速，锚作船向前移动，使提锚圈接触到锚。确保船尾滚筒和锚链垂直，锚链正对锚爪之间。如图2-4-138所示。

使用充足的牵引力绞进提锚圈短索，当锚通过螺旋桨排出流作用范围向滚筒靠近时，停车或降低转速几秒钟。把锚提升到艉滚筒，让锚转到锚背靠艉滚筒，锚爪向上，再继续把锚绞上甲板。如图2-4-139所示。

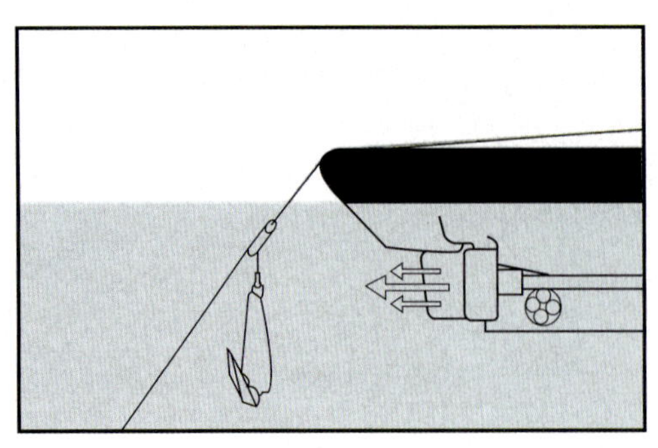

图 2-4-138

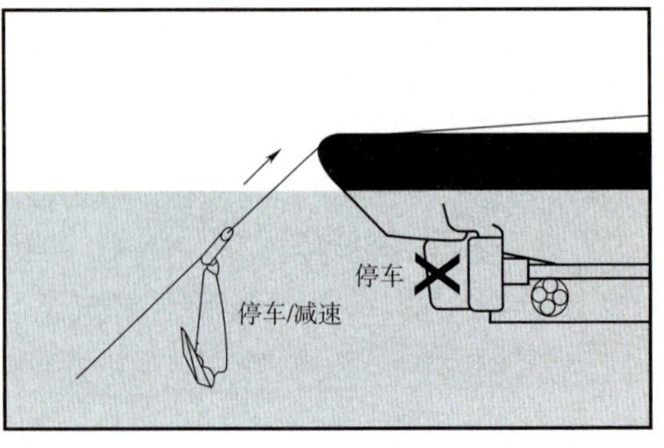

图 2-4-139

当锚链受力较小时，锚链垂直地紧贴在锚爪上，锚就不会轻易旋转，如图（2-4-140a）所示 。在旋转锚前，应使锚链受力，则锚可以自由地旋转，如图（2-4-140b）、c）所示。

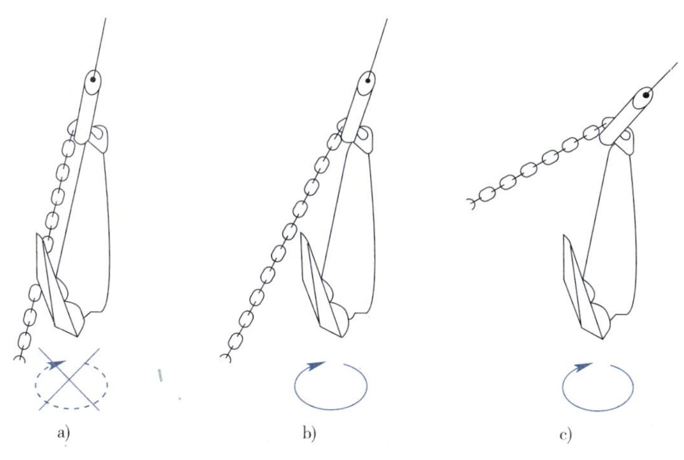

图　2-4-140

（4）收锚上甲板

当锚翻上船尾滚筒后，重新起动螺旋桨。如要检查锚，则将锚绞上甲板。如果有必要，对于硬泥土，则把锚爪翻转到32°，而对于很松软的泥土，则为50°。注意：每一种锚的锚爪都不固定，不能要求锚置入硬土壤、硬黏土或沙质底质而锚爪是软泥的角度。如图2-4-141所示。

（5）收锚上架

平台绞进锚链，同时把锚作船拖曳过来。锚作船保持提锚圈短索充分受力，提锚圈紧密套在锚上，锚的方位保持正确。如图2-4-142所示。

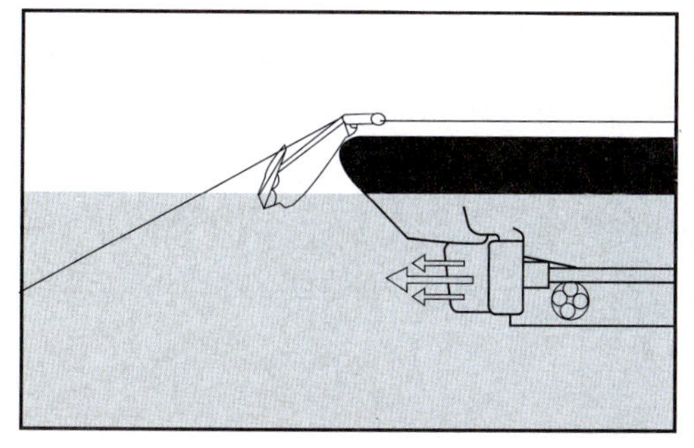

图　2-4-141

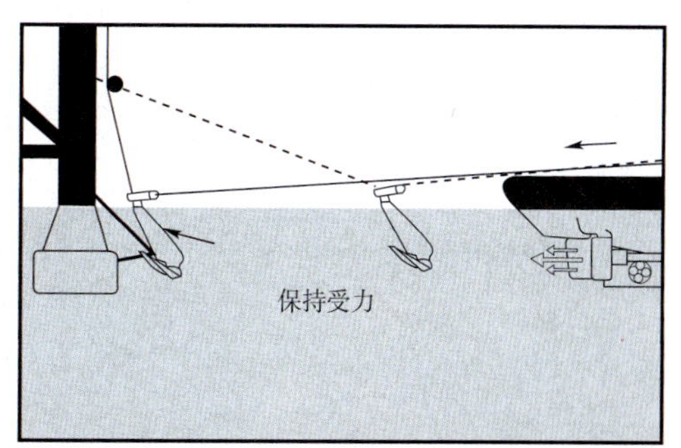

图　2-4-142

当离平台有一定距离时，锚作船松出拖缆机上的钢缆，同时保持充分的系柱拉力（至少为1.5倍的锚重），以使提锚圈紧靠锚头。锚爪指向平台。在锚进锚架（bolster）时，平台绞进锚链，锚作船松出钢缆同时保持提锚圈短索适当受力。锚链方向应该垂直与锚架。如图2-4-143所示。

当锚到达锚架时，减少受力到15t。当锚坐在锚架时，提锚圈短索完全松弛。如果提锚圈短索不足，则锚从提锚圈滑落而无法控制，甚至翻转，从而无法入架。如果发生这样事情，则应把锚收回到锚作船船舷边上，旋转锚，使锚爪指向平台、提锚圈紧靠锚头。如图2-4-144所示。

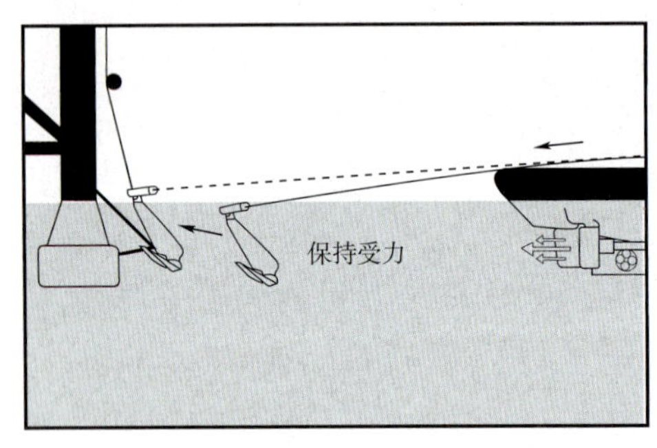

图 2-4-143

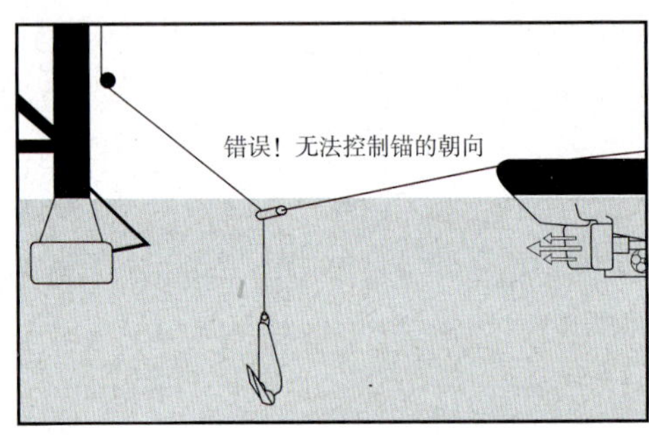

图 2-4-144

3. 为永久系泊系统起抛Stevpris锚

Stevpris锚的最简单布锚程序是用系泊缆把锚放入海底。当锚接近海底时，锚作船开始向前移动，以确保锚正确地置入海底姿势。如图2-4-145所示。

Stevpris锚的另外一种布锚程序是在锚上系一条支索（bridle，钢缆）。这条支索系接在锚杆背上的眼环。锚作船就同时松出系泊缆和这条支索，从而把锚松到海底。如图2-4-146所示。

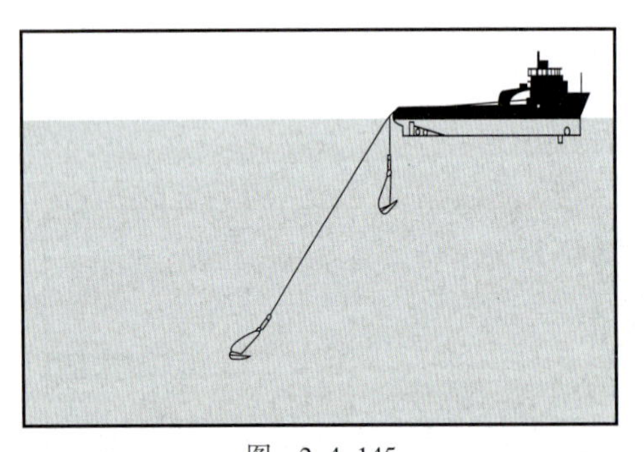

图 2-4-145

锚布设后的回收程序为：锚作船向布设锚的相反方向（通常为远离系泊中心）拖曳系泊缆。锚作船保持绞进系泊缆，直到舷外系泊缆长度约为1.5倍的水深。

如果舷外系泊缆长度约为1.5倍的水深，则锚作船绞车停止，并保持系泊缆受力等于预张力受力。一旦锚在泥土中开始松动，则可适当减小系泊缆受力。如图2-4-147所示。

4. 操作过程中的风险和预防措施

（1）利用锚爪平衡物和锚链重量确保使锚爪尖向下

如果是利用钢缆直接接到锚，那么仅仅依靠钢缆和在中空的锚爪中填塞平衡物（Ballast material），则锚可能无法翻转使锚爪尖向下。因为钢缆的重量不足于使锚倒下，则锚就可能会在海底滑动而无法埋置入海底。

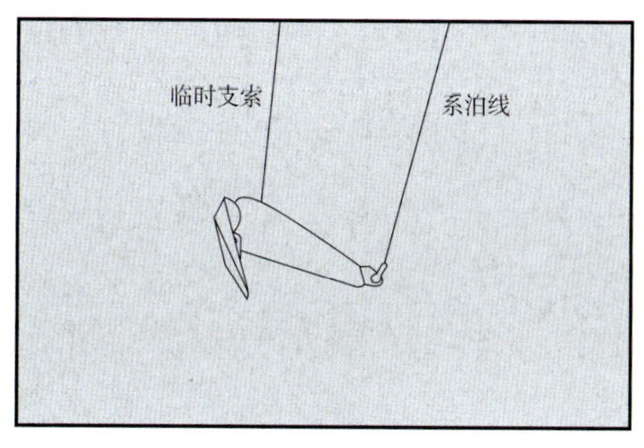

图　2-4-146

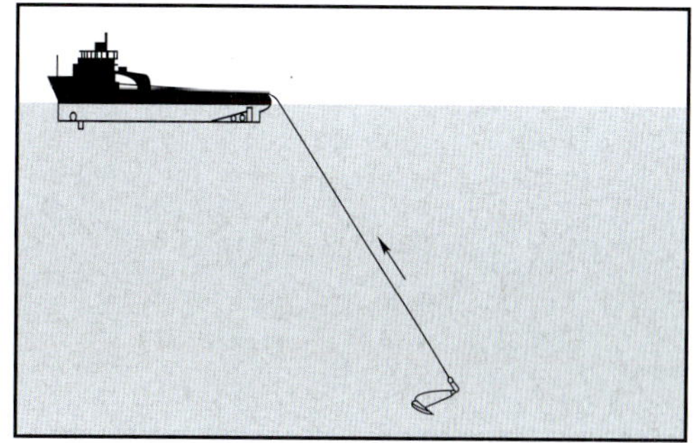

图　2-4-147

当锚爪填塞有平衡物时，锚链前段的重量会使卸扣向下，带动锚爪指向刺透海底的方向。如图2-4-148所示。

（2）锚从提锚圈滑落风险及对策

为控制锚，提锚圈的眼环需紧靠锚头。锚链的受力应等于或大于1.5倍的锚重。如果没有，则锚就会从提锚圈中滑落，无法控制锚朝向。如图2-4-149所示。

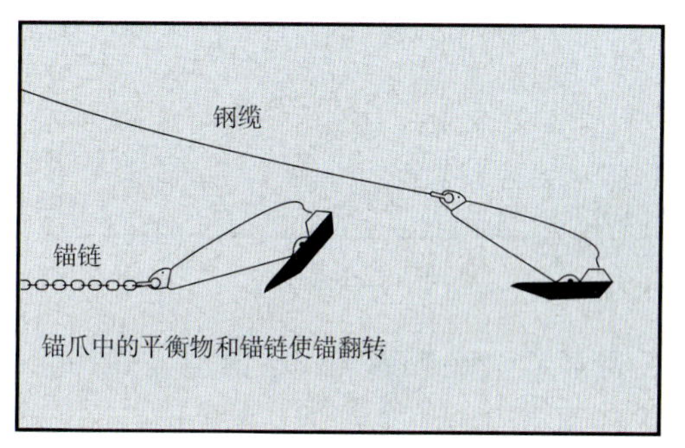

图　2-4-148

提锚圈处的受力平衡决定提锚圈是否会紧贴锚头。接近海底时，锚链作用在提锚圈上的垂直分量F_{lv}很小。如果系柱拉力F_{ph}大于锚链重量的水平分量F_{lh}，则提锚圈保持在锚头位置。同时锚链重量的水平分量F_{lh}应大于锚重，否则锚就会滑落。如图2-4-150所示。

建议预防措施如下：

a.提锚圈短索拉力（系柱拉力）应保持等于或大于锚链受力，即对于锚重在12～15t之间的锚，最小的系柱拉力应为20～30t。在浅水区域，提锚圈短索长度为水深的1.4~1.5倍，在较深水区域时，则为1.3～1.4倍。如图2-4-151所示。

b.提锚圈短索的角度应大于45°。

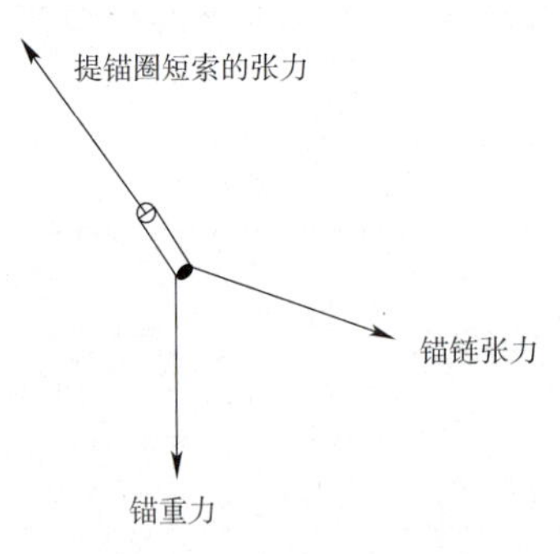

图2-4-149　提锚圈受力情况

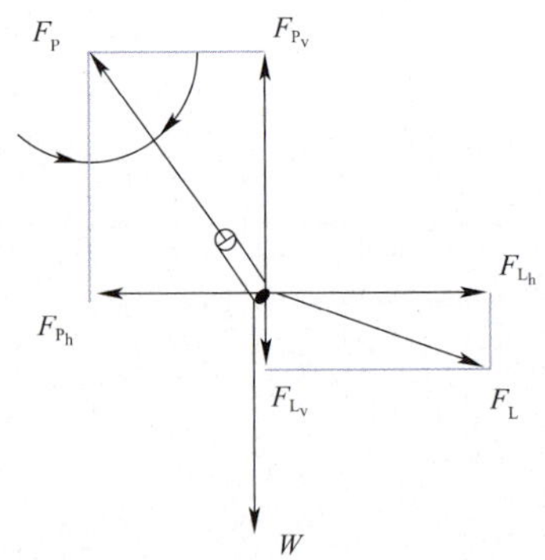

图2-4-150　提锚圈受力分析示意图

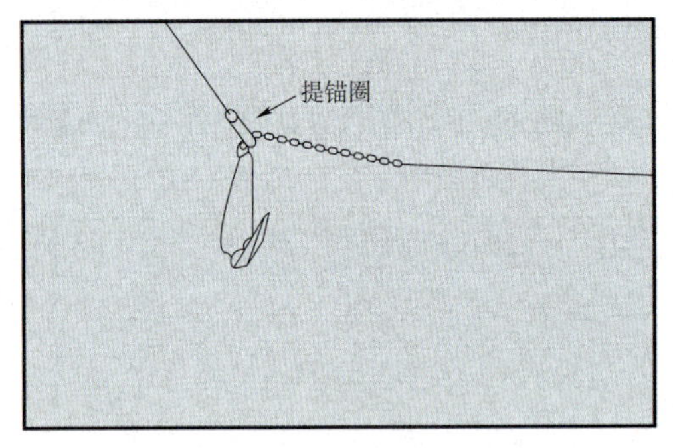

图　2-4-151

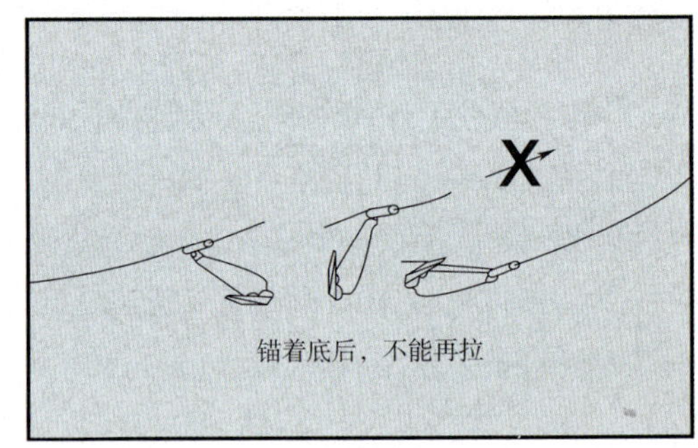

图　2-4-152

建议，一旦提锚圈位于锚前方的100m以上时，则平台应增加锚链受力，使之达到最大的预张力，不能延误。如果锚着底方式有误，则应立即重新抛锚。

当锚提升到接近船尾滚筒时，如果锚作船螺旋桨保持转动，则尾流会冲击锚爪，导致锚的摆动。如图2-4-153所示。

如果螺旋桨没有停车，螺旋桨排出流也会推动锚绕着以锚链为轴进行旋转。如图2-4-154所示。

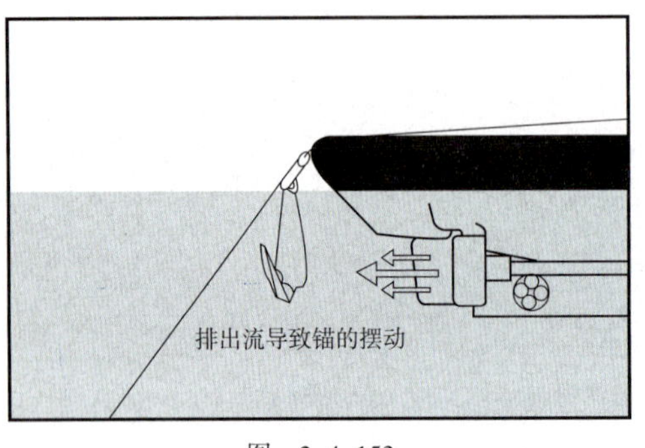

图　2-4-153

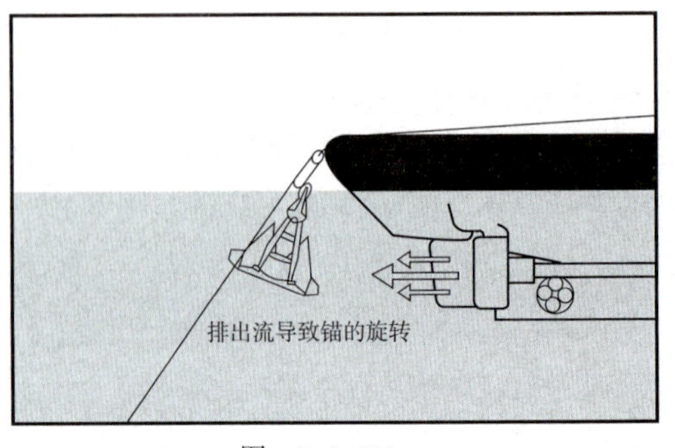

图　2-4-154

螺旋桨排出流会冲击锚爪，增加了锚的相对重量，会导致锚和锚链从提锚圈中滑落，从而无法控制锚的朝向。如图2-4-155所示。

当绞进提锚圈过程中，螺旋桨仍然转动，则锚链会妨碍把锚背翻转在滚筒上。此时，锚提升到滚筒会很困难。锚就会侧身通过滚筒，而导致损坏。所以应切记在锚通过螺旋桨尾流时，应停车或降低转速。如图2-4-156所示。

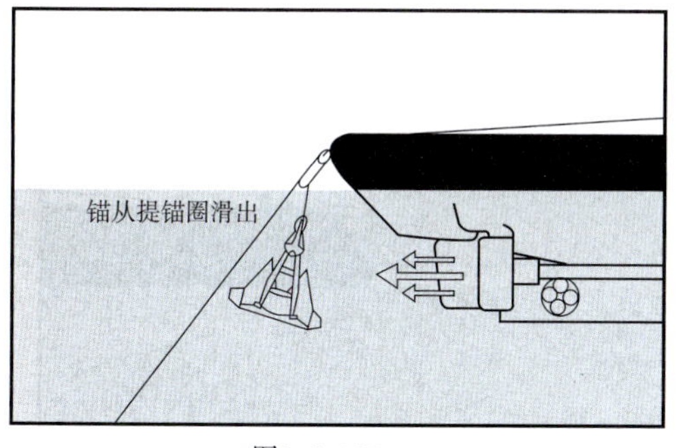

图2-4-155

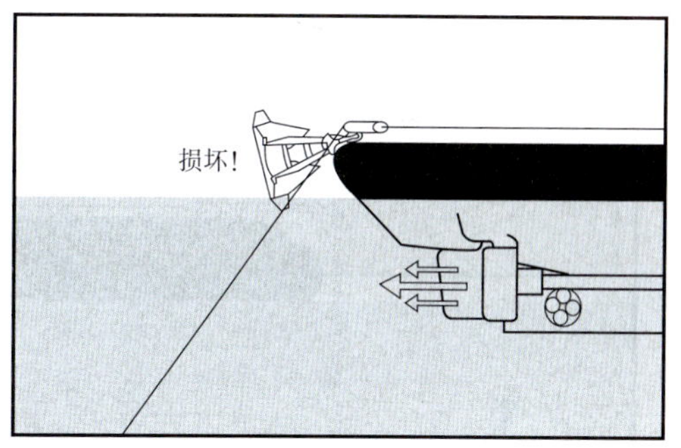

图2-4-156

（3）深水中收锚上甲板时锚链太重问题及对策

在深水作业中，锚链的重量变成了主导因素。如果锚链重量比锚重量大于8倍，则锚会被如图2-4-157所示拉上提锚圈，甚至锚会倒置过来。这各情况会导致无法收锚上甲板，并造成损坏。

解决这个问题的最好办法是从海底把锚拉上来，同时平台收进锚链，在靠近平台的地方收锚上甲板，此时锚链负载较小。

如果由于某些原因，这种方法不可行。则另外的解决办法是减少悬挂在锚上的锚链重量，即用第二艘锚作船操作“锁定”钩（lock chaser）或链钩（grapnel）钩住锚链。如图2-4-158所示。

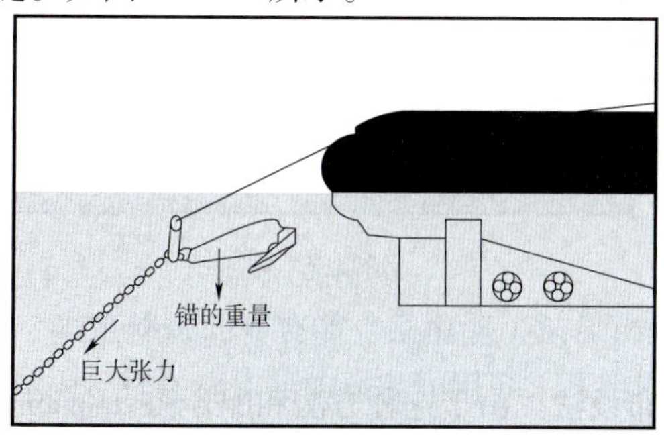

图 2-4-157

图 2-4-158

建议：收锚上甲板时，锚链穿过锚爪之间。通常锚爪的负载可高达8倍锚重。如图

直负载模式。锚作船可以继续加大张紧式系泊缆上的拉力，使它达到要求的负载。如图2-4-166所示。

当Stevmanta锚的载荷已达到所需的载荷时，垂直负载锚的安装缆（系泊缆）和海上浮体相连，Stevmanta锚进入正常的系泊工作状态。

如果是预抛系泊系统时，安装缆（系泊缆）可以系上锚标浮筒，方便以后的连接作业。如图2-4-167所示。

3. Stevmanta锚回收作业技术

Stevmanta锚的回收非常简单，通过锚作船拖曳连接在锚后部的附加尾缆即可。连接到附加尾缆的作业可以通过ROV，或者通过锚作船的链钩（grapnel）钩住锚链来完成。如图2-4-168所示。

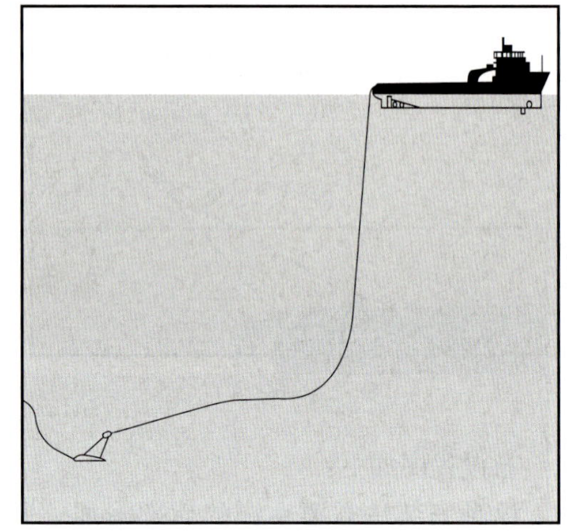
图2-4-165

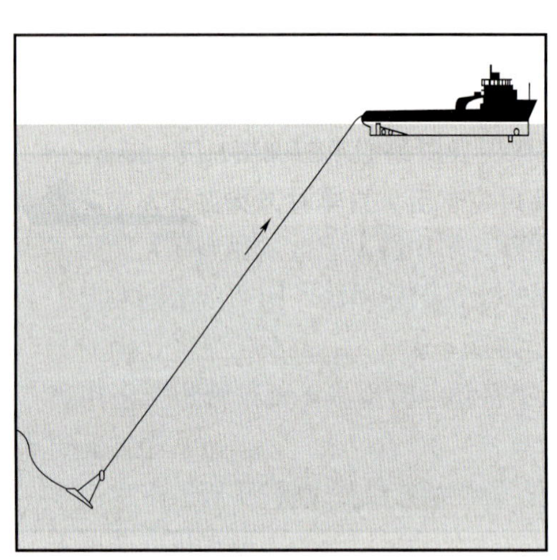
图 2-4-166

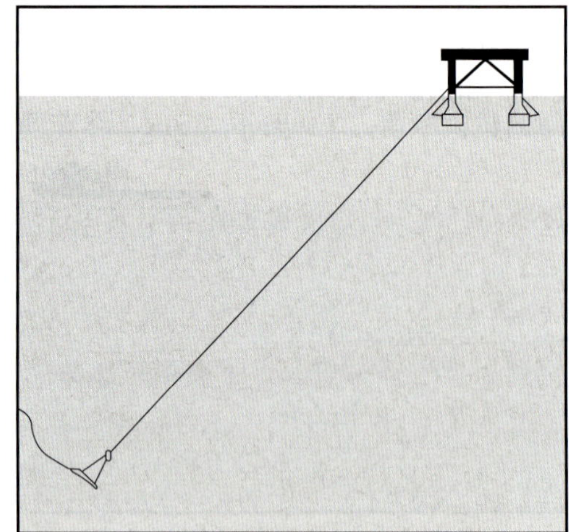
图 2-4-167

另外的回收方法，可以通过在Stevmanta锚上加装额外的回收系统来完成。这个额外的回收系统包括两个把钢缆连接到锚爪的特制套节（Socket）。回收过程中，系泊缆往后拖曳，即向远离系泊中心的方向拖曳。一旦系泊缆被向后拖曳，则前面的套节就会从锚爪脱落。如图2-4-169所示。

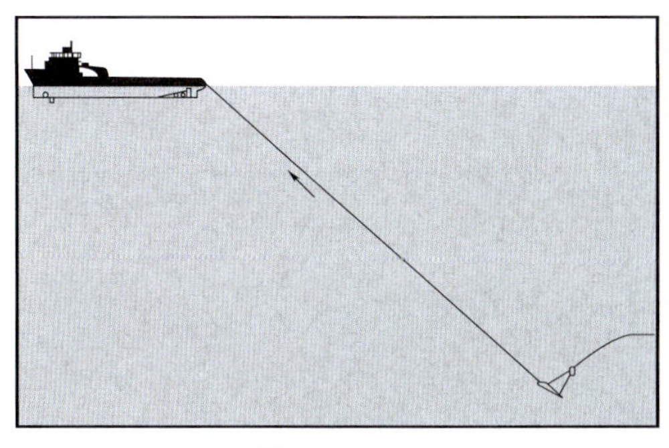

图 2-4-168

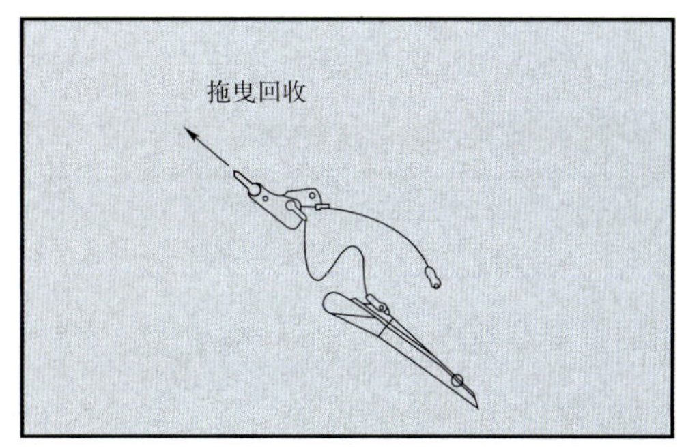

图 2-4-169

此时，利用尾钢缆把Stevmanta锚拖曳出土。这种方法减少了锚的阻力，回收时的负荷约为布设锚时的负荷的一半。如图2-4-170所示。

4. Stevmanta锚双缆安装作业技术

这种安装方法需要两艘锚作船。Stevmanta锚需要用固定式角度调节器进行安装。锚的受力模式（安装模式或正常垂直负载模式）取决于是对系泊缆施加拉力 还是对安装缆施加拉力。

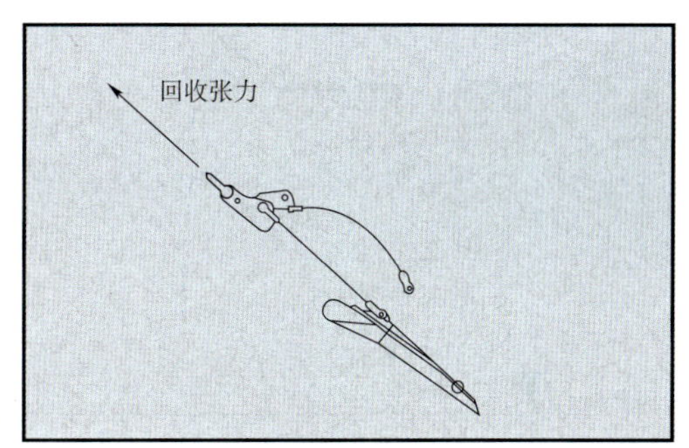

图2-4-170

当安装缆施加拉力时，则Stevmanta锚处于安装模式，即安装缆位于角度调节器的前面。如图2-4-171所示。

当系泊缆施加拉力时，则Stevmanta锚处于垂直负载模式，即系泊缆位于角度调节器的前面。如图2-4-172所示。

在安装过程中一艘锚作船控制安装缆，而另一艘锚作船控制系泊缆（如聚酯纤维绳）。如图2-4-173所示。

在安装程序中，可以在安装缆中系固一个水下回收浮筒。这个回收浮筒通过三角眼板系到安装缆上，水深为距离Stevmanta锚约为90m。如图2-4-174所示。

把安装缆接到锚作船1上的Stevmanta锚的角度调节器。把锚作船2上的系泊缆传送到锚作船1，并和角度调节器相系接。

把Stevmanta锚放入水中，保持锚作船1的安装缆和锚作船2的系泊缆受力。

当Stevmanta锚到达海底时，遥控潜水器可以检查锚的位置和姿势。当两船锚作船慢慢驶离Stevmanta锚时，锚作船2松弛系泊缆接力，锚作船1开始松出安装缆。如图2-4-175所示。

当松出的安装缆足够长时，锚作船1开始增加拉力。Stevmanta锚就开始埋入海底。

锚作船2通过保持和锚作船1相同的距离来保持系泊缆松弛状态。如果所需的系柱拉力超过一艘锚作船所能提供的拉力，则锚作船2把系泊缆系在锚标浮筒上后，和锚作船1一起串联拖曳。

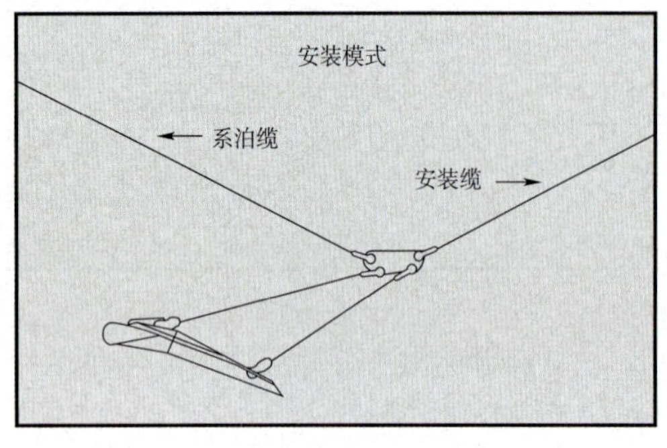

图 2-4-171

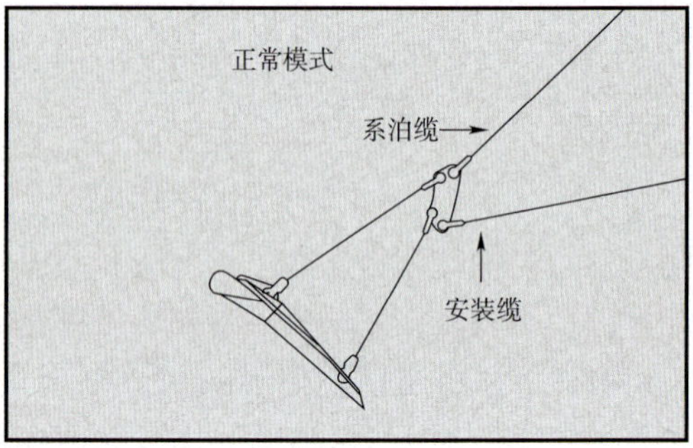

图 2-4-172

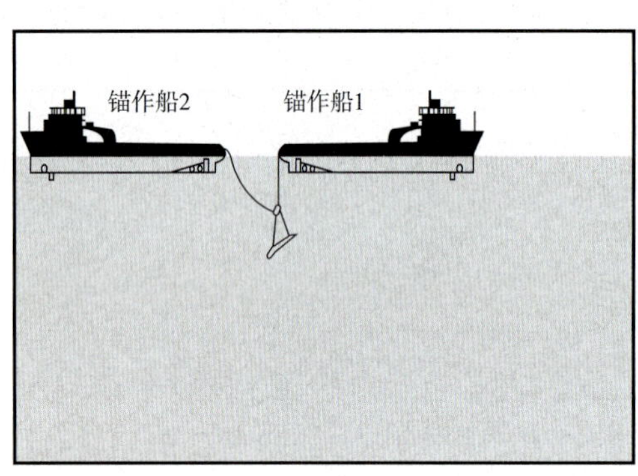

图 2-4-173

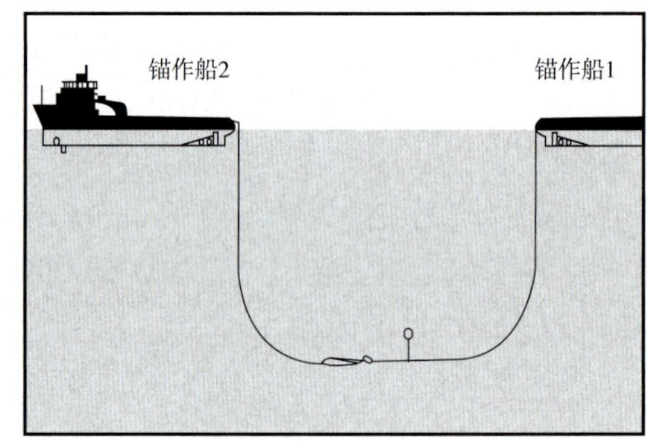

图 2-4-174

当达到预确定的安装载荷时，安装缆上的破断装置失效（连接安装缆到三角眼板的卸扣断裂），安装缆和Stevmanta锚分离。如图2-4-176所示。

如果安装有回收锚标浮筒，则破断装置连接到连接安装缆和锚作船1的三角眼板上。这时锚作船1和Stevmanta锚分开，安装缆可以回收到甲板上。如图2-4-177所示。

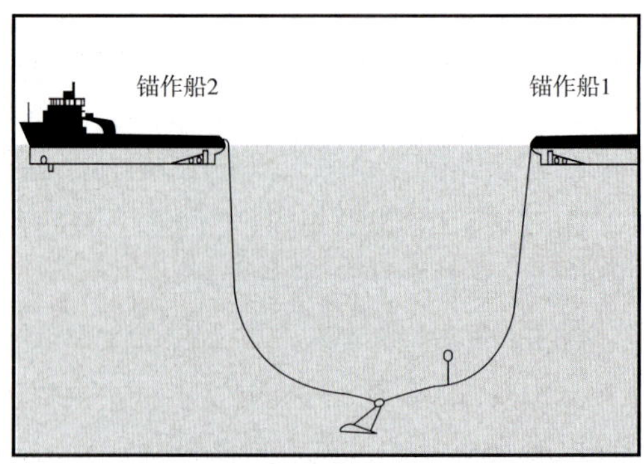

图 2-4-175

锚作船2开始增加系泊缆拉力。如果锚作船2提供的系柱拉力不足达到所标准拉力载荷时，锚作船1和锚作船2串联一起拖

曳，可增加系柱拉力。

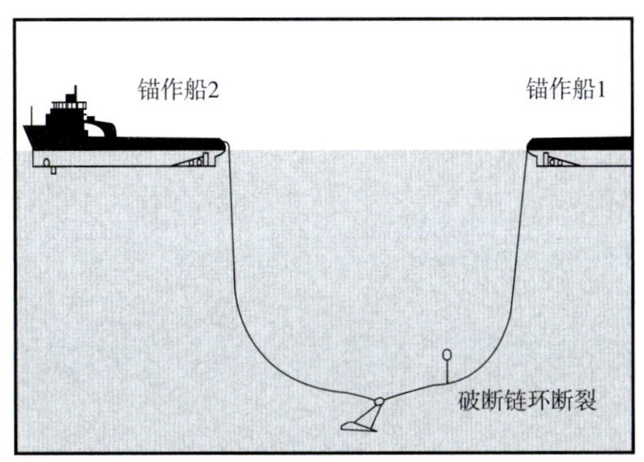

图　2-4-176

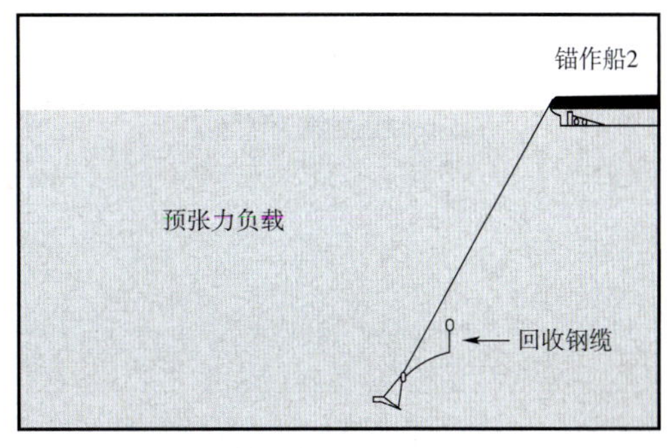

图　2-4-177

当Stevmanta锚受力到达所需载荷后，将系泊缆接到海上设施。如果是预布系泊系统，则将系泊缆系到锚标浮筒上，方便后面的系接。如图2-4-178所示。

把Stevmanta锚从海底回收的程序就是把锚从正常（垂直负载）模式返回到安装模式。锚作船从海底把浮筒回收上来，然后拖曳安装钢缆（以和海底成45° 角度），就可轻易地回收Stevmanta锚。如图2-4-179所示。

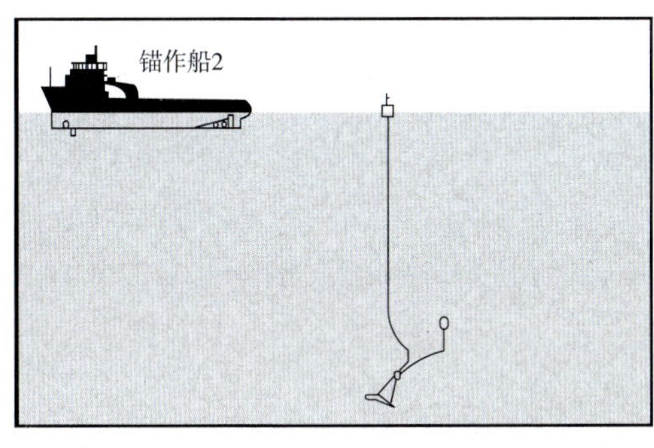

图　2-4-178

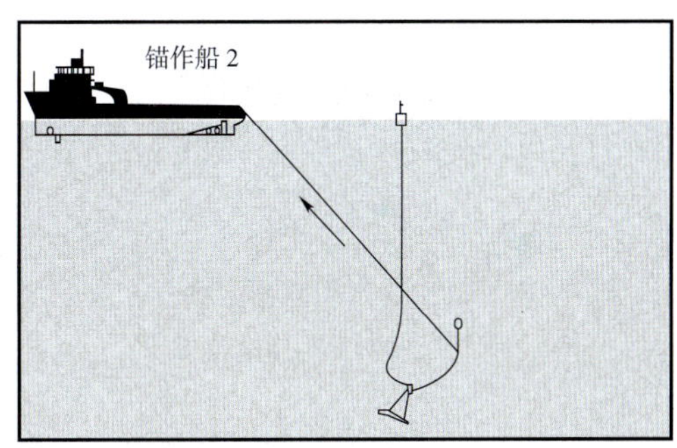

图　2-4-179

5. 使用张紧器装置的双锚安装技术

利用剪切销（Shear pin）角度调节器来安装Stevmanta锚。当剪切销的负荷等于安装负荷时，剪切销破断，则Stevmanta锚进行模式转换，即从安装模式转到正常（垂直负载）模式。

在安装过程中，Stevmanta锚系接一条尾缆（长约30m，一端为5m长的锚链，其余为钢缆）。这条尾缆（tail）确保了在海底时，Stevmanta锚的朝向正确。

把尾缆接到VLA锚的锚爪上。把前缆接到锚作船上的Stevmanta锚的角度调节器。

把Stevmanta锚放入水中。如图2-4-180所示。

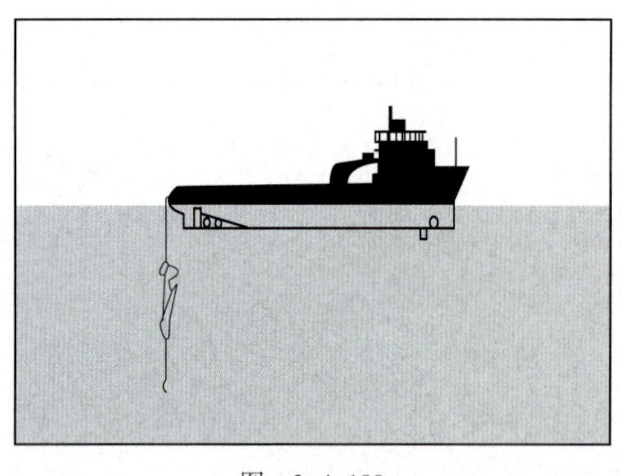

图 2-4-180

Stevmanta锚的尾缆先下沉，即尾缆先于其他部分触到海底。

用水下连接器（connector）把张紧链（tensioning chain）连接到Stevmanta VLA号1锚上，并把另一端穿过 张紧器装置，并连接到水下连接器公端（male part）上。

把VLA 号2锚的前导链端系到张紧器装置的被动边上。作为三角眼板的前导链端，在三角眼板和张紧器装置之间系接有一条易断缆。水下连接器的公端接到三角眼板的第三个孔眼上。利用水下连接器，把锚作船的工作钢缆接到VLA号2锚的尾缆上。

通过松出锚作船作业钢缆，把张紧器装置和VLA号2锚释放入海。如图2-4-181所示。

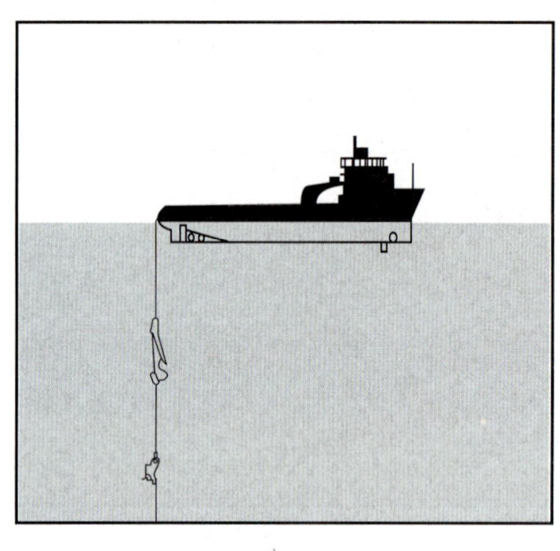

a)

b)

图 2-4-181

当VLA号1锚的尾缆到达海底时，尾缆的阻力使Stevmanta锚指向锚作船的艏向上。此时，锚作船缓慢向前航行。锚作船把Stevmanta锚放置入海底，同时继续布设系统的其他部分（张紧器装置和Stevmanta VLA号2锚）。如图2-4-182所示。

当Stevmanta VLA号2锚接近海底时，锚作船停止绞拖缆机，增加系泊系统的受力。如图2-4-183所示。

此时，Stevmanta VLA号1锚开始埋入海底。当系泊系统的受力达到1000kN时，锚作船把Stevmanta VLA号2锚放置入海底。增加受力的目的是确保Stevmanta VLA号1锚正确埋入海底，且系泊系统适当受力。

图 2-4-182

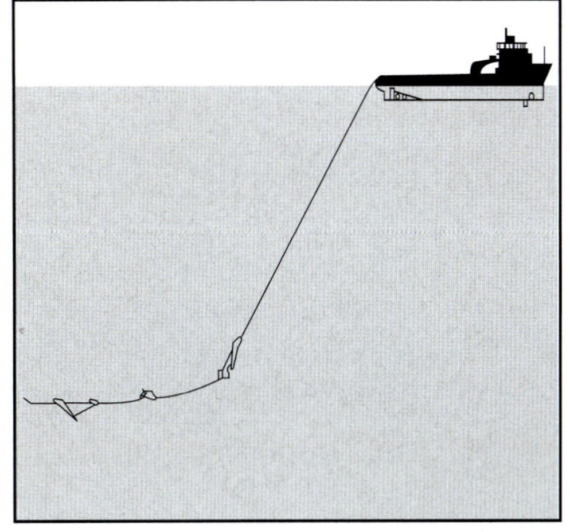

图 2-4-183

当Stevmanta VLA号2锚放置到海底时，锚作船继续松出钢缆，直到尾缆和水下连接器也到达海底。当这些完成后，锚作船停止松出钢缆，并把ROV释放入海，执行从Stevmanta VLA号2锚尾缆脱开水下连接器。水下连接器（连接到工作钢缆）的母端移动到水下连接器的公端（连接到张紧器装置的张紧链上）。如图2-4-184所示。

作业钢缆接到张紧链上，则锚作船可能进行松紧操作。这需要4～7个来回松紧操作步骤才能使锚受力达到要求值。如图2-4-185所示。

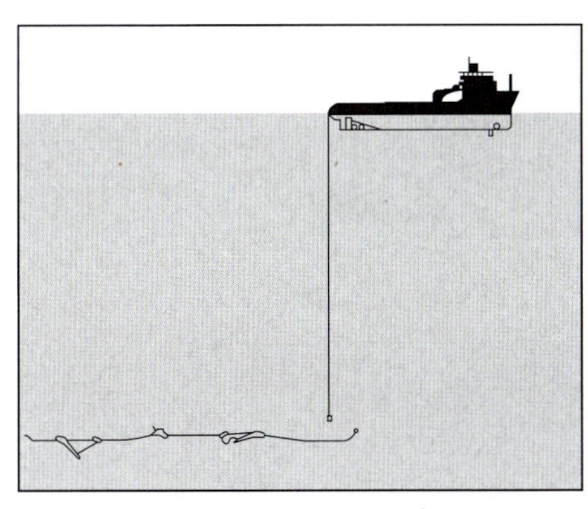

图 2-4-184

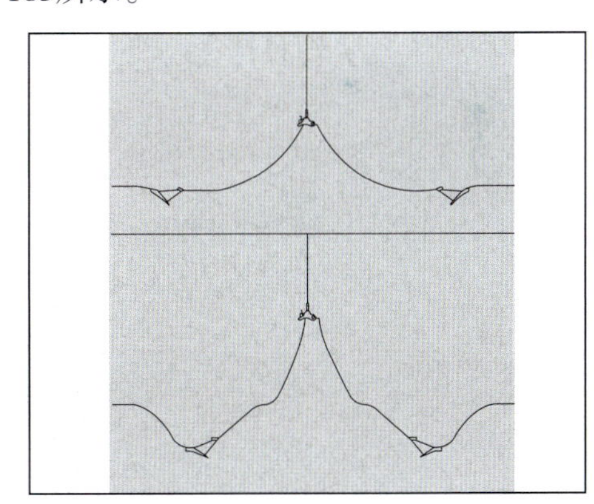

图 2-4-185

当系泊系统受力达到Stevmanta VLA锚上角度调节器的安全销的破断负荷时，这个系统会断裂，触发Stevmanta VLA锚进行正常负载模式，如图2-4-186所示。

当锚作船继续增加系统受力时，锚负荷达到正常负载模式载荷。如果锚作船继续增加系统受力，直到连接在张紧器装置上的易断环（breaklink）破断。此时，VLA锚的松紧操作算是完成。

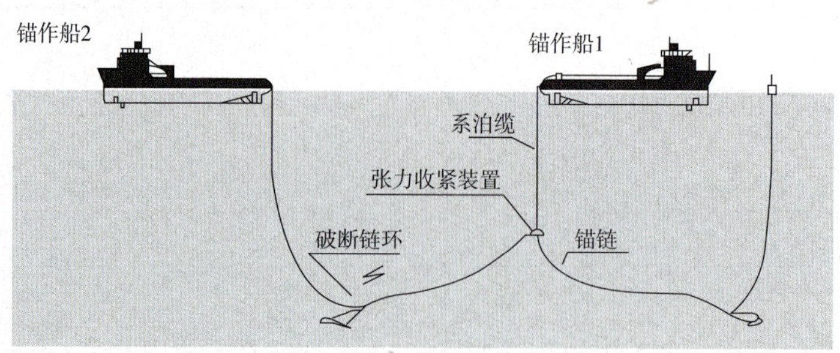

图 2-4-186

当VLA锚的松紧操完成后，ROV把连接Stevmanta VLA号1锚和张紧器装置的水下连接器脱开，如图2-4-187所示。

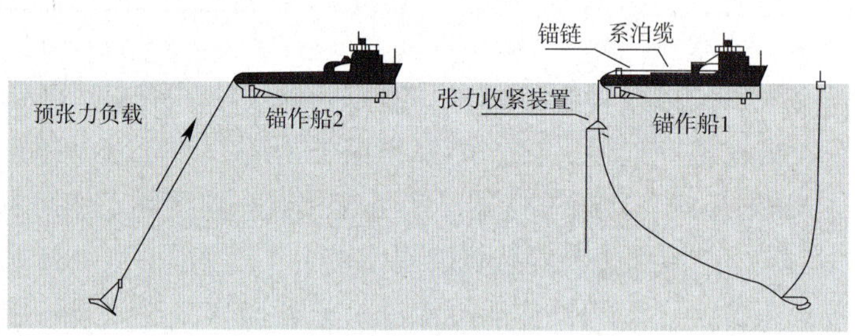

图 2-4-187

锚的前缆不再接到张紧器装置上。AHV开始利用作业钢缆回收张紧器装置及其张紧链，如图2-4-188所示。

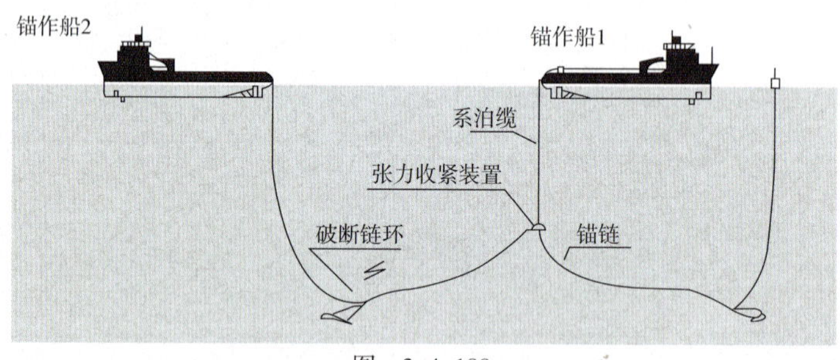

图 2-4-188

最后，ROV可用来把系泊缆（连接有独立的母连接器）系接到锚前缆的公连接器上。

6. 操作过程中的风险和预防措施

Stevmanta VLA锚布放到海底安装前，应确保其方向对着安装方向，否则安装不会成功。解决方法是：在锚的后部附加一段尾缆（长约30m，一端为5m长的锚链，其余

为钢缆），它的作用是帮助控制锚在海底的方向。安装时使锚缓慢下水，锚上的附加尾缆先下沉，也就是尾缆先接触到海底。

Stevmanta VLA锚双缆安装时，当松出的安装缆足够长时，锚作船1开始增加拉力。Stevmanta锚就开始埋入海底。这时锚作船2的系泊缆不可受力，否则安装不会成功。锚作船2可通过保持和锚作船1相同的距离来保持系泊缆松弛状态。

三、Bruce Dennla MK2锚的作业技术

1. Bruce Dennla MK2锚吊装上AHV甲板

（1）把钢条（steel bar，ϕ1 1/2英寸，ϕ38mm）完全插入到锚杆U形钩（shank clevis）和锚爪的沟槽板（fluke slotted plate）之间的轻型安全销孔。如图2-4-189所示。

（2）把克令吊的吊货索系到锚杆卸扣，把锚吊起并送到锚作船甲板上。如图2-4-190所示。

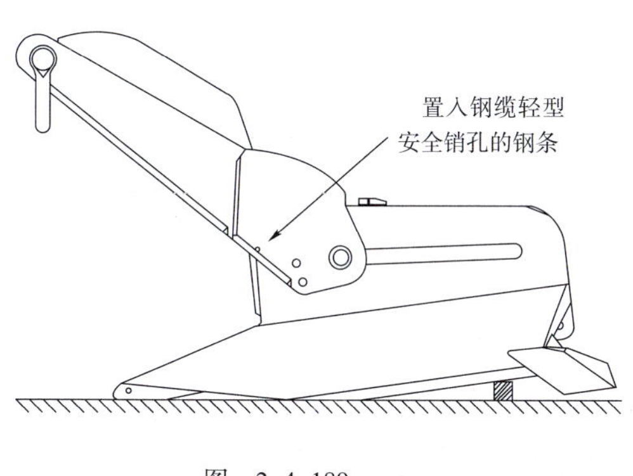

图 2-4-189

图 2-4-190

（3）把锚徐徐往甲板上放，直到锚爪背的尾翼接触到甲板。下放过程中，利用克令吊旋转把锚翻转过来。继续下放锚，直到锚上端朝下、以3点支撑停放在甲板上，这3个支撑点分别为A点（锚杆鳍）、B点（锚爪背部沟槽板）和C点（其中的一个尾翼）。如图2-4-191所示。

（4）解开克令吊吊索，取出钢条。当锚杆鳍接触到甲板时，这钢条会掉落到甲板上。

（5）至此，锚上端朝下停放在甲板上，可以系接到系泊缆并布设到海上。

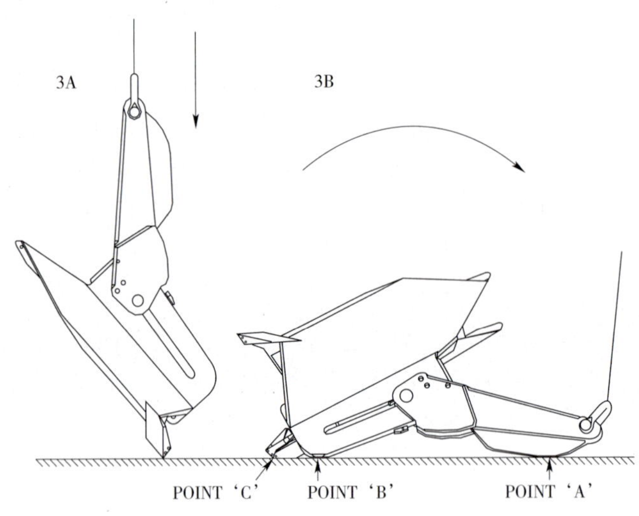

图 2-4-191

2. Bruce Dennla MK2锚的布设准备

（1）利用小绞车，把锚移到拖销，把锚卸扣系到钢缆的套节上。

（2）把锚尾缆系到锚爪的后吊耳上（rear lug of fluke）。

（3）把锚卸扣系到锚的前导缆上。

（4）把安全销置入到锚杆的U形钩（shank clevis）上。安全销组件包括有一个轻型安全销、安装安全销（installation shear pin）和锚杆制动插销（shank arrester shear pin）。在非常松软的海底轻型插销则不需要。在非分层（non-layered）的海底则不需要锚杆制动插销。

（5）锚已做好布设准备。

具体布设如图2-4-192、图2-4-193所示。

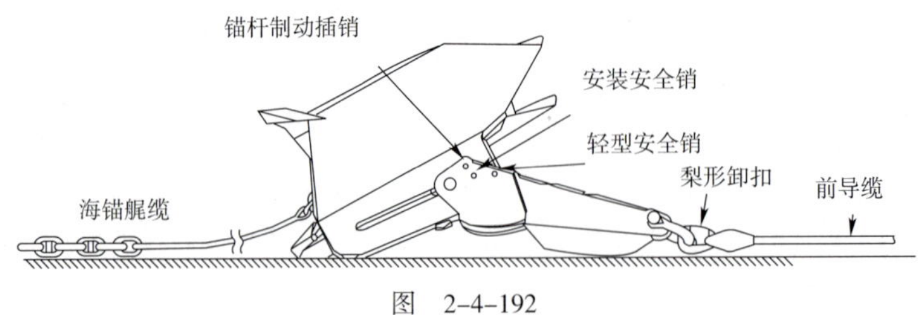

图 2-4-192

3. Bruce Dennla MK2锚回收到甲板

（1）绞进锚的前导缆，直到锚卸扣出现在锚作船尾滚筒上。继续缓慢绞进，如果锚杆鳍靠在滚筒上，则拖锚上端朝下翻滚到甲板上。如图2-4-194所示。

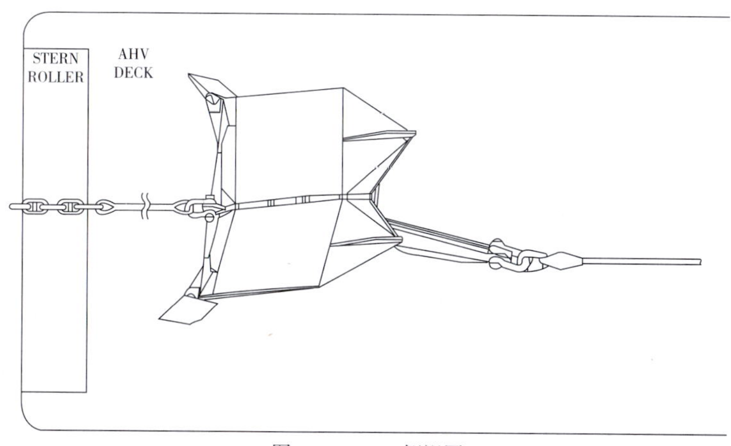

图　2-4-193　侧视图

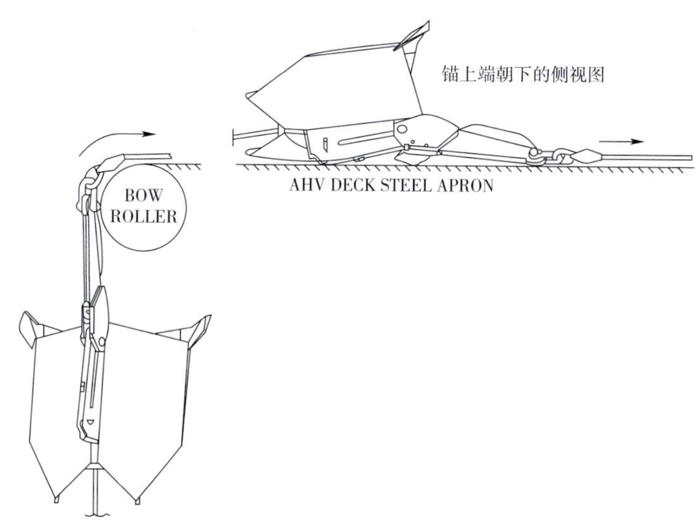

图　2-4-194

（2）拖锚到甲板的拖销前的钢档板，而海锚尾缆则悬在舷外。停止绞车。锚拖到甲板上，上端朝下，第一尾翼（stabilizer）接触甲板，而第二尾翼背着甲板。锚杆位于锚爪背面，锚杆枢轴销（shank pivot pin）位于锚爪沟槽板（fluke slotted plate）的沟槽里。如图2-4-195所示。

4. Bruce Dennla MK2锚的锚杆定位

（1）利用小绞车，在钢甲板把锚头翻转90°，松弛的前导缆（forerunner）躺在锚旁边，离开接触甲板的第一尾翼（stabilizer），如图2-4-196所示。

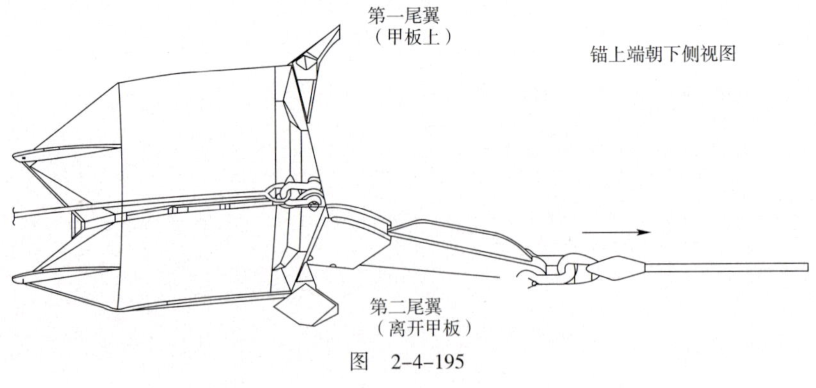

图 2-4-195

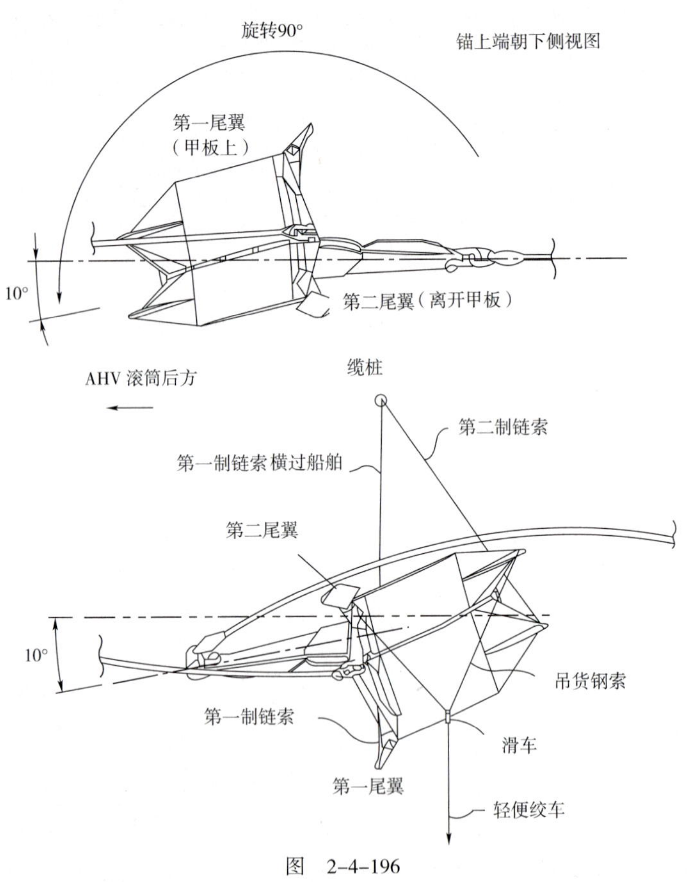

图 2-4-196

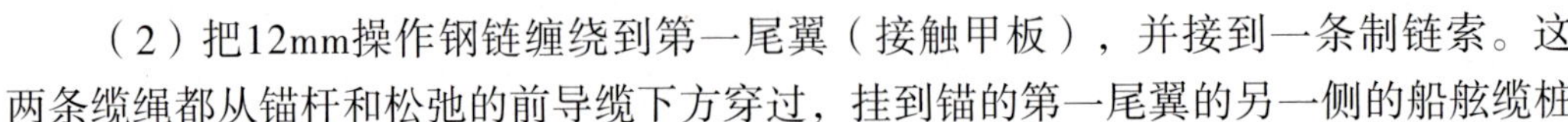
（2）把12mm操作钢链缠绕到第一尾翼（接触甲板），并接到一条制链索。这两条缆绳都从锚杆和松弛的前导缆下方穿过，挂到锚的第一尾翼的另一侧的船舷缆桩

（deadman）上。这条制链索可横过船舶甲板，确保制链索从甲板线上的第一尾翼的最外边缘穿过，以防止受力后从甲板上翘起。

（3）把另一条制链索的一端用卸扣连接锚爪的最下面的尖端，并把制链索的另一端固定在缆桩上。

（4）利用短软吊货索，把吊货钢索系接到第二尾翼（离开甲板）上，把卸扣把另一端系到锚爪的最上面的尖端。

（5）用滑车把小绞车连接到吊货钢索，通过第一尾翼所在甲板上的合适滑轮使小绞车钢缆横过船舶。

（6）缓慢绞进小绞车钢缆，升起锚爪钩槽板到一脚掌高（30cm），离开甲板，并在这位置上保持片刻。

（7）用小绞车非常缓慢绞进锚前导钢缆。锚前导钢缆首先展开伸直，随后通过升起的锚爪钩槽板。继续绞进则牵引锚卸扣。这就会移动锚杆，导致锚杆枢轴销（shank pivot pin）滑落到锚爪沟槽板（fluke slotted plate）的沟槽里，直到停止在沟槽前端上，如图2-4-197所示。

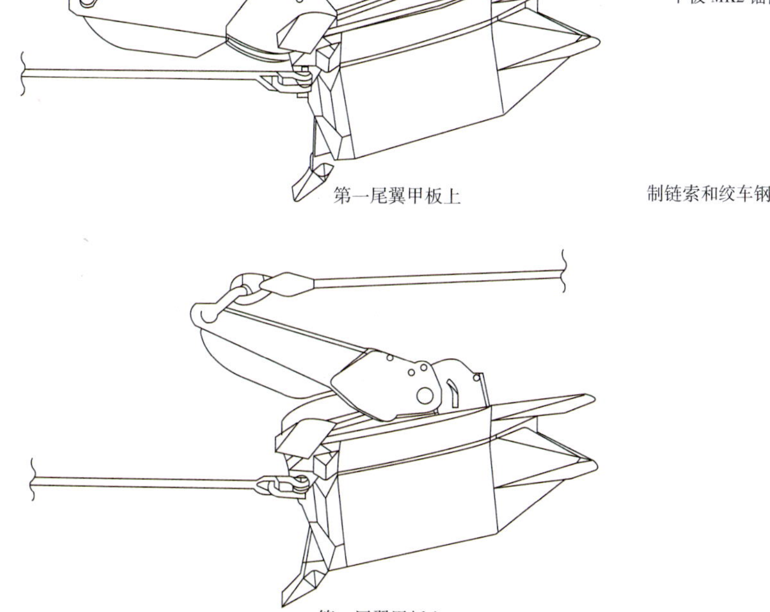

图 2-4-197

（8）确保锚杆枢轴销在沟槽前端上，再停止绞车。

（9）小绞车绞进，使锚爪沟槽板升离甲板高。则锚杆在自身重力作用下会旋转，

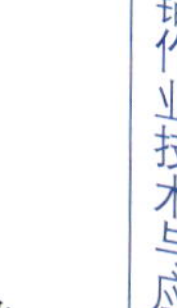

导致锚卸扣沿弧形轨迹滑落。锚爪沟槽板轻微抬离甲板，以避开制链索。用小绞车保持锚在这个位置上。

（10）用小绞车绞进锚的前导缆，把锚杆转向布设位置上，锚卸扣和前导缆对齐，如图2-4-198所示。停止绞车。

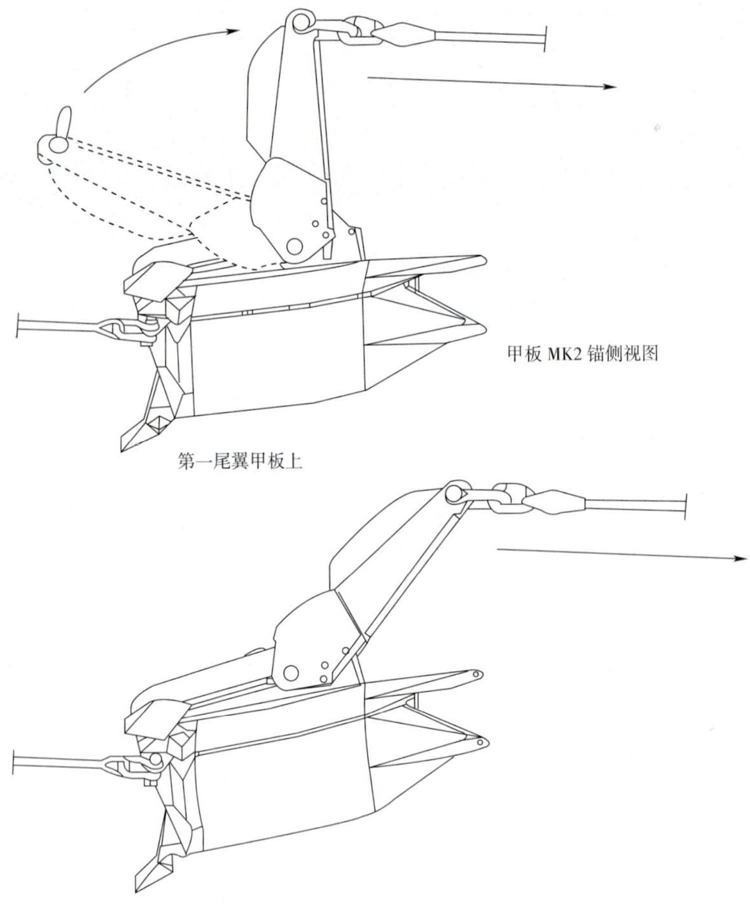

图 2-4-198

（11）松出绞车钢缆，把锚放回至3点接触甲板的状态。悬在舷外、接到海锚链的海锚钢缆（drogue wire）适当受力有助于这个操作。

（12）把绞车钢缆和制链索断开，把尾翼的操作链条移除。

（13）把安全销置入锚杆，做好布设准备。

5. 操作过程中的风险和预防措施

Dennla MK2锚吊上甲板时，以3点支撑停放在甲板上，这3个支撑点分别为*A*点（锚

杆鳍）、B点（锚爪背部沟槽板）和C点（其中的一个尾翼）。解决方法：把锚徐徐往甲板上放，直到锚爪背的尾翼接触到甲板后，利用克令吊旋转把锚翻转过来，使锚背朝下，继续下放锚。

Dennla MK2锚绞上艉滚筒时，只有锚杆鳍靠在滚筒上，才可拖锚上端朝下翻滚到甲板上。解决方法：绞进锚的前导缆，当锚卸扣出现在AHV艉滚筒时应缓慢绞进，检查锚的朝向，如果锚朝向错误，可通过螺旋桨的排出流旋转锚直到朝向正确才将锚绞上。

四、Bruce Dennla MK4锚的作业技术

1. Bruce Dennla MK4锚的拖曳式布设技术

在松软海底，Dennla锚被拖曳入土，直到系泊缆受力达到预定值，此时系泊缆拖曳角度为泥面上15° ~ 25° 之间。随后，系泊缆缩短，拖曳角度提高到35° ~ 45° 之间。这就产生了一个脱开剪切销的杠杆力矩，从而使锚杆翻转，锚爪形心（centroid）的承力线角度可达到78° 。如果减少系泊缆拖曳角度，并提高拉力，则锚爪更加倾斜，锚就掘进更深的海底。如图2-4-199、图2-4-200所示。

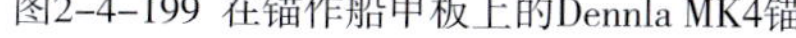

图2-4-199 在锚作船甲板上的Dennla MK4锚

图2-4-200 在锚作船艉滚筒上的Dennla MK4锚

如果是沙底和硬底，则把锚杆向下锁住，并采用传统方法安装Dennla Mk4。具体的布设步骤如下：

（1）布设步骤一

将在锚爪后面附有定向短钢缆/链条的单锚线的Bruce Dennla锚从艉滚筒布放入水并放至海底。

Bruce Dennla锚被放到距海底约30m，距期望的设置点200m处以便50m长的定向尾链的部分链条位于海底。如图2-4-201所示。

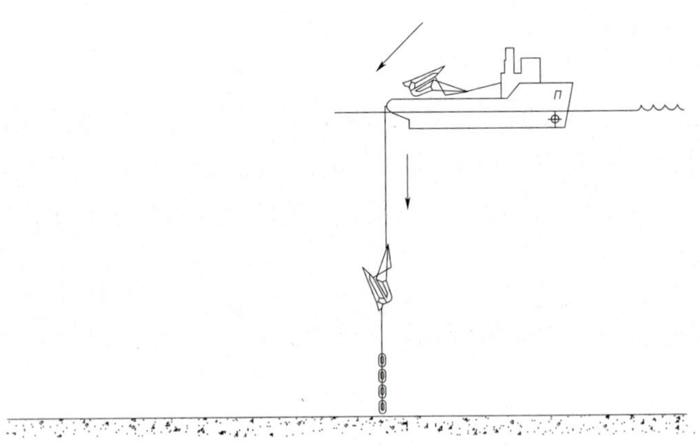

图2-4-201 Bruce Dennla MK4锚拖曳式布设（步骤一）

（2）布设步骤二

示向尾链接触海底。锚作船向系泊锚区的中心移动。Bruce Dennla锚通过定向尾链进入正确的埋置方向，并使放出的系泊线按需要的范围布设到海底。

锚作船以1节的对地速度前进以便尾链定住Bruce Dennla锚的方向。

在距设置点50m处，锚作船开始以30m/min的速度放出系泊线布设Bruce Dennla锚，然后建立期望的舷外线范围，在达到需要的布设张力上，给出自海底25° 的向上角。如图2-4-202所示。

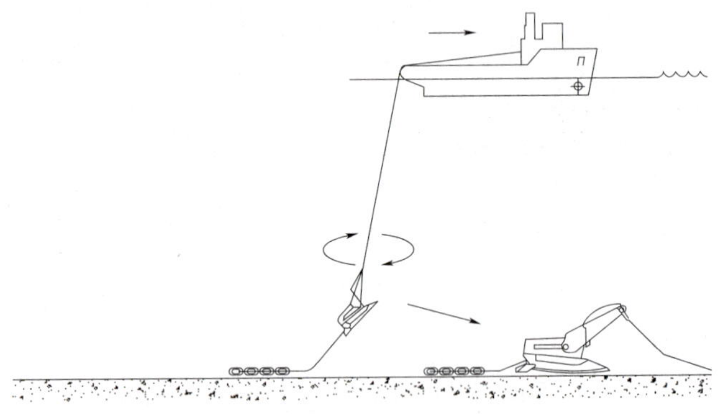

图2-4-202 Bruce Dennla MK4锚拖曳式布设（步骤二）

（3）布设步骤三

锚作船以选择线张力，用最终的没有破断剪切销的25° 上升角，使Bruce Dennla锚嵌入海底。如图2-4-203所示。

即：锚作船增加功率，慢慢地将Bruce Dennla锚以25° 上升角嵌入海底，直到达到拖缆机上的布设张力为止。

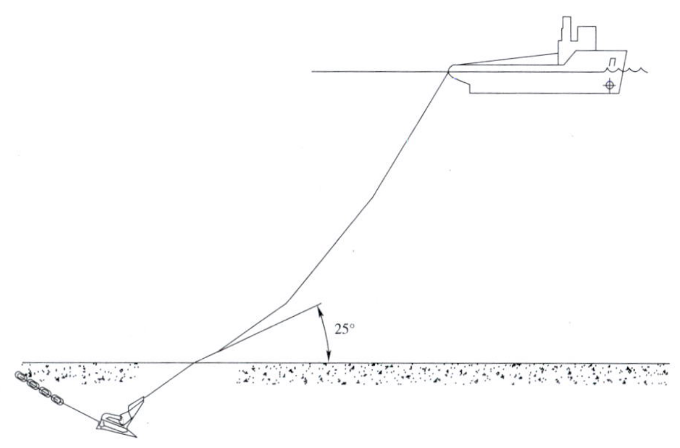

图2-4-203　Bruce Dennla MK4锚拖曳式布设（步骤三）

在降低功率之前，保持该张力15min。

（4）布设步骤四

锚作船绞进锚线以产生45° 的上升角，再次运用选择线张力将主剪切销破断，并增加Bruce Dennla锚的能力。在锚泊线连接到钻井平台之前，锚作船将系上浮筒的锚泊线投放入水。

锚作船绞进锚线以产生45° 的上升角，再次运用布设张力。这样将剪切销破断并增加Bruce Dennla锚的能力。锚作船将锚泊线系上浮筒后下水，为连接钻井平台做好准备。如图2-4-204所示。

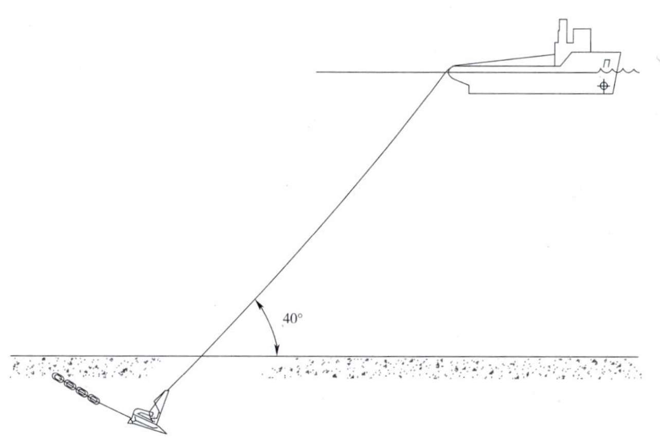

图2-4-204　Bruce Dennla MK4锚拖曳式布设（步骤四）

2. Bruce Dennla MK4锚的张紧器布设技术

（1）布设步骤一

锚作船放出设备连接串到泥线。可旋转环防止来自跨接缆附近的反作用锚前置缆缠绕跨接缆产生的任何扭矩。随着设备连接串通过拖曳锚作船的艉滚筒，系索操作的安全解脱保险楔子解脱受载弹簧释放器的保险。如图2-4-205所示。

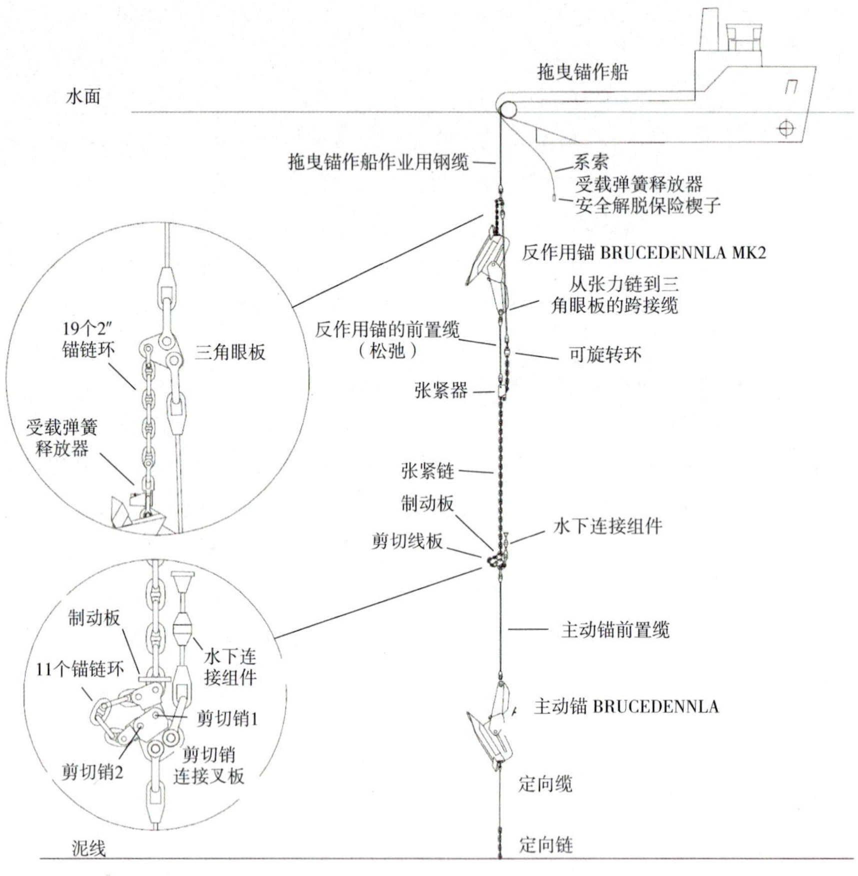

图2-4-205　Bruce Dennla MK4锚的张紧器布设（步骤一）

（2）布设步骤二

当锚作船以0.5节速度前进或后退，并以0.5节速度放出作业钢缆以将交叉张紧装置在海底伸展开时，主动锚由定向链上的牵引力定向。从三角板以锚爪朝下悬挂的反作用锚清爽地离开跨接缆，并准备刺穿进入海底。当海底支撑反作用锚时，受载弹簧释放器激活。如图2-4-206所示。

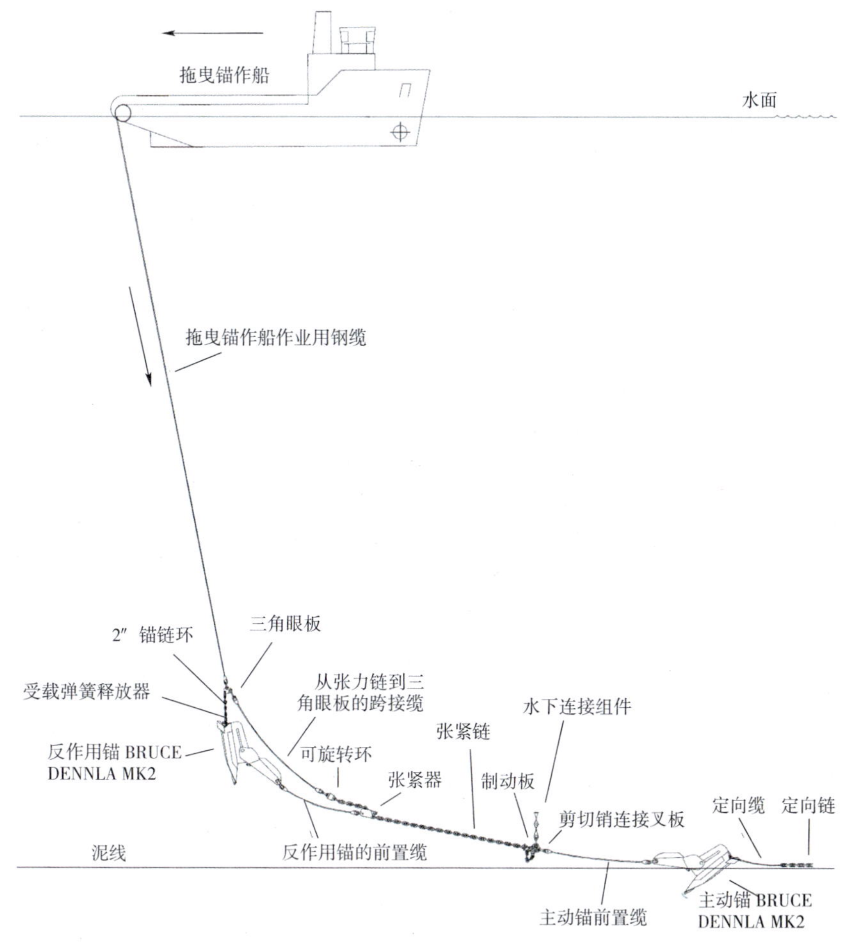

图2-4-206　Bruce Dennla MK4锚的张紧器布设（步骤二）

（3）布设步骤三

随着相反的锚刺入海底土壤，在前置缆上的张力增加，直到在剪切销板上的两个剪切销的第一个破断为止。在前切削板上的11链环长度的锚链伸展开，并导致交叉张力负载的下降。转而导致锚作船上的作业钢缆的张力下降，锚作拖缆机记录了此第一个剪切销破断给出的信号。在增加负荷比如10%，以破断第二个剪切销之前，重新建立刚记录的锚作船的拖缆机负荷，以恒定负载拉锚15 ~ 30min。如图2-4-207所示。

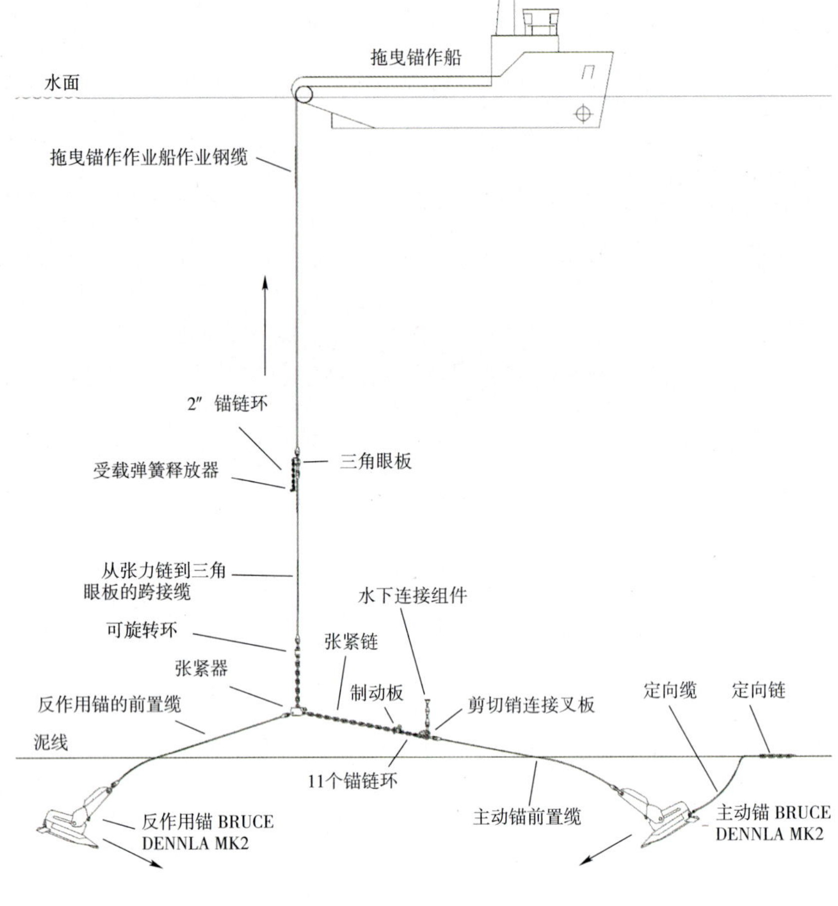

图2-4-207　Bruce Dennla MK4锚的张紧器布设（步骤三）

（4）布设步骤四

当破断第二个剪切销时，主动锚已被布设达到已知负荷，在第一剪切销破断后，保持15～30min，随后以短暂的高出10%的峰值负荷破断第二剪切销。如图2-4-208所示。

3. Bruce Dennla MK4锚的回收技术

（1）近法向承力模式

为避免VLA锚所遇到的大回收负载和已安装锚的掘进过深（bulky drop-in）或庞大重量，翻转Bruce Dennla的锚杆并滑到锚爪后面，使得回收锚时的承力面积小。这就使得锚作船向后拔锚出土时所用的系柱拉力大大小于安装时所用的系柱拉力。典型的回

收负载仅为安装负载的一半。

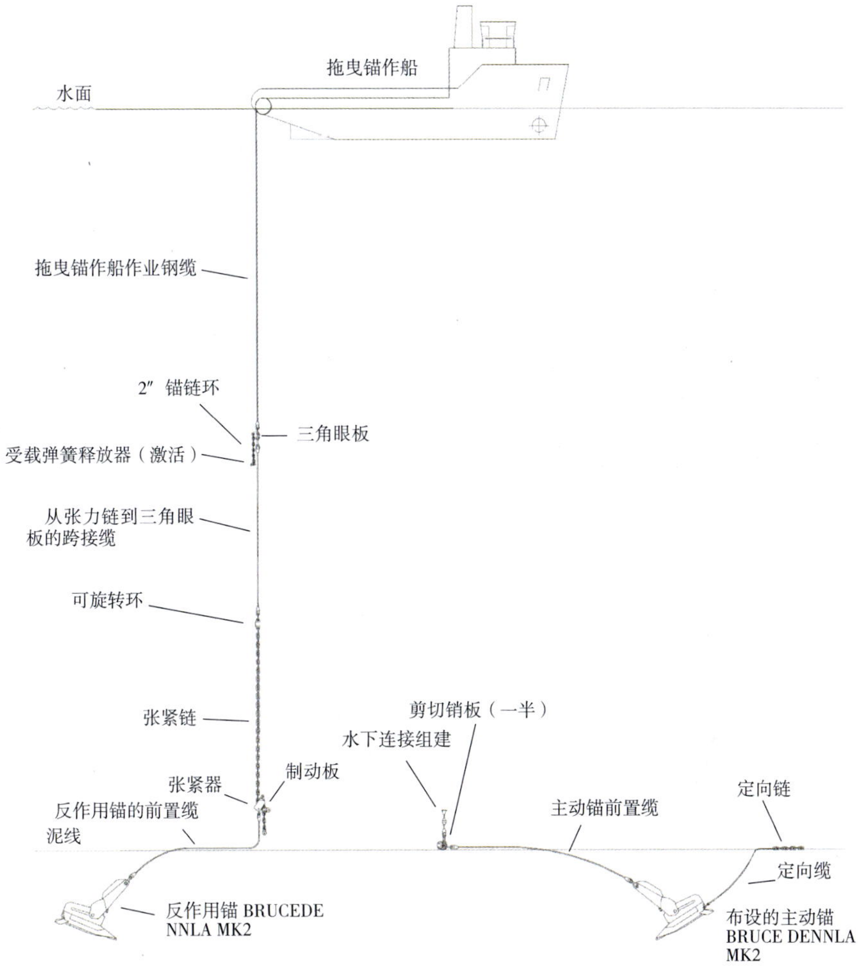

图2-4-208 Bruce Dennla MK4锚的张紧器布设步骤四

（2）传统拖曳掘进模式

回收作业和其他传统高性能拖曳掘进锚，如Bruce FFTS Mk4锚的回收作业相类似。在两种回收模式中，Bruce Dennla锚回收作业无须配备ROV、短缆和水下断开设备。

Bruce Dennla锚可平顺地越过船尾滚筒，很方便在甲板上进行操作。在深水和超深水作业中的优越作业性能和短周转时间是其重要特点。Bruce Dennla Mk4锚杆可向下锁紧使之在沙底和硬泥底中表现优秀。这种锚在侧翻安放在平台的锚链孔架（bolster

bars）上，以方便从海上移动式钻井平台进行布锚作业。具体的回收步骤如下：

①回收步骤一

锚作船捞起锚泊线并以与布设方向相反的方向超越Bruce Dennla锚的位置。如图2-4-209所示。

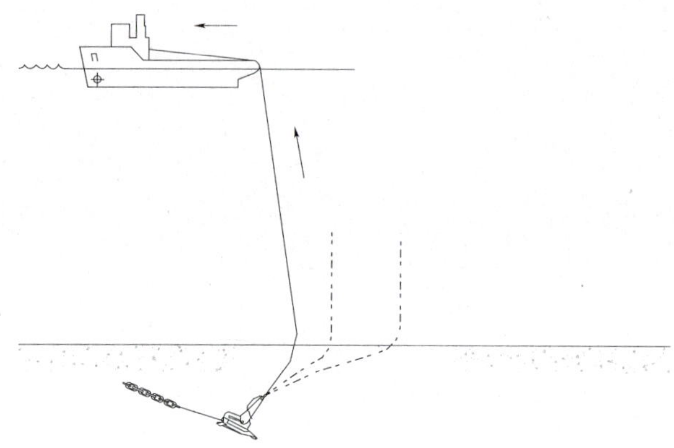

图2-4-209　Bruce Dennla MK4锚回收（步骤一）

②回收步骤二

锚作船设置锚泊线范围以产生45° 的上升角，并使用拉力旋转和将锚杆滑到锚爪的后面，以助于向后破土，在随后回收上甲板时顺着锚爪方向。如图2-4-210所示。

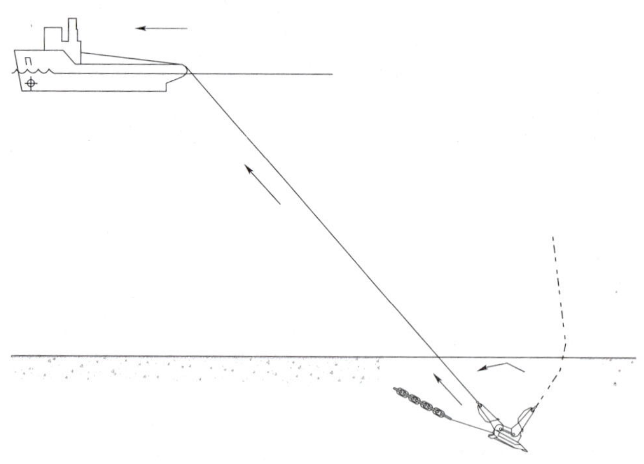

图2-4-210　Bruce Dennla MK4锚回收（步骤二）

4. 操作过程中的风险和预防措施

Bruce Dennla MK4锚布放到海底安装前，应确保其方向对着安装方向，否则安装不会成功。解决方法是：在锚的后部附加一段尾缆（长约30m，一端为5m长的锚链，其余为钢缆），它的作用是帮助控制锚在海底的方向。安装时使锚缓慢下水，锚上的附

加尾缆先下沉，也就是尾缆先接触到海底。

Bruce Dennla MK4锚承力线角度可达到78°，但不能真正垂直负载。预防措施：应准确控制锚位。

五、为钻井平台在1000～2000m水深进行系泊设置与回收程序

本程序为拖曳锚作船在深水1000～2000m为使用锚链加置入钢缆的钻井平台进行系泊设置与回收的程序。

1. 推荐的设置程序

以下是推荐的在（油田或钻井平台名称）现场使用（船名）设置系泊的程序。将要设置的是哪个系泊锚将在现场确定。大体上，首先将会设置系泊主锚。在完成系泊主锚设置之后，将会进行4个横锚的设置。至少需要一艘拖曳船直到设置妥4个系泊锚。

在作业期间，将会使用Kenter连接环连接钢缆。使用绞车钢缆能够将Kenter连接环安全地拆解。

（1）提锚圈短索传递至拖曳锚作供应船（AHTS）上。

（2）用一个旋转连接环将拖曳锚作供应船（AHTS）作业钢缆与提锚圈短索连接。

（3）钻井平台放出100～150m锚链。

（4）锚绞至拖曳锚作供应船（AHTS）的艉滚筒，检查锚的朝向。

（5）拖曳锚作供应船（AHTS）放出100～150m作业钢缆。

（6）随着拖曳锚作供应船（AHTS）系柱拉力的增加，钻井平台开始放出锚链。

（7）钻井平台和拖曳锚作供应船（AHTS）将遵循表2-4-9中的放缆和系柱拉力，以确保在放出钻井平台钢缆和作业钢缆时的负载分配。

（8）在钻井平台放出所有的锚链之后，在钻井平台进行钢缆的转换时，根据需要，拖曳锚作供应船（AHTS）将减少系柱拉力。

（9）当完成转换，钻井平台放出足够的钢缆以使连接接头通过锚架。

（10）当钻井平台已放出2500m钢缆，拖曳锚作供应船（AHTS）将增加功率以将系泊线伸展开。

（11）拖曳锚作供应船（AHTS）减小功率，并将锚放至海底落地。

（12）钻井平台将系泊线拉紧到大约204t，以确保锚抓住。

（13）拖曳锚作供应船（AHTS）向钻井平台回退提锚圈。

（14）当提锚圈短索脱离锚的时候，拖曳锚作供应船（AHTS）通知钻井平台。

（15）拖曳锚作供应船（AHTS）将提锚圈短索送回钻井平台。

（16）对于余下的锚，重复（1）～（3）的步骤。拖曳锚作供应船（AHTS）放出

1825m的作业钢缆，在带张力下重新盘卷作业钢缆。

（17）重复（4）~（15）的步骤。

（18）对于余下的锚，重复（16）~（17）的步骤。

（19）钻井平台将验证系泊线张力到204t持续10min。

负载分配表　　表2-4-9

步骤	钻井平台系泊线（m）	作业钢缆（m）	钻井平台张力（Mt）	船舶张力（Mt）	系柱拉力（%基于200Mt）
1	150锚链	150	31	26	10%
2	1280锚链	450	136	103	40%
3	转换	450	113	66	10%
4	500	450	124	124	40%
5	1000	750	129	132	40%
6	1500	1060	136	139	40%
7	2000	1660	159	141	50%
8	2500	1820	181	170	55%

2. 推荐的回收程序

将要回收的是哪个系泊锚将在现场确定。大体上，首先将会回收系泊横锚。在完成系泊横锚回收之后，将会进行4个主锚的回收。以下程序用于传统系泊锚的回收。一旦回收好4个横锚，将至少需要一艘拖曳船。

（1）拖曳锚作供应船（AHTS）将提锚圈短索连接至作业钢缆。

（2）钻井平台将系泊线拉紧到大约204t。

（3）一旦连接妥提锚圈，拖曳锚作供应船（AHTS）开始放出作业钢缆到1.2倍的水深。拖曳锚作供应船（AHTS）将开始向锚方向进行打捞。

（4）一旦提锚圈拉到锚处，拖曳锚作供应船（AHTS）将用力拉锚15~20min以确保提锚圈处在或接近锚处。

（5）钻井平台将放松系泊线的张力。

（6）拖曳锚作供应船（AHTS）然后收短作业钢缆至大约超过水深150m长（包括提锚圈短索）。

（7）拖曳锚作供应船（AHTS）增加功率到不超过40%，并顺着系泊线的方向拖拽约15min。

（8）如果锚还没有破土，额外增加5%的功率再拖曳20min。拖缆机的负荷应不超过250t。

（9）当锚破土，绞收作业钢缆直到锚离地。

（10）随着钻井平台钢缆的回收，遵循相关规定回收作业钢缆。

（11）如果钻井平台钢缆仍然在锚架上，降低功率并绞入额外的作业钢缆。

（12）在钻井平台绞入系泊钢缆时，保持拉力。

（13）当钻井平台进行锚链的转化时，降低功率到20%并保持位置。

（14）拖曳锚作供应船（AHTS）绞入作业钢缆。

（15）钻井平台绞入锚链。

（16）拖曳锚作供应船（AHTS）降低功率以允许提锚圈上滑锚链。

（17）一旦钻井平台绞入了所有的锚链，锚上架到锚架处，提锚圈短索被送回钻井平台。

（18）重复步骤（1）~（17），直到所有的锚上架。

3. 安全的原则与要求

“公司”对健康、安全和环境（HSE）绩效有牢固的承诺。为实现HSE的卓越，“公司”采用了“零信念”。零信念意指“公司”的目标为：伤害为零、职业病为零、物质损失为零、对环境的损害为零。

（1）“公司”对零信念的承诺

①我们相信所有的伤害、职业病、物质损失和对环境的损害是可预防的。

②我们将连续不断地降低我们业务的健康和环境影响。

③绝不比安全更优先。

（2）实现“零信念”，“公司”将采取的措施

①通过行动证明HSE的优先性。

②创造良好和激励的工作环境。

③制订出预防纠正措施的方案。

④对我们从事的工作进行思考、计划、观察和评价。

⑤意识到前瞻性对HSE改进的作用。

（3）作业安全提示

所有的作业必须以安全方式进行。所有的作业要按CAU安全手册执行。

安全有压倒一切的最高优先权，在任何工作开始之前，每一部门负责人（如甲板领班、船长等）必须确保所有作业以安全方式进行。应当始终将安全作为主要问题组

织工作。必须连续不断地通知所有人员并尽可能更新在作业中涉及的风险。所有人员有权停止工作，所有人员应对新的安全风险进行识别。

所有由“公司”、关联公司和承包人实施的工作，以及涉及新工艺或重大HSE风险的，必须进行工作安全分析（JSA）。在任务分配的时候，监管人员或受过训练的被指派人员和执行任务的人员必须分析任务。只有在所有方面的危害已被满意地认定，且已采取适当的措施以使所执行的任务免遭危害后才能开始工作活动。

在工作开始之前，每一涉及作业的船舶应在船上召开安全会议。该安全会议将由船上的CAU监督或船长进行，并描述将要进行的作业、描述要穿戴的个人防护设备的类型，讨论一般的安全措施，讨论特殊的，特别是要进行作业的安全措施。此外，会议应在锚的设置或回收之前在（船名）船上举行。

（4）常规的安全通报

①收放及操作钢缆。

②拖曳锚作供应船（AHTS）绞收和浮筒绞收钢缆。

③清楚地规定出所有甲板人员职责。

④只由指定的相关人员给出拖缆机指令。

⑤只由指定的相关人员沟通船舶之间。

⑥熟思整个任务的执行，如果你不确定，千万别干。

⑦立即通知甲板领班有关甲板上安全的任何新方案。

⑧不要试图去操作你不熟悉的甲板设备。

⑨如果你不当班，远离甲板作业。

⑩了解并遵守由船长或指定的监督人员提供的特别安全须知。

⑪如果需要，由任何人安排的安全会议要遵守船舶制度。

⑫体谅正在休息的不在班船员。

⑬任何的事件立即通知CAU代表。CAU代表进一步向（客户）以口头和书面二种形式报告。

4. 拖曳锚作船深水布锚操作程序实例

拖曳锚作船深水布锚操作程序实例（水深1800m），如图2-4-211所示。

（1）系泊线信息（表2-4-10）

（2）悬垂系泊线设置程序（一）

①钻井平台向拖曳锚作供应船（AHTS）传递提锚圈短索。如图2-4-212所示。

②拖曳锚作供应船（AHTS）将锚绞收至艉滚筒。

③钻井平台放出锚链。

④ 拖曳锚作供应船（AHTS）缓慢地增加系柱拉力。

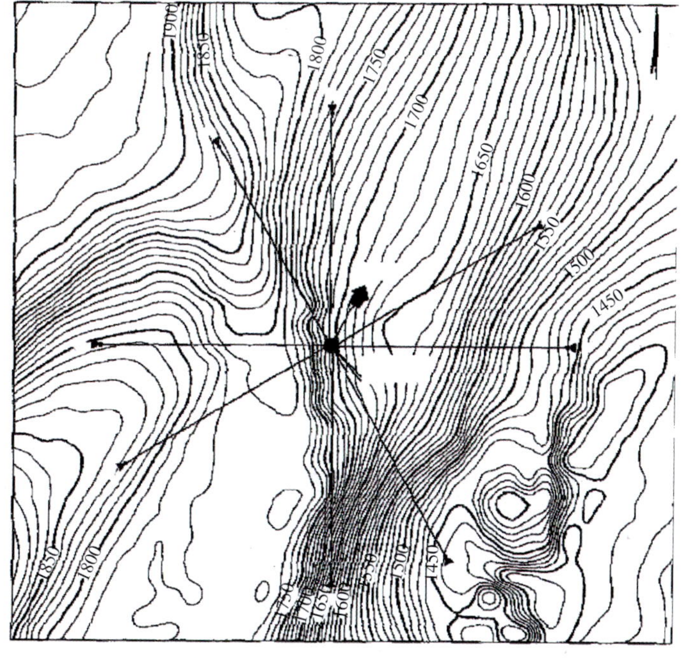

图2-4-211 系泊计划和水深概图

系泊线信息

表2-4-10

锚号	锚方位	系泊线长度（m）	锚位 X（m）Y（m）	水深（m）
1	330°	2956	X=略 Y=略	-1875
2	000°	3001	X=略 Y=略	-1770
3	060°	3004	X=略 Y=略	-1570
4	090°	3143	X=略 Y=略	-1460
5	150°	3113	X=略 Y=略	-1440
6	180°	3036	X=略 Y=略	-1650
7	240°	3084	X=略 Y=略	-1825
8	270°	3021	X=略 Y=略	-1805

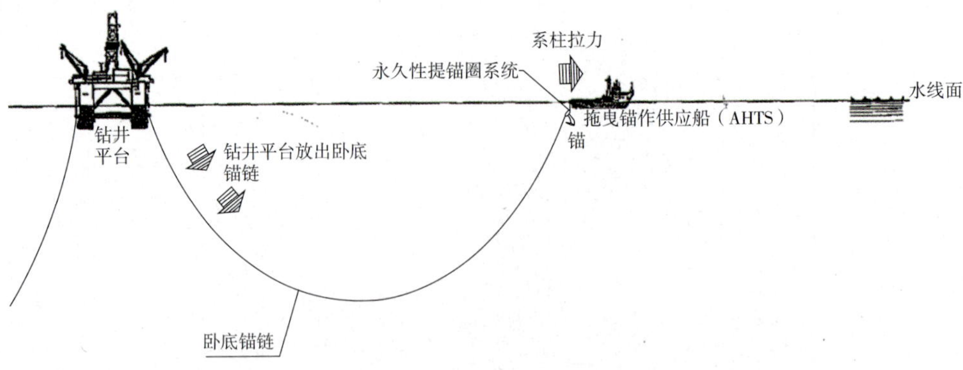

图2-4-212　传统的钢缆/锚链系泊锚设置（一）

（3）悬垂系泊线设置程序（二）

①钻井平台放出悬垂钢缆。如图2-4-213所示。

②拖曳锚作供应船（AHTS）降低功率并放出系泊钢缆。

③拖曳锚作供应船（AHTS）在其作业钢缆放出之后，增加功率。

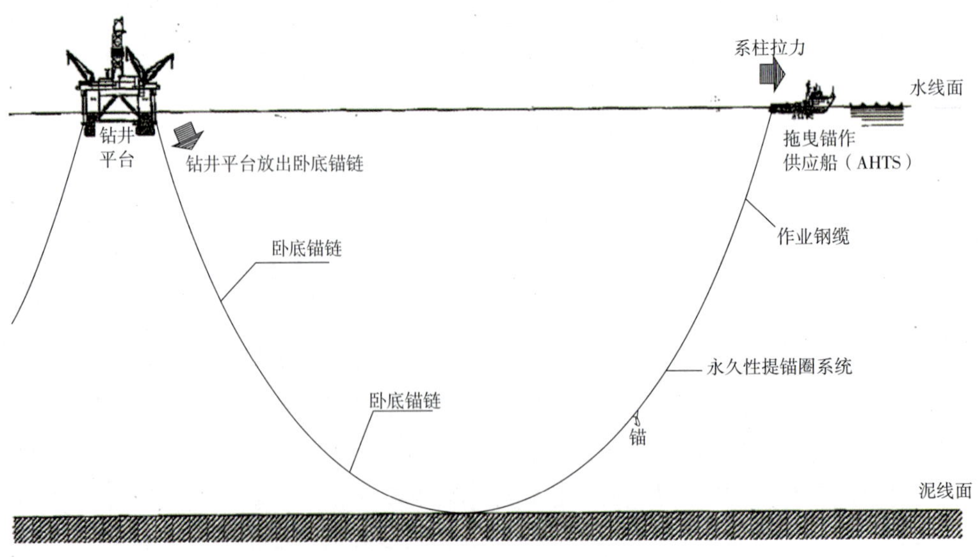

图2-4-213　传统的钢缆/锚链系泊锚设置（二）

（4）悬垂系泊线设置程序（三）

拖曳锚作供应船（AHTS）将降低功率（停止）并放锚至海底。如图2-4-214所示。

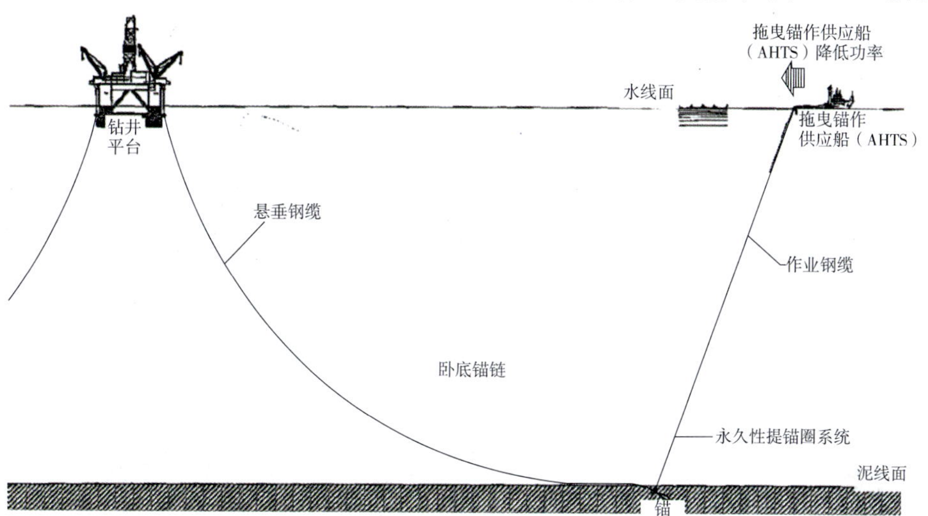

图2-4-214　传统的钢缆/锚链系泊锚设置（三）

（5）悬垂系泊线设置程序（四）

①钻井平台拉紧系泊线以确保锚抓底。如图2-4-215所示。

②拖曳锚作供应船（AHTS）拖提锚圈向钻井平台回送。

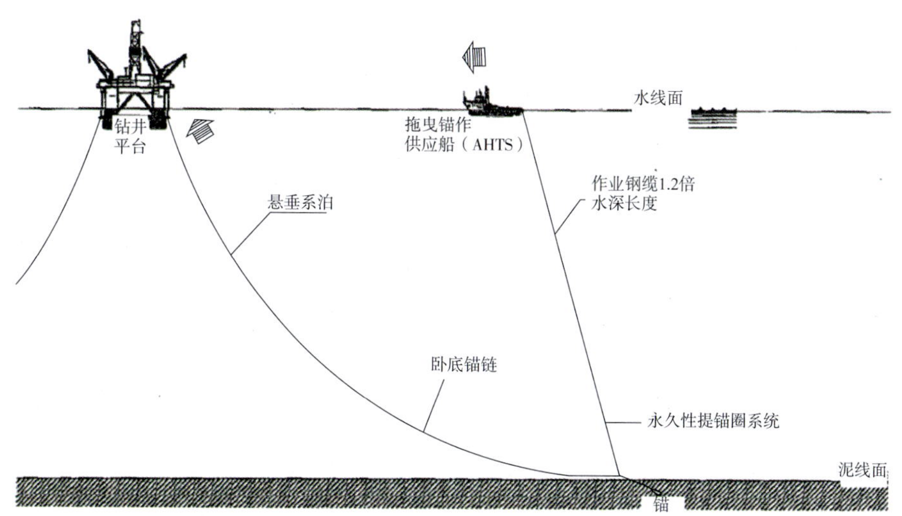

图2-4-215　传统的钢缆/锚链系泊锚设置（四）

（6）悬垂系泊线回收程序（一）

①钻井平台拉紧系泊线到标准负载张力。如图2-4-216所示。

②拖曳锚作供应船（AHTS）放出作业钢缆到1.2倍水深的长度。

③拖曳锚作供应船（AHTS）拖拽约15～20min以保证提锚圈靠近锚。

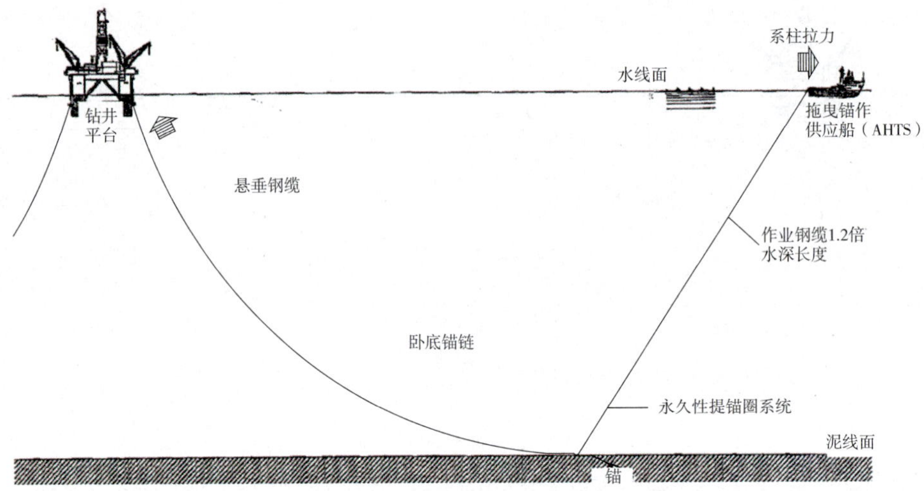

图2-4-216　传统的钢缆/锚链系泊锚回收（一）

（7）悬垂系泊线回收程序（二）

①钻井平台将放松系泊线张力。如图2-4-217所示。

②拖曳锚作供应船（AHTS）将收短作业钢缆到超过水深150m的长度。

③拖曳锚作供应船（AHTS）将拉锚破土。

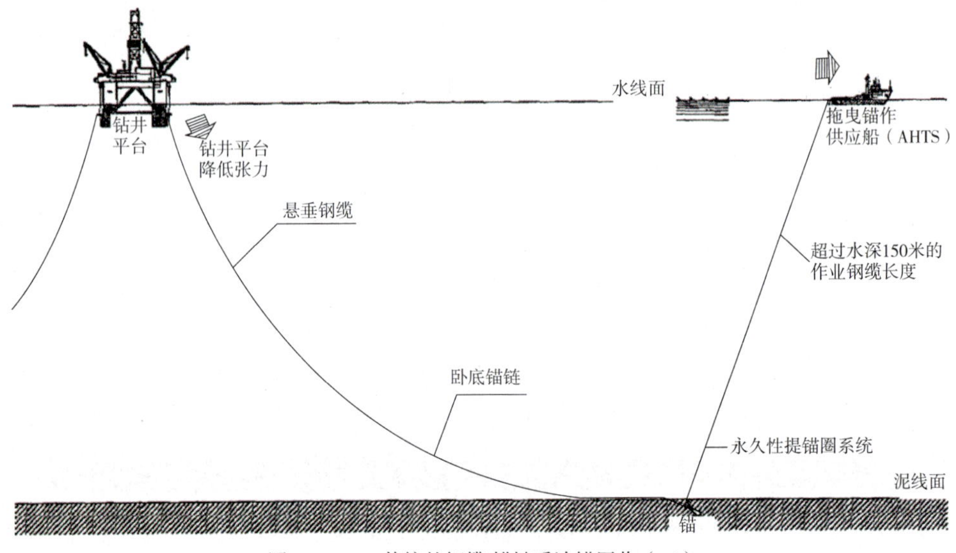

图2-4-217　传统的钢缆/锚链系泊锚回收（二）

（8）悬垂系泊线回收程序（三）

①拖曳锚作供应船（AHTS）将绞入作业钢缆直到锚绞离泥线。如图2-4-218所示。

②拖曳锚作供应船（AHTS）将增加功率直到系泊钢缆拉离平台锚架。

③如果平台的系泊钢缆没有离清平台锚架，拖曳锚作供应船（AHTS）应将功率 降低，同时应将多余的作业钢缆绞回。

④钻井平台绞入悬垂的系泊钢缆。

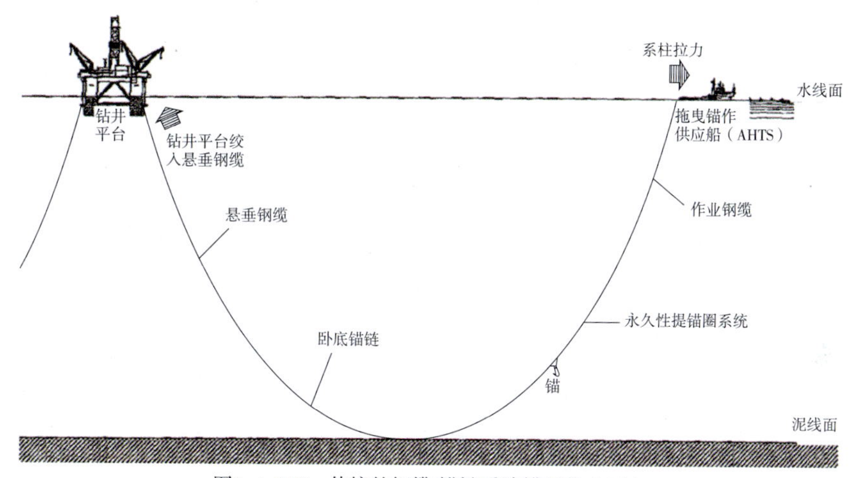

图2-4-218　传统的钢缆/锚链系泊锚回收（三）

（9）悬垂系泊线回收程序（四）

①拖曳锚作供应船（AHTS）降低功率并绞入作业钢缆。如图2-4-219所示。

②钻井平台进行连接转换（钢缆至锚链的转换）。

③拖曳锚作供应船（AHTS）增加功率直到锚链拉离平台锚架。

④钻井平台绞入锚链。

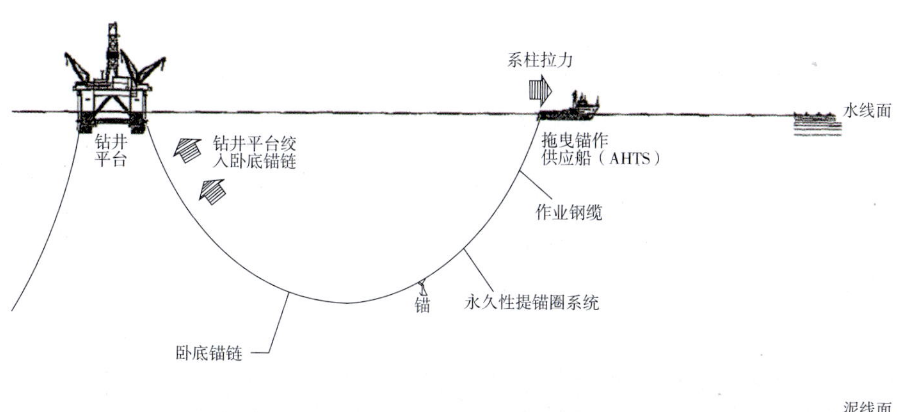

图2-4-219　传统的钢缆/锚链系泊锚回收（四）

（10）锚链/ Kenter连接环/钢缆拆解程序（一）

①将钢缆/锚链连接环固定在鲨鱼钳处。如图2-4-220所示。

②销子从Kenter连接环拔出。

③使钢缆带少量的张力。

④将旋链从Kenter连接链环中心模块穿过并兜住。

⑤用绞车将中心模块从Kenter连接链环拉出。

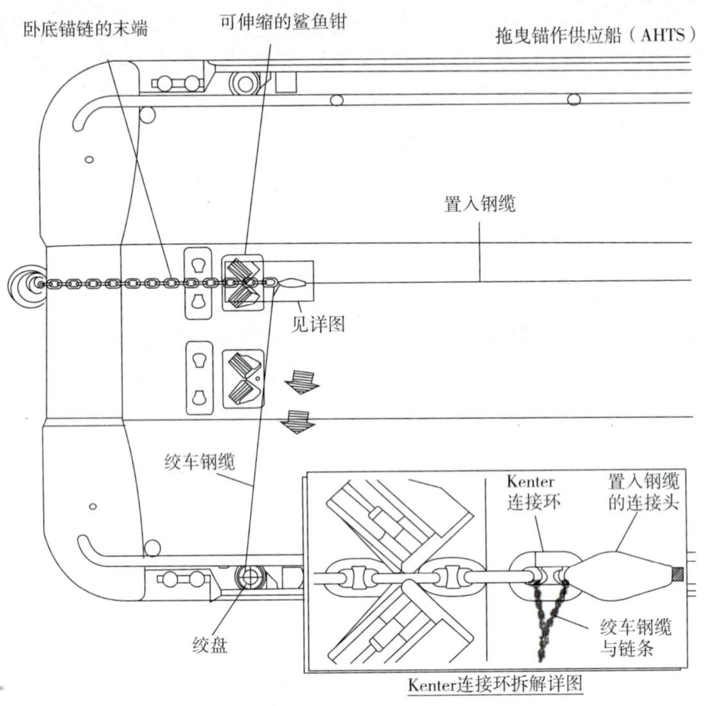

图2-4-220　Kenter连接链环拆解程序（一）

（11）锚链/ Kenter连接环/钢缆拆解程序（二）

①两根旋链被栓挂在Kenter连接链环的两端，如图2-4-221所示。

②保持钢缆轻微受力。

③右舷绞车拉紧以固定住Kenter连接链环的位置。

④左舷绞车绞收直到Kenter连接链环被解开。

⑤可能需要控制钢缆的张力以使Kenter连接链环保持在直线上。

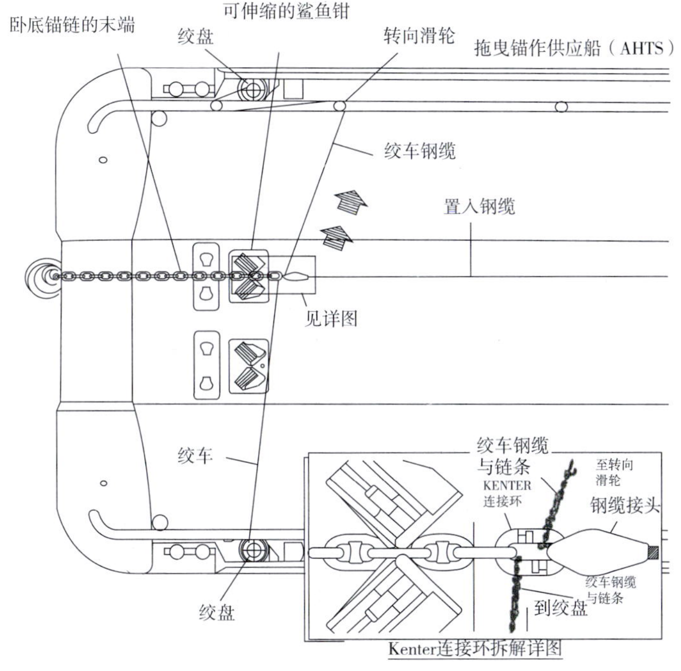

图2-4-221　Kenter连接链环拆解程序（二）

六、永久性系泊及张紧装置

有时需要锚作船为油轮或为军事目的布放永久性系泊设备。用于这些系统的锚链有可能大于89mm，因此锚链舱和锚链轮都不能使用。在这种情况下，要将锚链装在甲板上，并仅使用夹链叉。甚至需特别预制用于作业的夹链叉。

作业将包含装有吊车的其他船舶，吊车用于将锚吊上甲板。然后可将锚连接到锚链，其次用吊车将锚吊到船尾。当船舶位于正确的位置后可将锚放至海底。

有需要1或2艘锚作船布放预张力系泊系统的情况，特别当装油浮筒被安装在世界上一些不适居留的地区时。一些有独创性的方法已被用于装油浮筒的运送和下水，避免使用缺乏的或在一些地方极端昂贵的重型吊车，并且几乎所有的这些方法要求在浮筒到达之前将系泊系统布设完毕。

程序要求用于浮筒的所有系泊设备首先被布放。不是6套，就是8套。要完成该作业更好的是要有一些种类的导航系统。在过去信标可被连接到锚上，以确保布放锚链的起始点是正确的，然后以正确的方向布放锚链就相当简单。

当今GPS可能只对标绘起始点和工作过程是有必要的，而电子标绘仍更为好用。

布放在海底的系泊设备应有足够长的系泊线。两艘船舶应艉对艉，一艘船尾的大抓力锚的锚爪朝上，连接到需要的锚链长度。该船应连接一根适当长度的短索到锚，并将该短索传递给另一艘锚作船。

第二艘船舶可将锚拉上甲板，并且两艘船共同行动将锚放到海底，以确保锚爪向下卧在海底。一旦锚抛好，核实位置，经锚链连到锚的船舶可以正确的方向驶离，放出锚链直到末端接近为止。以稳定的节奏进行该作业也许是明智的，因为丢失没有浮标的锚链，将导致大量额外的工作。

在锚链的末端接近时，派一位有责任的适当的人员往锚链舱的观察来协助判断，并用夹链叉承接锚链重力将成为必要，或假如船长真的对锚链轮的能力有自信，当大约5m多的锚链在锚链舱时，锚链轮应能够阻止锚链的滑走，然后在锚链刚好从出口处出来时将浮筒短索与锚链连接上。因此，最好用滚筒上预先卷好的与浮筒短索连接的夹链叉在距锚链末端适当距离处夹住锚链，然后可在放出锚链的同时放出短索，以使在锚链的末端上到锚链轮时，锚链的重力完全由短索承担。

无论工作如何进行，一旦将短索连接到锚链并将短索放出，船舶可以正确的方向驶离直到锚链在海底上，将短索的末端固定在鲨鱼钳/制动器或快速脱钩上。也可将其系浮下水，然后过程再次重复。推荐连接到锚链的短索大约距锚链末端8m处。

一旦所有的系泊线已被布放好，可使用一种专有的张紧装置将其拉紧。这个过程怎么进行是难以详细地解释的，但概括来说是拾起系泊系统中的一根系泊链，然后将作为“工作链”的一段锚链穿过张紧装置的内部并连接到这根系泊链的末端。然后这根系泊链可被松出直到可以捞起浮筒对面的系泊线为止。如图2-4-222～图2-4-224所示。

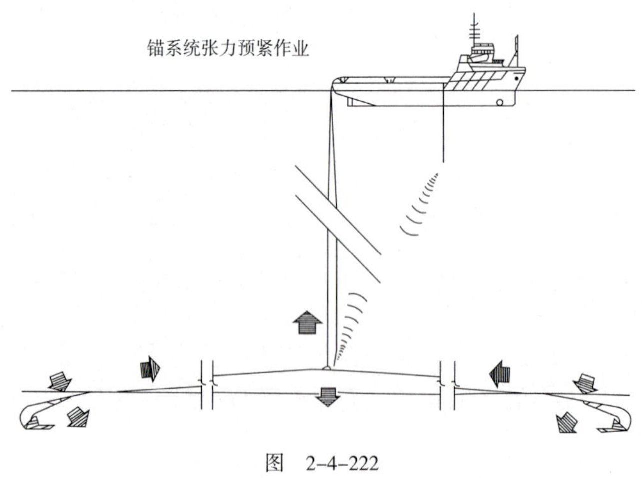

图 2-4-222

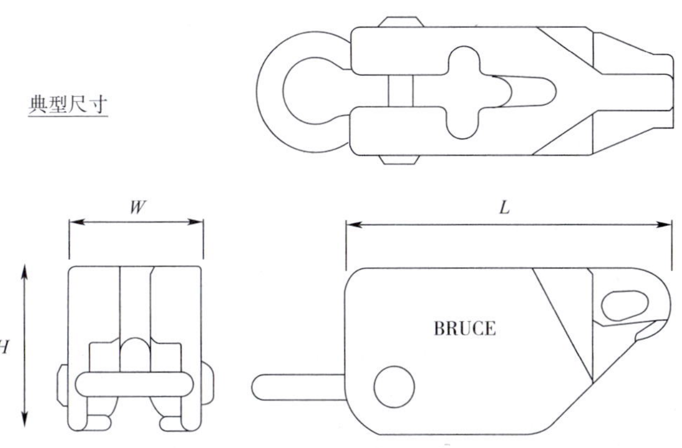

Chain Size	Length L	Width W	Height H	Weight
mm	mm	mm	mm	kg
76	1135	485	520	900
102	1523	651	698	2200
127	1897	810	869	4200
152	2270	970	1040	7200

图　2-4-223

然后应将第二根系泊链拾起，将其收到甲板并连接到张紧装置的外面。张紧装置本身附带有回收钢缆，此外一根数据电缆可被连接到被动链的链环。

因此，在张紧装置从船尾放到水里之前，立即将张紧装置用卡环连接到一根系泊链的末端及用短索和卡环连接到船。从销子处与张紧装置连接的到被动系泊线的数据电缆被连接到甲板上的读出器上。穿过张紧装置的是主动链。

在短索末端的张紧装置从船尾放到水里直到抵达海底为止，滑下主动链。然后船舶进行往复运动程序，反复地拉起主动链然后又放下。随着每次的运动锚链变紧，直到需要的张力出现在读出器上。一旦完成这项任务并已保持了要求的时间间隔，可将张力装置通过其附带的短索收回至水面，将系泊线返回海中以等待装油浮筒的到达。

有可能该程序已被可用性的垂直提升锚替代，然而任何人都应记住，用于装油浮筒的所有系泊装置必须符合定位系泊的要求，而且在恶劣天气中总是存在有锚可能被拉起的问题，对此在系统中置入一段锚链可能是必要的。此外，浮筒本身上到甲板来拉紧张力的方法是不可能的。到达现场的鱼雷锚暗示了就系泊系统来说几乎怎么都行。不过程序如何用来进行系泊分析以处理这类的创新是我们每个人的猜测，在世界的一部分人员的猜测也有可能是比其他的东西都好。

在一些地区进行工作的方式也有可能依赖于系泊供应商保留在院子里的设备，没有什么是最合适的。但任何这些任务带来的成功结论最重要的是依靠丰富的基本原理知识，能够预见到对船舶和在海底的物体可能会发生什么，并导致基于记忆图像动作。

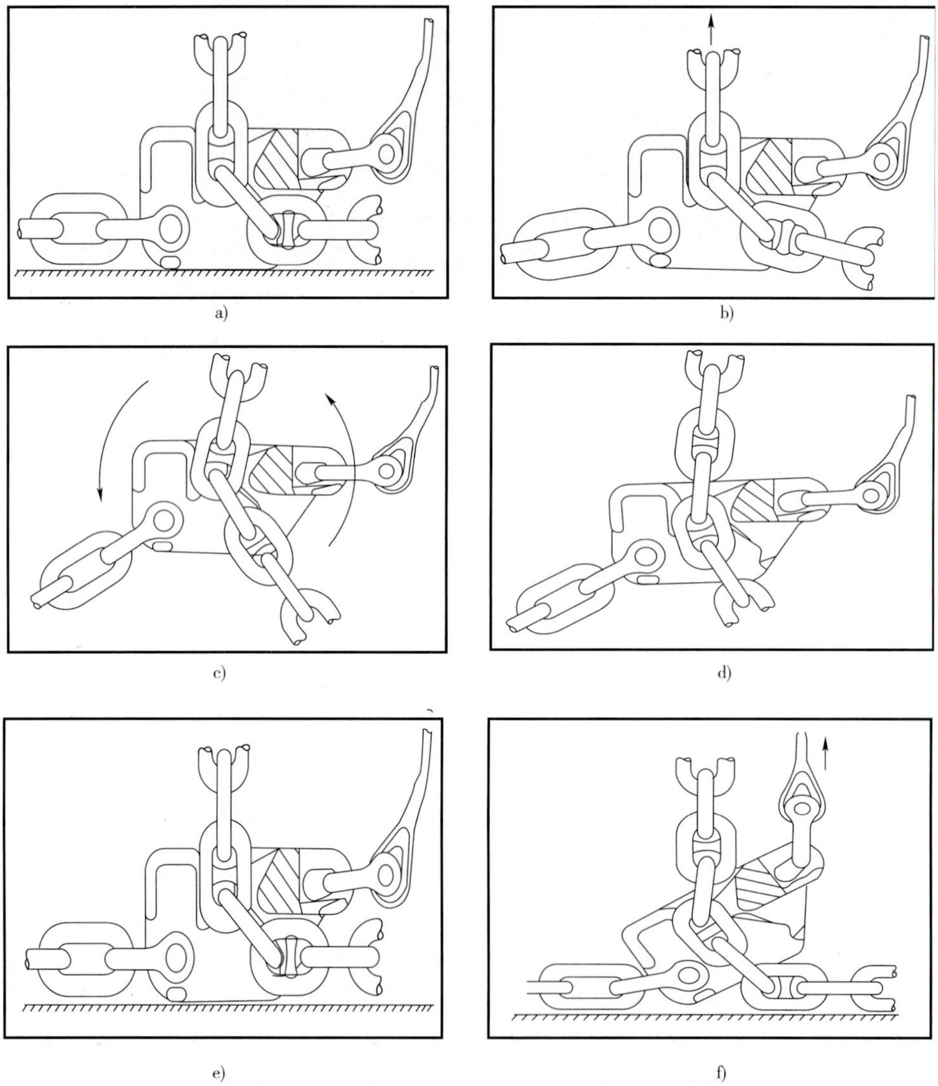

a)

b)

c)

d)

e)

f)

图 2-4-224

第六节 海洋石油981系泊方案及超深水系泊的可行性分析

一、海洋石油981系泊设备及索具配置

1. 海洋石油981定位设备配置

水深1500～3050m：采用推进动力保持钻井平台位置，系统配置了DPS3位置控制装置及交流变频固定螺距方位推进器8×4600kW进行钻井平台位置的动力定位。

2. 海洋石油981系泊设备及索具的配置

水深1500m及以下：采用预置锚泊定位。

系泊主要设备：12台PUSNES锚机（4组锚机即“一拖三”），交流马达功率480kW，锚机最大静态拉力343t，最大动态拉力274t。

12×1750m，Φ84mm R4S有档连环锚链，最小破断强度为815t。

12×15t锚。

海洋石油981系泊设备布置图如图2-4-225～图2-4-229所示。

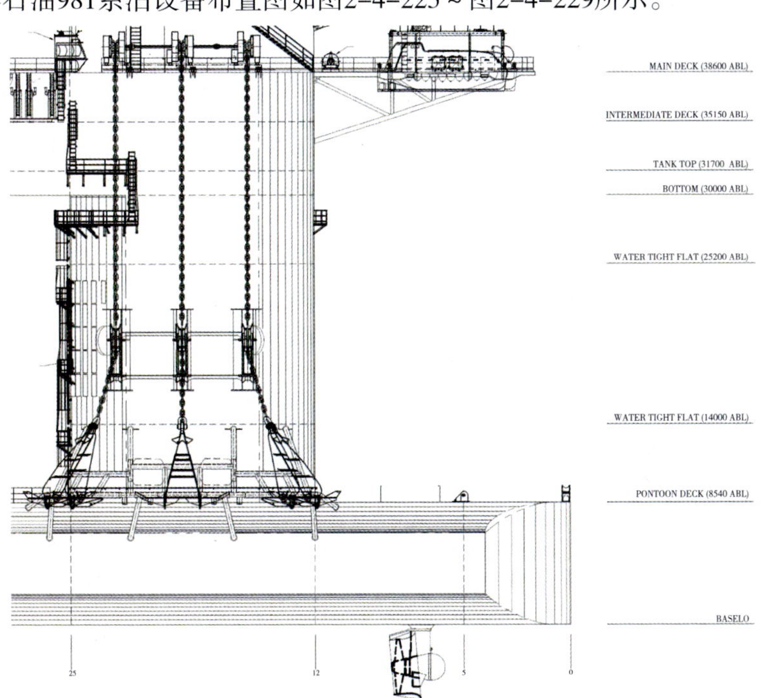

图2-4-225 海洋石油981右舷前部锚泊系统侧视图（一）

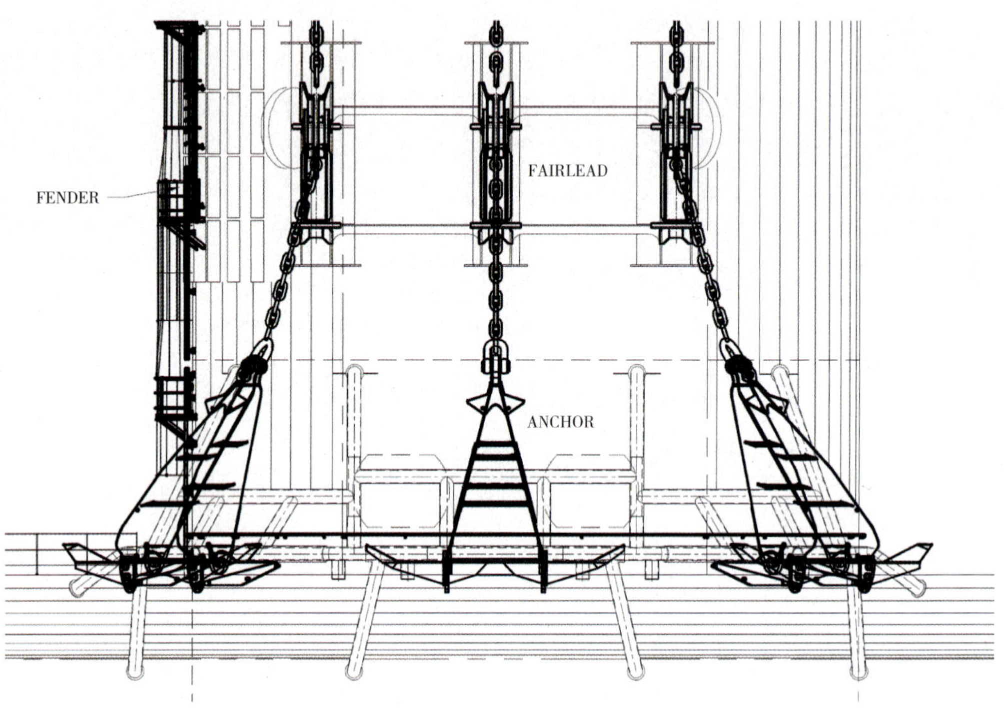

图2-4-226　海洋石油981右舷前部锚泊系统侧视图（二）

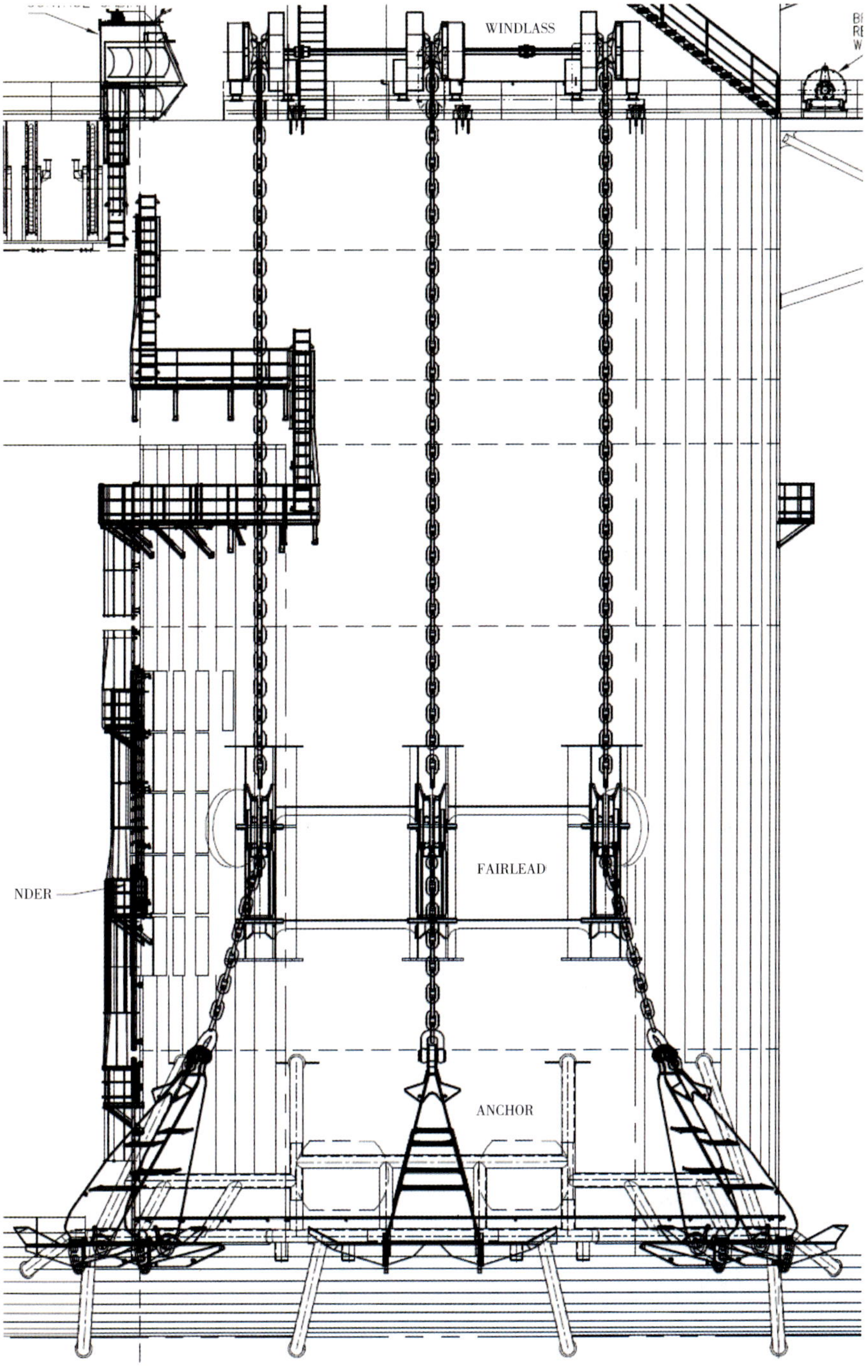

图2-4-227　海洋石油981右舷前部锚泊系统侧视图（三）

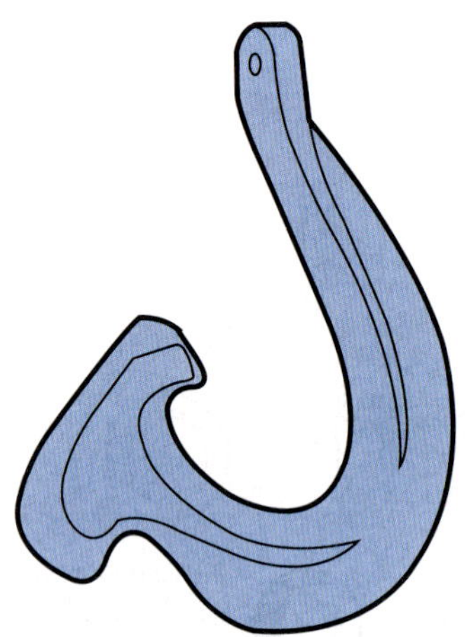

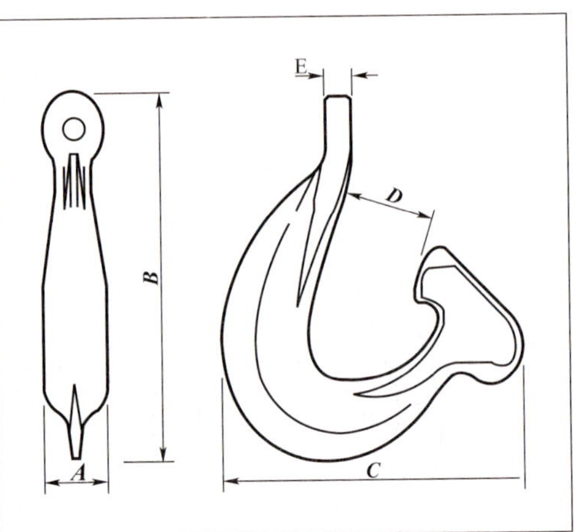

Type	Weight (kg)	SWL (tonnes)	Proof test (tonnes)	Dim	A	B	C	D	E
BEL 4101	3170	250	400	in	18	101.9	8.6	27.5	7.5
				mm	457	256.5	218.5	699	191

All dimensions are approximate

Material:BS EN 1563 Grade 450/10

CERTIFICATION:ABS & CCS

图2-4-238　海洋石油981的J形捞锚钩设计图

7. 海洋石油981的链钩

BEL 139链钩， SWL 250t，PL350t，如图2-4-239、图2-4-240所示。

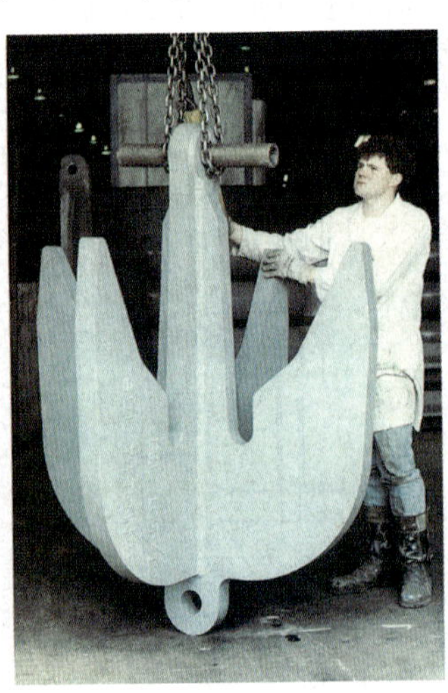

图2-4-239　海洋石油981链钩外观

BEL 139 GRAPNEL

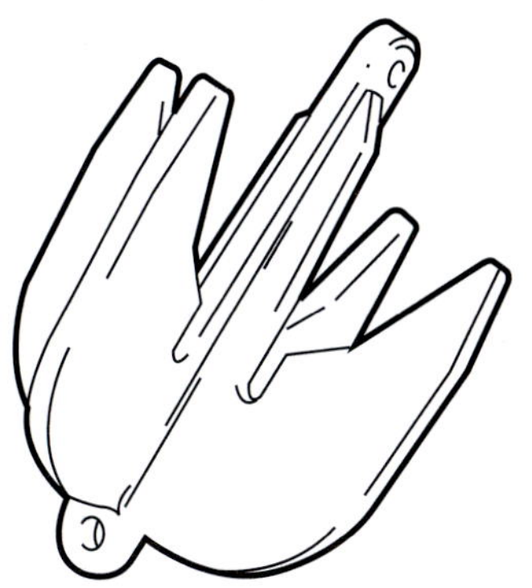

Safe Working Load:　250　tonn
Proof Test Load:　250　tonn
Weight:　2630　kg
CERTIFICATION:ABs & CCS
Material:BS4360 Grade 50DD

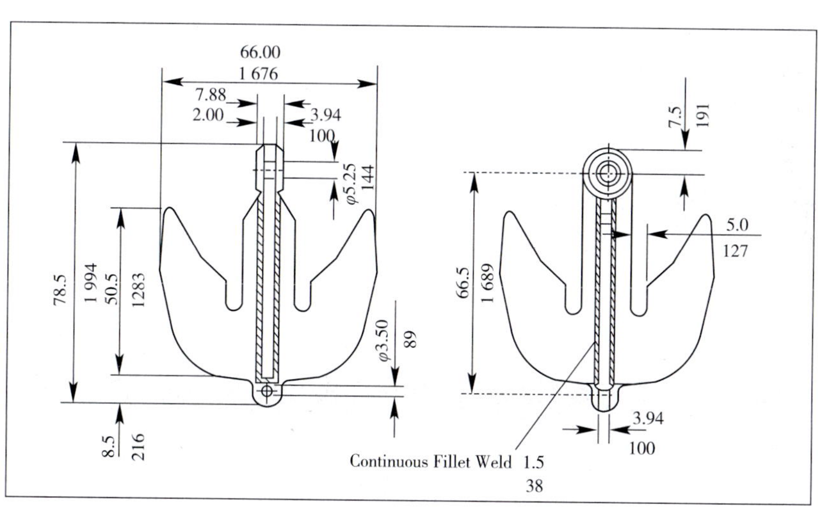

图2-4-240　海洋石油981链钩设计图

8. 海洋石油981的提锚圈附件

捞锚圈连接卸扣：H10，SWL150t，PL250t，如图2-4-241所示。

捞锚钩连接卸扣：H10适合J形钩及链钩，SWL250t，PL350t，如图2-4-242所示。

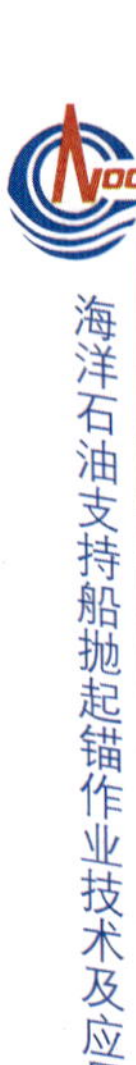

9. 海洋石油981的系泊锚链

共12条，ϕ 84mm，有档链环，R5，如图2-4-243所示。

旋转头，无挡链，Kenter链环，如图2-4-244所示。

提锚圈短索：Dia. 84mm × 36.6m （6 × 47），MBL5000kN。

GN BOW SAFETY PIN SHACKLE

TYPE H10

Material : Up to and including 120 T forged high tensile steel
Above 120 T forged high alloy steel 34CrNiMo6

Safety factor : 5 times
Generally to U.S. Federal Spec RR-C-271

Finish : Painted/galvanised

Certificates
Standard : 3.1B material
Manufacturer

On request : 3.1C material certificate
Proofload certificate
DNV. Lloyds. ABS. BV etc
MPI & US inspection

INCLUDE ABS & CCS CERTIFICATION.

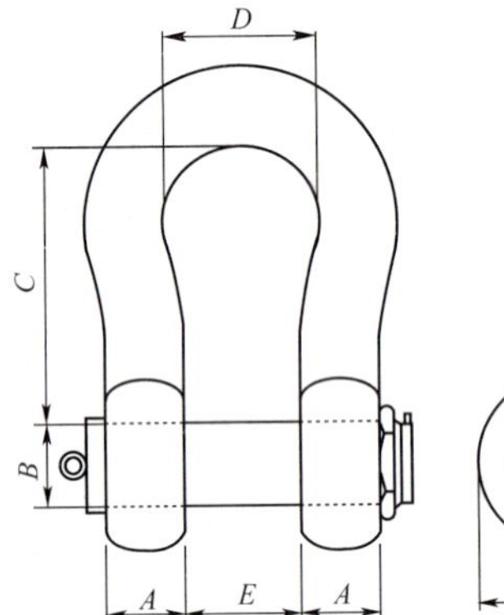

Art. No.	SWL Tons	A mm	B mm	C mm	D mm	E mm	F mm	Weight Kgs.
37001209	120	89	95	381	238	150	200	110
37001509	150	102	108	400	275	170	230	160
37002009	200	120	125	500	290	180	260	235
37002509	250	125	140	540	305	200	260	285
37003009	300	135	150	600	305	200	305	340
37004009	400	165	175	650	325	225	350	560
37005009	500	175	185	700	350	250	370	685
37006009	600	195	205	700	375	275	405	880
37007009	700	205	215	700	400	300	435	980
37008009	800	210	220	700	400	300	435	1100
37009009	900	220	230	700	420	320	465	1280
37010009	1000	230	240	700	420	340	480	1460

Tolerance ± 5%

图2-4-241 海洋石油981的提锚圈连接卸扣

GN BOW SAFETY PIN SHACKLE (SUPER) TYPE H10 SUPER

Material	: Forged alloy steel 34CrNiMo6
Safety factor	: 5 times
Finish	: Painted/galvanised
Certificates	
Standard	: 3.1B material Manufacturer
On request	: 3.1C material certificate Proofload certificate DNV. Lloyds. ABS. BV etc. MPI & US inspection

INCLUDE ABS & CCS CERTIFICATION.

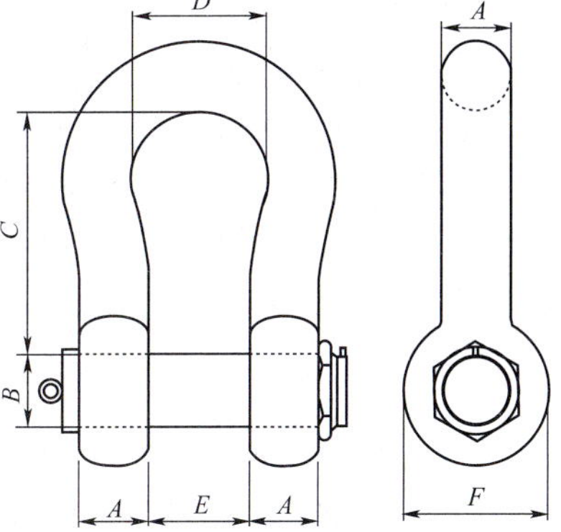

Art. No.	SWL Tons	A mm	B mm	C mm	D mm	E mm	F mm	Weight Kgs.
38000300	30	38	42	146	99	60	84	8
38000400	40	45	50	178	126	74	106	14
38000550	50	57	57	197	138	83	114	19
38000850	80	70	70	254	180	105	140	38
37001109	120	83	83	330	200	127	150	59
37001409	150	90	95	381	238	133	190	110
37001759	175	102	108	400	250	140	230	150
37002009	200	120	121	500	290	180	260	225
37002508	250	125	127	510	325	220	260	300

Tolerance ± 5%

图2-4-242 海洋石油981的捞锚钩连接卸扣

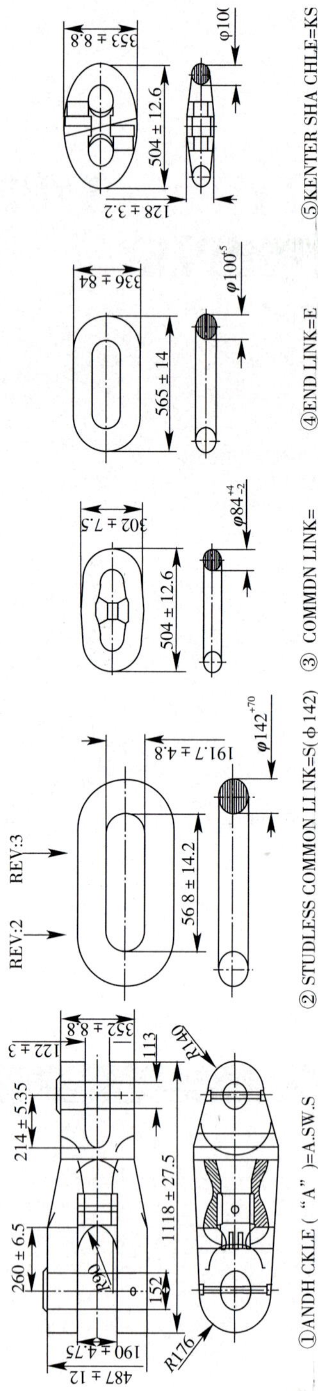

图 2-4-243 海洋石油981的系泊索具

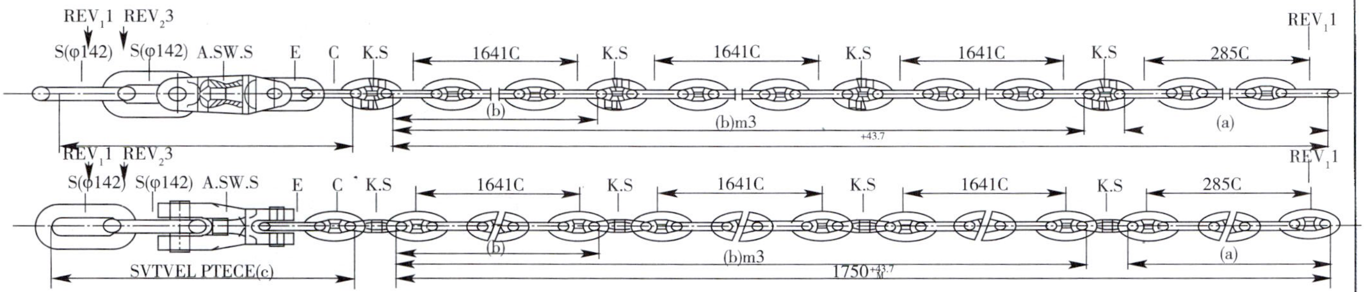

Note:

1.Mechanical properties:

Tensile Strength (N/mm2,min)	Elongation (%,min)	Reduction of Area (%,min)	Temp.(℃)	Min.Charpy V-notch Energy			
				Average		Single	
				Base	Weld	Base	Weld
1000	12	50	-20	58	42	44	32

2.Proof and break test loads:
Proof test load (kN), stud link chain 6603 kN; Break test load (kN): 8418 kN.

3.The products shall comply with the requirements in the quide for certification of offshore mooring chain-2007.

4.The length of 5 links shall be 1,848mm.

5.Class: ABS & CCS. REV: 3

MARK	DESCRIPTION	WORK	SPARE	TOTAL	MATERIAL	REMARK	WEIGHT approximate
11	TOOL BOX		1*3	1*3	MILD STEEL		
10	HAMMER(0.9&4.5KG)		EACH1*3	EACH1*3	CARBON STEEL		
9	SHACKLE PUNCH		1*3	1*3	CARBON STEEL		
8	PIN PUNCH		1*3	1*3	CARBON STEEL		
7	CHAIN HOOK		4*3	4*3	MILD STEEL		
6	DISENGAGING TOOL FOR K.S		1*3	1*3	CARBON STEEL		160
5	KENTER SHACKLE	4*12	12	60	GRADE R5		
4	END LINK	1*12		12	GRADE R5		
3	COMMON LINK	5209*12		62508	GRADE R5		
2	Ø142 STUDLESS COMMON LINK	2*12		24	GRADE R5		
1	ANCHOR SWIVEL SHACKLE("A")	1*12	2	14	GRADE R5		931
c	SWIVEL PIECE	1*12		12	GRADE R5	ø142S+ø142S+A.SW.S+E+C	
b	ANCHOR CHAIN	3*12		3*12	GRADE R5	1641C	155 KG/M
a	ANCHOR CHAIN	1*12		1*12	GRADE R5	235C	155 KG/M

江苏亚星锚链股份有限公司
JIANGSU ASIAN STAR ANCHOR CHAIN CO.,LTD

Ø84 STUD LINK OFFSHORE MOORING CHAIN

Deepwater Semi-submersible Drilling Unit Project,CNOOC	
✓	Approved

图2-4-244　海洋石油981的系泊锚链

二、海洋石油981深水系泊方案

在水深1500m以下水域，“海洋石油981”钻井平台如采用锚泊系统进行系泊（图2-4-245），从本节前一部分已知，该平台配备的锚为Stevpris New Generation型，锚重15t，共有12个系泊腿，每个系泊腿配备了1750m 、Φ84mm R4S ，最小破断强度为815t的有挡连环锚链，因此，系泊方式可采用锚链加置入纤维缆索，或锚链加置入钢缆的悬链线系泊方式（图2-4-246），如使用12个系泊锚，则每个系泊腿之间的夹角为30° ，布锚方式的选择上可采用浮筒式预置锚或ROV辅助预置锚方式进行锚的预布锚作业，也可采用具备相应锚作能力的锚作船利用钻井平台的提锚圈短索系统进行锚链加置入纤维缆索或锚链加置入钢缆的直接布锚作业。

“海洋石油981”系泊方案的确定除了综合考虑水深、底质、采用的锚的类型、系泊线的组成方式及规格（锚链、锚链与纤维缆的组合、锚链与钢缆的组合）、布锚方式（预置锚、直接布锚方式）、系泊方式（悬垂线系泊方式、张紧线系泊方式）、最大环境载荷（10年重现期或更长周期）之外，要特别考虑并分析钻井平台的隔水立管及防喷器（BOP）允许的最大偏角，即依据允许的最大偏角计算出钻井平台偏离设定井位的许可极限偏移距离及方向，例如：隔水立管及防喷器（BOP）允许的最大偏角为2.5° ，那么500m水深下，钻井平台允许的极限偏移距离为21.8m，1000m水深下，钻井平台允许的极限偏移距离为43.6m，1500m水深下，钻井平台允许的极限偏移距离为65.4m。

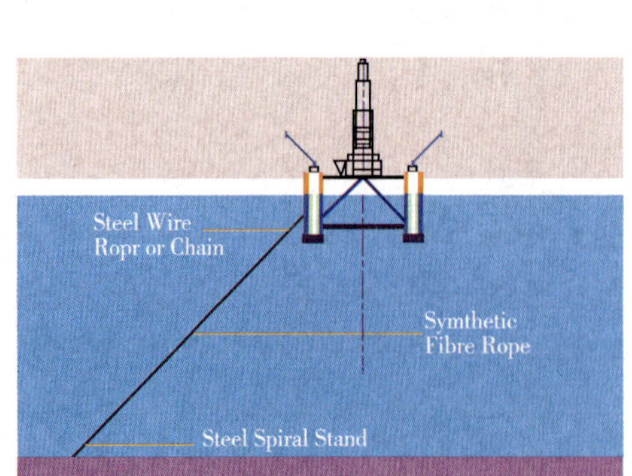

图2-4-245　钻井平台系泊原理图

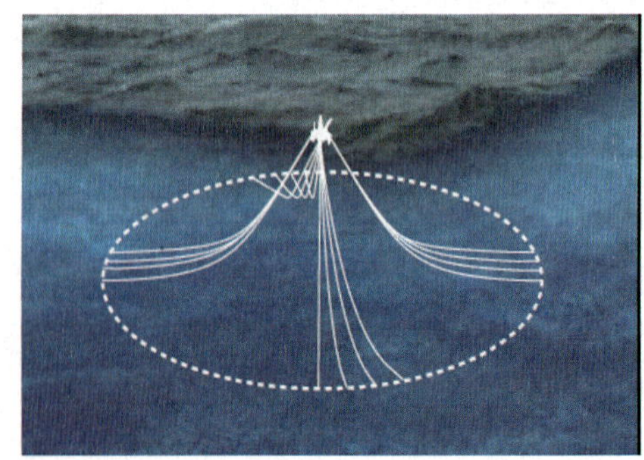
图2-4-246　钻井平台悬链线系泊原理图

如“海洋石油981”钻井平台采用锚链加置入纤维缆索的预置锚方式进行作业，其中在不同水深所需的Φ160mm的纤维缆索的长度及卧底锚链和上部水深段的锚链长度见表2-4-11所例。

纤维缆索与锚链的长波 表2-4-11

水 深（m）		300	500	800	1000	1500
上层锚链	直径（mm）	Φ84/R4S				
	长度（m）	150				
	最小破断负荷（t）	815				
中层纤维缆	直径（mm）	Φ160				
	长度（m）	800	1000	1600	1900	2350
	最小破断负荷（t）	825				
底层锚链	直径（mm）	Φ84/R4S				
	长度（m）	1500				
	最小破断负荷（t）	815				
总长度（m）		2450	2650	3250	3550	4000

注：根据Friede & Goldman《MOORING ANALYSIS OF DDU SEMI FOR THE SOUTH CHINA SEA》。

对于使用锚链加置入纤维缆索的预置锚作业，无论水深是多少，都需要锚作船具备有可存放Φ84mm 、长1500m的锚链舱。对于在300m水深作业，锚作船还需具备有存放Φ160mm、800m长的纤维缆的储缆能力；对于500m水深，则需要具备有能存放Φ160mm、1000m长的纤维缆的储缆能力；对于800m水深，则需要具备有能存放Φ160mm、1600m长的纤维缆的储缆能力；对于1000m水深，则需要具备有能存放Φ160mm、1900m长的纤维缆的储缆能力；对于1500m水深，则需要具备有能存放Φ160mm、2350m长的纤维缆的储缆能力。此外，锚作船最好具备有双套的鲨鱼钳和拖销等装置，例如"海洋石油681"、"海洋石油682"等多功能超深水拖曳锚作供应船就具备上述功能和作业能力。

三、直接布锚（锚链加置入纤维缆）与回收程序

"海洋石油981"钻井平台采用锚链加置入纤维缆的直接布锚与回收程序可参照本书第二篇中的以下相关章节进行：

（1）第二篇第三章第一节：水深700m以上抛起锚作业技术要点。

（2）第二篇第三章第三节：深水布锚作业及系泊系统配置图解实例。

（3）第二篇第三章第四节：锚链加纤维缆系泊方式抛起锚作业技术及应用。

（4）第二篇第四章第四节：使用纤维缆索系泊。

（5）第二篇四章第五节：STEVPRIS系列锚操作技术。

（6）第二篇第四章第五节：为钻井平台在1000～2000m水深进行系泊设置与回收程序。

②扭转的吊车钢缆，甲板船员可能会被短索、吊车滑轮组或异物碰到头部。

③吊车被卡阻。

④船舶与钻井平台之间的接触/碰撞。

图 2-5-7

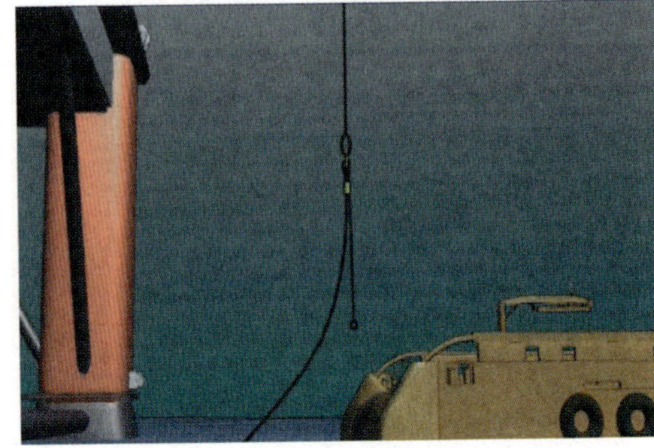

图 2-5-8

6. 将提锚圈短索固定在鲨鱼钳并与作业钢缆连接要点与风险因素

（1）要点

①使用张力控制。

②保持船舶位置直到短索和作业钢缆连接妥为止。

③连接上之后在卡环末端使用开口销。如图2-5-9所示。

图 2-5-9

（2）风险因素

①重负载操作，销子冲击端点的危害。

②鲨鱼钳周围工作，涉及有大的力。

③短索或绞车钢缆可能破断。

④连接元件的问题，使用不必要的时间。

⑤船舶漂离航线。

纤维缆索与锚链的长波　表2-4-11

水　深（m）		300	500	800	1000	1500
上层锚链	直径（mm）	Φ84/R4S				
	长度（m）	150				
	最小破断负荷（t）	815				
中层纤维缆	直径（mm）	Φ160				
	长度（m）	800	1000	1600	1900	2350
	最小破断负荷（t）	825				
底层锚链	直径（mm）	Φ84/R4S				
	长度（m）	1500				
	最小破断负荷（t）	815				
总长度（m）		2450	2650	3250	3550	4000

注：根据Friede & Goldman《MOORING ANALYSIS OF DDU SEMI FOR THE SOUTH CHINA SEA》。

对于使用锚链加置入纤维缆索的预置锚作业，无论水深是多少，都需要锚作船具备有可存放Φ84mm 、长1500m的锚链舱。对于在300m水深作业，锚作船还需具备有存放Φ160mm、800m长的纤维缆的储缆能力；对于500m水深，则需要具备有能存放Φ160mm、1000m长的纤维缆的储缆能力；对于800m水深，则需要具备有能存放Φ160mm、1600m长的纤维缆的储缆能力；对于1000m水深，则需要具备有能存放Φ160mm、1900m长的纤维缆的储缆能力；对于1500m水深，则需要具备有能存放Φ160mm、2350m长的纤维缆的储缆能力。此外，锚作船最好具备有双套的鲨鱼钳和拖销等装置，例如“海洋石油681”、“海洋石油682”等多功能超深水拖曳锚作供应船就具备上述功能和作业能力。

三、直接布锚（锚链加置入纤维缆）与回收程序

“海洋石油981”钻井平台采用锚链加置入纤维缆的直接布锚与回收程序可参照本书第二篇中的以下相关章节进行：

（1）第二篇第三章第一节：水深700m以上抛起锚作业技术要点。

（2）第二篇第三章第三节：深水布锚作业及系泊系统配置图解实例。

（3）第二篇第三章第四节：锚链加纤维缆系泊方式抛起锚作业技术及应用。

（4）第二篇第四章第四节：使用纤维缆索系泊。

（5）第二篇四章第五节：STEVPRIS系列锚操作技术。

（6）第二篇第四章第五节：为钻井平台在1000～2000m水深进行系泊设置与回收程序。

四、浮筒式预置锚（锚链加置入纤维缆）布锚系泊程序

（1）把需要预抛锚的拖入式埋置锚、锚链、浮筒和纤维缆索装上锚作船，其中锚和浮筒放置在甲板上固定妥，锚链装入锚作船上的平台锚链舱，与锚杆连接的锚链末端留在锚链舱口外，将纤维缆索在锚作船的存缆滚筒上装妥。如图2-4-247所示。

图2-4-247 装在锚作船上的纤维缆及甲板上的浮筒

（2）锚作船将锚链舱中的锚链拉到甲板上的锚杆处，将锚链与锚杆用卸扣进行连接。

（3）锚作船送锚链将锚移至或吊至船尾部。

（4）锚作船驶到预定的布锚方位线之外，船艏向着预定井位。

（5）锚作船将锚经艉滚筒放入水中。

（6）在锚作船抵达预布锚点时将锚送入海底，直至锚落地。如图2-4-248所示。

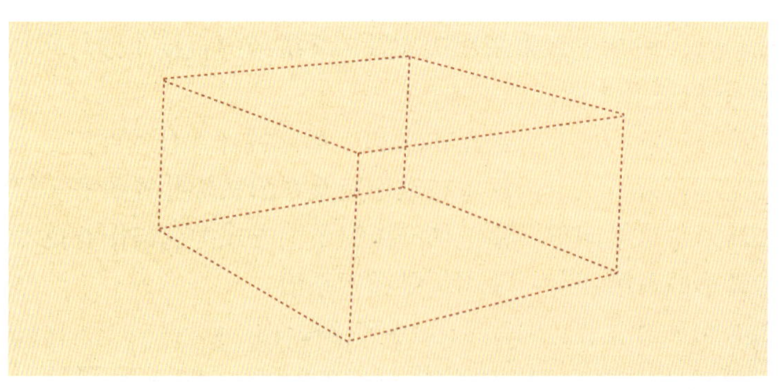

图2-4-248 钻井平台预置锚锚位

（7）锚作船顺着布锚方位线将锚链顺着海底铺开。

（8）在锚链舱内的锚链末端出舱之前，锚作船将与作业钢缆连接的夹链叉夹住舱外的锚链，在锚链出舱后，用鲨鱼钳将锚链固定住。

（9）将锚链末端与装在存缆滚筒上的纤维缆索的末端接头连接。

（10）继续释放锚链及纤维缆索。如图2-4-249所示。

（11）在纤维缆索末端到达鲨鱼钳之前，将末端固定并将其与浮筒连接。如图2-4-250所示。

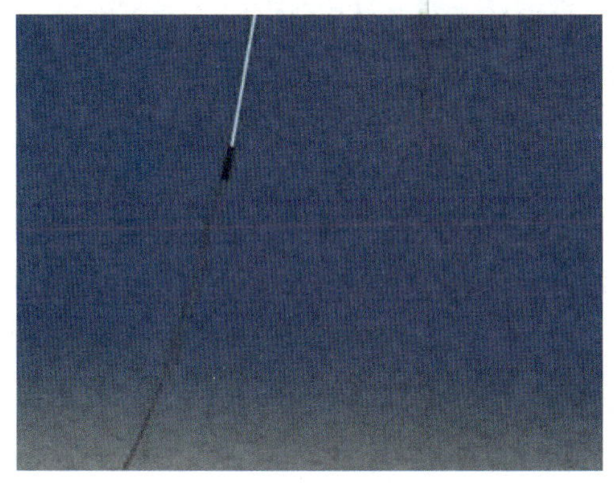

图2-4-249 连接预置锚的系泊线

图2-4-250 与预置锚系泊线连接的浮筒

（12）将浮筒放入水中。如图2-4-251所示。

（13）重复上述操作，把需要预置的锚全部布置到指定位置并与浮筒连接好。如图2-4-252所示。

图2-4-251 与预置锚系泊线连接的浮筒下水

图2-4-252 布置妥的预置锚系泊系统

（14）将钻井平台拖至指定的位置。

（15）锚作船靠泊钻井平台，将钻井平台锚泊系统的上端锚链接下，并与拖缆机

的钢缆连接好。如图2-4-253所示。

（16）把钻井船的锚泊系统上端链拉至预抛锚的浮筒位置，如可行，将锚链末端固定在鲨鱼钳上，如钻井平台上的锚链长度受限，可适当送出作业钢缆，以便于船舶操纵并接近浮筒。如图2-4-254所示。

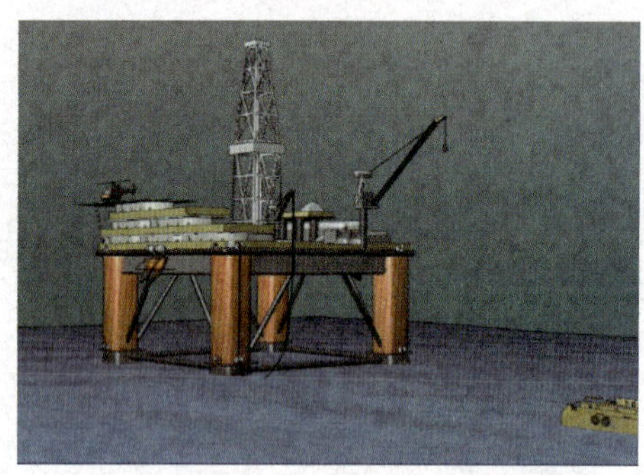

图2-4-253　锚作船靠泊钻井平台接上端锚链

图2-4-254　锚作船拖带钻井平台上端锚链接近预置锚的浮筒

（17）锚作船捞取连接预置锚系统的浮筒，捞取浮筒后解开浮筒，将连接纤维缆末端的短链固定在鲨鱼钳上，然后与固定在鲨鱼钳上的系泊线末端进行连接，并将J形钩钩在连接的锚链上，J形钩与拖缆机上的作业钢缆连接。如图2-4-255所示。

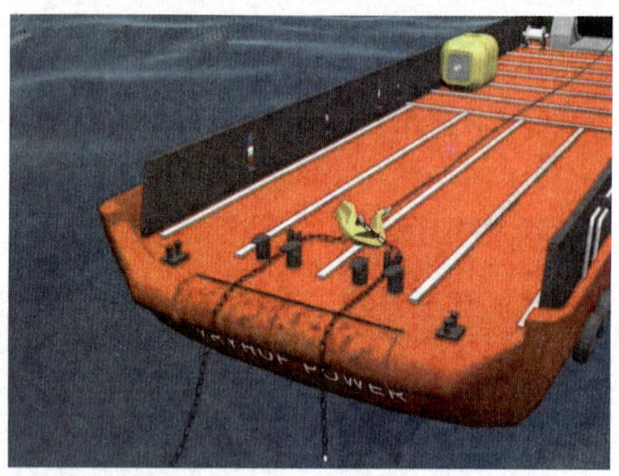

图2-4-255　锚作船将钻井平台上端锚链经J 形钩与预置锚的系泊线连接

（18）完成连接之后，将作业钢缆适当带张力使J形钩钩牢连接妥的系泊链。

（19）降下鲨鱼钳，操作拖缆机放出作业钢缆，将锚泊线放入水中，保持打捞钩钩住锚泊缆。放到适当位置，打捞钩自行解脱后将其收回到船上。如图2-4-256所示。

（20）利用钻井平台的锚机，收紧锚泊线至预定张力，完成布锚作业。如图2-4-257所示。

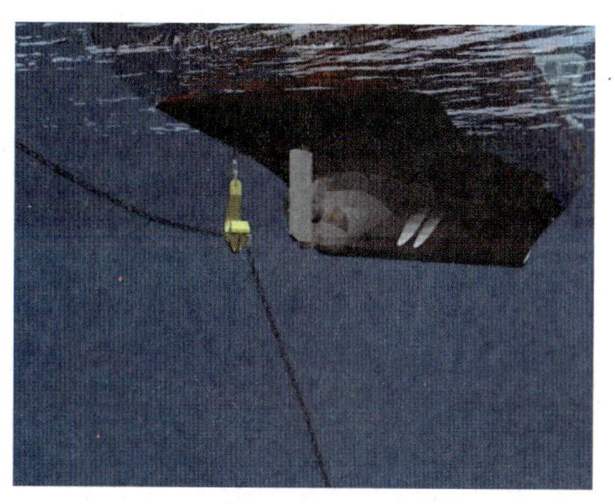

图2-4-256　锚作船J形钩钩住连接妥的钻井平台系泊线并将其放回水中

图2-4-257　完成系泊及系泊张力调整的钻井平台

五、ROV辅助预置锚（锚链加置入纤维缆）程序

（1）把需要预抛锚的锚链吊装到锚作船上，锚作船将锚链装入船上的平台锚链舱，与锚杆连接的锚链末端留在锚链舱口外。

（2）将需要预抛的锚吊装到锚作船甲板上并固定妥。

（3）ROV工作机器人在锚作船上安装调试好。

（4）把甲方或者第三方的定位设备和人员接上船。

（5）锚作船航行至指定位置。

（6）安装定位设备。

（7）调试定位设备并确定与抛起锚的相对位置。

（8）锚作船将锚链舱中的锚链拉到甲板上的锚杆处，将锚链与锚杆用卸扣进行连接。

（9）锚作船送锚链将锚移至或吊至船艉部。

（10）锚作船驶到预定的布锚方位线之外，船艏向着预定井位。

（11）锚作船将锚经艉滚筒放入水中。

（12）在锚作船抵达预布锚点时将锚送入海底，直至锚落地，并得到定位人员的认可。

（13）在锚链舱内的锚链末端出舱之前，锚作船将与作业钢缆连接的夹链叉夹住舱外的锚链，在锚链出舱后，用鲨鱼钳将锚链固定住。

（14）将锚链末端经专用连接装置与作业钢缆连接，连接妥之后，降下鲨鱼钳。

（15）锚作船顺着布锚方位线将锚链顺着海底铺开，并将锚链拉到位后，解脱与作业钢缆的连接。

（16）重复上述相关项，把所有的锚和锚前端的锚链都到位，达到钻井平台的布锚要求。

（17）将钻井平台拖到指定位置。

（18）锚作船将钻井平台的上端锚链或纤维缆拖曳至预抛锚的锚前端的锚链终端处并在海底汇合。

（19）由锚作船的ROV下潜到（18）中提及的汇合处，使用专用连接装置通过ROV辅助，将二者连接起来。

（20）锚作船收回ROV。

（21）使用钻井平台的锚机收紧锚泊线，达到布锚张力的要求。

六、海洋石油981超深水系泊的可行性分析

根据本书第二篇第四章第一节海上设施的主要系泊方式、第二节系泊锚的主要类型与特性、第三节系泊锚的选择与系泊技术及第四节抛锚作业相关技术及应用的研究与分析，结合“海洋石油981”钻井平台的系泊系统的实际配置，在1500m及以上水深，如采用锚泊系统进行平台的系泊定位，建议采用锚链加纤维缆的张紧线预系泊方式，在锚的选择上，建议将现有的Stevpris New Genreation锚，换成适用于张紧线系泊方式的可承受垂直负载的垂直负载锚或动态重力穿刺锚，如水深小于1800m，进行专门的锚泊作业方案设计后，包括在考虑弹性浮筒的使用情况下，可考虑利用现有的Stevpris New Genreation锚进行锚链加纤维缆，或锚链加钢缆进行锚的预置作业，并可采用悬链线系泊方式。

采用张紧线预系泊方式进行钻井平台的定位，比采用动力定位会更节能经济，特别是钻井作业时间周期相对较长的情况下。

超深水抛起锚作业在锚作船的选择上，根据本书第一篇中对UT788-CD船型“海洋石油681”及同型船“海洋石油682”锚作设备及索具配置情况的研究分析，这两艘船的技术性能和作业能力完全满足“海洋石油981”钻井平台在深水、超深水进行拖入式埋置锚、垂直负载锚和动态重力穿刺锚的直接布锚或预置锚的锚作功能要求。

第五章　抛起锚作业安全保障研究

第一节　抛起锚作业活动要点与风险因素

一、抛起锚作业危险性概述

起抛锚作业存在相应的风险因素，由于下列原因锚操作作业注定是危险的：

（1）大负荷钢缆及拖拉设备，一旦损坏会给附近的人员造成明显的危险。

（2）进行作业时，锚作船甲板经常部分或全部浸在水中，因而导致甲板船员落海或被海水冲向坚硬栏杆或舷墙的事故时有发生。

（3）船舶激烈和突然晃动导致甲板的锚或其他设备移动伤及人员。

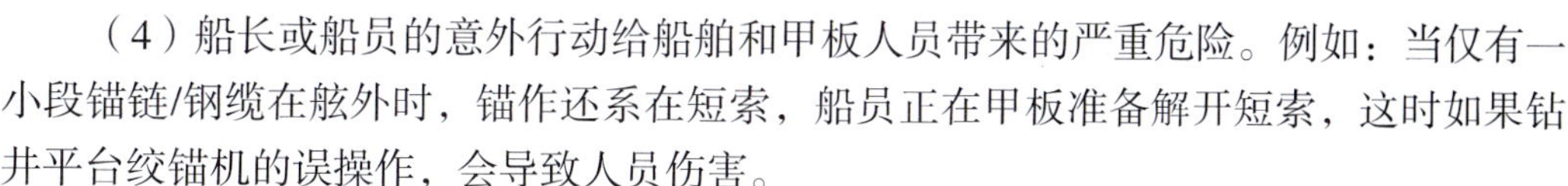

（4）船长或船员的意外行动给船舶和甲板人员带来的严重危险。例如：当仅有一小段锚链/钢缆在舷外时，锚作还系在短索，船员正在甲板准备解开短索，这时如果钻井平台绞锚机的误操作，会导致人员伤害。

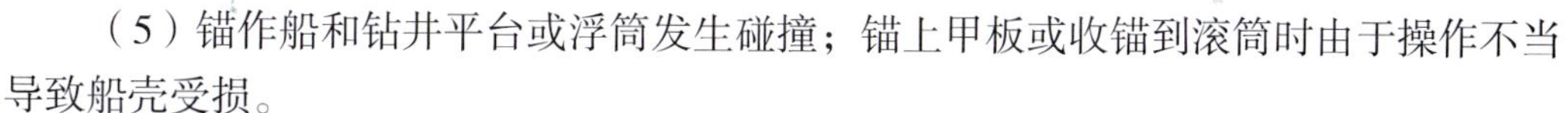

（5）锚作船和钻井平台或浮筒发生碰撞；锚上甲板或收锚到滚筒时由于操作不当导致船壳受损。

二、抛起锚作业活动要点与风险因素

1. 概述

抛起锚作业包括所有与钻井平台迁移有关的活动，自当收到钻井平台即将迁移的通知直到钻井平台在新的位置抛好锚为止。

本部分引用了挪威国家石油公司“安全抛起锚作业的良好做法”。

抛起锚作业活动分为以下5个部分：

（1）作业计划与组织。

（2）动员船舶、设备和人员。

（3）在油田的作业准备。

（4）在油田实施作业。

（5）复员和报告。

2. 下沟打捞要点与风险因素

（1）要点

①确信海图最新，小心地给打捞钩定位。如图2–5–1所示。

②考虑海底情况，打捞钩远离海底设施。如图2–5–2所示。

图 2–5–1

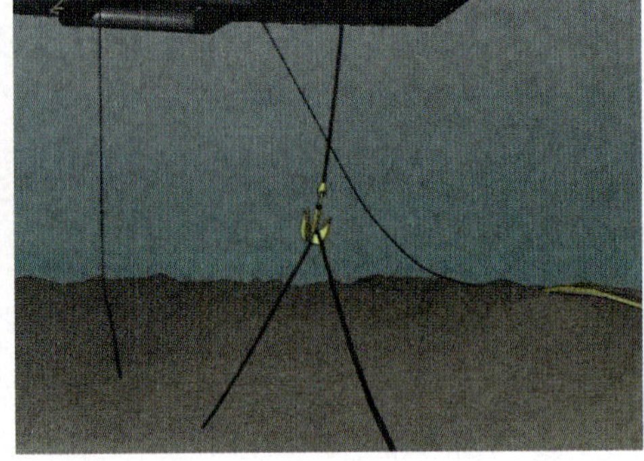

图 2–5–2

（2）风险因素

①钩到锚的另一侧。

②钩到障碍物。

③钩错锚或钩到邻近的锚。

④没有松出链钩钢缆或链钩钢缆已脱开。

⑤要钩什么的信息可能不全面或不正确。

3. 打捞浮筒要点与风险因素

（1）要点

①抛出绳索，不是捕套索本身以降低张力。如图2–5–3、图2–5–4所示。

图 2—5—3

图 2—5—4

②始终保持救助艇处于准备释放的状态。

③一定要小心：船员只有在必要的时候才在甲板上。如图2–5–5所示。

④如果使用绞车，确认有足够的能力。如图2-5-6所示。

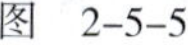

图　2-5-5

图　2-5-6

（2）风险因素

①船员在船艉潜在的落水可能。

②浮筒固定到鲨鱼钳之前可能滑动。

③船舶的移动可能使钢缆突然受力。

④绞车钢缆可能破断。

⑤圆形的浮筒在甲板上可能滚动。

4. 将短索钢缆固定在鲨鱼钳并与作业钢缆连接要点与风险因素

（1）要点

①避免在鲨鱼钳处花费不必要的时间。

②当绞车或拖缆机的钢缆受力时，离开甲板/强力钢甲板区域。如图2-5-7所示。

（2）风险因素

①重负载操作，销子冲击端点的危害。

②鲨鱼钳周围工作，涉及有大的力。

③磨损短索或绞车钢缆。

④连接元件的问题，使用不必要的时间。

⑤船舶漂离航线。

5. 从钻井平台接提锚圈短索要点与风险因素

（1）要点

①当船员在船尾作业时，将救助艇处于始终准备释放的状态。

②船舶和平台吊车必须通过风险评估对工作程序取得一致意见。避免进行同时的作业。如图2-5-8所示。

（2）风险因素

①船员在船尾潜在的落水可能。

②扭转的吊车钢缆，甲板船员可能会被短索、吊车滑轮组或异物碰到头部。

③吊车被卡阻。

④船舶与钻井平台之间的接触/碰撞。

图 2-5-7

图 2-5-8

6. 将提锚圈短索固定在鲨鱼钳并与作业钢缆连接要点与风险因素

（1）要点

①使用张力控制。

②保持船舶位置直到短索和作业钢缆连接妥为止。

③连接上之后在卡环末端使用开口销。如图2-5-9所示。

图 2-5-9

（2）风险因素

①重负载操作，销子冲击端点的危害。

②鲨鱼钳周围工作，涉及有大的力。

③短索或绞车钢缆可能破断。

④连接元件的问题，使用不必要的时间。

⑤船舶漂离航线。

7. 用提锚圈提锚的要点与风险因素

（1）要点

①在拖圈驶向锚位之前确认锚索线有足够的张力。如图2–5–10所示。。

②在驶往锚位的全程中保持提锚圈的张力。如图2–5–11所示。

图 2–5–10

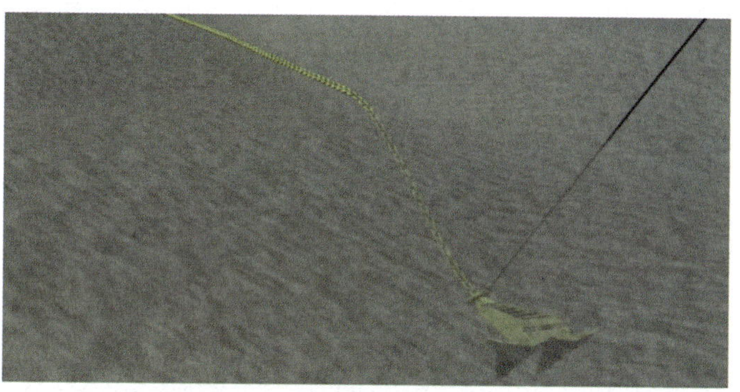

图 2–5–11

（2）风险因素

如果锚深扎在海底，短索有破断的风险。

8. 将锚从海底拔出的要点与风险因素

（1）要点

①作业钢缆的长度必须为水深的1.3 ~ 1.5倍。

②船舶的走向必须与锚索线一致。如图2–5–12所示。

图 2-5-12

（2）风险因素

①涉及有大的力。

②作业钢缆、短索或连接元件可能破损。

③锚爪或锚轴可能损坏。

9. 绞锚要点与风险因素

（1）要点

保持钢缆有足够的张力直到锚索线的重力大于锚的重力。如图2-5-13所示。

图 2-5-13

（2）风险因素

①涉及有大的力。

②设备可能磨损或损坏。

10. 绞锚上艉滚筒要点与风险因素

（1）要点

①船员离开甲板。如图2-5-14所示。

②使用张力控制。如图2-5-15所示。

图　2-5-14

图　2-5-15

（2）风险因素

①涉及有大的力。

②钢缆或连接元件可能破损。

③上来的锚可能锚爪朝下。

④多达锚的总重量2/3的黏土可能被带上甲板，致使甲板变滑和行走不便。

11. 将短索固定在鲨鱼钳的要点与风险因素

（1）要点

①船员在安全区。

②在船员进入甲板之前将拖缆机作业钢缆滚筒的刹车刹住。如图2-5-16所示。

③确认锚索线正好被卡在鲨鱼钳中。如必要在鲨鱼钳中使用置入器件。如图2-5-17所示。

图　2-5-16

图　2-5-17

（2）风险因素

①鲨鱼钳周围工作，涉及有大的力。

②如果使用了绞盘或绞车，船舶的突然移动可能导致钢缆破断。

12. 解锚并将锚固定在甲板上的要点与风险因素

（1）要点

①当拆解卡环时要使用带子和绞车。如图2-5-18所示。

②当卸开螺母和拔出销子时，船员必须处在安全的区域。如图2-5-19所示。

图 2-5-18

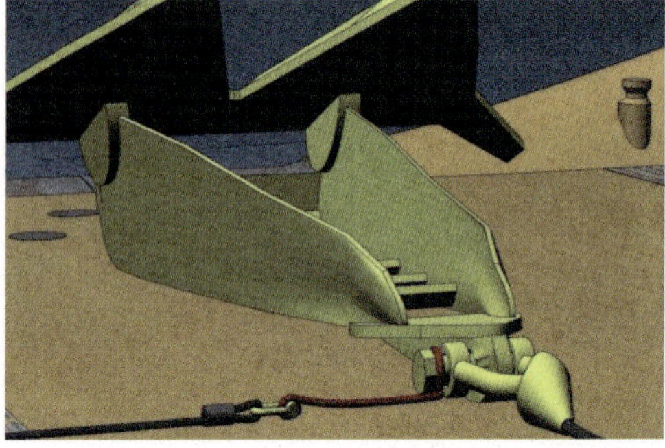

图 2-5-19

（2）风险因素

①钢缆扭转。

②在临界天气条件下，在锚和锚的下面工作可能非常危险。

13. 将锚链绞进锚链舱的要点与风险因素

（1）要点

链轮的尺寸和锚链的容量必须在锚作船的入口处有详细说明。如图2-5-20所示。

图 2-5-20

（2）风险因素

①不正确的锚链轮尺寸可能导致锚链滑出或在链轮上堆爬。

②锚链舱装太满。

③磨损锚链轮。

14. 将钢缆与锚链适配器连接的要点与风险因素

（1）要点

①释放锚索线的张力。

②从钻井平台使用150m锚链。如图2-5-21所示。

③避免同时进行可能影响船位的作业。如图2-5-22所示。

图　2-5-21

图　2-5-22

（2）风险因素

①重负载操作，销子冲击端点的危害。

②船舶漂离航线。

15. 钻井平台收锚上架的要点与风险因素

（1）要点

①在整个作业期间保持沟通联络。如图2-5-23所示。

②船舶应保持有1.5倍锚重量的张力。

③在锚上架之前船舶不应松懈张力。如图2-5-24所示。

图　2-5-23

图　2-5-24

（2）风险因素

①锚可能扭转。

②锚机操作员和船舶之间的沟通联络可能中断。

16. 向钻井平台送回短索钢缆的要点与风险因素

（1）要点

①当船员在船艉作业时，将救助艇处于始终准备释放的状态。如图2–5–25所示。

②确保船舶驾驶台与平台吊车/锚机操作员之间的良好沟通联络。如图2–5–26所示。

图　2–5–25

图　2–5–26

③避免同时进行的作业。如图2–5–27所示。

图　2–5–27

（2）风险因素

①船员在船尾潜在的落水可能。

②扭转的吊车钢缆，甲板船员可能会被吊车滑轮组或异物碰到头部。

③船舶与钻井平台之间的接触/碰撞。

17. 从钻井平台接收短索钢缆的要点与风险因素

（1）要点

①船舶和平台吊车必须通过风险评估对工作程序取得一致意见。

②避免进行同时的作业。如图2–5–28所示。

③当船员在船尾作业时，将救助艇处于始终准备释放的状态。如图2–5–29所示。

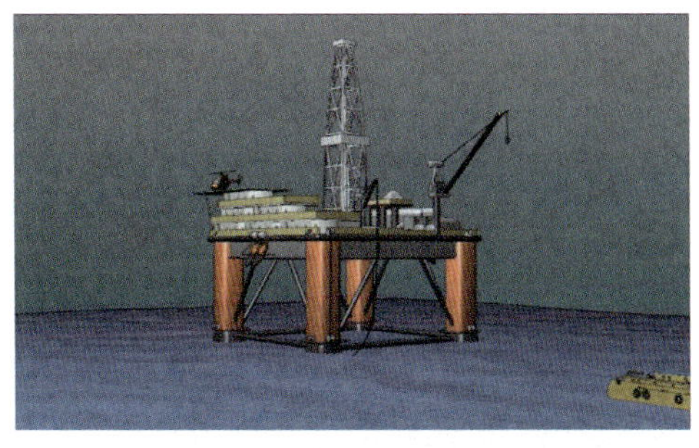

图　2-5-28

图　2-5-29

（2）风险因素

①船员在船尾潜在的落水可能。

②甲板船员可能被短索、杂物或吊车的滑轮组击伤头部。

③吊车被卡阻。

④船舶和钻井平台之间的接触/碰撞。

18. 从短索钢缆固定在鲨鱼钳并与作业钢缆连接的要点与风险因素

（1）要点

①使用张力控制。

②保持船舶位置直到短索和作业钢缆连接妥为止。如图2-5-30所示。

③连接上之后在卡环末端使用开口销。如图2-5-31所示。

图　2-5-30

图　2-5-31

（2）风险因素

①重负载操作，销子冲击端点的危害。

②鲨鱼钳周围工作，涉及有大的力。

③短索或绞车钢缆可能破损。

④连接元件的问题，使用不必要的时间。

⑤船舶漂离航线。

19. 从钻井平台接锚的要点与风险因素

（1）要点

①在船舶收紧锚链之前，钻井平台应松放出1.5 ~ 2m的锚链。如图2–5–32所示。

②船舶应保持有至少1.5倍锚重的张力，并在将锚绞向艉滚筒期间保持恒定的张力。如图2–5–33所示。

图　2–5–32

图　2–5–33

（2）风险因素

如果钻井平台的锚链松放过快时，锚链可能从提锚圈滑落。

20. 从甲板上连接锚系统的要点与风险因素

（1）要点

①当船舶在基地时应尽可能多地准备连接所需的置入装置。如图2–5–34所示。

②确认甲板上设备的安全位置。使用船上的吊车和拖缆机吊装和移动甲板上的设备。如图2–5–35、图2–5–36所示。

图　2–5–34

图　2–5–35

③在动员阶段就应该检查船舶的拖缆机盘卷能力，以避免在油田时重复盘卷。如图2–5–37所示。

（2）风险因素

①重载部件，销子冲击端点的危害。

②甲板空间狭窄。

③对于一些锚的类型，认识到提锚圈有接错方向的可能性。

图　2-5-36

图　2-5-37

21. 布出锚索线并驶向目标的要点与风险因素

（1）要点

①钻井平台和船舶之间的沟通联络。

②测试定位设备。

③检查在锚索线上的标记。如图2-5-38所示。

图　2-5-38

（2）风险因素

①锚链滑动。

②定位设备故障。

③计数校准不准，越过目标。

22. 放锚下水的要点与风险因素

（1）要点

①在放锚时使用张力控制。

②控制船位使其与锚索线方向一致。如图2-5-39所示。

③船舶与钻井平台之间沟通联络。

④只有钻井平台发出信号才可将锚布放到海底。如图2-5-40所示。

图 2-5-39

图 2-5-40

（2）风险因素

①锚可能翻转。

②如果张力太大，短索钢缆可能破断。

23. 浮筒下水的要点与风险因素

（1）要点

①应将浮筒放置在靠近鲨鱼钳处以避免在抛落时的损坏。如图2-5-41所示。

②鲨鱼钳一旦降下，船舶就应前移，以防止浮筒冲击船底。如图2-5-42所示。

图 2-5-41

图 2-5-42

（2）风险因素

造成浮筒损坏。

24. 回送提锚圈的要点与风险因素

（1）要点

①在开始回送提锚圈之前，钻井平台必须收紧建立张力，并与船舶对此进行确认。如图2-5-43所示。

②当回送提锚圈时，作业钢缆必须是水深的1.3 ~ 1.5倍。

③当船舶拉提锚圈到接近钻井平台时，可开始绞入作业钢缆。如图2-5-44所示。

图　2-5-43

图　2-5-44

（2）风险因素

①假如锚索线的张力太小，提锚圈可能会将锚链拉成弯结。

②在一些锚的类型上，提锚圈可能会陷进锚杆。

25.向钻井平台回送提锚圈短索的要点与风险因素

（1）要点

①当船员在船艉作业时，将救助艇处于始终准备释放的状态。如图2-5-45所示。

②确保船舶驾驶台与平台吊车/锚机操作员之间的良好沟通联络。如图2-5-46所示。

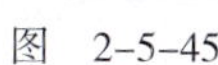

图　2-5-45

图　2-5-46

③避免进行同时的作业。如图2-5-47所示。

（2）风险因素

①船员在船艉潜在的落水可能。

②鲨鱼钳周围工作，涉及有大的力。

③扭转的吊车钢缆，甲板船员可能会被吊车滑轮组或异物碰到头部。

④当解开作业钢缆操作时，销子冲击端点的危害。

⑤在强流影响下，锚/短索递送给平台最终可能有困难。

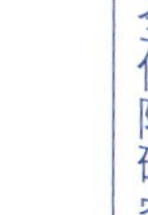

图 2-5-47

26.连接并放下链钩的要点与风险因素

（1）要点

①放出链钩钢缆1.5倍水深。如图2-5-48所示。

②确认弱环有合适的尺寸。

③确认链钩钢缆的定位与海底结构物的相对位置正确。

④遵守钻井平台发出的指令。如图2-5-49所示。

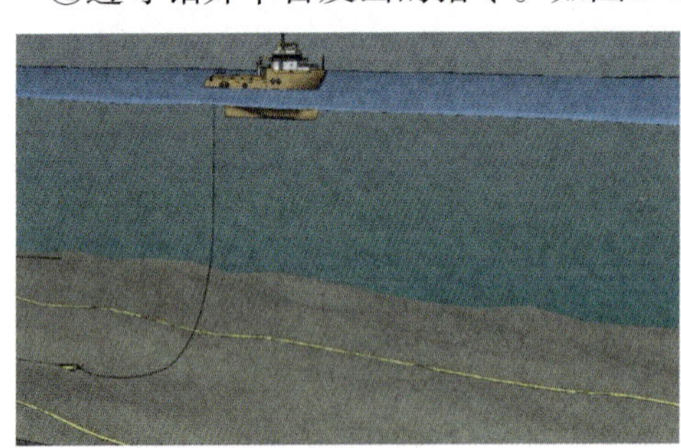

图 2-5-48

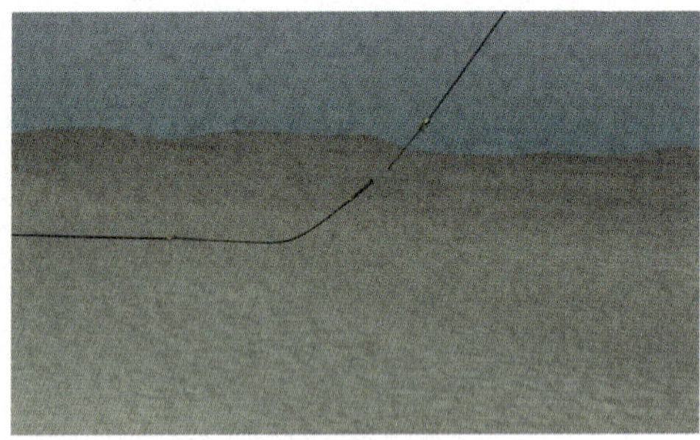

图 2-5-49

（2）风险因素

如果在弱环接近海底之前破断，链钩钢缆将不会顺着在海底的走向展开。

第二节　抛起锚作业主要安全保障措施与操作要求

一、一般安全保障措施

1. 作业前的准备和检查

（1）锚作船的索具不用时应尽可能保持在最高处，特别是主作业钢缆和拖缆（见

钢索检查部分）。

（2）进行任何作业前，应根据检查清单进行检查并确保检查彻底。

（3）锚作船船长自己应该充分了解他要进行的作业，并且船长对如何完该作业心里要有清晰的操作计划。

（4）船长应该向大副、轮机长和甲板人员简要说明将要进行作业的程序，以及将要发生的特殊的或与平常不同的程序。

（5）锚作业时甲板应保持整洁有序；索具应保存在适当的地方，随时可用。

2. 甲板人员的服装

锚作船甲板作业人员的基本服装建议如下：

（1）具备自浮性能的甲板工作服。潜水服带一体化安全靴（可无）。

（2）短的wellington靴，带安全鞋头。

（3）安全头盔带下巴系带和头巾。

（4）高品质的工作手套或圆点花样防护手套。

（5）如不能提供上述服装，甲板人员应穿质量好的整块的围兜和防水吊带裤；上面再穿西式救生衣。

（6）工作服、救生衣、安全帽和工作靴（带安全靴头和脚踝保护）必须最高级的。

（7）可充气（CO_2）型救生背心；或类似可充气夹克（可自动充气的最好）。救生背心要求安装有自亮浮灯。工作背心（三块浮板式）是常用的、便宜的替代品。

（8）安全头盔应是鲜艳颜色的，头顶贴反光带。使用时要系上下巴带。

（9）所有的外套，不管是工作服还是雨衣应在肩膀、背部、胸部和手臂上贴有反光带。

3. 照明

为锚作业的锚作船艉部提供足够的照明是极其困难的。现代锚作船都使用大的组合泛光灯为尾部照明提供不错的亮度，但对近距离工作这些灯的亮度还是不够。有些船长临时将电源线接到甲板两边舷墙和栏杆之间，再接带10～15m电缆的手提泛光灯。电源线的尾部接防水甲板插座。泛光灯安装在鲨鱼钳的对面，用塑料绳固定在栏杆上面；还有些船长在船尾设一个箱子，电源线和灯不用时就放里面。夜间作业时装在驾驶台前后端的探照灯也是极有用的，但要注意保持足够的备用灯泡。

4. 通信

（1）提供高质量、可靠的对讲系统、手提VHF/UHF系统和扩音系统都是极其重要的。因为训练有素的甲板船员要向船长报告各种信息并回答船长的问题，所以甲板船员和驾驶台之间要保持持续不间断的通信。

（2）VHF对讲机的麦克风应系牢在使用者的夹克上，通过信号线连到收发单元，这样才不会影响手上工作；耳机与安全帽一体通讯设备也很方便。完全不用手的操作的收发机更好用但会比较贵。

（3）大副或甲板工头使用的手提VHF必须是防水的或带有防水套。

（4）在大风下使用手提VHF对讲机时，为了减少背景噪声，可在麦克风上套上一层1～15mm的软泡沫塑料。

5. 甲板设施的安全管理

下面列举一些经实践检验能提高甲板安全和工作效率的措施：

（1）工具箱/架

在船艉鲨鱼钳附近防护栏杆和舷墙之间做一个合适的工具架，用于存放扳手、撬棒和工具箱。甲板船员应养成严格的日常习惯，即用完工具得放回原位，并在船员中指定专人取用和收集工具，负责保持和整理手提工具箱。

（2）醒目的油漆

在拖缆机的尾链/钩上、作业钢缆舷外接头和作业工具上涂上醒目的油漆，可以使船长和甲板船员在黑暗中或在间歇被淹没的甲板上更容易地看到设备和工具的位置。

（3）作业钢缆的末端

甲板作业钢缆的末端经常被滥用，如用于拖、拉甲板周围的各种形状和规格的设备。为减少对其尾环的损伤，应按照如图2-5-50所示装配上尾链和钩。

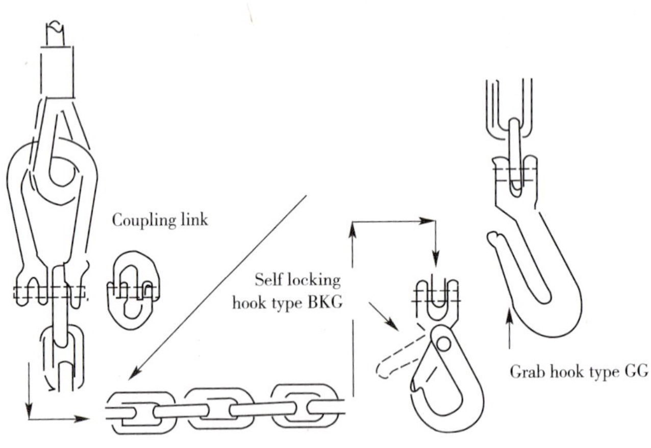

图2-5-50　甲板作业钢缆末端的装配

（4）使用钢丝绳吊索（strops）

许多船员发现在拉锚链、钢丝短索或锚到甲板时，使用带有软眼的钢丝绳吊索（strops）来系在拖缆末端是很好的应急方法。

另一个更安全的方法是使用开口链环（10～13mm, grade 80），带耦合连接的不同

长度的链条。

锚链吊索：其强度更大，不易磨损；更容易穿过或绕过被系物。每一艘锚作船都应备有半打做好的各种规格/长度和结构的锚链吊索，用于当制动器或吊索。

6. 避免受伤

甲板的锚作业者存在致命的危险是明显的。特别是70mm的短索断开打到甲板上的人员、20t重的锚失控或掉下、被海水从甲板这边冲到另一边撞上绞锚机房等等。因此，下面有关各条应特别引起重视：

（1）闲人勿进甲板。

（2）在浮筒/锚被拉上甲板前，应调整船头方向以减少船舶摇动。

（3）将短索接头拉到鲨鱼钳固定时禁止作业人员上甲板，直到系牢，作业钢缆不受力。

（4）如果因为海况或特殊的操作类型不能固定短索的位置，因而无法用鲨鱼钳夹住。则应该按如图2-5-51所示系上拖缆，而不是用船艉绞盘。在短索通过船艉前将卸扣扣在要夹住的短索。

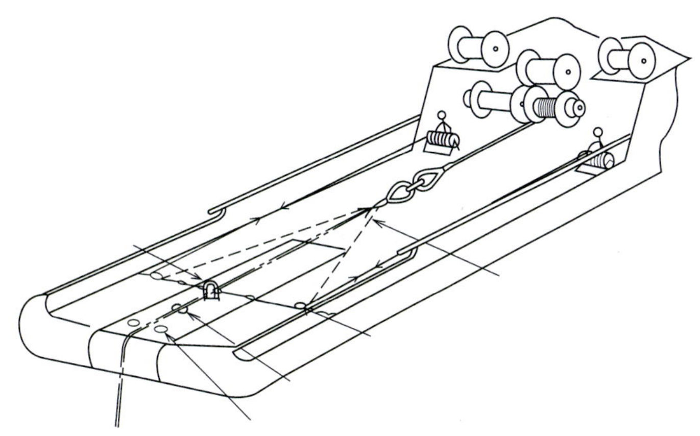

图2-5-51　用拖缆协助固定作业钢缆

（5）要教会船员正确地拖、拉、抬和扛的技巧。甲板上的大部分工作是重体力活，容易导致背部受伤、脚踝扭伤、肌肉拉伤等，如果能灵活地使用机械设备是可以避免的。

（6）通信手语：甲板船员经常要向船舶驾驶台或钻井平台吊机反映情况，如果有一套大家都明白的标准的手语会很有帮助。在甲板和驾驶台间的喊叫和混乱手势常会导致误解和紧张。

（7）钢缆操作：大部分的锚短索和作业钢缆都是由钢丝组成，钢丝非常尖锐会对手脚产生很深的刮痕。为避免受伤，建议使用一根长约0.5～1m，直径25mm的聚丙烯

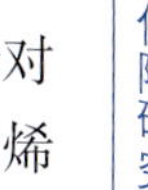

缆两头有捻接的软眼。使用时将聚丙烯缆绕过钢缆双手抓住两软眼就可把钢缆拖向想要的方向。

二、几种典型锚作业安全操作要求

1. 船员团队组织

甲板船员应作为一个团队工作，每个人都充分了解工作进程，大家一同努力。

例如：在安装短索的卸扣时，安放卸扣人员和其他协助人员都应分工明确、协调一致，否容易导致事故的发生。如图2–5–52所示。

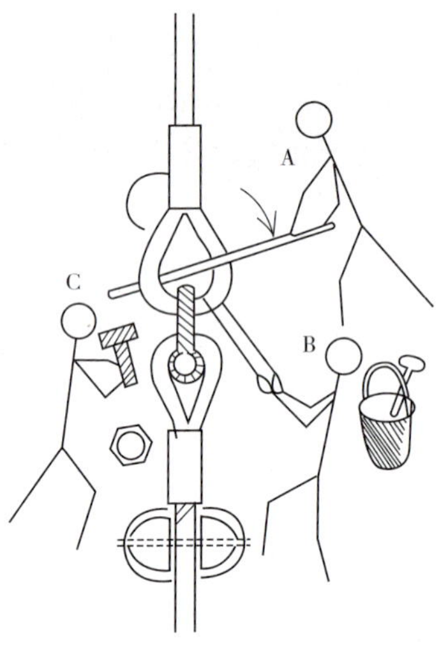

图2–5–52　连接钢缆

（1）船员职责次序

①船员A：使用撬棒调整短索眼的方向。

②船员B：已经将弓形卸扣穿过短索的眼并调整到位。

③船员C：将卸扣销插上，并旋紧。

④船员B：用木锤敲进横档，插进开尾销并把尾打开。所有这些物品都放在桶里；用完后将桶和工具放回原位。

⑤船员C：检查连接状况，确认船员A和B退到安全地方报告驾驶台；移开鲨鱼钳的安全插销。

⑥所有船员退到外栏杆——作业才可继续。

（2）绞钢缆的分工（图2–5–53）

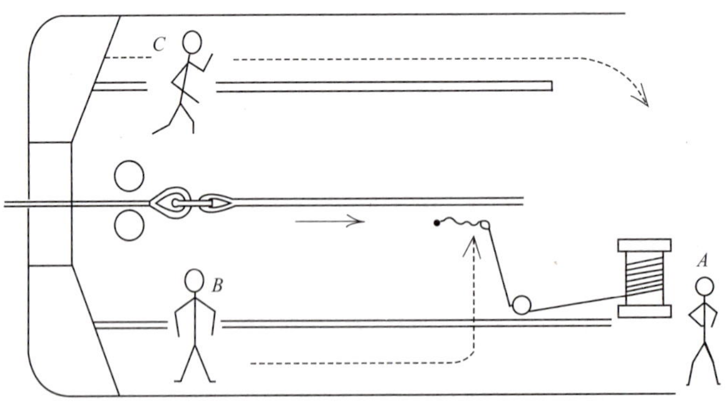

图2–5–53　连接钢缆——绞钢缆

①船员A站在小绞车边准备把短索向旁边拉，拖缆才会紧凑卷在滚筒上。船员B和C沿图示路径去协助船员A。

②解开承受重大负荷的短索时，要当心在鲨鱼钳和绞缆机滚筒间扭曲的短索。

③当卸下卸扣或连接环时，船员使用通过撬棒控制卸扣/链环方向以便拆解时，船员会感觉到解开后的钢缆可能会打转方向，因而船员要及时躲开。

④当卸扣的横档被敲出时，拿铁撬棒的人应及时快速移开铁撬棒。

⑤当卸扣的横档被敲出时，应确定其他人员不在可能被横档打到的范围内。

2. 制动器的正确使用

据报最近在使用叉或钳等制动器时发生了大量事故的统计。事故是这样发生的：钢缆或短索的眼环像平常一样被放在制动器上，金属箍紧贴在制动器的甲板内侧上。由于过大的拉力作用在短索上，接头上的金属箍就裂开，短索被拉出来，金属箍裂块会飞弹，且短索会抽动，就将可能造成对在鲨鱼钳前部从事连接的甲板人员的严重伤害。如图2-5-54～图2-5-57所示。

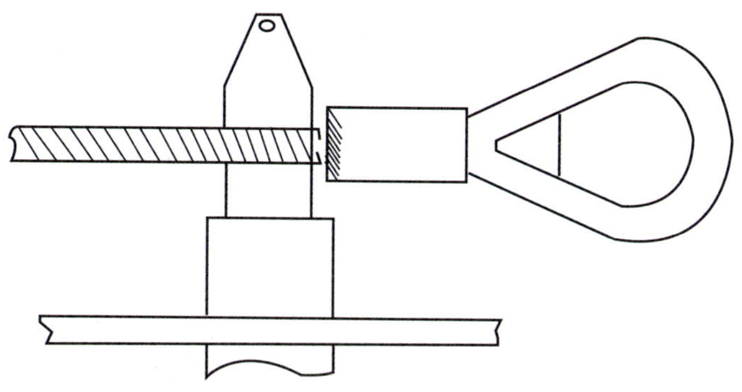

图2-5-54　正确使用KARM型鲨鱼钳

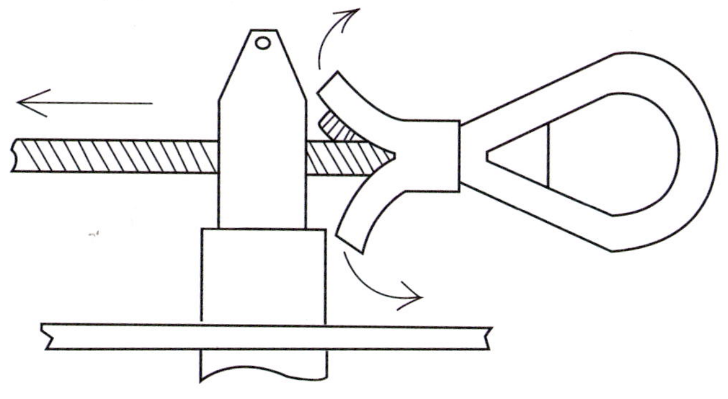

图2-5-55　过大的拉力作用在制动器上的短索（一）

a)

b)

c)

d)

e)

f)

图 2-5-56

g)

h)

i)

j)

k)

l)

图2-5-56 过大的拉力作用在制动器上的短索（二）

a)

b)

c)

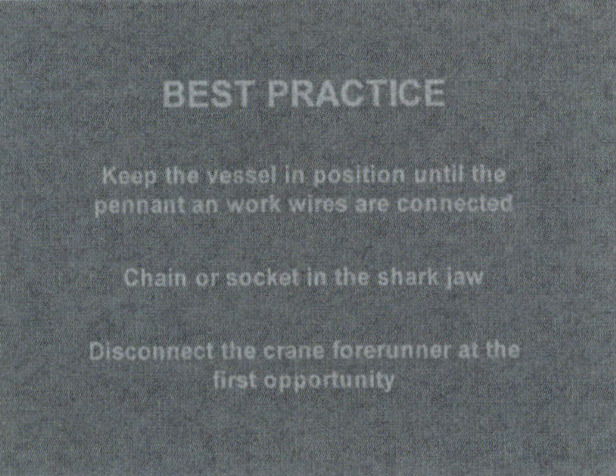

d)

图2-5-57 用索节替换铝金属压箍并用正确的衬垫

主要原因是由于这种类型的接头特别是Talurit形设计上就不适用于叉/鲨鱼钳制动器。将这种接头这样操作本身就是不正确的。

（1）特别提示

①在短索钢缆拉到拖销之间之前，应该解掉吊索。

②当甲板人员在连接短索和甲板上的作业钢缆时，立即将船操移到新的位置。

③当拖缆机在运转和船在移动时，避免在甲板上作业。

④用索节替换铝金属压箍并用正确的衬垫。

（2）良好做法

①保持好船位直到短索和钢缆连接上

②锚链或索节在鲨鱼钳中。

③一有机会就解掉吊车吊索。

（3）其他解决方法

①在短索接头上接上3个合适规格的链环，一般直径为64～76mm，使拉力作用在链环上。如图2-5-58所示。

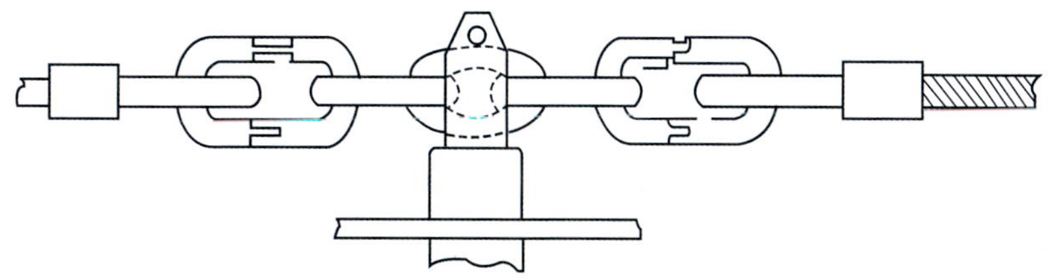

图2-5-58　解决方法在制动器上用链环

②中等钢缆制动器（Mid wire stopper）。有些厂家生产的液压制动器，特别是Karmoy，有一个楔形制动块，该楔形制动块适用于叉/鲨鱼钳。虽然使用这一种楔形制动块在制动时较耗时间，但现在想来是比较安全的。

③制动按钮。一家英国公司向运输部提议：在短索眼之前铸上一铁块，当制动用。如图2-5-59所示。

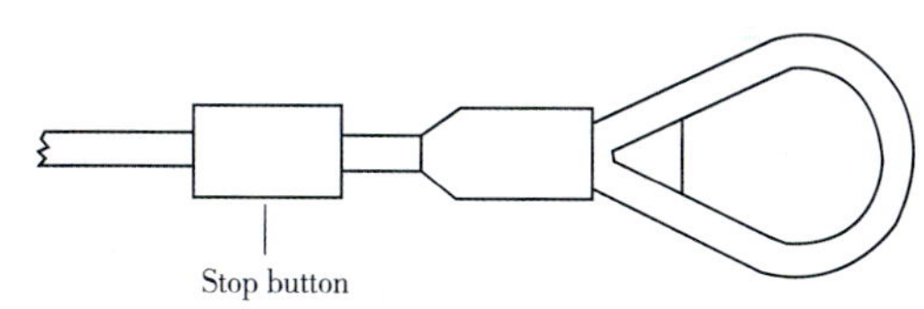

图2-5-59　解决方法：使用制动按钮

3. 锚和浮筒的固定

（1）锚固定在甲板前部的方法：使用拖缆防止锚左右移动，锚链固定在制动器上。

（2）锚固定在栏杆的方法：锚使用链条和紧链器固定在防护栏杆上。

（3）浮筒固定在防护栏杆上的方法：使用拖缆系住浮筒上的十字杆（stag horn）上。

（4）浮筒和锚要上甲板需要进行大量的工作。

（5）恶劣天气时，船舶的摇晃加上甲板浸水，如果没有适当固定，这些物品就会松开、失控，给船员造成极大危险,浮筒易于被海水冲走。

（6）浮筒一旦被吊上甲板、短索解开后，首先将浮筒拖离工作区，并将其固定在防护栏杆上。

（7）由于锚的形状和重量，要将锚拖离作业区（甲板中部）特别不容易。但使用拖缆通过甲板的导缆孔还是可以将锚拖到它的位置的，然后用锚链和系缆将锚固定好。

（8）典型的系固用具：10或12mm直径开放环，grade 8锚链。

锚和浮筒固定在甲板上，如图2-5-60所示。

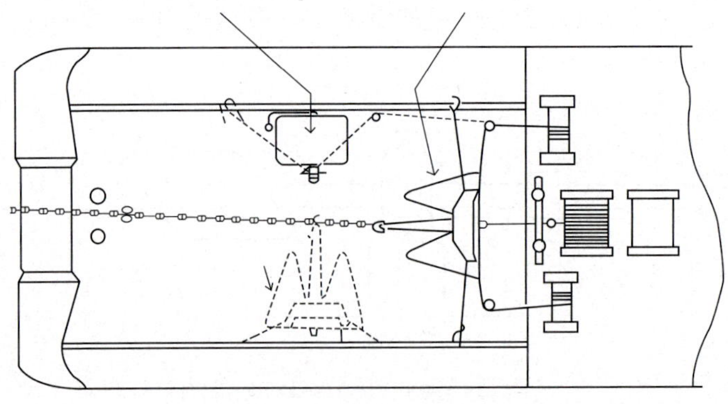

图2-5-60　锚和浮筒固定在甲板上

4. 锚的吊装方法

在海上锚由钻井平台吊到AHT时，锚应按如图2-5-61所示使用锚吊索，且带有拉绳来吊装，便于在锚放下前船员对锚操纵。

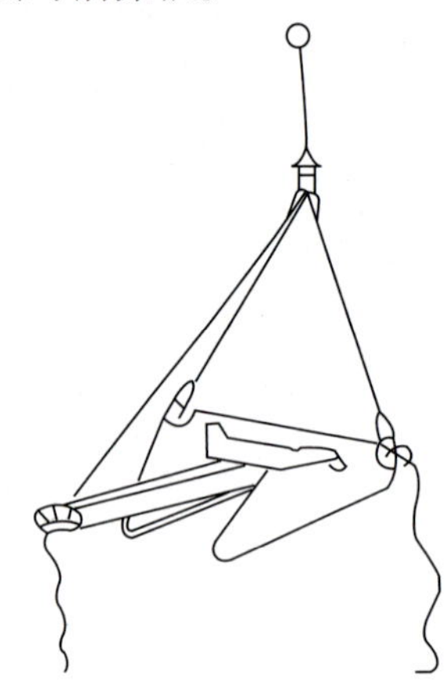

图2-5-61　锚的吊装

典型的15t锚的吊装装置组成：3条软眼吊索，10m长；直径26mm；用一个35t安全负荷的弓形卸扣连接3条吊索和一条4m长直径35mm的吊索。这些吊索的安全系数要相当。

第三节　BOURBON DOLPHIN灭失灾难的调查报告

保持足够的稳性是必须确保的首要原则，尽管挪威调查委员会把情况处理的过于复杂， 看来Bourbon Dolphin上不幸的船员没有时常地将这原则记在心里，因为他们在参加起抛锚作业期间船舶倾覆造成8人丧生。

注：2007年4月12日Bourbon Dolphin船（图2-5-62）在为钻井平台Transocean

Rather从事布锚作业中，发生倾覆事件，有8人丧生。英国的HSE部门对事故进行了调查，挪威的海事当局和一挪威的皇家专门调查委员会，它在2008年3月28日进行了报导。皇家专门调查委员会写了208页的报告没有附录，在委员会成员之中缺乏抛起锚作业方面专家知识，此报告试图概括委员会的工作并且在各地刊出，在作者看来，另外的一种看法可能更值得重视。

Bourbon Dolphin拖曳锚作船的主要参数如下：

ULSTEIN公司设计，主推进系统功率16320马力、船长75.2m、型宽17m、最大吃水6.5m、系柱拖力194t、主拖缆机拖力500t、动力定位功能、对外消防能力可根据用户不同要求安装。该船主推进系统配备4台主机，其中2台共用1个齿轮箱向1个可调桨输出动力；艏部配1台侧推、1台可伸缩式全回转推进器；艉部设2台侧推、2个带导流罩可调桨、2台舵机；主要功能有拖带能力、对外起抛锚能力、平台物资供应能力、守护救助能力等，并配备有对外消防能力、散料输送系统、泥浆输送系统等。

另一拖曳锚作船（图2-5-63）的主要参数如下：

ROLLS-ROYCE公司设计，主推进系统功率16800马力、最大航速17节、船长75m、型宽18m、最大吃水6.6m、作业水深1050m、最大作业水深1500m、系柱拖力200t、主拖缆机拖力400t、具备DP-1级动力定位功能、对外消防能力；其中部分参数可根据船东要求配置。该船主推进系统配备4台主机，其中2台共用1个齿轮箱向1个可调桨输出动力；艏部配1台侧推、1台可伸缩式全回转推进器；艉部设1台侧推、2个带导流罩可调桨、2台舵机；主要功能有拖带能力、对外起抛锚能力、平台物资供应、守护救助能力等。

图2-5-62　The Bourbon Dolphin 属于Ulstein的A102系列

图2-5-63　配合作业的另一锚作船

"Bourbon Dolphin"（图2-5-64）属于Ulstein A102，在事故当时是一艘唯一船型设计的船舶。该船具有同劳斯莱斯UT722相似的尺寸规格，但是Bourbon Offshore公司，为了未来市场需求，使其具备深水作业能力，为其配置了一台更大的具有更多容缆量和更大拉力的拖缆机。它以功率16000马力，194t系柱拖力的能力进入市场。

这样极高的配置似乎使其适合为在雪特兰群岛西侧1100m为雪佛龙钻井作业的Transocean Rather进行迁移作业。Transocean Rather装有锚链和钢缆联合装置使它适合深水作业，但是要求遵照POSMOOR的规定修正这套系统以防止在预期的冬季最恶劣的天气中走锚，并且是船上916m的锚链连接钻井平台自己的900m锚链，这个工作由锚作船利用锚链舱进行作业。

图2-5-64 事故中倾覆的Bourbon Dolphin

挪威委员会的一些成员找到系泊系统修正的一些错误，建议采用预系泊将是更适合的，但这也是事后之见，这不是一个好的计划，并且一些调查人给出典型的方法，决定什么首先出毛病了，然后让事实适合。在当时，壳牌公司用Transocean Rather首次使用了曾在英国水域用于探井的预系泊在西南更远处刚完成一口井。尽管作业的细节从来没有有效惯例，工作花了将近一个星期，并且在Aberdeen航海界意识到了困难。来自Gulf Offshore的一艘UT722s的驾驶台的一段视频随后被播放，显示了一根短索钢缆在艉滚筒断裂，并且断缆向驾驶台窗户蛇形抽来。这仅仅让所有人离开。这次作业事实上导致了Transocean Rather（图2-5-65）若干锚缆不可修复的损坏，因此在chevron 项目开始前钻井平台不得不回到在Invergordon的基地修理。在委员会的报告中将这些阐述为“离开壳牌油田后所带的技术问题”。

在已知的如Rosebank G的挪威报告，在工作的开始Transocean Rather使用8个锚进行系泊，使用1500m长的钢缆与900m长的钻井平台84mm的锚链和900m长的76mm的插入链连接，插入链由锚作船的锚链舱进行布放。在插入链的末端连接一个18t的Stevpris焊接锚。与大多数系泊系统相同的是8个锚中有4个是主锚，这些是1号、4号、5号和8号，标记从右舷船艏开始。副锚是右舷的2号和3号，左舷的6号和7号。当用主锚系泊之后，移动式装置在海事术语中通常被认为是安全的，当全部8个锚布好后，就能进行钻井作业。

钻井平台安装有永久性提锚圈系统，它是套装在系泊链（缆）上固定的环状装置，并附带一根短索钢缆。通常锚作船利用自己很长的作业钢缆与提锚圈短索相连（PCP），然后放出船上的钢缆前去起锚。这个作业步骤在任何水深都基本相同，只是钢缆的长度有区别。

为了适合深水作业要求，Transocean Rather采取了锚链与钢缆相组合的方式。锚链防止锚被拉起，钢缆满足钻井船深水作业要求。在锚链的某一点上，将锚链更换成钢

缆，平台上的一些人站在锚机的下方，解掉锚链，与钢缆连接。这种转换为了提锚圈能通过钢缆而不造成损坏，他们在靠最底部的部位装着滚轴，钻井平台在Rosebank G的布锚作业中滚轴多次损坏，因此一种新的替代技术用于回收系泊设备。

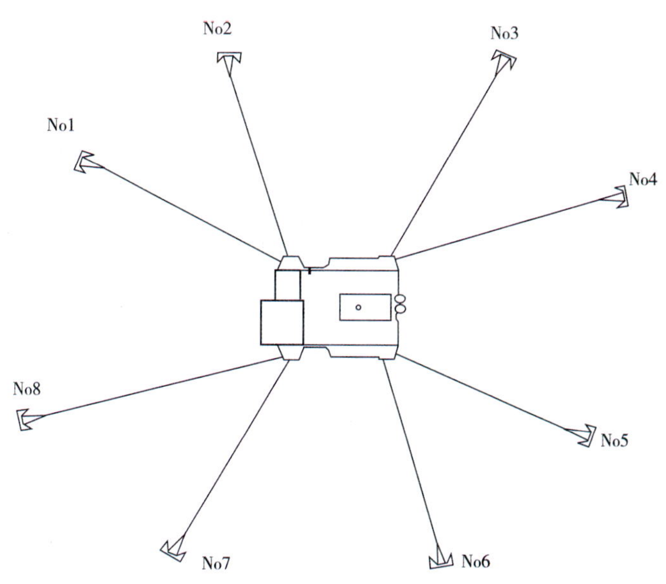

图2-5-65 Transocean Rather系泊布置图

替代的技术是使用A船和B船，在钻井平台迁移程序中指定的一艘船作为主锚作船靠近钻井平台用J钩钩住锚缆，并驶向副锚，然后将锚回收到艉滚筒。J型钩是一端有钩的牧羊杖形状的锻造钢件，挂在船尾之后用于打捞作业。

一旦主锚作船到达锚位并把其拉到艉部滚筒，要求辅助锚作船去钩住主锚作船船尾的锚链，并且一旦完成这项工作，主锚作船就把锚拉到船的甲板，将锚解开，再把900m锚链装入船上的锚链舱。利用辅助锚作船的目的是为减少锚链的重量，尽量减少损坏锚的可能。这是依照锚制造商的手册要求进行的。

一旦用这种方法起完副锚，将用所有的4艘船来起主锚。这些工作都将完全相同，无论哪艘船被指定为主锚作船或是辅助船。辅助船无疑装备有从事该作业的设备。

一旦所有4艘船都在主锚处起锚，直到锚都被收到艉滚筒，钻井平台收回他的钢缆到连接变换处为止。第5艘船布置拖缆并与钻井平台的过桥缆连接。钻井平台以这样的配置和5艘船舶共同移位2海里前往新井位，如果4个主锚都很好地布设在对角的相对位置，钻井平台将完成系泊。

用于抛锚的负载分担程序已经编制。该程序包括拖曳船解除过桥缆后，承接连接

处靠外方向的锚链重力。然后两艘船随着平台锚缆的放出，开始驶出布锚，直到抵达锚位点，然后主锚作船放锚，钩链的辅助锚作船链钩脱离，锚将被放至海底，钩链的辅助船离开，等等。这种做法是对原有程序的调整，因为已证明钻井平台的锚机刹车力是无法胜任抑制锚缆所受的锚链重力和船的拉力的任务。

一旦主锚抛妥，主锚作船将继续进行副锚作业。现在可用辅助锚作船承担钻井平台一端的锚链重量，一旦布设好锚缆，他们将移动到主锚作船船尾的合适位置，并在放锚期间承担一部分的重量，以进一步减少可能的损坏。

结果在作业开始时，只有Olympic Hercules和 Bourbon Dolphin在现场，因此Bourbon Dolphin负责回收2个副锚，并因此需要在到达新井位时抛该2个锚。

Bourbon Dolphin在这次平台迁移程序中被指定作为辅助船之一，这个得到了许多见证人的确认。随后Highland Valour、 Vidar Viking和Sea Lynx被雇用，其中最大马力的船作为负责拖航和钩链操作的船舶。

船离Aberdeen港前，Trident Offshore公司的总监为其讲明了作业中的不同任务。依据报告，他和Bourbon Dolphin船长之间就有关任务的细节上有不同的意见。船长提出他对Bourbon Dolphin在要作业地方的水深进行抛锚的能力是有争议的，Trident的人员说，实际没有进行过讨论，对于每艘船来说至少抛一个锚都是必要的。若看过平台迁移程序的话，这个就很显然了。调查期间及之后发现， Bourbon Dolphin时常被宣称不适宜去做租用它所应从事的作业，但是如果真的如此的话，为什么船东宣传公告其具有194t的系柱拖力和拖缆机具有5000m的容绳量?

Olympic Hercules 和Bourbon Dolphin 在3月27日开始起锚，各自担当主锚作船和辅助锚作船的任务，直到3月29日Bourbon Dolphin被安排到Scrabster港进行人员换班。这里有必要说一点，在北海的供应船和锚作船的租船人认识到最好能有熟练经验的船员为他们进行作业；另一个值得考虑的问题是，在船员真正地应该离开船回家时，为什么他们仍然还在船上工作。因此在船员倒班时间到了时，是否能安排船舶到一个合适的港口去倒班。

Bourbon Dolphin的倒班人员在3月30号傍晚前到，交接班大约进行了（1 ~ 1.5）h。新上的船长以前没在该船工作过，尽管Bourbon公司宣称他一直在Bourbon Borgsteint上工作过，船的大小相似。交班的船长说：“他已经和接班船长说过该船只能作为辅助锚作船使用”。但是其他人说：交接工作十分不充分，委员会注意到了这些情况。Bourbon 公司他们自己有交接班程序，很明显程序没有被遵守。如图2-5-66 ~ 图2-5-71所示。

图　2-5-66

图　2-5-67

图　2-5-68

图　2-5-69

图　2-5-70

图　2-5-71

船在30日返回到油田，并继续和Olympic Hercules一起作业。在4月2日Highland Valour、Vidar Viking 和Sea Lynx到达，作业继续进行。这是一项不容易的工作。焊接的锚深深的抓入海底，要想把它们起出十分困难。现代的锚作船装备有大功率的拖缆机，如果不正确操作的话可能会造成锚的损坏。利用J-hook一般会比用传统的提锚圈多消耗一些时间，因为船舶首先要到位找到系泊链，并用钩子钩住，然后再滑到锚头

处。在起锚阶段，通常要求两艘船进行，在锚处和靠近锚处加大系泊链张力。尽管将所有的锚最终都收回，但仍有一些锚的损坏和几个J型钩的损毁。这些因素，连同拖缆机的一些故障及天气原因，造成直到4月8日所有的锚都没有全起完。原计划，4个主锚同时起，然后整体移位2海里到新位置，这样就不用回收已抛出的很多的锚链，因此，得从头开始将所有的锚抛出。

有必要阐述一下抛一个锚的操作。因为拖缆机的问题，在最初的位置已决定在作业的两个部分中使用两艘船。锚链舱装有锚链的为主锚作船，到钻井平台接提锚圈短索，并把平台末端的锚链拖到甲板上，然后上线向新锚点移动，直到钻井平台将84mm长度为930m的锚链全部放出为止。第二艘船然后钩住靠近钻井平台的锚链，然后将进行连接变换作业。辅助锚作船将放开链钩，主锚作船随后将船上锚链舱内的锚链与钻井平台一端的锚链连接，并将915m长的锚链全部布出。随之将需要辅助锚作船在主锚作船船艉之后钩住锚链，这样使其能将锚从甲板上送出并抛下。所有这些动作是“负载分担”部分之前的工作。这要求钻井平台放出平台上的锚缆，并且需要船上放出自己的作业钢缆，最后将锚抛在相对钻井平台正确的方位和距离的海底锚位点上。为了协助定位准确，钻井平台和船舶都安装了定位系统，在电脑屏幕上能看到整个作业情况。所有的船舶都要保证自己在屏幕上的影像保持在线上，直到到达锚位点。

在新井位，布锚作业从4月9日早晨开始，所有船舶按程序规定的进行作业，但是由于很长时间一直持续的坏天气，作业者决定放3艘船去Lerwick去，调换它们的设备，至于Bourbon Dolphin则要去将2个12t的锚换成2个18t的锚。船于4月10日到港，委员会和其他进行灾难调查的人员，处于可以获得数码照片的有利条件。首先，来自船舶的位置标绘，显示4月10日在Lerwick，Bourbon Dolphin从南港池移动到北港池。在那里除了把2个12t的锚换为18t的锚之外，船的载况没有变化，这使得稳性专家可以看出吃水和估计出纵倾情况。随后的照片是事故前Highland Valoun拍到的有关Bourbon Dolphin甲板装载情况的真实信息。

在第一次会上见证人大副证实，在船离开Lerwick时，他被告知将GM值记载在航海日志中，该数值有0.26m。对于知道船要执行的作业的一个有经验的甲板部高级船员来说，这将增加他心里的忧虑，但是大副的经验极其缺乏。结果没有一个稳性专家能回答这种情况，不管他们是如何从理论上装载船舶的，因此一种假设是这个数据是大副或是船长凭空捏造出来的。由此暗示在起航前没有考虑到稳性计算机，尽管委员会没有提到这方面。

3艘船在4月11日早7:45时回到现场，继续开始作业。委员会选择6号锚为重点对布锚作业进行细节分析，因为6号锚是2号的对角锚。这个锚是在4月12日2:42时由Olympic Hercules开始抛的。钻井平台放出他的锚链，Olympic Hercules用了大约1h时间进行转

换，然后放出插入链。Olympic Horcules的船长证明他的船不断地受到流影响而偏向东侧，在绞锚上船期间船最终偏离航线700m，尽管使用了船舶所能使用的所有侧推能力。他感觉到当时的流速超过2.5节，尽管在调查期间这个数据是估算的没有得到潮流资料的支持。最后，与钻井平台多次讨论后，放出系泊锚缆，使得船可以加速前进并设定前往抛锚点的航向。这个锚是倒数第二个锚，因此在11:30时在协助抛6号锚的Vidar viking，被通知放松其作业钢缆，然后离开油田。委员会将这个由作业者作出的企图节约资金的指令作为愚蠢的缺陷，6号锚于12:33时放到海底。

与此同时，最后一个锚2号，由Bourbon Dolphin来抛。这时气象变坏。风力达到30节，波浪的有义波高据说有3.5m左右。中午之后，涌浪变大了些。尽管水流的强度大小有争议，所有在现场的人员对这些环境条件都比较认同。毫无疑问的是如果流速真的达到2.5节的话，就将出现严重的问题，风力大于30节并与水流以同一个方向来，在油田术语中，构成了“临界”环境条件。在Shetland 群岛西侧的大西洋流向与流速变化很大。

提锚圈短索（PCP）在9:20时传递到 Bourbon Dolphin，在固定好之后，船舶朝2号锚锚位的方向，随着钻井平台锚链的放出，以340° 的航向驶离。大约10:00时平台放完全部锚链，然后进行连接变换作业。根据拖航船长日志记录这项工作大约在10:15时完成，然而直到12:00时之后，船的航向也没有回到朝向2号锚锚位的方向上，这导致委员会提出了钻井平台的锚链直到12:15时也没完全布设的假定。可能的争议在船舶连接插入链的2个小时期间。然后船舶将插入链放出，直到大约14:00时之前船舶保持在线上，但当其离钻井平台约1100m时，似乎难以把定并开始向右漂离。证据表明在13:00时至14:00时之间轮机长认为侧推高温，他们甚至试图用压力软管进行冷却。如图2–5–72所示。

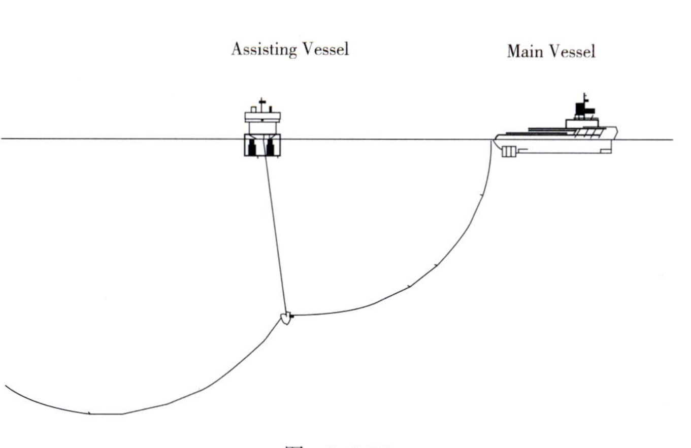

图　2–5–72

在12:00时开始换班，船长和驾驶员交班给大副和另外的一位驾驶员，看来这个大副对在座椅上的操纵可能缺乏经验，他完全依赖于主令系统，所以只会单独利用侧推功率，想使船回到线上。对于可使用的侧向推力这么大的船舶，当简单地通过推主令操纵杆不能达到需要的操纵时，连有相当经验的操作人员都很惊讶，这可能是现代近海船舶操作的特征。老手可能会有2～3种可供替代的方法（技术）使船回到线上。可是委员会感觉，钻井平台应该记录其位置的偏离，并提供协助或放弃继续抛锚。如图2-5-73所示。

结果Bourbon Dolphin要求援助，Highland Valour 被派出，按指令从其船艉钩起锚链，以减少部分重量，因此使其可以驶向锚位点。Highland Valour大约从15:00时开始钩链，之后经过努力似乎在16:10时钩住锚链。但不久两艘船之间距离太近了。有关本事件的证词是杂乱的，多数是在证人描述后由新闻界造成的，然而看来最可能的是Bourbon Dolphin向后向Highland Valour漂移，后者为了避免碰撞而快速释放作业钢缆，使链钩从锚链脱离。如图 2-5-74所示。

图　2-5-73

图　2-5-74

钻井平台发出不再试图进行钩链的指令，日志记录了“通知两艘船都离开3号锚”。Bourbon Doulphin在16: 40时已经偏离线的东侧约950m并靠近了3号锚缆。委员会将其作为缺乏沟通的缺陷，正式负责钻井平台迁移的钻井平台OIM，或是平台监督（高级海事人员）都没有接到险情的报告。

在险情发生之后，Bourbon Dolphin船长回到驾驶台，看来他在操纵座椅上接管了船舶操纵，大副开始调压载水以调整大约5° 的左倾。船上想让钻井平台放出他的钢缆，但是，相反，拖航船长提议开始松出仍然连接着锚链的船上的作业钢缆。这时锚链的走向位于右侧的一组拖销之间，并紧贴着靠内侧的一个拖销，显然阻碍了船艏向左的转向。根据报告，拖航船长要求将该拖销降落以使得锚链向左侧移动，然而他否认了这个说法。委员会认为驾驶台人员一定想到了这样做的可能性，而因此他们降落了拖

销。见证人证明他们“看到锚链猛然地滑向左侧的靠外的一个拖销，而且他们听到巨大的声响”。如图2-5-75所示。

a)

b)

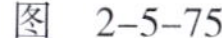

图 2-5-75

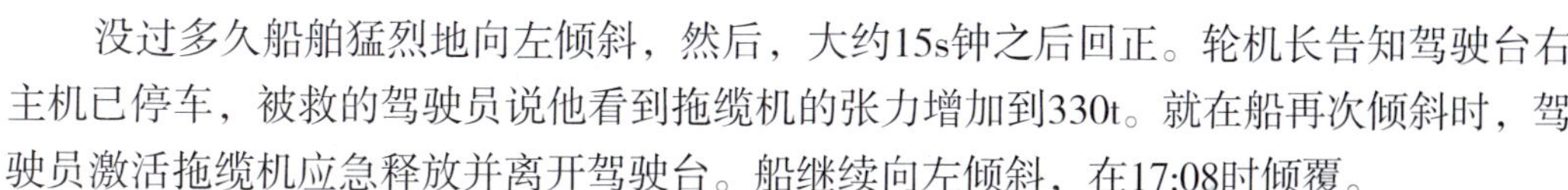

没过多久船舶猛烈地向左倾斜，然后，大约15s钟之后回正。轮机长告知驾驶台右主机已停车，被救的驾驶员说他看到拖缆机的张力增加到330t。就在船再次倾斜时，驾驶员激活拖缆机应急释放并离开驾驶台。船继续向左倾斜，在17:08时倾覆。

就在这时Transocean Rather的吊车司机在对讲机里听到伴随着显著的苏格兰语和充满古英语的咒骂语声迹，是种令人恐惧的遇难事件的暗示。然而声迹清晰的时候几乎看不见船了，但尽管这样，委员会决定依此作为可能的最主要的发现。这就是锚链从船艉的离去角度在40° ~ 60° ，而且驾驶员宣称的当时的张力达到330t是不太可能的，假如角度为40° 张力为200t，或假如角度为60° 张力为180t，应将导致稳性衡准的破坏。如图2-5-76 ~ 图2-5-80所示。

在船舶倾覆之后，海上设施管理人（OIM）立即发出警报，并依照通讯联系文件，立即通知了Transocean 和Chevron双方的管理人员。已从船中逃出的船员漂在水中或已爬进救生筏或一个集装箱上。在17:30时Highland Valour 接近事故现场并放出救助艇。立即前往集装箱，将上面的3名幸存者救到船上。归属于Transocean Rather的应急响应救助船（ERRV）Viking Victory 放下两艘快速救助艇并救起漂在水中的厨师。快速救助艇也从救生筏中救出3名幸存者，也接走了大副的尸体。然后所有的船舶开始搜寻幸存者，尽管如此，到了18:39时也没找到，确认船上共有15人。

天黑时继续搜寻，尽管派遣直升机将幸存者送往Sheltlands群岛，带回海军潜水

员。Grampian Frontier到达现场准备提供水下机器人（ROV）并充当潜水员的基地。第二天15：45时海岸警备队通知平台作业性质已从搜寻变为打捞。船上8名船员遇难，包括船长和他15岁的儿子，他儿子已经有船上的工作经验。

委员会对他们自己那些关于应该做什么、什么时候做和如何做的有疑问的观点分歧的打捞行动进行回顾，但是他们没有在这概要中作进一步的报告。

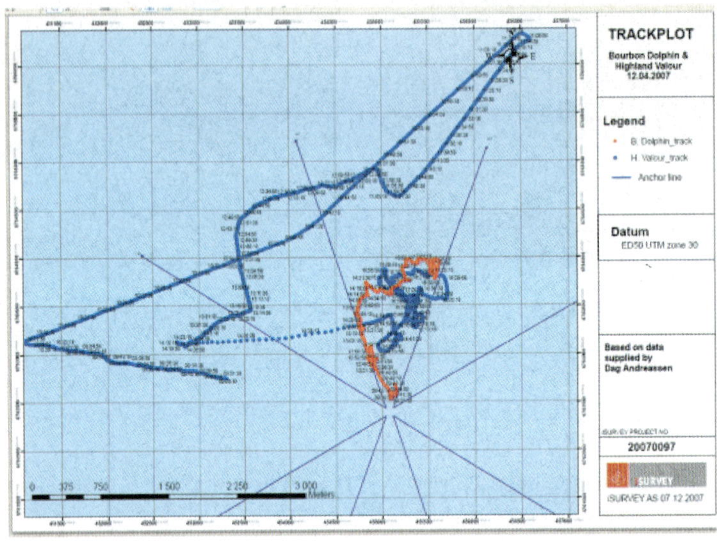

图 2-5-76

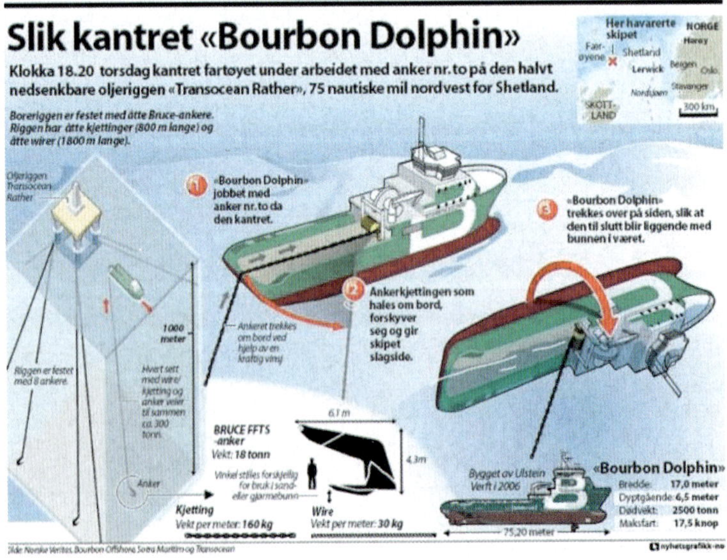

图 2-5-77

图　2-5-78

图　2-5-79

委员会以及Transocean钻井平台的所有人和租船的作业者Chevron对操作直到倾覆之后的所有方面进行了深入的调查。委员会发现当一个锚上到甲板时产生的严重倾斜，使得船舶有了突发事件的先兆，但这一点没有得到报告。发现到多达500页的稳性计算书尽管应该是船长随时可接触到的，但只符合了不真实情况下的稳性标准，因为拖缆机要比所安装使用的小，并且作业钢缆被保持在靠内侧的两拖销之间。在减摇舱的使用说明中仅有简略的"在锚作期间禁止使用"的一句话，虽然专家断定减摇舱事实上在使用。稳性书中的稳性状态实例也要求在任何时候装载的燃油要大于500t，对船舶限制了几天理论工作周期。在船员换班时已休假的船长证明在两种场合要求他的公司解答稳性，但是一点也没有得到解答。尽管稳性手册有缺陷，它已由挪威海事局批准。

图　2-5-80

所以对于许多人必须看上去相当清楚，如果船舶的稳性在船上船员的心里是重要的，如果用适当资料介绍的稳性已以适当方式提供，那就不会有一场灾难。Bourbon 公司的正式程序本应该确保做到这些，但即使是当Bourbon Dolphin的稳性保持明显的需要比通常更为关注时，在3月30日上船后被完全告知的船长没有进行任何确认。如果他已经进行，3月10日在Scrabster或4月10日在Lorwick船就有可能可以加装上燃油。不管在4月12日是否已抛好2号锚，或者不管接触3号锚留下的争议是否已避免，但可以十分肯定的是船舶应该保持正浮。如图2-5-81所示。

调查委员会对事故调查的主要发现总结如下：

（1）直接原因

①来自天气和流的状况。

②不利的船艏向与外力有关。

③设备故障降低了船舶可操作性。

④落下拖销导致受力角改变。

⑤流的状况以及船舶的稳性。

（2）间接原因

①船舶设计有欠缺。

②体系中许多操作者的角色缺陷。

图 2-5-81

当然，对作业的调查与Transocean Rather正在进行的作业一样复杂，在现行中将必然找到曾进行的活动的许多缺陷。这是通常做法，果然，委员会提出了大量的用于国际海事组织（IMO）、挪威海事局（NMD）、挪威船级社（DNV）、Bourbon公司、Chevron公司和Transocean公司的推荐措施。

我们中的哪些定期在安全审核和风险评估过程中涉及的人员希望看见以重要性顺序列出的推荐措施，从“必须立即整改的”到可以或可不完全采取行动的观察项。我们也希望看见与推荐措施中分开的结论。在他们的推荐措施中已看见必要的理由解释，这些要求没有一个是由委员会来履行的。也觉得对一些方面的主要细节的研究是适宜的，特别是在处理离去角范围和受力的识别需要方面，而不是通知专家组来想出答案。因此，我们在此将只列出推荐措施的意图，并建议任何想了解更多情况的人可去查看实际的报告。

这些包括：

①为抛起锚作业准备稳性规则条件。

②为起抛锚作业准备特殊的重心高度（KG）曲线。

③对稳性计算书进行改进（有效地遵循现行规章的要求）。

（3）鼓励使用模拟器培训。

（4）系柱拖力证书包含的数据要延伸包括使用侧推导致的拖力下降。

（5）对拖缆机应急释放系统的试验和使用的证书要求。

（6）对拖缆机操作员的正规培训要求。

（7）对从船舶的机舱底部应急逃生的可能性予以考虑。

（8）救生筏在船上应被放置在以便即使船处于底朝上也能被释放。

（9）应改进救生服的功能。

（10）有关当局评估应急转发器释放的方法。

（11）航次记录仪除目前对大船的要求外，引用到钻井平台和小船。

（12）挪威海事局（NMD）和船级社对他们在改进ISM规则的实施方面发挥作用。

（13）个体公司拥有一个“存活的”安全管理体系，在日常操作中实施。

（14）进行风险评估以应对船舶自身可能暴露的风险，也包括那些在甲板上进行的作业。

（15）公司确保他们的船员有能力的进行风险评估。

（16）由公司为船舶准备特定的抛起锚程序。

（17）应当确保船长新到一艘船的重叠。

（18）在船员换班时必须确保有足够的时间进行完全的交接。

（19）应认识到深水抛起锚作业的困难，并因此总是可以提供有经验的人员。

（20）在负载计算和其他程序的使用方面，应在安全管理体系中要求适任资格。

（21）公司应有财政资源用于适当的培训。

（22）应有可提供给责任方和作业者的完整的船员名单。

（23）平台迁移程序应包括实际受力的详细资料，并且船上的船员必须确保理解。

（24）平台迁移程序应详述天气限制，以防止作业开始或暂停的不一致意见。

（25）平台迁移程序应操作明确并易于理解。

（26）单独的平台迁移应进行风险评估。

（27）对效率的需求绝对不应以安全为代价。

（28）在钻井平台迁移期间，单独的船舶活动必须是连续评估的主题。

（29）作业者应确保在作业开始之前在岸上召开多方会议，这是强制性的。

（30）作业者必须确保船舶在开始作业之前已对风险分析做好准备。

（31）通讯应在一个开放的VHF频道上以通用语言进行。

（32）船舶操作必须范围之内的关注区应顺着锚泊线延伸，假如船舶移到关注区

界外时所应采取的措施。

事故导致几个团体在委员会的事故调查结果之前采取行动。国际海事组织（IMO）发布了抛起锚作业的稳性指南，挪威海事局（NMD）和在英国的海事安全论坛建立委员会以考虑船舶起租之前的审核方法、改进钻井平台迁移程序的方法以及钻井平台迁移风险评估的格式。人们希望所有的这些行动将导致可防止类似事故再次发生的作业流程的实施。

但是实际上一个船长当今所能做的保持他们的船舶安全的一件事就是知道船舶的稳性条件，如果没有可能确定条件，是时候停止工作。

事故的结论如下：

这些事故报告同样地令人沮丧，因为在许多情况下，就那些有关的方面采取积极的方法本能够避免事故的发生。这是一个特别真实的发起于船上的事件。在某些情况下，事故无非更多的是疏忽或错误地相信那些呈现给他们的实际信息。这个缺点是人类共同的，不仅仅是海员的。每个人有将那些不适合于他们的感知或应该发生的信息进行折扣的倾向。

希望后续出台的一些指南将促进那些的船舶管理，在我们应牢记的恶劣环境中，保持船舶自身和船员的安全。

参 考 文 献

[1] 中华人民共和国石油天然气行业标准. SY/T 2012-24. 船舶靠泊海上设施作业规范. 国家能源局.

[2] 林文锦. 海洋石油支持船特殊操纵性及其性能指标研究. 航海技术. 2010（2）.

[3] 林文锦，邵哲平 等. 海洋石油支持船抛起锚作业技术及应用研究报告. 中海油田服务股份有限公司—集美大学. 2011.

[4] Michael Hancox. Anchorhandling. OILFIELD SEAMANSHIP.Volume 3. Oilfield publications Limited. ENGLAND.

[5] NWEA Guidelines For The Safe Management of Offshore Supply and Rig Move Operations. Version 2.

[6] Vryhof Anchors B.V. Anchor Manual 2010 - The Guide to Anchoring.Capelle a/d Yssel. The Netherlands. 2010. www.vryhof.com.

[7] Norges offentlige utredninger. Official Norwegian Reports. 2008. The Loss of the "Bourbon Dolphin" on 12 April 2007.

[8] Norwegian Maritime Directorate. 2009. Report on safety measures for anchor handling vessels and mobile offshore units.

[9] Victor Gibson. The History of the Supply Ship. SHIPS AND OIL. 2007. ENGLAND.

[10] Statoil. Best practice of safe anchor handling and towing of mobile offshore units. NORWAY.

[11] Maesk Training Centre A/S. Anchor Handling Simulator Couse.

[12] Victor Gibson. Supply Ship Operations. THIRD EDITION. SHIPS AND OIL. 2009. ENGLAND.

[13] Norwegian Maritime Directorate. Marine Safety Forum. 2009. Anchor Handling Manual.

[14] Viking Moorings. Marine equipment handbook Viking Moorings. 2009. www.viking-moorings.com.